FARBENPHOTOGRAPHIE
UND
FARBENFILM

WISSENSCHAFTLICHE GRUNDLAGEN
UND TECHNISCHE GESTALTUNG

VON

DR. WERNER SCHULTZE

MIT EINEM GELEITWORT
VON PROFESSOR DR. J. EGGERT

MIT 162 ABBILDUNGEN
UND 2 TAFELN

SPRINGER-VERLAG BERLIN HEIDELBERG GMBH

ISBN 978-3-642-53094-4 ISBN 978-3-642-53093-7 (eBook)
DOI 10.1007/978-3-642-53093-7

ORIGINALLY PUBLISHED BY SPRINGER-VERLAG OHG.
BERLIN • GÖTTINGEN • HEIDELBERG IN 1953
SOFTCOVER REPRINT OF THE HARDCOVER 1ST EDITION 1953

BRÜHLSCHE UNIVERSITÄTSDRUCKEREI GIESSEN

Geleitwort.

Die farbige Wiedergabe von beliebigen Objekten auf optisch-photochemischem Wege ist ein Problem, für das im Laufe der Jahrzehnte ungezählte Lösungen vorgeschlagen wurden. Die erste stammt von James Clerc Maxwell; für eine der elegantesten erhielt Gabriel Lippmann den Nobelpreis. Nur ganz wenige Verfahren hatten Erfolge von längerer Dauer, so daß die jeweils bevorzugten Arbeitsmethoden mit der Zeit vielfach gewechselt haben.

Entsprechend haben sich auch die technischen Aspekte gegenüber der Farbenphotographie immer wieder geändert, so daß Monographien über dieses Gebiet zu den verschiedenen Zeiten recht unterschiedlichen Inhalt bringen.

Seitdem die Verfahren in den letzten zwei Jahrzehnten eine beträchtliche Weiterentwicklung und Ausweitung erfahren haben, scheint es an der Zeit, einen Überblick über den gegenwärtig erreichten Stand und über die noch bestehenden Probleme zu geben.

Diese nicht immer einfache Aufgabe hat sich Herr Dr. Werner Schultze vor einigen Jahren gestellt und sie unter Verwendung seiner umfassenden Kenntnisse und seiner langjährigen praktischen Erfahrung auf farbenphotographischem Gebiet bearbeitet, wobei er gleichzeitig die vielfältige wissenschaftlich-technische Fach- und Patentliteratur bis Mitte 1952 berücksichtigen konnte. Es war mir eine besondere Freude, das mir vorgelegte Manuskript und später die Korrektur des Buches zu lesen. Dabei konnte ich feststellen, daß der Herr Verfasser seine Aufgabe nicht nur sorgfältig „nach den Regeln der Kunst“ gelöst, sondern daß er es überdies verstanden hat, durch eine sehr geschickte Stoffgliederung den Ansprüchen sehr verschiedenartiger Leser gerecht zu werden: Der Neuling kann sich an Hand des flüssigen Vortrages ein gutes Bild von dem Zusammenhang der Dinge verschaffen. Der

Praktiker findet eine sehr vollständige Gegenüberstellung der verschiedenen Verfahren, ihrer Arbeitsweisen und Rezepturen und auch der theoretisch anspruchsvollere Leser wird viele Einzelheiten und Hinweise entdecken, die ihm aus der weit verstreuten Literatur bisher unbekannt waren. Bei seiner Knappheit und Klarheit vermeidet es jedoch der Verfasser, auf solche Verfahren abzuschweifen, die bereits der historischen Entwicklung des Gebietes angehören und die schon in früheren Zeiten eingehend beschrieben wurden. Nur durch diese Beschränkung war es möglich, den Umfang des Werkes so erstaunlich gering zu halten. Während also die Vergangenheit leicht an Hand einer ausführlichen Literaturzusammenstellung zugänglich ist, wird bewußt und mit gegebener Ausführlichkeit auf solche Fragen eingegangen, welche Ausblicke auf mögliche Verbesserungen bestehender Methoden gewähren.

So möchte ich dem wohl gelungenen Buche einen recht großen Leserkreis, womöglich auch auf fremdsprachigem Gebiet wünschen.

J. Eggert.

Das Schöne ist eine Manifestation
geheimer Naturgesetze,
die uns ohne dessen Erscheinung
ewig wären verborgen geblieben.

GOETHE, Maximen und Reflexionen

Vorwort.

Das vorliegende Buch wendet sich an alle, die sich eingehender mit der Farbenphotographie und dem Farbenfilm befassen wollen, nicht nur um gelegentlich Aufnahmen zu machen, sondern um in ihr Wesen einzudringen. Es soll auch die Kenntnisse derer ergänzen und vertiefen, die sich schon mit der Farbenphotographie näher beschäftigen. Vorausgesetzt wird dabei eine allgemeine Kenntnis der Schwarzweiß-Photographie. Auf dieser Grundlage hofft der Verfasser, die Grundprinzipien der Farbenphotographie (Teil B) und die Übersicht über die einzelnen Verfahren (Teil C) so allgemeinverständlich auseinandergesetzt zu haben, daß auch der interessierte Laie sich in die Materie hineinfindet. Im Teil D sind teilweise, vor allem in den Kapiteln I und II, Dinge behandelt worden, die für das eingehendere Studium der Farbenphotographie grundlegend wichtig sind, für den photographischen Amateur oder den allgemein interessierten Laien aber zunächst etwas schwieriger erscheinen. Er mag sie vorerst überspringen und in den folgenden Kapiteln weiterlesen; nach tieferem Eindringen in die Materie wird er sich vielleicht später dafür interessieren. Es ist immer zu bedenken, daß die Farbenphotographie und der Farbenfilm ihre schönen und reichhaltigen Gaben erst spenden konnten, nachdem von vielen Seiten her die Grundlagen geschaffen waren. Die Chemie, die Optik, die photographische und kinematographische Technik, die Reproduktionstechnik, die Farbenlehre und die Kunst haben dazu beigetragen. Eine eingehende Beschäftigung mit der Farbenphotographie erfordert daher notwendig einen Einblick in dieses verzweigte Geflecht, das zunächst verwirrend erscheint, aber auch interessant und lehrreich ist.

Obwohl die Reproduktionstechnik in ihren Mehrfarbendrucken grundlegend gleiche Prinzipien verwendet wie die Farbenphotographie, konnten ihre Verfahren aus Raummangel nicht im einzelnen behandelt werden, es wurde nur gelegentlich auf dieses verwandte Gebiet hingewiesen.

Bei der Vollendung des Buches konnte ich mich der Unterstützung durch Herrn Professor Dr. J. Eggert erfreuen. Er unterzog sich der großen Mühe, das Manuskript und die Korrekturfahnen kritisch durchzugehen, und gab mir dabei aus der Fülle seiner Erfahrungen wertvolle Ratschläge. Ich bin ihm dafür zu besonders großem Dank verpflichtet. Sein Assistent, Herr Dipl.-Ing. W. Grossmann, hat sich der mühsamen Aufgabe unterzogen, die in Zürich gesammelte Literatur mit der in meinem Manuskript verarbeiteten zu vergleichen und mir ergänzendes Material zur Verfügung zu stellen. Herr Dr. H. Arens hat freundlicherweise das Kapitel über die Farbenlehre durchgesehen.

Verschiedenen Firmen und Fachgenossen verdanke ich Prospektmaterial, Separate und Abbildungen. Der *Agfa-Photofabrik Leverkusen*, der *Ansco Corporation* und der *Eastman Kodak Company* möchte ich auch an dieser Stelle meinen Dank dafür aussprechen, daß sie mir Bildbeilagen zur Verfügung gestellt haben.

Der *Springer-Verlag* hat meine Wünsche besonders hinsichtlich der farbigen Abbildungen in großzügiger Weise berücksichtigt.

Meine Tochter Paula und mein Sohn Dieter haben mich beim Anfertigen von Zeichnungen und beim Lesen der Korrektur unterstützt.

Ludwigshafen/Rhein
Januar 1953.

W. Schultze.

Inhaltsverzeichnis.

Inhaltsverzeichnis

A. Überblick über die historische Entwicklung und den augenblicklichen Stand der Farbenphotographie.

Die Farbenphotographie hat eine sehr merkwürdige Geschichte, die hier nur in ganz großen Zügen umrissen werden kann (*11*, *3*). Im Gegensatz zu vielen anderen Zweigen der Technik, in denen Einzelbeobachtungen zu Teilresultaten und diese wieder allmählich zur Kenntnis der tieferen Zusammenhänge und dann zu reiferen Ergebnissen geführt haben, steht in der Farbenphotographie die grundlegende Entdeckung ganz im Anfang: Im Jahre 1855 bereits, als die Photographie selbst noch in den Kinderschuhen steckte, fand CLERK MAXWELL die Prinzipien der additiven Farbenphotographie, die im Teil B I dieses Buches näher auseinandergesetzt werden. Er machte, unterstützt von dem Photographen SUTTON, von seinem Objekt mehrere Aufnahmen durch verschiedene Filter und stellte aus den Negativen Diapositive her. Er projizierte dann jedes dieser Diapositive wieder durch ein gleichartiges Filter, wie es bei der betreffenden Aufnahme verwendet wurde. Alle projizierten Bilder wurden zur Deckung gebracht, so daß sich nunmehr ein einziges Bild in den angenähert natürlichen Farben ergab. Diese Leistung konnte nur auf Grund einer recht klaren Vorstellung von dem Wesen der Farbe hervorgebracht werden, einer Vorstellung, welche auf der kurz vorher von YOUNG begründeten Theorie des Farbensehens beruhte. Um so größere Schwierigkeiten mußten sich naturgemäß der technischen Durchführung einer solchen vorzeitigen Erfindung entgegenstellen, denn selbst die Sensibilisierung der photographischen Schichten für grünes und rotes Licht durch Zusatz gewisser Farbstoffe wurde ja erst viel später, und zwar 1873 von H. W. VOGEL erfunden. So hatten die MAXWELLschen Bemühungen zunächst nur den Charakter eines grundsätzlich wichtigen und folgerichtig durchgeführten Experimentes.

Die grundlegende Idee der Verwendung eines Farbrasters für die Durchführung der additiven Farbenphotographie (s. Teil C I 2) ist ebenfalls schon sehr früh gefunden worden, nämlich im Jahre 1862 von dem damals erst fünfundzwanzigjährigen Franzosen DUCOS DU HAURON. Hier blieb es zunächst bei dem prinzipiellen Vorschlag, der erst Jahrzehnte später technisch verwirklicht wurde, dann aber zu dem ersten großen praktischen Erfolg in der Farbenphotographie führte.

In den sechziger Jahren des vorigen Jahrhunderts setzten auch die ersten Versuche über die subtraktive Farbenphotographie ein. Hier standen die sehr alten Erfahrungen der Malerei über die Farbenmischung zur Verfügung, und es war schon mehrfach versucht worden, durch Drucken mit mehreren Druckplatten, die in verschiedenen Farben eingefärbt wurden, Farbendrucke zu erhalten. Die Idee, auf photographischem Wege durch verschiedene Filter Aufnahmen zu machen und aus den erhaltenen Negativen Positive zu gewinnen, die in den Komplementärfarben der Filter eingefärbt und übereinandergelegt bzw. -gedruckt wurden, wurde von mehreren Seiten geäußert. Zum Teil wurden auch schon mehr oder weniger erfolgreiche Versuche zu ihrer Verwirklichung durchgeführt. Am klarsten formuliert wurde die Idee der subtraktiven Farbenphotographie damals bereits von DU HAURON und von CLOS. Die Grundlagen des subtraktiven Verfahrens werden in Teil B II dieses Buches besprochen.

Die einzige größere praktische Verwendung fand die subtraktive Farbenphotographie viele Jahrzehnte hindurch im Mehrfarbendruck, indessen ist dieser bis auf den heutigen Tag eine seltsame Mischung von Photographie und Kunsthandwerk geblieben, da bei der Herstellung der Druckplatten sehr viel Retusche angewendet werden muß.

Im übrigen fand die subtraktive Farbenphotographie für viele Jahrzehnte genau so wenig Eingang in die Praxis wie die additive. Erst in unserem Jahrhundert kamen die ersten praktischen Erfolge, zunächst aber auch noch sehr zögernd trotz der vielen aufgewendeten Mühe. Vor allem konnten mit den Kornrasterplatten (Lumière und Agfa) die Prinzipien der additiven Farbenphotographie in eine praktisch brauchbare Form gebracht werden. Linienraster und Linsenraster traten später neben sie. Die entscheidenden praktischen Erfolge errang aber dann die subtraktive Farbenphotographie. Zunächst wurden die alten Prinzipien konsequent weitergeführt und in jahrelanger mühevoller Arbeit technisch modernisiert. Daraus ergaben sich einerseits Druckverfahren, wie z. B. der Carbro-Druck, bei denen die einzelnen Teilauszüge für sich gewonnen und übereinandergelegt oder -gedruckt werden, was eine gewisse Geschicklichkeit und Übung erfordert. Andererseits wurde auch in der Kinotechnik dieses Übereinanderkopieren bzw. -drucken nach getrennten Auszügen trotz der erheblichen mechanischen und optischen Schwierigkeiten in verschiedenen Zweifarben- und Dreifarbenverfahren erfolgreich durchgeführt. Es seien nur die besonderen Erfolge der Technicolor-Gesellschaft genannt. Schließlich konnten sich, ebenfalls nach langjährigen Bemühungen, von 1935 ab die Mehrschichtenfilme durchsetzen, bei denen die einzelnen Auszüge von vornherein fest vereinigt sind. Als erfolgreiches Prinzip zeigte sich dabei besonders das der farbgebenden (chromogenen) Entwicklung, das R. FISCHER schon im Jahre 1911 angegeben hatte, ohne es damals technisch durchführen zu können. Die ersten Mehrschichtenfilme wurden von den beiden Firmen Kodak und Agfa herausgebracht, neuerdings gefolgt von mehreren anderen.

Manche Einzelheiten der historischen Entwicklung müssen hier übergangen werden, erwähnt sei noch ein Vorschlag von ALBERT aus dem Jahre 1899, der eine Verbesserung der Farbwiedergabe durch das sog. Maskenprinzip anstrebte (s. Teil C III 2), ein Vorschlag, der auch erst in den letzten Jahren bei einigen subtraktiven Verfahren durchgeführt wird.

Bei der kurz skizzierten historischen Entwicklung der Farbenphotographie ist besonders auffallend, wie lange nach der Erkenntnis der grundlegenden Prinzipien die technische Durchführung auf sich warten ließ. Dabei muß noch besonders beachtet werden, daß das Gebiet von jeher außerordentlichem Interesse begegnete. So hat es weder an intelligenten und tatkräftigen Forschern noch an Geldmitteln gefehlt, um das Ziel zu erreichen. Die Gründe sind vielmehr in folgendem zu suchen: Zunächst war die Schwarzweiß-Photographie selbst noch nicht weit genug entwickelt. Weder die Allgemeinempfindlichkeit noch die Sensibilisierungstechnik, weder die Haltbarkeit der Materialien noch die Bequemlichkeit der Handhabung waren auch nur angenähert auf dem hohen Stand, den wir heute als selbstverständlich voraussetzen. So war es nicht sehr verlockend, durch die Farbenphotographie neue bedeutende Komplikationen in Kauf zu nehmen. Als die Schwarzweiß-Photographie in den letzten Jahrzehnten des vorigen und den ersten dieses Jahrhunderts immer weitere Fortschritte machte, vergrößerte sich indessen das Bestreben, die Photographie in den natürlichen Farben zu schaffen, und es wurden viele Wege eingeschlagen, um den gewünschten Erfolg zu erzielen. Dabei gab die Entwicklung der Kinematographie ebenfalls neue Impulse. Es zeigte sich aber nun mehr und mehr, wie bedeutende Schwierigkeiten technischer Art zu überwinden waren. Viele Methoden führten überhaupt nicht zum Erfolg, andere blieben auf eng begrenzte Anwendungsgebiete beschränkt, es sei nur das Kornrasterverfahren erwähnt, das sich zwar für stehende Durchsichtsbilder eignete, aber weder für Papierkopien noch für die Kinematographie. Eines aber war *allen* diesen Verfahren gemeinsam: Sie brachten gegenüber der Schwarzweiß-Photographie ganz erhebliche Erschwerungen und Nachteile mit sich, die dann letzten Endes den Verbraucher abschreckten. So ergab sich die merkwürdige Situation, daß die Schwarzweiß-Photographie zwar als Grundlage für die Farbenphotographie unentbehrlich war und alle ihre Fortschritte auch dieser irgendwie zugute kamen, daß es aber der hohe Entwicklungsstand der Schwarzweiß-Photographie der Farbenphotographie besonders schwer gemacht hat, sich durchzusetzen. Der Gewinn, den die Einführung der natürlichen Farben mit sich bringt, wurde fast allgemein geschätzt, und die Farbwiedergabe war auch bei vielen Verfahren schon recht brauchbar. Dagegen war es nicht möglich, alle die Eigenschaften in so hervorragendem Maße zu vereinen, die dem

Schwarzweiß-Material bereits eigen waren: hohe Empfindlichkeit, große Haltbarkeit, feine Zeichnung, großer Belichtungsspielraum, einfache Handhabung und Bearbeitung.

Trotz hervorragender Einzelleistungen und mancher Fortschritte wäre diese Stagnation auch heute noch nicht überwunden, wenn nicht schließlich, ermutigt durch die gewaltigen Erfolge der Schwarzweiß-Photographie und des Schwarzweiß-Films, unterstützt aber auch durch die wirtschaftlichen Ergebnisse dieser Erfolge, einige Firmen oder finanziell gut unterstützte Gruppen von Fachleuten die Forschung auf dem Gebiet der Farbenphotographie und des Farbenfilms auf breiter Basis aufgenommen hätten. Das erfolgte in den zwanziger und noch verstärkt in den dreißiger Jahren und wird zur Zeit, trotz vieler Hemmungen, die der Krieg brachte, fortgesetzt. Die ungeheure Zahl von Patentanmeldungen, die selbst der Fachmann kaum noch übersehen kann, gibt eine ungefähre Vorstellung von dem aufgewendeten Eifer und Fleiß. Dabei sind vielfach alte Ideen durch neue Maßnahmen und sorgfältiges Erproben aller Möglichkeiten erst zur Ausführung gekommen, andererseits sind viele neue und teilweise geistvolle Ideen hinzugekommen, schließlich ist eine Fülle von Kombinationsmöglichkeiten und speziellen Ausführungsformen erprobt worden.

Die Schwierigkeiten waren z. T. größer als erwartet, schließlich gelang es aber doch, mehrere Verfahren in die Praxis einzuführen. Einige davon verschwanden wieder nach kurzer Zeit, andere haben sich gehalten und wurden verbessert, neue kamen hinzu. Zweifellos ist die ganze Entwicklung noch nicht zum Stillstand gekommen, nur ist allmählich eine Beschränkung auf wenige Verfahrenstypen festzustellen. Denn zunächst hat es sich keineswegs nur um den Wettkampf verschiedener Firmen und Gruppen gehandelt, die etwa ein und dasselbe Verfahren mit kleineren Abwandlungen durchführten, vielmehr standen auch sehr verschiedenartige Verfahren im Wettbewerb. Dabei probierte nicht nur fast jede Firma oder jeder Kreis von Forschern ein anderes aus, sondern einige größere Firmen arbeiteten sogar eine ganze Reihe der verschiedenartigsten Methoden durch, von denen viele gar nicht in die Praxis eingeführt, andere einige Jahre nach ihrer Einführung wieder zurückgezogen und durch geeignetere ersetzt wurden. Viele Einzelheiten darüber finden sich in früheren Büchern über Farbenphotographie, von denen die wichtigsten am Anfang des Literaturverzeichnisses genannt werden.

Es soll hier noch nicht auf die einzelnen Verfahren eingegangen werden, nur darauf sei hier schon hingewiesen, daß die Verfahren der additiven Farbenphotographie trotz ihrer meist recht guten Farbwiedergabe fast ganz verschwunden sind, und zwar gerade deshalb, weil einige der oben erwähnten allgemeinen Nachteile gegenüber der Schwarzweiß-

Photographie bei ihnen besonders stark ausgeprägt sind. Auch von den vielen subtraktiven Verfahren, die vorgeschlagen bzw. schon weitgehend ausgearbeitet waren, haben sich nur ganz wenige durchgesetzt. Dabei werden aber jetzt die Anwendungsgebiete immer reichhaltiger, und das Interesse der Verbraucher wird immer größer.

Die wichtigsten Verwendungszwecke sind zweifellos das farbige Papierbild und der farbige Spielfilm. Beide setzen die Möglichkeit des Kopierens voraus. Während der farbige Spielfilm sich mehr und mehr ausbreitet, hat sich die Einführung des farbigen Papierbildes noch länger verzögert, es beginnt aber jetzt ebenfalls sich durchzusetzen. In den USA, wo bei hohem technischem Stand der Entwicklung der Krieg und seine Folgen sich nicht so stark hemmend ausgewirkt haben wie in Europa, konnten sich Farbenphotographie und Farbenfilm in den letzten Jahren außerordentlich ausbreiten. Von den europäischen Ländern war Deutschland vor dem Kriege an der Spitze der technischen Entwicklung auf diesem Gebiet, jedoch hat uns der Krieg besonders stark zurückgeworfen, und selbst die bereits fertig ausgearbeiteten Verfahren können zur Zeit noch nicht voll zur Anwendung kommen. Hoffentlich werden diese künstlichen Hemmungen bald fallen.

Es ist schwer vorauszusagen, in welcher Richtung die Entwicklung weitergehen wird. Sicher ist, daß eine starke Massenverbreitung der Farbenphotographie und des Farbenfilms auch der technischen Gestaltung neue starke Impulse geben wird. Während der Amateur, Fachphotograph und Kameramann sich mehr und mehr bemühen werden, bei Benutzung der vorhandenen Verfahren ihre allgemeinen Erfahrungen zu bereichern und die besonderen Möglichkeiten der Photographie in Farben auszuschöpfen, werden der Fabrikant und der Forscher bestrebt sein, aus Erfolgen und Mißerfolgen der Abnehmer ihre Lehren zu ziehen, um unablässig die vorhandenen Methoden zu verbessern und neue auszuprobieren. Ob es dabei zu einer weiteren Beschränkung der jetzt üblichen Verfahren auf ein einziges besonders geeignetes kommen wird, oder ob im Hinblick auf die verschiedenen Verwendungszwecke mehrere Verfahren auch fernerhin nebeneinander bestehen werden, muß die Zukunft lehren. Es ist natürlich auch nicht ausgeschlossen, daß nochmals ganz neue Prinzipien sich Bahn brechen werden. Mit Sicherheit kann man aber sagen, daß auch bei den bestehenden Verfahren durch eine Fülle von Einzelmaßnahmen die Qualität weiter gehoben werden kann. Dazu gehört einmal z. B. das Suchen nach immer geeigneteren Farbstoffen und Sensibilisatoren, ferner zeigen sich immer stärkere Bestrebungen, durch kritische objektive Prüfmethoden die Eigenschaften der farbenphotographischen Materialien genau kennen zu lernen und mit anderen zu vergleichen. Schließlich ist man bemüht, die Einsicht in die tieferen Zusammenhänge immer weiter zu treiben und dazu selbst schwierige und zeitraubende theoretische Untersuchungen nicht zu scheuen. Eine besondere Rolle spielen dabei die Lehren, die man aus der Farbvalenzmetrik und der Farbenpsychologie zieht. Die Tendenzen aller Verbesserungen gehen in zwei Richtungen: einmal wird das besondere Ziel der Farbenphotographie verfolgt, die Wiedergabe der Farben möglichst naturgetreu zu gestalten oder zumindest so, daß diese Wiedergabe möglichst naturgetreu erscheint. Das zweite nicht minder wichtige Ziel besteht darin, alle technischen Schwierigkeiten der Farbenphotographie weitgehend zu vermindern und vor allem die Handhabung so zu vereinfachen, daß keine größeren Nachteile mehr gegenüber der Schwarzweiß-Photographie bestehen. Zum Teil stehen sich diese beiden Ziele im Wege. So hat man z. B. beim Zweifarbenfilm bewußt auf die gute Farbwiedergabe der Dreifarbenverfahren verzichtet, um damit eine größere Einfachheit zu erzielen. Alles in allem kann man sagen, daß zwar eine weitere lebhafte Entwicklung zu erwarten ist, daß aber auch bereits feste Ansatzpunkte gewonnen sind als Grundlage für ein fruchtbares Weiterarbeiten.

Auch auf anderen Gebieten werden sich die mannigfaltigen Erfahrungen auswirken, die man bei der Farbenphotographie gewonnen hat. Zwei Gebiete sind vor allem zu nennen: einmal die Reproduktionstechnik, welche den Mehrfarbendruck schon zu hoher Blüte entwickelt hatte, bevor die eigentliche Farbenphotographie noch eine nennenswerte Rolle spielte. Es wurde bereits erwähnt, daß dabei die Retusche sehr viel verwendet wird. Bei der starken Vervielfältigung lohnt sich der Einsatz der dafür erforderlichen geübten Fachkräfte und der beträchtliche Zeitaufwand, während bei der reinen Farbenphotographie und dem Farbenfilm eine derartige ausgedehnte Retusche unmöglich ist. Indessen würde man auch beim Farbendruck gern von diesem Aufwand ganz oder teilweise befreit sein, wenn die Qualität der Produkte darunter nicht zu sehr leidet. Deshalb werden alle Fortschritte der Farbenphotographie von dieser Seite mit Interesse verfolgt, und man hofft, auch hier zu neuen verbesserten Methoden zu gelangen. Ein zweites Nachbargebiet ist erst in der Entwicklung, es ist das Farbenfernsehen. Das Schwarzweiß-Fernsehen ist in den USA schon weit verbreitet und faßt auch auf dem europäischen Kontinent immer mehr Fuß. In den USA sind auch die ersten Sender für farbiges Fernsehen entstanden. Das erste seit Mitte 1951 im öffentlichen Betrieb verwendete Verfahren, das C. B. S. (Columbia Broadcasting System), ist ein additives Verfahren, bei dem die Bilder in den drei Grundfarben in rascher Folge hintereinander erscheinen. Auch weitere Firmen scheinen schon technisch brauchbare Lösungen entwickelt zu haben, die alle ebenfalls auf der additiven Farbmischung beruhen. Einen Überblick über die neueste Entwicklung gibt die Arbeit von McIntosh und Inglis (*188*). Inwieweit Film und

Fernsehen zu einer Zusammenarbeit kommen werden, ist auch auf dem Schwarzweiß-Gebiet noch nicht klar zu sehen, für die farbigen Verfahren wird man die weitere Entwicklung abwarten müssen.

Will man die bisherigen künstlerischen und kulturellen Leistungen von Farbenphotographie und Farbenfilm richtig würdigen, so muß man sich immer vor Augen halten, daß erst seit einigen Jahren die technischen Kinderkrankheiten einigermaßen überwunden sind und daß wir in Deutschland seit 10 Jahren und heute noch unter Mangel an Material leiden. So ist eigentlich nur auf dem Gebiet der Kleinbild-Diapositive und des Schmalfilms während einer kurzen Zeitspanne vor dem Kriege dem Amateur Gelegenheit gegeben worden, sich nach Belieben zu betätigen. Nur wenige hatten die Möglichkeit, sich mit dem Papierbild zu beschäftigen, wenn sie nicht zu recht umständlichen Verfahren greifen wollten. Etwas günstiger ist es auf dem Gebiet des farbigen Kinefilms. Eine ganze Reihe von größeren oder kleineren Filmen konnte gedreht werden, in den USA ist die Zahl der Buntfilme sogar recht erheblich. Es läßt sich trotz aller Beschränkungen heute schon sagen, daß die Einführung der Farbe in Photographie und Film eine enorme Bereicherung bedeutet, ebenso ist aber sicher, daß die eigentliche Bedeutung sich erst in der Zukunft voll zeigen wird. Denn auch heute bestehen noch mancherlei technische Erschwerungen gegenüber dem Schwarzweiß-Verfahren, und nur selten sind technische Wendigkeit und künstlerisches Können in einer Person voll vereinigt. Am erfolgreichsten ist deshalb zunächst die Zusammenarbeit zwischen technischem und künstlerischem Stab beim Kinefilm. Es kommt aber hinzu, daß auch eine längere Einarbeitung auf die Möglichkeiten und Begrenzungen des benutzten Verfahrens notwendig ist, um zu den höchsten Leistungen zu kommen. Einzelne Mißerfolge, wie sie am Beginn jeder neuen technischen Entwicklung unvermeidlich sind, haben bei manchen die Meinung aufkommen lassen, daß der Vorteil der Farbe illusorisch ist und die Schwarzweiß-Wiedergabe grundsätzlich vorzuziehen ist. Dieser Schluß ist zweifellos voreilig. Wir brauchen nur im täglichen Leben um uns zu schauen. So wie wir in der Natur uns an schönen Farben, dem Grün der Wiesen, dem Blau des Himmels und der Buntheit der Blumen erfreuen, so gestalten wir auch unsere Umgebung im allgemeinen farbig, unsere Garderobe, unsere Möbel, unseren Hausrat. Nur Übertreibungen und geschmacklose Zusammenstellungen bezeichnet der kultivierte Geschmack als „kitschig". In südlichen Ländern ist die Vorliebe für bunte Farben übrigens noch viel stärker. Vor allem denken wir nun aber an die Malerei: Nur ein kleiner Ausschnitt des Werkes unserer Künstler ist in Schwarzweiß gestaltet worden, und selbst Maler wie Rembrandt, die grelle Farben vermeiden, verwenden doch die gedeckten Töne. So wird die Farbe in weitaus den meisten Fällen als Bereicherung der

Ausdrucksmittel willkommen sein. Grundsätzlich muß man bei neuen technischen Reproduktionsverfahren zwei Fehler vermeiden: Man darf einmal nicht die Herstellung von Kitsch dem technischen Verfahren zum Vorwurf machen. Kitsch kann auf einem Gemälde genau so erscheinen wie auf der Photographie, im Original-Klavierspiel genau wie im Tonfilm. Man darf zum anderen nicht die technischen Unvollkommenheiten der ersten Anfänge als Maßstab für alle Zukunft werten. Die ersten Grammophone waren ebenso grauenhaft wie die ersten Radioapparate, die ersten Filme waren jämmerlich. Inzwischen sind aber diese Dinge technisch schon so verbessert worden, daß nun die Vorzüge erst zum Ausdruck kommen. So wird es mehr und mehr auch mit der Photographie in Farben werden; sie wird sich weiter vervollkommnen und dabei in der Handhabung vereinfachen, sie wird schließlich selbstverständlich werden, und es fragt sich, ob der reinen Schwarzweiß-Photographie noch ein nennenswerter Platz verbleiben wird.

B. Allgemeine Grundlagen der farbenphotographischen Verfahren.

In diesem Teil sollen die grundlegenden Prinzipien der Farbenphotographie auseinandergesetzt werden, auf denen alle technischen Verfahren fußen. Dabei erscheint es zweckmäßig, die additive und die subtraktive Farbmischung von vornherein auseinanderzuhalten, dagegen alle sonstigen verschiedenen Ausführungsformen erst im nächsten Teil an Hand der technischen Gestaltung der Verfahren näher zu erläutern. Obwohl die additive Farbmischung an praktischer Bedeutung in den letzten Jahren erheblich verloren hat, ist es auch für denjenigen, der sich nur für die subtraktiven Methoden interessiert, vorteilhaft, sich auch mit ihren Grundlagen vertraut zu machen. Um von Anfang an keine Unklarheiten und Mißverständnisse aufkommen zu lassen, muß etwas weiter ausgeholt werden.

I. Prinzipien der additiven Farbenphotographie.

Von den transversalen elektromagnetischen Schwingungen ist nur ein kleiner Teil in Form von Lichtstrahlen bzw. Wärmestrahlen direkt sinnlich wahrnehmbar. Bekanntlich können alle diese Strahlen sich ausbreiten, ohne daß irgendein Stoff als ihr Träger dient. Der Durchgang dieser Strahlen durch Materie, z. B. Luft, Wasser, Glas, ist möglich, jedoch findet dabei eine mehr oder weniger erhebliche Schwächung statt. Uns interessieren hier nur diejenigen Strahlen, die für uns als Licht unmittelbar wahrnehmbar sind. Ihr Bereich erstreckt sich etwa von der

Wellenlänge 380 mμ bis zur Wellenlänge 780 mμ. Die Wellenlänge wird durchweg mit dem griechischen Buchstaben λ (Lambda) bezeichnet. Ein mμ (Millimikron) ist der millionste Teil eines Millimeters. Die Wellenlänge bezieht sich auf die Fortpflanzung der Lichtstrahlen im materiefreien Raum. Bei der Fortpflanzung durch Materie verkürzt sich die Wellenlänge. Zweckmäßiger wäre es daher, die Schwingungszahl ν (Nü), die sich beim Durchgang durch Materie nicht verändert, zur Charakteristik der Lichtstrahlen zu benutzen. Dem allgemeinen Gebrauch folgend soll aber auch hier die Wellenlänge zur Kennzeichnung der Lichtart benutzt werden.

Um eine unmittelbare Anschauung der verschiedenen Arten des sichtbaren Lichtes zu erhalten, zerlegt man das weiße Tageslicht, das alle Lichtarten enthält, durch ein Prisma in seine Bestandteile, wie es bereits NEWTON getan hat. Diese Zerlegung erfolgt durch das Spektroskop, das sich jeder zumindest in seiner einfachsten Ausführungsform, dem Handspektroskop, einmal zugänglich machen sollte. Die Lichtzerlegung durch ein Prisma geht aus der Abb. 1 hervor. Das Ergebnis der Zerlegung bezeichnen wir als das sichtbare Spektrum. Jenseits der Sichtbarkeit liegt nach kürzeren Wellenlängen das ultraviolette, nach längeren Wellenlängen das ultrarote oder infrarote Gebiet, die uns aber beide hier nicht weiter interessieren. Das sichtbare Spektrum fällt uns durch folgende Eigentümlichkeiten auf: Wir sehen einmal, daß die Helligkeit in den verschiedenen Gebieten unterschiedlich ist, und zwar stellen wir sehr geringe Helligkeit an beiden Enden des sichtbaren Bereichs fest, nach der Mitte starke Zunahme, die höchste Helligkeit im gelbgrünen Gebiet. Wir sehen ferner, daß das in seine Bestandteile zerlegte weiße Licht uns in sehr verschiedenen Farben erscheint, Farben, die uns auch vom Regenbogen bekannt sind. Häufig teilt man in sieben verschiedene Farben ein, nämlich von kurzen Wellenlängen ausgehend in Violett, Blau, Blaugrün, Grün, Gelb, Orange, Rot. Diese Einteilung ist keineswegs ohne Willkür, denn zwischen allen diesen Farben gibt es Übergänge, man kann daher auch ebensogut von einer geringeren oder einer noch größeren Zahl von Hauptfarben sprechen. Berücksichtigt man nur die ausgedehntesten Teile des Spektrums, so genügt die Einteilung in drei Bezirke, einen blauen, einen grünen und einen roten. Besonders auffällig an den Spektralfarben ist, daß sie alle sehr leuchtend sind, man kann sie auch als sehr bunt, gesättigt oder farbig bezeichnen.

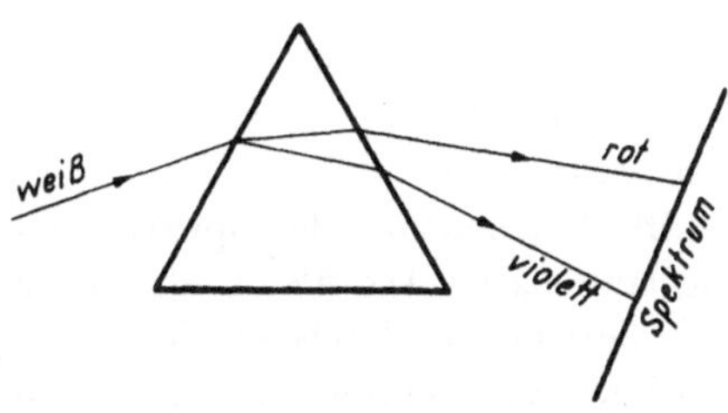

Abb. 1. Lichtzerlegung durch ein Prisma.

(Man verwechsle damit nicht den Begriff Helligkeit, auch eine weißliche, wenig bunte Farbe kann sehr hell sein.) Ferner ist zu beachten, daß eine gewisse Art von Farbtönen, nämlich die blauroten oder purpurnen, nicht im Spektrum vertreten sind. Wenn nun auch Übergänge zwischen den verschiedenen Farben vorhanden sind, so ist weiter bei der näheren Betrachtung des Spektrums auffallend, daß in größeren Bezirken die Änderung des Farbtones geringfügig ist, dann aber wieder ein schneller Übergang zu anderen Farben erfolgt. Wir haben also ganz andere Verhältnisse als bei der Skala der Töne, wo sich uns eine vollkommen gleichmäßige und allmähliche Verschiebung von einem Ton zum anderen offenbart und wo in dem ganzen, übrigens sehr viel größeren Bereich durch die Veränderung der Schwingungszahl um einen bestimmten Faktor der Ton uns in einer ganz bestimmten, durch das Ohr sicher erkennbaren Art verändert erscheint. Auf diese Verknüpfung der musikalischen Harmonien mit der Schwingungszahl kann hier nicht näher eingegangen werden, es muß aber betont werden, daß derartig einfache Harmonien bei den Farben nicht existieren.

Die Betrachtung des Spektrums lehrt eindeutig, daß Strahlung einer eng begrenzten Art, also z. B. von der Wellenlänge 500 mμ, uns in einer ganz bestimmten Farbe erscheint. Nun kommen wir zu einer sehr merkwürdigen Erscheinung, die uns erst einen tieferen Einblick in das Wesen der Farbe und zugleich auch einen Schlüssel zum Verständnis der Farbenphotographie liefern wird, nämlich zu der additiven Farbmischung. Wir machen folgendes Experiment, das sich gut durchführen läßt. Wir nehmen einen Spektralapparat, wie wir ihn schon früher zur Zerlegung des weißen Lichtes in seine Bestandteile benutzt haben, schauen aber jetzt nicht in den Apparat hinein, sondern werfen das Spektrum auf einen weißen Schirm aus Stoff oder Aluminium. Wir müssen dazu in einem dunklen Raum arbeiten und die Lichtquelle nach allen Seiten so abdecken, daß sie uns bei der Betrachtung des Spektrums nicht stört. Wir sehen zunächst wieder das ganze Spektrum. An der Stelle, wo das Licht aus dem Apparat heraustritt, wollen wir nun eine spaltförmige Blende einsetzen, so daß wir einen bestimmten kleinen Teil des Spektrums ausblenden können. Wir wählen ein Gebiet im roten Teil des Spektrums und machen es so eng, daß uns die Farbe dieses schmalen Streifens als nahezu gleichförmig erscheint. Wir nehmen nun einen zweiten Spektralapparat, stellen auch diesen so auf, daß sein Spektrum auf dem Schirm erscheint und blenden auch bei diesem nur einen kleinen Bereich des Spektrums heraus (Abb. 2). Nehmen wir zunächst den gleichen Bereich wie bei dem ersten, so sehen wir ein gleichartiges Rot. Wir drehen die beiden Apparate nun so, daß die beiden roten Flecken zusammenfallen. Dabei passiert nichts besonders Merkwürdiges, sondern das, was jeder erwarten wird: das Rot bleibt in der Farbe unverändert, erscheint aber heller. Wir drehen die Apparate wieder voneinander, verstellen bei dem zweiten Apparat nun aber den Spalt, so daß ein anderer Bereich des Spektrums erscheint, etwa ein rein grüner. Dreht man die Apparate nun wieder zueinander, so daß die beiden Flecken zusammenfallen, so ist diesmal die Erscheinung außerordentlich merkwürdig. Es ist weder die ursprüngliche Farbe des ersten Fleckes noch diejenige des zweiten Fleckes zu sehen, sondern eine einheitliche neue Farbe, die von den beiden anderen ganz verschieden ist, und zwar je nach Stärke der beiden Lichtquellen ein Rotgelb, ein reines Gelb oder ein Grüngelb. Man spricht in diesem Fall von einer additiven Farbmischung, weil die beiden Lichtfarben sich addieren. Wir wollen bei diesem Versuch noch länger verweilen. Zunächst wollen wir die Lichtintensitäten so regeln, daß bei der Mischung ein reines Gelb herauskommt, ohne rötlichen oder grünlichen Stich. Wir haben bei dieser Regelung wohlgemerkt nur die *Intensität* der beiden ungemischten Farben verändert, nicht aber ihre Farbe, diese bleibt nach wie vor rein rot bzw. rein grün. Wir sehen der Mischfarbe in keiner Weise mehr an, aus welchen Farben sie entstanden ist. Gelb empfindet man ja genau wie Rot, Grün und Blau als „Urfarbe". Wir erinnern uns weiterhin aber daran, daß auch im Spektrum ein schmaler gelber Bezirk vorhanden ist. Mit einem dritten Spektralapparat könnten wir durch Anbringen der Spaltblende an der geeigneten Stelle dieses spektrale Gelb zum Vergleich ebenfalls noch auf den Schirm werfen und würden dabei feststellen, daß das Mischgelb etwas weißlicher ist als das spektrale Gelb. Jedenfalls sehen wir daraus, daß zwar Licht einer bestimmten Wellenlänge für sich allein eine bestimmte Farbe hat, daß aber nicht umgekehrt eine Farbe aus dem Licht dieser bestimmten Wellenlänge stammen muß. Wir haben hier auch wieder ganz andere Verhältnisse als bei den Tönen: Wenn wir zwei verschiedene Töne, etwa ein C und das nächst höhere G zusammen anschlagen, so kann unser Ohr in dem Akkord noch die beiden Töne erkennen, und in keiner Weise entsteht der Eindruck eines neuen dritten Tones. Wir wollen aber unser Experiment noch in anderer Weise erweitern. Im ersten Spektralapparat behalten wir das Rot bei, im zweiten stellen wir durch Verschieben der Blende ein Blaugrün ein und mischen wieder diese beiden Lichtarten. Dabei beginnen wir mit einem geringen Anteil des Blaugrün und erhöhen diesen immer mehr. Wir

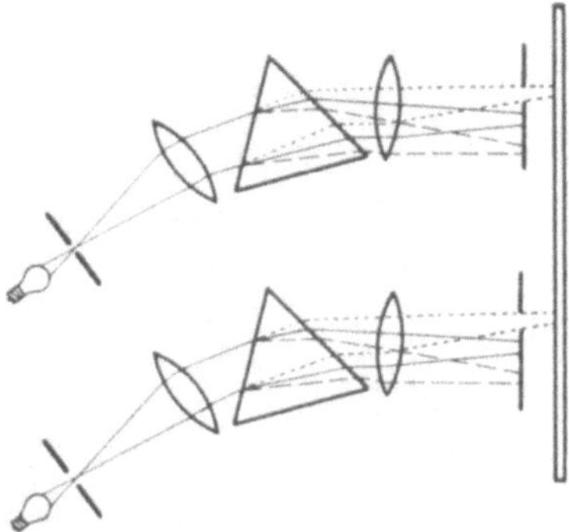

Abb. 2. Addition von Spektrallichtern.

erhalten diesmal folgende „Mischreihe“: Das Rot wird immer weißlicher, geht in Weiß über, dann erhält das Weiß einen blaugrünen Farbton, der sich immer stärker ausprägt bis zum reinen Blaugrün. Wir erhalten diesmal also keine anderen bunten Farben als Zwischenglieder, statt dessen aber Weiß und die Übergangsfarben zwischen Weiß und den beiden Spektralfarben, von denen wir ausgingen. Solche Farben, die durch Mischung Weiß ergeben, nennt man Kompensationsfarben.

Wir wollen nun schließlich mit den beiden Spektralapparaten noch folgenden Versuch machen: Wir stellen in dem einen Spektralapparat wieder das Rot ein, in dem zweiten blenden wir jetzt durch unseren Spalt

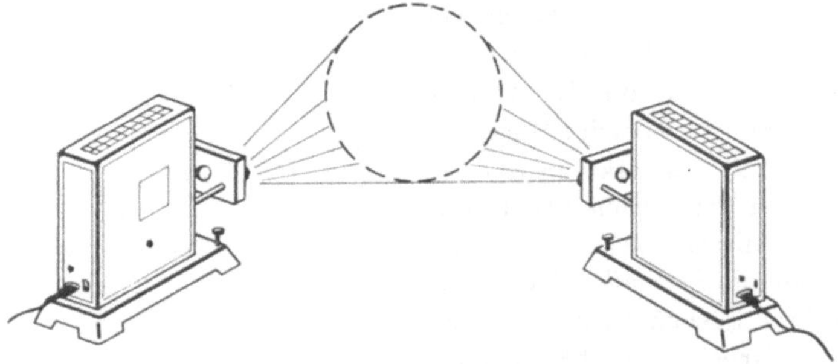

Abb. 3. Addition von Projektionsfarben.

ein Violett aus. Mischen wir diese beiden Farben, so erhalten wir die blauroten Farbtöne, die wir im Spektrum selbst nicht beobachten konnten.

Mit Absicht wurden die additiven Mischversuche zunächst an den Spektralfarben beschrieben, weil diese selbst rein und „ungemischt“ sind. Es lassen sich aber in viel einfacherer Weise solche Versuche durchführen, wenn man auf diese Beschränkung verzichtet. Zum Beispiel kann man (Abb. 3) zwei Projektionsapparate nehmen und sie mit verschiedenen Farbfiltern versehen, beispielsweise auch mit einem Rotfilter und einem Grünfilter und so wieder Gelbrot, Gelb oder Gelbgrün als Mischfarbe erzeugen. Statt dessen kann man das Experiment aber auch an dem sog. Farbkreisel zeigen (Abb. 4). Eine runde Scheibe wird von einer Lichtquelle gleichmäßig beleuchtet, der eine Teilsektor wird mit einem roten, der andere mit einem grünen Papier belegt. Dreht man die Scheibe erst langsamer, dann immer schneller, so verschwindet von einer bestimmten Geschwindigkeit an der Eindruck, daß wir zwei getrennte Farben vor uns haben, wir sehen nur noch die Scheibe gleichmäßig mit einer Farbe bedeckt, und zwar sehen wir auch hier die additive Mischfarbe. Die verschiedenen Abstufungen erhält man sehr leicht dadurch, daß man die Fläche der einen Farbe erst klein wählt und dann allmählich immer stärker vergrößert. Während in unseren beiden ersten Versuchsanordnungen eine gleichzeitige Einwirkung der beiden ursprünglichen Farben auf unser Auge den Eindruck der Mischfarbe ergibt, handelt es sich beim Farbkreisel um ein kurz aufeinanderfolgendes zeitliches Nacheinander, ohne daß an dem Ergebnis dadurch etwas geändert wird.

Man braucht sich nun keineswegs auf die additive Mischung von zwei Farben zu beschränken, man kann auch drei oder mehr wählen. Davon wird noch ausführlicher gesprochen.

Die gesamten hier besprochenen Ergebnisse unserer Mischversuche, die sich noch durch zahlreiche andere Beispiele erweitern ließen, ergeben ein zunächst etwas verwirrendes Bild, das aber durch die Young-Helmholtzsche Theorie des Farbensehens eine einleuchtende Deutung gefunden hat.

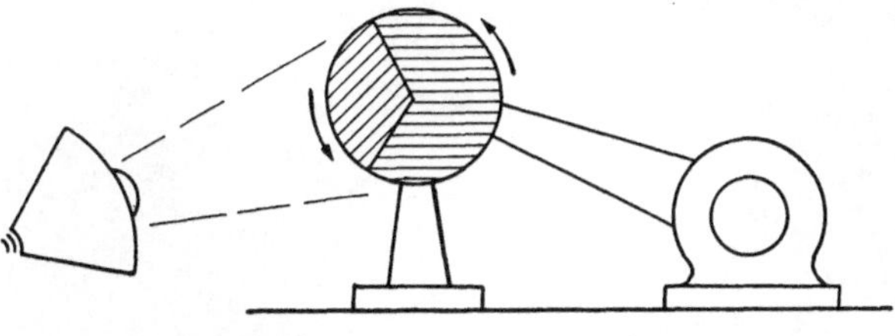

Abb. 4. Farbkreisel.

Wir wollen in dem Teil D I 1 etwas näher darauf eingehen, da die wissenschaftliche Durchdringung des farbenphotographischen Prozesses auf dieser Farbenlehre beruht. Hier sei nur so viel gesagt, daß im Auge in enger Nachbarschaft drei Arten von Reizzentren vorhanden sind, daß jede Lichtart diese drei Reizzentren in einem ganz bestimmten, zahlenmäßig erfaßbaren Maße erregt und daß durch die Größe dieser drei Reize die Farbempfindung bestimmt wird.

Wir kommen nun auf die additiven Farbmischungen zurück, jetzt aber unter einem anderen Gesichtspunkt. Während es uns bisher nur interessierte, daß bei der Mischung von zwei oder mehr Farben gänzlich neue auftraten und z. T. auch noch, um welche es sich dabei handelt, wollen wir jetzt umgekehrt fragen:

Können wir solche Farben, wie wir sie in unserer natürlichen Umgebung bemerken, auch durch Mischung von anderen Farben erzeugen, und wenn das der Fall ist, wieviel und welche derartige Farben benötigen wir dazu?

Wir lernten oben bereits in einigen Fällen das Ergebnis der Mischung von *zwei* Farben kennen. Keine derartige Zweiermischung ist aber imstande, auch nur angenähert alle in der Natur vorkommenden Farben wiederzugeben. Ganz anders ist es mit der additiven Mischung von *drei* Farben. Damit kann man weitgehend alle natürlichen Farben ermischen, wenn man diese drei Farben richtig wählt, nämlich ein möglichst gesättigtes Blau bzw. Violett, ein gesättigtes Grün und ein gesättigtes Rot. Der Übergang zu vier oder mehr Farben bringt dann nicht mehr entscheidende Vorteile, und da man sich auch praktisch in der additiven

Abb. 5. Additive Mischung von drei Farben.

Farbenphotographie fast immer auf drei Farben beschränkt hat, wollen wir nur diesen Fall ausführlich besprechen. Es ist selbstverständlich möglich, für die drei Farben Blau, Grün und Rot Spektralfarben zu wählen. Sie haben sogar den Vorteil, selbst sehr gesättigt zu sein und auch recht gesättigte Mischfarben zu ergeben, aber aus praktischen Gründen ist es vorzuziehen, weißes Licht in Verbindung mit Farbfiltern zu nehmen, die aber einen ziemlich engen Durchlässigkeitsbereich haben sollen. Die Versuchsanordnung ist also zweckmäßig die oben an zweiter Stelle beschriebene: Drei Projektionsapparate mit Blau- bzw. Grün- bzw. Rotfilter und Übereinanderprojizieren der drei Lichtflecke (Abbildung 5). Die mit den Farben Rot, Grün und Blau ermischbaren Farben sind aus folgendem Schema zu ersehen:

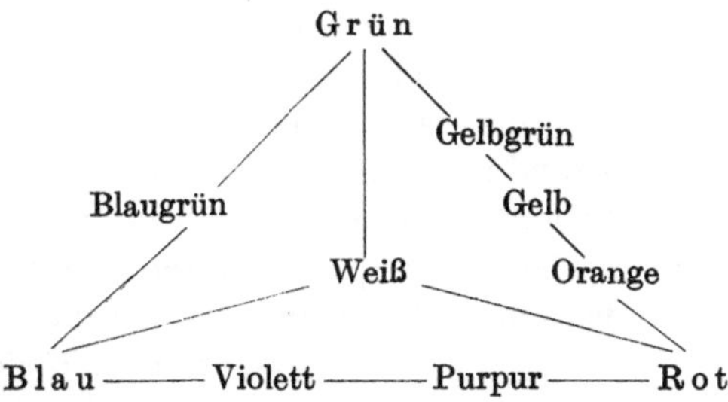

In den Ecken des Dreiecks befinden sich die erwähnten drei Grundfarben, die Dreieckseiten stellen die Mischungen aus je zwei dieser Farben dar. So z. B. gibt die Verbindungslinie Blau-Grün die ganze Skala der Übergänge zwischen Blau über Blaugrün zu Grün, die Linie Blau-Rot alle Nuancen zwischen Blau und Rot über Violett und Purpur, die Linie Grün-Rot schließlich die schon näher erwähnte Abstufung Grün-Gelbgrün-Gelb-Orange-Rot. Weiß ist in der Mitte des Dreiecks dargestellt, und zwar deshalb, weil es aus den drei genannten Farben nur durch Mischung aller drei zu erhalten ist. Im Innern des Dreiecks liegen alle verweißlichten, weniger gesättigten Farben, z. B. liegen auf der Verbindungslinie Blau-Weiß alle Abstufungen zwischen dem gesättigten Blau über immer stärker verweißlichte Blautöne bis zum Weiß. Sie sind dadurch zu erzielen, daß man zu dem in voller Lichtstärke strahlenden Blau grünes und rotes Licht in schwacher Intensität zumischt. Ein verweißlichtes Purpur z. B. (Rosa) erhält man durch Mischung von Blau und Rot in voller Intensität und Beimengung von etwas Grün.

Wie man sieht, sind alle vorkommenden Farben dem *Farbton* nach wiederzugeben, indessen sind die so hergestellten Mischfarben nicht ganz so gesättigt wie die entsprechenden Spektralfarben. Die in der Natur vorkommenden Farben sind nun nicht übertrieben gesättigt, so daß sie grundsätzlich alle mit den drei Grundfarben ermischbar sind. Dagegen ist eine naturgetreue Reproduktion von Spektralfarben auf diese Weise nicht möglich. Die verschiedene Helligkeit einer Mischfarbe kann dadurch eingestellt werden, daß die Intensität aller drei Grundfarben *gemeinsam* erhöht oder erniedrigt wird.

Nachdem klargestellt worden ist, daß grundsätzlich alle natürlichen Farben durch die additive Mischung dreier Farben reproduziert werden können, fragt sich nun, wie das im einzelnen bildmäßig erfolgen kann. Wir sahen bereits, daß die Ermischung der einzelnen Farben nur von der Intensitätsregelung der drei projizierten Lichter abhängt, und diese kann bekanntlich durch verschieden dichte Graufilter vorgenommen werden. Bei der Projektion eines Schwarzweiß-Diapositivs oder -Kinobildes haben wir ja aber auch nichts anderes als eine von einem Bildpunkt zum anderen verschiedene Herabsetzung der Bildhelligkeit. Wir müssen also bei der dreifarbigen Projektion für jeden der drei Projektoren ein geeignetes Bild haben und müssen diese drei Bilder in der richtigen Weise übereinanderprojizieren. So muß beispielsweise an der Stelle, wo sich ein roter Gegenstand im Bild befindet, das Bild des Rot-Projektors eine geringe Dichte haben, um das rote Licht intensiv wirken zu lassen, die Bilder der beiden anderen Projektoren müssen dagegen eine hohe Dichte haben, um wenig blaues und wenig grünes Licht durchzulassen. Wo sich ein weißer Gegenstand befindet, müssen alle drei Bilder hell sein usw. Wie gelingt nun die Herstellung solcher Bilder? Die Antwort ist überraschend einfach. Es müssen auch bei der Aufnahme die gleichen oder zumindest ähnliche Filter verwendet werden wie bei der Projektion. Man kann also z. B. von einem ruhenden Gegenstand drei getrennte Aufnahmen machen, die erste durch ein Blaufilter, die zweite durch ein Grünfilter, die dritte durch ein Rotfilter. Entweder verarbeitet man durch einen photographischen Umkehrprozeß die drei Aufnahmen direkt zu Diapositiven oder man entwickelt sie erst zu Negativen und stellt aus diesen durch Kopie Diapositive her. Durch Übereinanderprojizieren dieser Diapositive unter Vorschalten der zugehörigen Filter erhält man dann ein Bild mit sehr guter Farbwiedergabe. Um zu verdeutlichen, wie die einzelnen Farben auf den drei Aufnahmen wiedergegeben werden, dient die schematische Übersicht in Abb. 6.

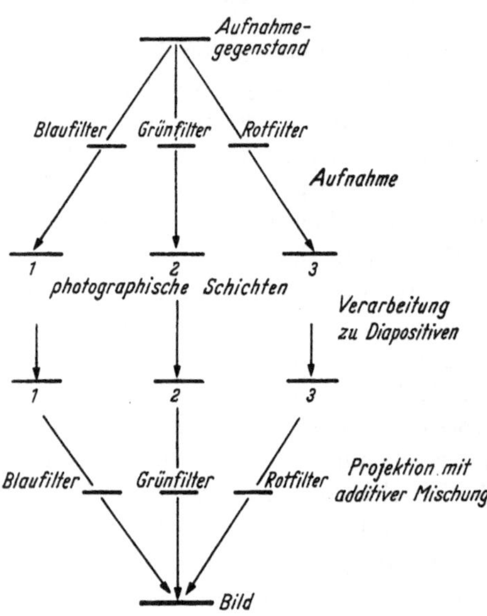

Abb. 6. Schema der additiven Farbenphotographie mit getrennten Teilauszügen.

Wir betrachten nochmals die Aufnahme eines roten Gegenstandes: Nehmen wir ihn durch Blaufilter auf, so erscheint er im Diapositiv dunkel, ebenso bei der Aufnahme durch das Grünfilter, dagegen ergibt die Aufnahme durch das Rotfilter eine helle Stelle im Diapositiv. Wir haben also das erreicht, was wir schon oben forderten. Betrachten wir noch einen anderen Fall, eine gelbe Objektfarbe. Diese strahlt von dem auf sie fallenden Tageslicht die grünen und roten Strahlen zurück, darauf beruht die Wirkung „Gelb“ auf unser Auge. Bei den drei Aufnahmen verschluckt das Blaufilter die grünen und roten Strahlen, das Blaufilter-

Diapositiv bleibt infolgedessen dunkel. Die beiden anderen Diapositive werden dagegen hell, bei der Projektion werden sie von grünem und von rotem Licht durchdrungen, die in additiver Mischung wieder Gelb ergeben.

Qualitativ läßt sich die Wirksamkeit der additiven Farbenphotographie auf diese Weise leicht übersehen; wie die Dinge bei strengerer Betrachtung liegen, soll im Teil D I näher auseinandergesetzt werden. Die soeben beschriebene Methode ist zugleich die erste, nach der man überhaupt die farbenphotographische Wiedergabe versuchte (MAXWELL, s. S. 1), zugleich ist dabei das Prinzip des Verfahrens sehr übersichtlich zu erkennen. Die Praxis hat dieses Grundprinzip immer wieder benutzt, hat das Problem aber technisch z. T. anders gelöst als MAXWELL, doch soll darauf erst bei der Besprechung der einzelnen Verfahren im Teil C I eingegangen werden.

II. Prinzipien der subtraktiven Farbenphotographie.

Zum Verständnis der additiven Mischung der Farben und damit auch der additiven Farbenphotographie gingen wir davon aus, daß unser weißes Tageslicht alle Lichtarten aus dem auf unser Auge wirkenden Spektralbereich von 380—780 mμ enthält. Wir isolierten aus diesem gesamten Spektralbereich einzelne schmale Bezirke, ließen zwei oder mehrere davon gleichzeitig auf unser Auge wirken und studierten die Farbreize, die wir dabei empfinden, im Vergleich zu dem Farbreiz jeder einzelnen Spektralfarbe. Aus dem großen Gemisch „Weißes Licht" nahmen wir also diejenigen Bestandteile heraus, die uns interessierten und mischten sie wieder. Es ist selbstverständlich, daß wir auch umgekehrt verfahren können, indem wir aus der Mischung diejenigen Bestandteile herausnehmen, die uns nicht interessieren und die übrigen unverändert lassen. Wir können unsere Aufgabe mit der eines Kindes vergleichen, das aus einem Zahlenlotto eine bestimmte Gattung von Zahlen heraussuchen will, beispielsweise sämtliche geraden Zahlen. Es kann dazu verschieden vorgehen: entweder nimmt es jede gerade Zahl heraus und legt sie alle zusammen, oder es nimmt jede ungerade Zahl heraus, so daß schließlich nur die geraden zurückbleiben. Im Gegensatz zu dem ersten additiven Verfahren heißt das zweite sinngemäß subtraktives Verfahren. In gleicher Weise kann man nun mit dem Licht verfahren. Das weiße Licht trete durch eine Farbfolie hindurch, dann durch eine zweite und dann noch durch eine dritte (Abb. 7). Dabei wollen

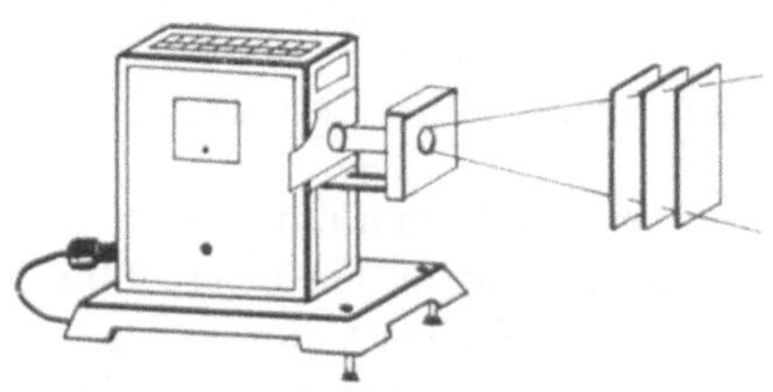

Abb. 7. Subtraktive Farbenmischung.

wir zunächst der Einfachheit halber annehmen, daß es sich um sog. „Optimalfarben" handelt, d. h. um Farben, die in bestimmten Spektralbereichen das Licht vollständig absorbieren, in anderen gar nicht. Das Ergebnis geht aus dem in Abb. 8 gegebenen Schema hervor.

Die subtraktive Wirkung ist ohne weiteres zu erkennen. Da man im allgemeinen weißes Licht als Beleuchtung voraussetzt, spricht man überhaupt nur von der subtraktiven Mischung der betreffenden drei Farben, muß aber beachten, daß das nicht ganz richtig ist und die resultierende Farbe auch von der Art der Lichtquelle abhängt. Es ist nun keineswegs notwendig, daß die subtraktiven Farben Optimalfarben sind, nur wird bei anderen Farben das Licht in den verschiedenen Spektralbereichen in ganz verschiedener Weise geschwächt, und das muß bei der genaueren Ermittlung der subtraktiven Mischfarben berücksichtigt werden (s. Teil D I). Will man die Wirkungsweise der subtraktiven Mischung in der Farbenphotographie in großen Zügen kennen lernen, so ist es indessen zweckmäßig, die Farben zunächst angenähert als Optimalfarben zu betrachten.

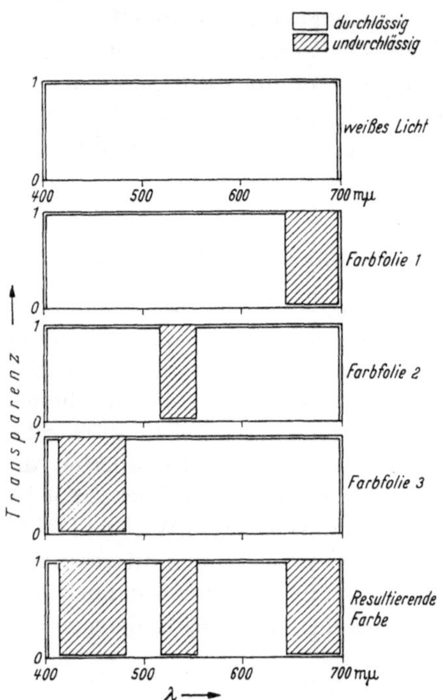

Abb. 8. Schema der subtraktiven Farbenmischung.

In der subtraktiven Farbenphotographie kann nun genau wie in der additiven mit zwei, drei oder mehr Farben gearbeitet werden. Wir nehmen zuerst ein Beispiel für die zweifarbige Mischung.

Die eine Farbe ist durchlässig von 400 bis etwa 550 mμ und hat einen grünlichblauen Farbton, die andere ist von etwa 550 bis 700 mμ durchlässig und ist ein gelbliches Rot (Abb. 9). Wir nehmen zum Vergleich mit diesen Farben erst die additive Mischung vor, indem wir einmal zwei Projektoren aufstellen und dem einen das Grünblau, dem anderen das Orange als Filter vorschalten und dann beide Farben aufeinanderprojizieren. Bei richtiger Abstimmung der Lampenintensität geben beide Farben zusammen Weiß, deckt man die grünblaue allmählich mit Graufilter wachsender Dichte ab, so wird die Farbe erst ein weißliches, dann ein immer leuchtenderes Orange. Umgekehrt gibt es bei Abdecken des Orange erst ein weißliches, dann ein satteres Grünblau. Nimmt man die Abdeckung bei beiden Projektoren gleichzeitig vor, so bleibt die Farbe unbunt, wird aber immer dunkler, wir erhalten über dunkler werdende Graus schließlich Schwarz. Andere Farb*töne* als das Grünblau und das Orange kommen bei dieser zweifarbigen Mischung nicht vor.

Bei der subtraktiven Mischung nimmt man nur *einen* Projektionsapparat. Legt man erst nur das Grünblau ein, so gibt es diese Farbe, legt man nur das Orange ein, so gibt es Orange, legt man gar keine Farbe ein, gibt es Weiß, legt man beide zusammen ein, so daß das Licht erst durch die eine, dann durch die andere treten muß, so gibt es Schwarz. Um die verweißlichten Farben zu erzielen, muß man sich von jedem der beiden Farbstoffe Folien in verschieden abgestufter geringerer Dichte herstellen (z. B. durch Einfärben von Gelatinefolien mit Lösungen verschiedener Konzentration). Die Grauwerte erhält man, wenn man je ein vergleichbar dichtes Grünblau und Orange hintereinander schaltet.

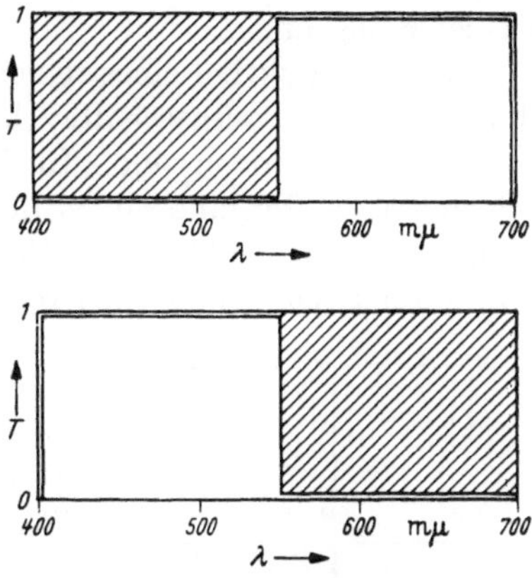

Abb. 9. Zwei Optimalfarben mit angrenzendem Durchlaßbereich.

Wir sehen als Endergebnis, daß in beiden Fällen eine gleichartige Farbenskala vom Grünblau über Weiß bzw. Grau nach Orange erzielt wird, aber doch beide Male mit unterschiedlichen Mitteln der Beleuchtung und Abstufung. Dabei ist besonders zu beachten, daß man zur Reproduktion derselben Farben in gleicher Helligkeit bei der subtraktiven Mischung einen einzigen Projektor benötigt, bei der additiven deren zwei. Der Lichtaufwand ist also bei der subtraktiven Mischung geringer, das ist ein entscheidender Vorteil. Er ist dadurch bedingt, daß man die Grundfarben der additiven Mischung erst durch Abfilterung aus weißem Licht herstellt. Grundsätzlich könnte man allerdings statt dessen auch direkt farbige Lichtquellen benutzen.

Nun zu der besonders wichtigen subtraktiven *Drei*farbenmischung, welche einen wesentlich größeren Farbenreichtum zu erzeugen vermag als die zweifarbige Mischung. Es sei daran erinnert, daß das Spektrum ganz roh in drei etwa gleichartige Teile eingeteilt werden konnte, einen blauen, einen grünen und einen roten. Bei der additiven dreifarbigen Mischung, die wir mit drei Projektoren zeigen können, hatten wir je ein Filter, das ein Drittel des Spektrums durchließ, also ein blaues, ein grünes und ein rotes. Alle drei Lichtarten zusammen ergeben weißes Licht. Im Fall der subtraktiven Mischung nehmen wir nur einen

Projektor. Durch drei Folien, welche das Licht nacheinander durchdringen muß, sollen nun alle Mischfarben erzielt werden. Eine genauere Überlegung zeigt, daß dies nur dann möglich ist, wenn jede dieser drei Folien jeweils ein Drittel des Spektrums *nicht* durchläßt. Diese Farben sind:

1. Ein Farbstoff, der Blau verschluckt, Grün und Rot durchläßt; das ist *Gelb*.

2. Ein Farbstoff, der Grün verschluckt, Blau und Rot durchläßt; das ist Purpur.

3. Ein Farbstoff, der Rot verschluckt, Blau und Grün durchläßt; das ist Blaugrün.

Die Reproduktion eines reinen Blau ist z. B. dadurch möglich, daß die gelbe Folie ausgeschaltet bleibt, dagegen die purpurne und die blaugrüne vorhanden sind. In der purpurnen verliert das weiße Licht seinen grünen Bestandteil, in der blaugrünen seinen roten, so daß der blaue übrig bleibt (Abb. 10). Entsprechend müssen auch für die Reproduktion der rein grünen und rein roten Farbe jeweils zwei der subtraktiven Farben eingeschaltet sein, während die dritte fehlt. Grün wird durch subtraktive Mischung von Gelb und Blaugrün, Rot durch die entsprechende von Gelb und Purpur erzeugt. Zur Reproduktion von Farben, die zwei Drittel des Spektrums durchlassen, wie z. B. Gelb, muß nur die eine Farbe, nämlich in diesem Fall die gelbe, da sein, während die beiden anderen fehlen. Für die Reproduktion von Weiß müssen alle drei Farben ausgeschaltet sein, für die Reproduktion von Schwarz müssen alle drei da sein. Diese Zusammenhänge werden nochmals eindrucksvoll durch die farbige Abb. 11 belegt.

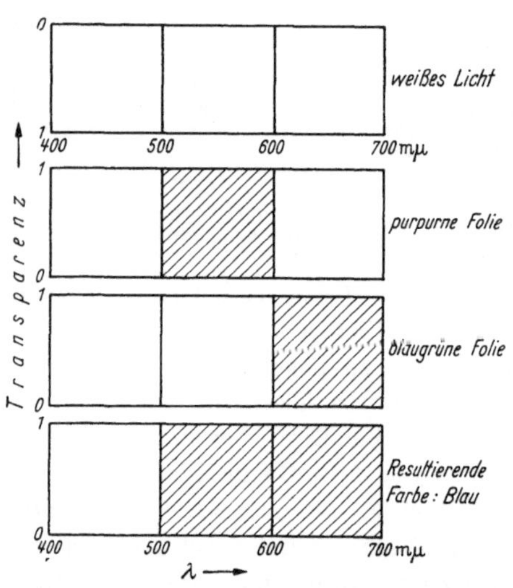

Abb. 10.
Subtraktive Mischung von Purpur und Blaugrün.

Für die Herstellung von Übergangsfarben zwischen den oben erwähnten kann man bei der *additiven* Mischung die Intensität der Lichtquellen selbst regeln oder sie durch Einschaltung von Graufolien herabsetzen. Bei der *subtraktiven* Mischung muß man die subtraktiven Farben selbst in ihrer Dichte vermindern. So wird z. B. ein weißliches Blau erzielt durch Fortlassen von Gelb und Hintereinanderschalten von nicht zu dichtem Purpur und nicht zu dichtem Blaugrün, oder ein schwärzliches

Rot (Rotbraun) durch Hintereinanderschalten von kräftigem Gelb, kräftigem Purpur und schwachem Blaugrün. Für die Reproduktion von Grau müssen alle drei Farben in nicht zu großer Dichte vorhanden sein.

Genau wie bei der additiven Farbmischung kann man auch bei der subtraktiven zu mehr als drei Mischfarben übergehen, in der Praxis wird aber davon noch wenig Gebrauch gemacht.

Der Vergleich zwischen additiver und subtraktiver Farbmischung lehrt also folgendes: Die Ermischung der gewünschten Farben kann im

Abb. 11. Darstellung der subtraktiven Mischung von drei Farben (Gelb, Purpur und Blaugrün.)

ersteren Fall in beliebiger Weise durch verschieden dichte Graufilter vor dem farbigen Licht erzielt werden, im zweiten Falle durch verschieden dicht gefärbte Folien. Wir brauchen also bei der additiven Farbenphotographie mehrere den verschiedenen Lichtquellen zugeordnete Schwarzweiß-Diapositive, bei der subtraktiven mehrere übereinanderliegende Diapositive in den verschiedenen Farben, und zwar bei der Dreifarbenphotographie in den Farben Gelb, Purpur und Blaugrün. Aus dem Schema auf S. 16 und den Ausführungen auf S. 20 geht hervor, daß im einzelnen die Diapositive der additiven und diejenigen der subtraktiven Farbenphotographie gleichartig sind, und zwar müssen in der Verteilung der hellen und dunkleren Teile übereinstimmen:

beim additiven Verfahren	beim subtraktiven Verfahren
das Dia für die blaue Lichtquelle	das gelbe Dia
das Dia für die grüne Lichtquelle	das purpurne Dia
das Dia für die rote Lichtquelle	das blaugrüne Dia.

So muß z. B. bei der Wiedergabe eines reinen Blau in der additiven Farbenphotographie das Dia für das blaue Licht an dieser Stelle vollkommen durchlässig sein, die beiden anderen undurchlässig, im subtraktiven Fall muß das Gelbbild an dieser Stelle ungefärbt, die beiden anderen müssen voll eingefärbt sein. Blau und Gelb, Grün und Purpur, Rot und Blaugrün sind ja gerade Gegenfarben, und es mag verwunderlich erscheinen, daß in der additiven Farbenphotographie das Dia für die eine Lichtfarbe im gleichen Sinne beeinflußt wird wie in der subtraktiven Farbenphotographie das in der Gegenfarbe eingefärbte Dia. Der Zusammenhang ist besser zu verstehen, wenn man bedenkt, daß das Gelb im Blau absorbiert, in Grün und Rot dagegen alles Licht durchläßt. Das Gelbbild in der subtraktiven Mischung beeinflußt also nur den blauen Spektralbereich des weißen Lichtes, genau wie es in der additiven das der blauen Lichtquelle vorgeschaltete Dia tut. Noch deutlicher wird die Ähnlichkeit zwischen den Verfahren, wenn man bedenkt, daß auch bei der additiven Mischung die Bilder in den Gegenfarben gefärbt sein können. So kann das der blauen Lichtquelle zugeordnete Dia gelb statt unbunt eingefärbt sein, das der grünen zugeordnete purpur, das der roten zugeordnete blaugrün, ohne daß sich am Ergebnis etwas ändert.

Die Dias haben dann also genau dieselbe Einfärbung wie die Teilbilder der subtraktiven Mischung. Daß man es bei der additiven Farbenphotographie nicht so macht, liegt einfach daran, daß die Herstellung aller Dias in Unbunt einfacher ist. Diese Parallelität zwischen additiver und subtraktiver Farbenphotographie hat jedenfalls zur Folge, daß die Gewinnung der Dias in beiden Fällen aus den gleichen Negativen erfolgen kann. Es wurde schon früher gezeigt, daß die eine Aufnahme durch ein Blaufilter, die zweite durch ein Grünfilter, die dritte durch ein Rotfilter erfolgt. Dementsprechend kann man vom Blaufilterauszug, Grünfilterauszug und Rotfilterauszug sprechen. In der subtraktiven Farbenphotographie wird nun entsprechend den obigen Darlegungen

das gelbe Teilbild aus dem Blaufilterauszug,
das purpurne Teilbild aus dem Grünfilterauszug und
das blaugrüne Teilbild aus dem Rotfilterauszug

gewonnen. Ob man aus den Aufnahmen erst Negative herstellt und aus diesen die farbigen Diapositive durch Kopieren erhält oder aus den Aufnahmen im Umkehrverfahren direkt die farbigen Teilpositive gewinnt, ist dabei im Prinzip gleichgültig. Für diesen letzteren einfachsten Weg seien noch einige Beispiele durchgeführt, die den auf S. 16 gebrachten entsprechen: Bei der Aufnahme eines roten Gegenstandes durch das Blaufilter erfolgt keine Wirkung, das Diapositiv wird nicht aufgehellt, ebensowenig das durch das Grünfilter erhaltene. Ersteres ist gelb gefärbt, das zweite purpur. Dagegen gibt es bei der Aufnahme durch das Rotfilter Aufhellung im Diapositiv, die blaugrüne Farbe verschwindet.

Gelb und Purpur geben aber in subtraktiver Mischung Rot, wie es sein muß. Ist die Objektfarbe gelb, so wirkt sie auf den Blaufilterauszug auch nicht, das gelbe Diapositiv behält also seine Farbe, dagegen wirkt das Gelb auf den Grün- und auf den Rotfilterauszug, so daß das Purpur wie das Blaugrün in den zugehörigen Diapositiven verschwinden. Es bleibt also nur Gelb als Wiedergabefarbe.

Bisher wurde nur die Wiedergabe durch Projektion beschrieben, das ist aber durchaus nicht die einzige Möglichkeit der subtraktiven Wiedergabe. So kann man z. B. ein subtraktives Bild gegen eine Lichtquelle betrachten, etwa gegen eine durch Tageslicht oder Lampenlicht erhellte Mattscheibe. In diesem Fall wirkt das Licht nach Durchgang durch die Schichten mit den subtraktiven Farben direkt auf das Auge, ohne den Umweg über den Projektionsschirm zu nehmen. Ein anderer Fall ist besonders häufig und wichtig: das farbige Papierbild. In diesem Falle durchdringt das Tageslicht oder Lampenlicht zunächst die farbigen Schichten, wird an der weißen Unterlage reflektiert, durchdringt die Schichten nochmals und gelangt dann erst in unser Auge. Es ist verständlich, daß bei dem doppelten Durchgang das Licht stärker geschwächt wird, infolgedessen müssen die Schichten weniger stark absorbieren.

Es soll noch erwähnt werden, daß manchmal besonders in der ausländischen Literatur die subtraktive Farbe Gelb als Minusblau, Purpur als Minusgrün, Blaugrün als Minusrot bezeichnet wird mit Rücksicht darauf, daß die gelbe Farbe das Blau aus dem Licht herausnimmt, die purpurne das Grün und die blaugrüne das Rot. Wir wollen indessen der besseren Anschaulichkeit wegen die Bezeichnungen Gelb, Purpur, Blaugrün beibehalten.

III. Prinzipien der Aufnahmeverfahren.

In den beiden letzten Kapiteln wurden die additive und die subtraktive Farbenphotographie in ihren Grundlagen gekennzeichnet, wobei möglichst verständliche Ausführungsformen als Beispiele gebracht wurden, ohne Rücksicht darauf, ob es technisch elegantere und praktisch wichtigere Lösungen gibt. Genauer als das Aufnahmeverfahren wurde in beiden Fällen das Wiedergabeverfahren besprochen, weil es für denjenigen, der mit der Farbenlehre nicht näher vertraut ist, ziemlich schwierig zu verstehen ist. Von den Aufnahmen wurde nur soviel gesagt, daß sie durch mehrere verschiedene Filter unabhängig voneinander gemacht werden und daß dabei die gleichen Aufnahmen entweder in der additiven oder in der subtraktiven Farbenphotographie Verwendung finden können. Es kann nun aber auch bei der Herstellung der Aufnahmen nach mehreren grundlegend verschiedenen Prinzipien vorgegangen werden, und diese sollen im folgenden Teil — ebenfalls ohne Eingehen auf technische Einzelheiten — auseinandergesetzt werden, um für den späteren technischen Teil eine klare Grundlinie zu schaffen.

Die Zahl der Aufnahmen ist gleich der Zahl der Wiedergabefarben. Am meisten verbreitet ist die Dreifarbenphotographie. Die dafür notwendigen drei getrennten Aufnahmen kann man nun zeitlich nacheinander machen. Das ist die erste Möglichkeit, die sehr zweckmäßig erscheint, wenn es sich um ein ruhendes Objekt handelt, also z. B. bei Reproduktionen von farbigen Vorlagen, bei Aufnahmen von Stilleben oder dergleichen. Ist das Objekt nicht ruhend, so besteht noch die Möglichkeit, die Aufnahmen in so rascher Folge zu machen, daß die Bewegung des Objektes in der Zwischenzeit nicht merklich ist, aber hier sind schon die größeren technischen Schwierigkeiten zu erkennen. Ich werde für diese erste Gruppe von Aufnahmeverfahren das Wort Folgeverfahren benutzen.

Die zweite und dritte Gruppe haben das eine gemeinsam, daß die Aufnahme der Teilbilder gleichzeitig erfolgt. Man könnte sie daher unter dem Begriff Simultanverfahren zusammenfassen, doch soll dies nicht geschehen, um Verwirrung zu vermeiden.

In die zweite Gruppe fallen alle Verfahren, bei denen das vom Aufnahmeobjekt kommende Licht vor seiner Einwirkung auf das photographische Material in mehrere Strahlengänge zerlegt wird. Heymer spricht in diesem Fall von *Spreizverfahren.* Er trennt davon aber nicht, wie es hier geschehen soll, die Folgeverfahren ab. In jeden dieser Strahlengänge ist das notwendige Aufnahmefilter eingeschaltet (Abb. 12), und man sieht, daß es sich um das vollkommene *Gegenstück* zu dem additiven Farbwiedergabeverfahren handelt, in dem Sinne, daß das Licht hier erst einmal in die verschiedenen spektralen Bezirke zerlegt wird, die später wieder zusammengesetzt werden.

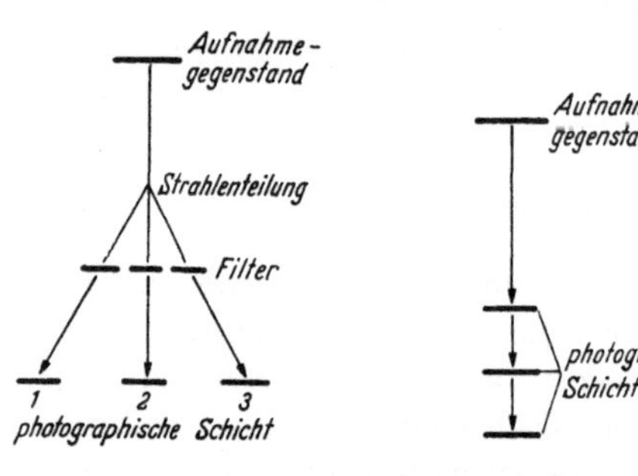

Abb. 12. Spreizverfahren. Abb. 13. Siebverfahren.

Die dritte Gruppe umfaßt diejenigen Verfahren, bei welchen das Licht vom Aufnahmeobjekt zunächst *eine* photographische Schicht trifft, nach deren Durchdringung eine zweite und schließlich eine dritte. Meistens sind auch noch Filterschichten zwischengeschaltet. Heymer spricht in diesem Fall von *Siebverfahren,* und wir wollen diese Bezeichnung beibehalten (Abb. 13). Es besteht offenbar eine vollkommene Analogie zum subtraktiven Wiedergabeverfahren.

Die erwähnten drei Gruppen seien nochmals am Beispiel des Dreifarbenverfahrens etwas näher erläutert. Die Aufgabe besteht darin, den blauen Anteil des Lichtes in dem einen Teilbild, den grünen in dem zweiten und den roten in dem dritten Teilbild zur Wirkung kommen zu lassen.

Bei dem *Folgeverfahren* wählt man im allgemeinen für alle drei Teilbilder panchromatisches Aufnahmematerial, das ja bekanntlich für den ganzen sichtbaren Bereich empfindlich ist, und nimmt bei der ersten Aufnahme ein Blaufilter, bei der zweiten ein Grünfilter und bei der dritten ein Rotfilter. Man kann statt dessen aber auch bei der ersten Aufnahme ein orthochromatisches Material mit Blaufilter nehmen oder man kann schließlich unsensibilisiertes, also nur blauempfindliches Material nehmen und das Filter weglassen. Auch bei der zweiten Aufnahme genügt orthochromatisches Material mit Grün- oder Gelbfilter.

Bei dem *Spreizverfahren* sind die photographischen Materialien und Filter ganz gleichartig wie bei dem Folgeverfahren.

Bei dem *Siebverfahren* durchdringt das Licht erst eine Schicht, die unsensibilisiert, also nur für blaues Licht empfindlich ist. Da trotz der Blauabsorption des Silberbromids ein Teil des blauen Lichtes durch die erste Schicht noch durchdringt und auf die beiden anderen Schichten einwirken würde (die photographischen Silberbromidschichten sind alle blauempfindlich), muß die erste Schicht selbst oder eine Schicht zwischen der ersten und der zweiten gelb eingefärbt sein. Es folgt als zweite Schicht eine orthochromatische, also blau- und grünempfindliche Schicht. Da das blaue Licht abgefiltert ist, wirkt nur das grüne ein. Schließlich folgt als dritte Schicht eine rotempfindliche. Auf sie wirkt auch nur der rote Anteil des Lichtes, da der blaue abgefiltert ist. Ist diese Schicht panchromatisch, also auch noch grünempfindlich, so muß zwischen der zweiten und dritten Schicht noch ein Rotfilter eingefügt werden. Im Endeffekt ist also auch bei dem Siebverfahren das gleiche erzielt wie bei dem Folge- und dem Spreizverfahren: Eine Aufnahme wird durch den blauen, eine durch den grünen und eine durch den roten Teil des Lichtes bewirkt. Wir wollen in Zukunft allgemein von dem Blaufilterauszug, dem Grünfilterauszug und dem Rotfilterauszug sprechen, auch wenn, wie beim Siebverfahren, diese Filter selbst nicht in Erscheinung treten[1].

Obwohl nun zweifellos Folge- und Spreizverfahren Verwandtschaft zum additiven Wiedergabeverfahren haben, das Siebverfahren dagegen dem subtraktiven analog ist, sind in der Praxis durchaus nicht immer

[1] In der Reproduktionstechnik bezeichnet man als Blauauszug denjenigen, der zum Blaubild (Blaugrünbild), als Gelbauszug denjenigen, der zum Gelbbild, als Rotauszug denjenigen, der zum Rotbild (Purpurbild) führt. In der Farbenphotographie benennt man die Auszüge dagegen durchweg nach den bei der *Aufnahme* benutzten *Filtern* bzw. der Aufnahmeempfindlichkeit der Schichten. Eine Einigung zwischen den beiden verwandten Techniken war leider noch nicht zu erzielen. Um die Bezeichnung auf jeden Fall eindeutig zu machen, werden hier durchweg die Worte Blau*filter*auszug usw. benutzt.

diese verwandten Verfahren miteinander verbunden, sondern auch andere Zuordnungen kommen häufig vor. Im ganzen gibt es sechs Kombinationsmöglichkeiten zwischen den drei Aufnahmetypen und den beiden Wiedergabetypen. Die Angelegenheit kompliziert sich aber noch weiter dadurch, daß ein Verfahren in sich mehrere Möglichkeiten enthalten kann. So kann beim Dreifarbenverfahren die eine der drei Farben erst einmal nach dem einen Verfahren abgespaltet werden, die Trennung der beiden anderen aber nach einer anderen Methode erfolgen. Darauf muß dann besonders hingewiesen werden. Das praktisch sehr wichtige Technicolorverfahren z. B. können wir dementsprechend als subtraktives Spreiz-Siebverfahren bezeichnen.

C. Systematik der Verfahren.

Im vorhergehenden Teil sind die Grundlagen der additiven und subtraktiven Farbwiedergabe sowie die wichtigsten bei der Aufnahme geltenden Prinzipien dargelegt worden. Es wurde bewußt darauf verzichtet, auf die zahlreichen technischen Möglichkeiten zur Durchführung dieser Prinzipien einzugehen. Das soll in diesem Teil ausführlich für diejenigen Verfahren geschehen, die zur Zeit technische Bedeutung haben. Prozesse, die augenblicklich nicht mehr ausgeführt werden, sollen nur dann erwähnt werden, wenn ihre technische Gestaltung noch ein allgemeines Interesse beanspruchen kann, und auch dann werden sie kürzer behandelt als die noch ausgeübten Verfahren. Auf alle übrigen früheren Prozesse und auch auf die überaus zahlreichen, teils geistvollen, teils banalen Vorschläge zur Gestaltung farbenphotographischer Prozesse, die nicht zur technischen Anwendung gekommen sind, kann hier nicht eingegangen werden. In dieser Beziehung muß teils auf ältere Bücher teils auf das große historische Werk von Wall-Friedman (*11, 3*) sowie auf die außerordentlich umfangreiche Patentliteratur verwiesen werden. Einen sehr guten Überblick über die wichtigsten Verfahren der Farbenphotographie in gedrängter Form gibt ein Artikel von Eggert (*89*).

Die *Einteilung* der farbenphotographischen Prozesse kann nach sehr verschiedenen Gesichtspunkten erfolgen. Schwierigkeit bereitet dabei die Tatsache, daß viele Prozesse mehrere verschiedenartige Elemente enthalten, wodurch sie teils der einen, teils der anderen Gruppe zugeteilt werden können. Es sei daran erinnert, daß im Teil B einerseits auf die Unterteilung nach der Wiedergabeart (additiv oder subtraktiv), andererseits auf diejenige nach der Aufnahmeart (Folge-, Spreiz-, Siebverfahren) näher eingegangen wurde. Wir wollen auch jetzt bei jedem Verfahren angeben, wie es nach diesen Begriffen zu charakterisieren ist; zur

Gruppierung der Prozesse wird aber zweckmäßig nur die erste Unterteilung nach additiven und subtraktiven Verfahren herangezogen, die allgemein üblich ist. Sie ist es auch deswegen, weil Kombinationen zwischen additiver und subtraktiver Wiedergabe nie praktisch durchgeführt worden sind, obwohl sie an sich theoretisch möglich wären[1]. Bei der Aufnahme dagegen ist die Kombination verschiedener Prinzipien keine Seltenheit. Die weitere Unterteilung erfolgt deshalb ebenfalls besser nach anderen Gesichtspunkten.

Unter den *additiven* Verfahren müssen die Rasterverfahren als eine ganz eigenartige technische Lösung einen besonderen Platz finden, und da die additive Farbenphotographie ohnehin keine große Rolle mehr spielt, genügt die Unterteilung in Verfahren ohne Raster und solche mit Raster. Bei der weiteren Unterteilung der *subtraktiven* Verfahren wird dagegen ein chemischer Gesichtspunkt verwendet, und zwar die Art der Entstehung des Farbbildes. Einmal kann ein bildmäßig gesteuerter *Farbstoffaufbau* während des Prozesses erfolgen, in anderen Fällen erfolgt ein bildmäßig gesteuerter *Farbstoffabbau*, drittens kann eine bildmäßige *Einfärbung mit fertigen Farbstoffen* erfolgen und viertens kann das Silberbild durch *chemische Verwandlung in gefärbte Verbindungen* übergeführt werden. Diese vierte Gruppe wird aber nicht selbständig behandelt, weil sie nur manchmal als Teilprozeß bei dem Verfahren der dritten Gruppe mit herangezogen wird. Diese Einteilung nach der chemischen Entstehungsweise des subtraktiven Bildes hat den Vorzug, daß die Eigenart des Prozesses sich darin besonders ausprägt und daß wesensverwandte Prozesse mit gleichartig gelagerten Problemen in die gleiche Gruppe kommen, während das bei anderen Einteilungsarten nicht immer der Fall ist. Die weitere Unterteilung der drei Gruppen erfolgt nach rein praktischen Gesichtspunkten entsprechend der Bedeutung verschiedener Prozesse.

I. Die technisch wichtigen additiven Verfahren.

1. Verfahren ohne Raster.

Die additiven Verfahren ohne Raster standen vor mehreren Jahrzehnten im Vordergrund des Interesses, und immer wieder wurde im Laufe der Jahre versucht, auf diesem Wege zu brauchbaren Verfahren zu kommen. Auch jetzt, nachdem der subtraktive Film sich bereits eingebürgert hat, hört man von Zeit zu Zeit wieder von derartigen Prozessen. Wir wollen nur kurz darauf eingehen.

Bei dem einen Verfahrenstyp findet in schneller Folge abwechselnd die Projektion durch zwei oder drei verschiedenartige Filter statt. Es

[1] Dies gilt für die Farbenphotographie, während in der Reproduktionstechnik additive und subtraktive Wiedergabe durch die Eigenart des Rasters im allgemeinen kombiniert sind.

liegt in der Natur der Sache, daß ein derartiger Prozeß nur auf den Kinefilm angewendet wurde. Für die Aufnahme kam sinngemäß ebenfalls nur ein Folgeverfahren in Frage. Derartige Prozesse waren z. B. der *Kinemacolor*-Prozeß (1906), der *Vitacolor*-Prozeß (1930), der *Morgana*-Prozeß (1932).

Bei der Aufnahme rotierte ein Rad mit den zwei bzw. drei Filtern so, daß eine Aufnahme durch das erste Filter, die zweite durch das nächste Filter erfolgte usw. Dasselbe wiederholte sich dann bei der Projektion. Die Bildfolge muß zwei- bzw. dreimal so schnell sein wie beim Schwarzweißverfahren, damit eine Verschmelzung der Bilder bei der Betrachtung erfolgt, sonst gibt es ein „Farbflimmern". Infolgedessen muß die Aufnahme sowohl wie die Projektion mit sehr schnellem Gang erfolgen, was zu vorzeitigem Materialverschleiß führt. Ein anderer Nachteil besteht darin, daß trotz der schnellen Bildfolge bei Szenen mit schneller Bewegung die Teilbilder bei der Betrachtung nicht mehr verschmelzen, sondern Farbränder zu sehen sind. Um das Erscheinen der Farbränder und auch das Farbflimmern weitgehend zu beseitigen, erfolgte bei dem zweifarbigen Morganaverfahren die Projektion im Pilgerschritt, zwei Bilder vor, eines zurück: 1-2-3; 2-3-4; 3-4-5 usw. Dadurch wurde also jedes Bild dreimal projiziert. Die Bildfolge mußte dadurch aber noch höher werden als bei dem üblichen einfachen Fortschreiten der Bilder.

Während das Prinzip der additiven Folgeverfahren sich für den farbigen Kinefilm nicht durchgesetzt hat, wird es neuerdings beim farbigen Fernsehverfahren wieder aufgegriffen. Ob es sich dabei endgültig bewähren wird, bleibt abzuwarten.

Eine andere Möglichkeit, die noch häufiger erprobt wurde als das Aufeinanderfolgen der verschiedenfarbigen Bilder, war das Zusammenprojizieren von mehreren getrennten Bildern, durch verschiedenartige Filter auf die gleiche Stelle der Bildwand. Das kann grundsätzlich nach zwei verschiedenen Methoden geschehen, entweder mit verschiedenen

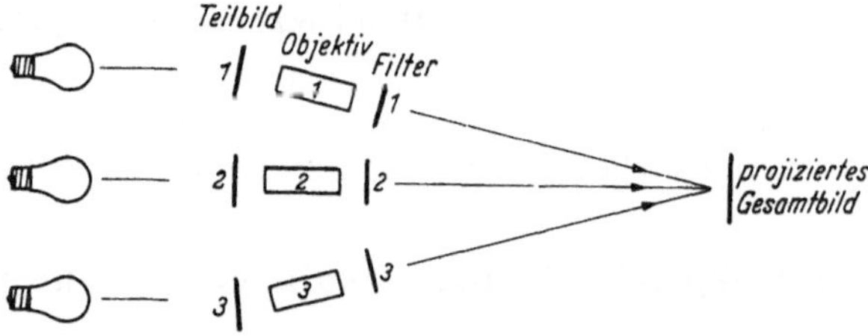

Abb. 14. Zusammenprojizieren von Bildern mit getrennten Objektiven.

Objektiven (Abb. 14), oder nach optischer Vereinigung der Bilder mittels Spiegeln durch ein einziges Objektiv (Abb. 15). Die erste Methode hat den grundsätzlichen Nachteil der räumlichen Parallaxe, da jedes der Objektive einen anderen Standort hat, indessen spielt das bei den üblichen Projektionsentfernungen keine große Rolle. Bei beiden Methoden können die Teilbilder entweder auf getrennten Filmen oder auf dem gleichen Material über- bzw. nebeneinander untergebracht sein. Schwierig ist jedenfalls immer die genaue Einstellung der Teilbilder auf vollständige Konturendeckung, eine Aufgabe, die man dem Kinovorführer im allgemeinen nicht übertragen kann. Die Aufnahmemethode entspricht meistens der Wiedergabe, jedoch macht sich hier bei der Aufnahme mit getrennten Objektiven der Fehler der räumlichen Parallaxe noch unangenehmer bemerkbar als bei der Projektion. Bewährt hat sich dagegen das Prinzip der Aufnahme mit Strahlenteilung, das bei dem subtraktiven Technicolorverfahren noch näher besprochen werden soll. Beide Aufnahmemethoden, die der getrennten Objektive wie die der Strahlenteilung, müssen wir nach unserer früheren Einteilung zu den Spreizverfahren zählen. Die additiven Spreizverfahren ohne Raster

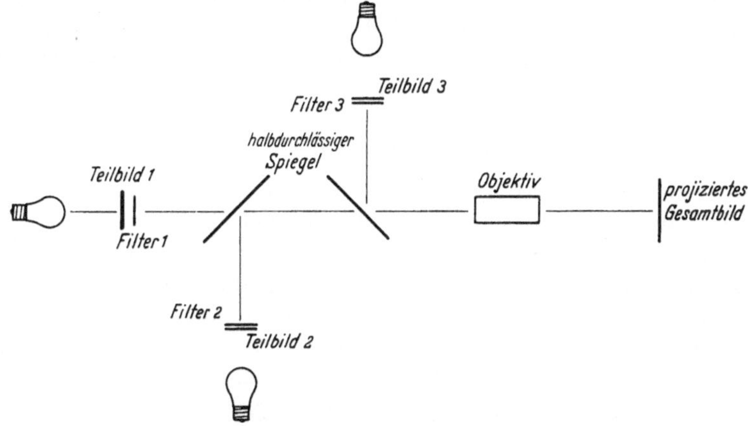

Abb. 15. Zusammenprojizieren von Bildern mit halbdurchlässigen Spiegeln.

sind in den zwanziger und z. T. noch in den dreißiger Jahren sehr ernsthaft für den Kinefilm erprobt worden. Prozesse dieser Art waren als Zweifarbenverfahren z. B. das *Raycol*-Verfahren, das *Busch*-Verfahren und das alte britische *Cinecolor*-Verfahren der Dufay-Chromex. Auch die *Technicolor*-Gesellschaft hat zunächst auf diesem Gebiet Versuche gemacht. Von den Dreifarbenverfahren ist der *Francita*-Prozeß am weitesten entwickelt worden, im großen konnte er sich aber so wenig durchsetzen wie die anderen. Eine gute Übersicht über alle diese rasterlosen additiven Verfahren gibt das Buch von CORNWELL-CLYNE (*6*).

Ein neues französisches Verfahren dieser Art ist das *Roux-Color*-Verfahren (*230*). Es fußt auf älteren Versuchen der Erfinder Gebrüder ROUX und ist ein Vierfarbenverfahren. Die vier Bilder sind neben- und übereinander auf dem Platz eines normalen Kinebildes untergebracht (Abb. 16). Auch das *Thomascolor*-Verfahren soll nach einer Mitteilung von WYCKOFF (*278*) ein additives Verfahren ähnlicher Art sein mit drei Farben. Es scheint aber niemals eine technische Bedeutung erlangt zu haben.

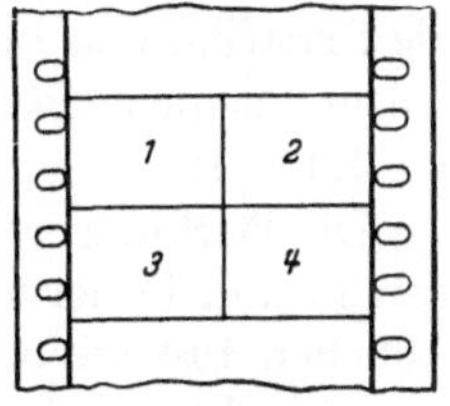

Abb. 16 Roux-Color-Verfahren.

Die additiven Spreizverfahren ohne Raster haben den Vorzug, daß man für den Aufnahme- wie für den Kopierfilm normalen Schwarzweißfilm benutzen kann. Dem stehen verschiedene schwerwiegende Nachteile entgegen: 1. Man benötigt zur Projektion eine besondere Apparatur, 2. die Konturendeckung der Teilbilder bei der Projektion ist eine ständige Sorge, 3. bei Unterbringung von mehreren Bildern auf dem gleichen Film sind diese entsprechend kleiner, und die Projektionsgüte kann daher nicht die gleiche sein wie bei Verwendung des üblichen Formats. Hinzu kommen die allgemeinen Nachteile aller additiven Verfahren, nämlich mangelnde Empfindlichkeit bei der Aufnahme und mangelnde Helligkeit bei der Projektion, denen als Vorzug die gute Farbwiedergabe gegenübersteht.

2. Verfahren mit Raster.

Das erste wirklich erfolgreiche und für viele Jahre überhaupt einzig praktisch ausgeübte farbenphotographische Verfahren war das *Kornrasterverfahren.* Zunächst gab es nur Platten mit Kornraster, später auch Filme. Die bekanntesten Fabrikate waren diejenigen von *Lumière, Agfa* und *Lignose.* Die Firma Lignose wurde seinerzeit von der Agfa übernommen. Die Produktion der Agfa-Kornrastermaterialien wurde nach jahrelanger Bewährung eingestellt, nachdem die inzwischen eingeführten subtraktiven Farbfilme der Agfa sich eingebürgert hatten. Die Firma Lumière in Frankreich stellt immer noch Kornrasterfilme

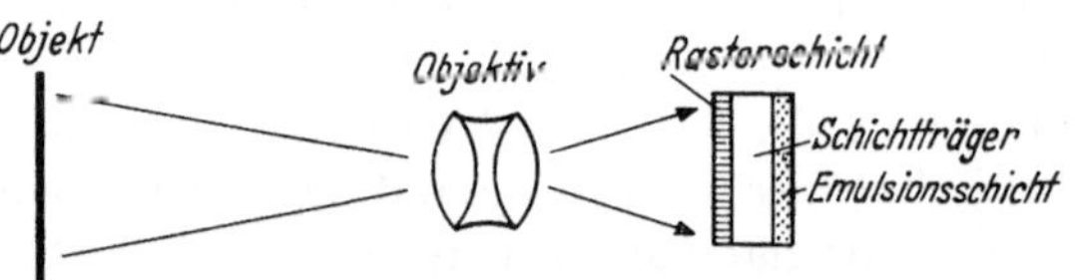

Abb. 17. Kornrasterfilm bei der Aufnahme.

her, und zwar nach Thomson (*10*) die Sorten Filmcolor Ultra-Rapide als Blattfilm und Lumicolor Ultra-Rapide als Rollfilm. Nach demselben Autor erschien das erste Lumière-Kornraster-Material in England bereits im Jahre 1902.

Die Wirkungsweise des Kornraster-Prozesses geht aus den Abbildungen 17 und 18 hervor. Die erste Abbildung zeigt, daß anders als bei den üblichen Prozessen die lichtempfindliche Schicht in der Kamera nicht dem Objektiv und damit dem einfallenden Licht zugewendet ist, sondern daß sie „verkehrt" liegt, und zwar deshalb, weil das Licht erst die auf der anderen Seite der Platte (bzw. des Films) liegende und fest mit ihr verbundene Rasterschicht durchdringen muß. Das Aussehen dieser Rasterschicht ist der Abb. 18 zu entnehmen. Sie besteht aus sehr kleinen nebeneinander liegenden unregelmäßig verteilten Körnern, von denen etwa ein Drittel blau, ein zweites Grün, ein drittes rot gefärbt ist. Die Emulsionsschicht ist panchromatisch, d. h. für das gesamte sichtbare Licht empfindlich. Das durch ein Körnchen durchtretende Licht wirkt an dieser Stelle auf die photographische lichtempfindliche Schicht und ergibt nach erfolgter Umkehrentwicklung dort eine Aufhellung. Bei der Betrachtung gegen das Licht oder bei der Projektion wird das Licht durch das Körnchen in der gleichen Weise gefiltert wie bei der Aufnahme. So tritt z. B. das von einem blauen Objekt zurückgeworfene Licht an der Stelle der Platte, wo das Objekt abgebildet wird, nur durch die blauen Körnchen durch, an den grünen und roten dagegen wird es verschluckt. Da es infolgedessen nur unter den blauen Körnchen eine Aufhellung gibt, während unter den grünen und roten Körnchen sich bei der Entwicklung ein schwarzer Niederschlag bildet, fällt später bei der Betrachtung der Platte in diesem Bezirk nur blaues Licht auf unser Auge. Ein gelber Gegenstand strahlt bekanntlich grünes und rotes Licht zurück, nicht dagegen blaues. Infolgedessen wirken diese Lichtstrahlen durch die grünen und durch die roten Körnchen hindurch auf die lichtempfindliche Schicht, nicht dagegen durch die blauen. Bei der Betrachtung gibt es also an dieser Stelle des Bildes helle grüne und helle rote Fleckchen, während die blauen dunkel bleiben. Da nun die Körnchen so klein sind, daß sie mit dem bloßen Auge nicht als solche zu erkennen sind, *addiert* sich die Farbwirkung der eng benachbarten grünen und roten Fleckchen in der bekannten Weise zum Eindruck eines Gelb. Die Tatsache, daß nahe beieinander liegende verschiedenfarbige Pünktchen dem Auge den Eindruck der additiven Mischfarbe vermitteln, wurde auch von den impressionistischen Malern benutzt. Nach dem französischen Wort point (= Punkt) nennt man diese Malweise „Pointillismus“. So wie wir oben (SS. 27 u. 28) eine Methode kennen lernten, bei der zeitlich rasch aufeinanderfolgende verschiedenfarbige Eindrücke dem Auge nicht mehr einzeln wahrnehmbar sind, sondern ineinanderfließen, so ist es hier mit räumlich eng benachbarten verschiedenfarbigen Fleckchen. In beiden Fällen bleibt man innerhalb der Grenze unseres optischen Unterscheidungsvermögens, um die additive Farbmischung zustande zu bringen. Bei der zeitlichen Aufeinanderfolge ist eine bestimmte Mindestgeschwindigkeit notwendig, um unser Auge zu täuschen, entsprechend darf beim Raster eine gewisse räumliche Ausdehnung der einzelnen Körner nicht überschritten werden, andernfalls würde die Wirkung der additiven Mischung verloren gehen, und die Punkte wären einzeln zu sehen. Bei der normalen Betrachtung ist diese „Sichtbarkeitsgrenze“ allerdings eine andere als bei starker Vergrößerung des Bildes

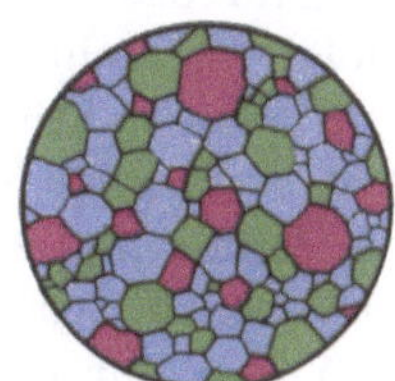

Abb. 18. Kornraster.

in der Projektion, jedenfalls muß man immer der Tatsache Rechnung tragen, daß die Körner eine gewisse Größe nicht überschreiten dürfen. Diese Kleinheit der Körner bedingt Erschwerungen in der Fabrikation, ferner verursacht sie Farbwiedergabeverfälschungen infolge Streuung des Lichtes bei Aufnahme und Projektion sowie infolge der Tatsache, daß auch die Silberbromidkristalle der Emulsion nicht mehr viel kleiner sind als die Rasterkörner. Man konnte infolgedessen nicht zu so kleinen Rasterkörnchen übergehen, wie es für den Kinefilm oder den Schmalfilm notwendig gewesen wäre (die tatsächliche durchschnittliche Größe war 0,01—0,02 mm), und die Anwendung des Verfahrens blieb auf die Herstellung von farbigen Diapositiven beschränkt, denn für das Papierbild eignen sich ja die additiven Verfahren nicht infolge des Lichtverlustes bei der Betrachtung.

Nicht nur beim Kornrasterverfahren, sondern auch bei den anderen Rasterverfahren ist für die Entwicklung im allgemeinen das Umkehrverfahren benutzt worden. Für Amateurbilder hat das zunächst den Vorteil, daß sich sofort ein zur Betrachtung geeignetes Positiv ergibt, als Vorteil für die Rasterverfahren kommt aber noch hinzu, daß die Umkehrentwicklung ein feineres Silberkorn ergibt als die einfache Entwicklung, und diese Tatsache ist hier besonders erwünscht.

Die Umkehrentwicklung, wie sie z. B. auch beim Schwarzweiß-Schmalfilm für Amateure üblich ist, besteht aus folgenden Stufen:

Eine erste Entwicklung ergibt ein Silbernegativ. Durch Behandlung mit Bichromat-Schwefelsäurelösung wird das Silber dann herausgelöst, das verbleibende Silberbromid bildet ein Positiv. Meistens beseitigt man durch ein Sulfitbad die letzten Reste Bichromat. Durch eine kräftige diffuse Belichtung und eine zweite Entwicklung wird dann das verbliebene Silberbromid seinerseits in schwarzes Silber übergeführt, zum Schluß wird noch fixiert, um kleine Reste von Silberbromid zu beseitigen. Eine Entwicklungsvorschrift für Lumière-Material lautet nach THOMSON (*10*) folgendermaßen:

1. Entwickler: Vorratslösung

1 l	Wasser
15 g	Metochinon
	(Metol: Hydrochinon = 1:3)
100 g	Natriumsulfit sicc.
38 cm³	Ammoniak von der Dichte 0,923
10 g	Kaliumbromid

Zum Gebrauch wird diese Lösung 1:5 mit Wasser verdünnt, die Entwicklung damit erfolgt 3 min bei 16°. Darauf folgt nach kurzer Wässerung das Umkehrbad mit folgender Zusammensetzung:

1 l	Wasser
2 g	Kaliumpermanganat
10 cm³	konz. Schwefelsäure

Nach kurzer Einwirkung dieses Bades kann helles Licht angemacht werden. Das Umkehrbad wirkt 2 min ein. Darauf folgt eine Wässerung von 1 min bei kräftiger Belichtung und danach eine Wiederentwicklung von 4 min mit beliebigem

Entwickler, z. B. kann auch der erste benutzt werden. Es empfiehlt sich noch eine Behandlung von 5 min mit Härtefixierbad, anschließend wird die Schlußwässerung vorgenommen.

Wie immer bei additiven Dreifarbenverfahren war auch beim Kornrasterprozeß die Farbwiedergabe gut, dagegen wirkte die starke Lichtabsorption durch die Rasterkörnchen, die in diesem Fall Aufnahme- und gleichzeitig Wiedergabefilter sind, in dem Sinne, daß das Material relativ unempfindlich war und daß bei der Betrachtung die Helligkeit zu wünschen übrig ließ. Dabei müssen wir bedenken, daß bei der Aufnahme eines weißen Objektes zwar das Licht durch alle drei Kornarten auf die lichtempfindliche Schicht einwirkt und infolgedessen die Schicht auch unter allen drei Kornarten transparent wird. Da jede Kornart selbst bei den besten Farbstoffen nur ein Drittel des gesamten sichtbaren Lichtes durchlassen würde, so kann die Helligkeit selbst theoretisch höchstens ein Drittel derjenigen eines weißen Objektes in einem Schwarzweiß-Diapositiv sein, in Wirklichkeit ist sie noch wesentlich geringer. Das stört besonders bei der Betrachtung in normaler heller Umgebung, das Weiß selbst und auch die bunten Farben erscheinen ziemlich trübe. Man kann diesen Eindruck durch eine dunkle Umrahmung etwas mildern.

Nähere Einzelheiten über die Kornrasterplatte sind vor allem dem Band VIII von Hays Handbuch (*21*) zu entnehmen.

Wie schon oben erwähnt, hat die Sichtbarkeit des Rasters die Verwendung des Kornrasterfilms für Laufbilder verhindert. Dabei spielte noch eine Besonderheit mit hinein. Selbst wenn das Rasterkorn in der Ruhelage bei der notwendigen Vergrößerung noch nicht sichtbar ist, ergibt sich beim Laufbild ein merkwürdiges „Kribbeln“. Man konnte feststellen, daß bei der unregelmäßigen, rein zufälligen Verteilung der Körner die unmittelbare Nachbarschaft mehrerer gleichfarbiger Körner nicht zu vermeiden ist und daß dadurch diese äußerst störende Erscheinung verursacht wird. Infolgedessen war man bestrebt, für die Zwecke des Laufbildes zu einem regelmäßigen Raster zu kommen. Einen beachtlichen Erfolg hatte dabei die englische Firma *Dufay-Chromex* mit ihrem *Linienrasterfilm*, der in einem ziemlich komplizierten Druckprozeß hergestellt wird (Abb. 19).

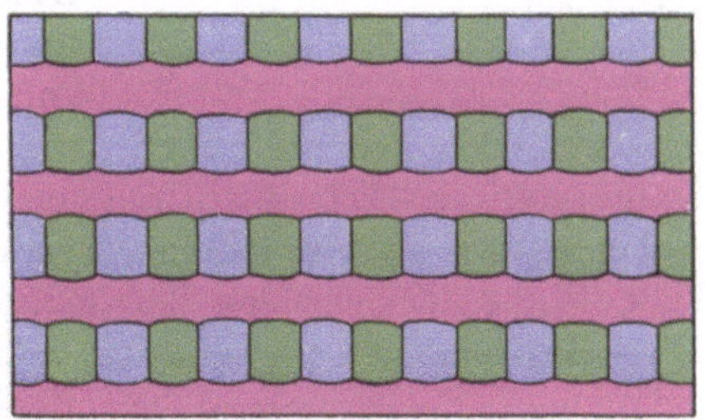

Abb. 19. Linienraster.

Das Verfahren geht auf die Bemühungen des französischen Photographen Dufay zurück, der schon in den Jahren 1910—1917 eine

„Dioptochrome“ genannte Platte verkaufte. Die Breite einer Linie beträgt etwa 0,025 mm. Die roten Linien laufen durch, die blauen und grünen Flächen sind in Form von Kästchen zwischen ihnen angeordnet. Diese Art des Rasters hat gegenüber der Anordnung von drei parallelen Streifen den Vorteil der geringeren Sichtbarkeit. Genau wie beim Kornrasterfilm befindet sich das Raster auf der dem Objektiv zugewendeten Seite des Films, die photographische Emulsion auf der anderen Seite. Die Abb. 20 verdeutlicht nochmals die Wirksamkeit des Rasters.

Der Dufaycolorfilm ist zur Zeit noch im Handel, vor allem in England selbst hat er ziemlich erhebliche Verbreitung gefunden. Am meisten kam wie beim Kornrasterfilm die Umkehrentwicklung in Anwendung, mit deren Hilfe vom Aufnahmematerial selbst Durchsichtsbilder gewonnen werden. So gibt es nach Thomson (*10*) Dufaycolormaterialien als Rollfilm, Packfilm, Blattfilm und Kleinbildfilm für Tageslicht und für Kunstlicht. Ferner gibt es Dufaycolor-Schmalfilm, bei dem das Raster nur dann stört, wenn man bei der Betrachtung zu nahe an den Schirm herangeht. Die Dufay-Chromex-Gesellschaft hat im Hinblick auf den Kinefilm auch dem Kopierproblem große Anstrengungen gewidmet [s. die Arbeiten von Harrison und Horner (*127*) sowie von Harrison und Spencer (*128*)].

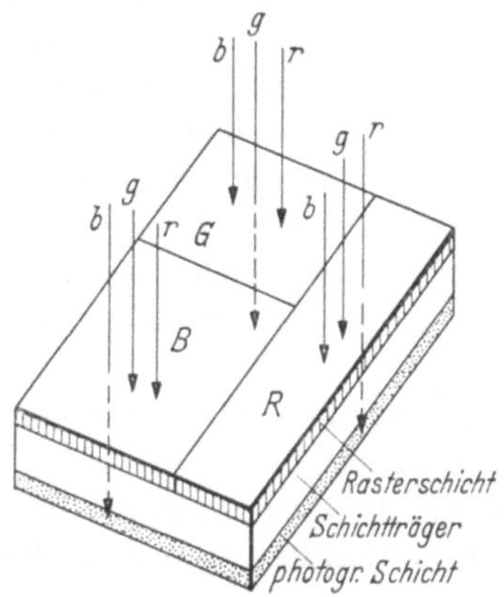

Abb. 20. Wirkungsweise des Linienrasters. *B* blaue, *G* grüne, *R* rote Rasterfläche. *b* blauer. *g* grüner, *r* roter Anteil des einfallenden Lichtes.

Dabei hat sie sich auch mit einem Negativ-Positiv-Prozeß befaßt, wobei sowohl der Aufnahme- wie auch der Wiedergabefilm in der üblichen Weise der normalen Entwicklung und Fixage unterworfen werden. Diese Bestrebungen sind aber niemals über das Versuchsstadium herausgekommen. So verlockend die einfache Verarbeitung eines solchen Materials in der Kopieranstalt wäre, so ist doch zu bedenken, daß die Fabrikation des Linienrasters selbst ein recht schwieriger und teurer Prozeß ist, der vor allem für das in großen Mengen benötigte Kine-Positiv-Material kaum in Frage kommt, abgesehen von den allgemeinen, schon erörterten Nachteilen des additiven Prozesses.

Für die Verarbeitung der im Handel befindlichen Dufaycolor-Umkehrfilme kommt das übliche Schwarzweiß-Umkehrverfahren in Anwendung, das auch bei den Kornrastermaterialien benutzt wurde. Auf S. 32 ist ein solcher Entwicklungsgang bereits beschrieben worden. Die Firma Dufay-Chromex selbst empfiehlt für die erste Entwicklung einen Ammoniak enthaltenden Metol-Hydrochinon-Entwickler folgender Zusammensetzung:

1 l	Wasser
3 g	Metol
50 g	Natriumsulfit sicc.
6 g	Hydrochinon
2,75 g	Kaliumbromid
11 cm³	Ammoniaklösung von der Dichte 0,880
	Entwicklungszeit 3 min bei 18°.

oder statt dessen einen rhodanidhaltigen Entwickler mit

1 l	Wasser
6,5 g	Metol
50 g	Natriumsulfit sicc.
2 g	Hydrochinon
40 g	Natriumcarbonat sicc.
2,75 g	Kaliumbromid
9 g	Kaliumrhodanid
	Entwicklungszeit 4 min bei 18°.

Der sonstige Entwicklungsgang unterscheidet sich nicht wesentlich von dem auf S. 32 angegebenen, nach dem Umkehrbad wird ein Klärbad folgender Zusammensetzung empfohlen:

1 l	Wasser
25 g	Kaliummetabisulfit.

Das Ammoniak bzw. das Rhodanid haben die Eigenschaft, allmählich Silberbromid zu lösen und damit die Klarheit der entwickelten Bilder zu erhöhen. In dem Ammoniak-Entwickler übernimmt das Ammoniak noch gleichzeitig die Rolle des Alkalis an Stelle von Natrium- oder Kaliumcarbonat.

Wie bei jedem additiven Verfahren verursacht auch beim Linienraster die mangelnde Durchlässigkeit der Filter bzw. hier der Rasterfarben große Schwierigkeiten infolge niedriger Empfindlichkeit bei der Aufnahme und geringer Helligkeit bei der Betrachtung bzw. Projektion. Bei dem Dufaycolorverfahren hat man sich besonders bemüht, durch *aufgehellte* Rasterfarben Abhilfe zu schaffen. Die Betrachtungen des Teiles D werden zeigen, daß man bei einer solchen Maßnahme sehr große Vorsicht walten lassen muß, da jede Aufhellung der Filter bzw. Rasterfarben eine Sättigungsminderung der Bildfarben zur Folge hat. Wendet man die helleren Rasterfarben beim Aufnahmefilm an, so findet infolge der Überlappung der Transparenzbereiche eine gewisse gegenseitige Beeinträchtigung der drei Teilaufnahmen statt. Das unter dem Grünraster liegende Teilbild (Abb. 20) nimmt z. B. teilweise den Charakter der unter dem Blauraster und dem Rotraster gelegenen Teilbilder mit an. Bei der Betrachtung bzw. bei der Kopie ergibt sich nochmals derselbe Effekt, indem durch die Überlappung der Transparenzbereiche jedes Teilbild eine erneute kleine Zumischung der beiden anderen erhält. Die Farben verlieren dadurch weiter an Sättigung. Man kann diesen zweiten Effekt bei der Kopie dadurch vermeiden, daß die Kopie durch enge Filter vorgenommen wird, z. B. die Chromex-Filter 523, 524, 525 [s. dazu die Arbeit von BEALE und CORNWELL-CLYNE (*45*)]. Auch Entladungslampen werden zur Kopie empfohlen, und zwar entweder Quecksilber-Cadmium-Lampen oder Quecksilberlampen für das blaue und grüne Licht in Verbindung mit 500 Watt-Lampen für das rote Licht. Zweckmäßig werden Didymfilter vorgeschaltet, die die gelben Linien aus dem Spektrum der Quecksilberlampen absorbieren.

In einer Arbeit von FANSTONE (*96*) werden die Möglichkeiten zur Verbesserung von unter- oder überexponierten sowie von unter- oder überentwickelten Dufaycolor-Aufnahmen besprochen. Man bedient sich dazu der bei Schwarzweiß-Material üblichen Abschwächungs- und Verstärkungsmethoden.

Nach einer neueren Mitteilung (*290*) wird die Firma Dufay-Chromex unter dem Namen Dufaychrome einen neuen subtraktiven farbenphotographischen Prozeß herausbringen. Möglicherweise bedeutet das eine endgültige Abkehr auch dieser Firma vom additiven Verfahren.

Ein drittes Rasterverfahren, das bei der Entwicklung der Farbenphotographie eine große Rolle gespielt hat, jetzt aber nicht mehr angewendet wird, ist das *Linsenrasterverfahren.* In den zwanziger und dreißiger Jahren schien dieser Prozeß am meisten dazu berufen, das Problem des farbigen Kinefilms zu lösen. FRIEDMAN (*3*) berechnet, daß zwischen 1925 und 1935 ein Drittel sämtlicher Patente, die die farbige Reproduktion behandelten, sich mit dem Linsenrasterverfahren befaßten. Das Prinzip dieses Verfahrens ist etwas schwieriger zu verstehen als dasjenige der bisher besprochenen Rasterverfahren. Der Film selbst ist nicht farbig, er hat genau wie die bisher besprochenen Rasterfilme die photographische Emulsion auf der dem Objektiv abgewandten Seite, auf der dem Objektiv zugewendeten Seite aber statt eines Farbrasters ein System von dem Film eingeprägten, sehr schmalen Zylinderlinsen (Abb. 21). Im Objektiv oder in seiner unmittelbaren Nähe sind Farbfilter angebracht, z. B. bei dem üblichen Dreifarbenverfahren die Filter Blau, Grün, Rot (Abb. 22). Die optischen Verhältnisse müssen so berechnet sein, daß der unter jeder Linse befindliche schmale Filmstreifen entsprechend den drei Filtern gerade in drei Teile aufgeteilt wird. Die Wirkung ist infolgedessen ganz entsprechend derjenigen eines Linienrasters mit jeweils drei parallelen Streifen, das farbige Bild besteht aus drei ineinandergeschachtelten Teilbildern, von denen das eine durch das Blaufilter, das zweite durch das Grünfilter, das dritte durch das Rotfilter aufgenommen wurde. Die Rasterbreite

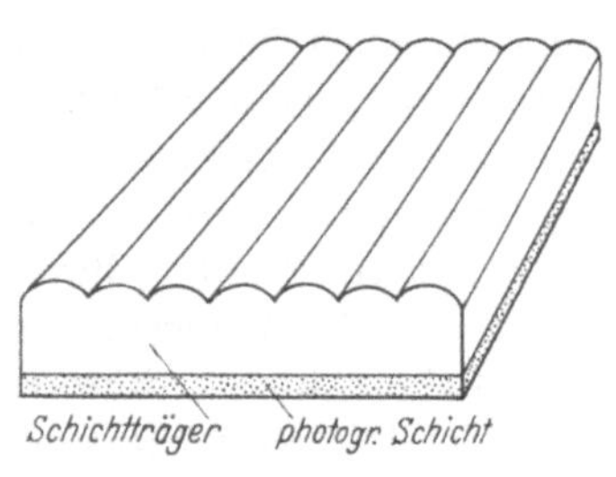

Abb. 21. Linsenrasterfilm.

entspricht auch etwa der sonst üblichen; es wurden Linsen von etwa 0,03—0,04 mm benutzt, jeder Teilbildstreifen hat dementsprechend den dritten Teil dieser Breite.

Im allgemeinen wurde wie bei den anderen Rasterverfahren durch Umkehrentwicklung direkt ein Positivbild hergestellt, das nun, wieder unter Anordnung eines Dreifarbenfilters im Objektiv, projiziert werden konnte. (Eine direkte Betrachtung ohne jedes optische Hilfsmittel zeigte nur ein Schwarzweiß-Bild.) Andererseits konnte man auch den Aufnahme-Linsenrasterfilm auf einen anderen Linsenrasterfilm kopieren und diesen dann vorführen. Dabei konnte u. U. auch der erste Film zu einem Negativ entwikkelt werden, von dem dann erst das Positiv gewonnen wurde. Die Herstellung des Rasters war nicht einfach, aber doch weniger schwierig als die eines Linienrasters. Die optischen Verhältnisse mußten bei der Aufnahme, bei der Kopie und bei der Projektion genau beachtet werden. Die Farbwiedergabe war gut, wenn die Linsen sauber geprägt waren und die Filter nicht zu stark verweißlicht wurden.

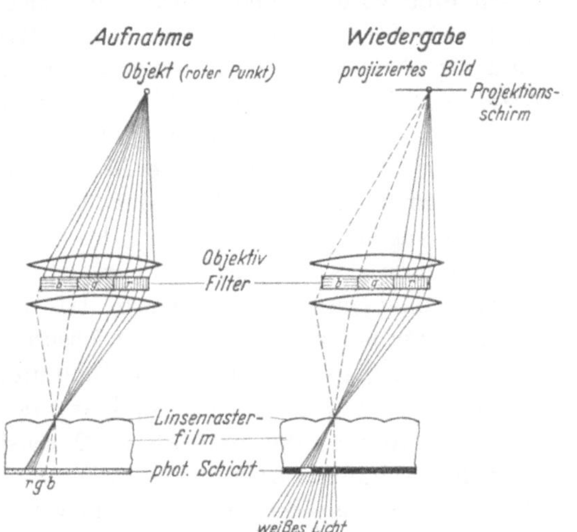

Abb. 22. Wirkungsweise des Linsenrasters bei Aufnahme und Wiedergabe. [Aus der Arbeit (*136*)].

Das von Berthon erfundene und von verschiedenen anderen weiter bearbeitete Verfahren wurde von *Kodak* und etwas später von der *Agfa* als Amateurschmalfilm und Kleinbildfilm in den Handel gebracht, also zunächst für Anwendungsgebiete, für die das damals übliche Kornrasterverfahren nicht geeignet war. Die Benutzung des Linsenrasterfilms für Kinozwecke wurde von diesen Firmen intern ebenfalls bearbeitet, an die Öffentlichkeit trat damit aber nur die Firma *Siemens*, die einen Teil der Patente kaufte und das Verfahren in optischer und feinmechanischer Beziehung weiterbildete. Die Herstellung der photographischen Emulsion und der Beguß des Films mit dieser wurden dabei von der Firma *Perutz* übernommen. Zwei größere Spielfilme nach dem „Berthon-Siemens"-Verfahren wurden kurz vor dem zweiten Weltkrieg in Deutschland der Öffentlichkeit gezeigt. Die Einführung des Verfahrens scheiterte aber vor allem daran, daß zu der Vorführung besonders lichtstarke Projektoren notwendig waren. Man wollte an eine derartig einschneidende

Umstellung der Filmtheater nicht in einem Zeitpunkt herangehen, als der subtraktive Kinefarbenfilm, der keinerlei besondere Vorführapparate benötigte, schon auf dem Plan war. Die Firmen Kodak und Agfa zogen in diesen Jahren auch ihre Linsenrasterfilme für den Amateur vom Markt zurück, da auf diesem Gebiet sich bereits die subtraktiven Verfahren durchgesetzt hatten. Die Agfa hat für den Kinefilm noch eine Kombinationslösung verfolgt, bei dem der Linsenrasterfilm nur für die Aufnahme verwendet wurde, während die Kopie auf subtraktivem Film vorgenommen wurde. Von diesem „Pantachromverfahren" wird bei dem entsprechenden subtraktiven Verfahren (S. 97) noch kurz die Rede sein. Nach neueren Berichten wird in den USA und Frankreich an dem Linsenrasterverfahren immer noch gearbeitet. Eine Notiz im Brit. J. Phot. (*287*) erwähnt, daß nach einer Übereinkunft zwischen Kodak und der Keller-Dorian-Gesellschaft Linsenrasterfilme zum allgemeinen Gebrauch wieder hergestellt werden sollen.

Eine eingehende Beschreibung des Linsenrasterverfahrens ist in den Arbeiten von Heymer (*136*) und von Gretener (*114*) zu finden.

Zusammenfassend ist zu sagen, daß die Rasterverfahren zweifellos einen sehr ernsthaften Versuch zur Lösung des farbenphotographischen Problems dargestellt haben. Viel Mühe und Geist sind auf ihre Durcharbeitung verwendet worden, und es sind auch schließlich Lösungen gefunden worden, die brauchbare Durchsichtsbilder und brauchbare Lauffilme schufen. Aber der Spruch „das Bessere ist der Feind des Guten" gilt auch hier. Die subtraktiven Verfahren waren inzwischen so weit verbessert worden, daß sie die Führung übernahmen und die additiven Verfahren fast vollständig verdrängten. Diese Wendung vollzog sich endgültig in den Jahren 1936—1940.

II. Die technisch wichtigen subtraktiven Verfahren.

1. Verfahren mit Farbstoffaufbau, insbesondere durch farbbildende Entwicklung.

a) Allgemeiner und chemischer Teil.

Das Verfahren der *farbbildenden (chromogenen) Entwicklung* hat unter allen neueren farbenphotographischen Verfahren die größte Bedeutung erlangt. Andere Prozesse zum Farbstoffaufbau, z. B. das *Indigosolverfahren* haben dagegen bisher keinen Eingang in die Praxis gefunden. Als *indirekte* Farbstoffaufbau-Verfahren könnte man die Tonungsverfahren auffassen, bei denen erst Silberbilder entstehen, die nachträglich in Farbstoffbilder umgewandelt werden. Infolge dieser chemischen Besonderheit lassen sie sich aber ebenso gut an anderer Stelle einordnen (s. Teil C II 3), was aus Gründen der Übersichtlichkeit vorzuziehen ist. Entsprechend der großen Bedeutung der farbbildenden

Entwicklung sei etwas näher auf den historischen Werdegang des Farbentwicklungs-Verfahrens eingegangen.

HOMOLKA (*141*) fand bereits im Jahre 1907 im Anschluß an die schon länger bekannte Erscheinung des „Restbildes", daß eine größere Zahl von chemischen Verbindungen imstande ist, bei der Entwicklung von belichtetem Silberhalogenid außer dem Silber Farbstoffe zu bilden. Auf diesen Beobachtungen fußend haben RUDOLF FISCHER und SIEGRIST in ihren berühmt gewordenen Patenten DRP. 253335 und DRP. 257160 ein farbenphotographisches Verfahren beschrieben, das auf der farbbildenden Entwicklung beruht. In diesen Patentschriften und der darauf bezüglichen Veröffentlichung (*100*) sind bereits sehr viele Gedanken enthalten, die erst wesentlich später praktisch verwirklicht werden konnten. So hat FISCHER nicht nur Entwicklungssubstanzen benutzt, die selbst bei der Oxydation Farbstoffe ergeben, sondern er hat empfohlen, den geeigneten Entwicklern (hauptsächlich den Aminoanilinen und Aminophenolen) noch andere Substanzen (sog. Farbbildner oder Kupplungskomponenten) zuzusetzen, die mit den oxydierten Entwicklungssubstanzen Farbstoffe bilden. Dadurch wurde einmal eine viel größere Zahl von Farbstoffen erschlossen, unter denen die geeignetsten auszuwählen sind, ferner fand FISCHER wenigstens gedanklich schon die Möglichkeit, daß man bei mehreren übereinanderliegenden verschieden sensibilisierten Silberbromidschichten jeder Schicht einen anderen Farbbildner zusetzt, so daß mit *einem* Entwickler in den Schichten *verschiedene* Farbstoffe entstehen. Das ist der Schlüssel zu den modernen subtraktiven Mehrschichtenfilmen von der Art des Agfacolorfilms oder des Kodacolorfilms. Bei der Verwirklichung eines so hochgesteckten Zieles ist aber FISCHER, wie aus mehreren Stellen seiner Schriften zu entnehmen ist, auf eine entscheidende Schwierigkeit gestoßen. Die gebildeten *Farbstoffe* sind zwar im allgemeinen unlöslich genug, um nicht mehr auszubluten, die *Farbbildner* diffundieren aber aus den ihnen zugewiesenen Schichten heraus. Auch die von FISCHER vorgeschlagene Anordnung von Zwischenschichten bringt dagegen keine entscheidende Hilfe. So befand sich FISCHER zweifellos auf dem richtigen Wege, es fehlte aber damals doch noch eine ganze Reihe von Voraussetzungen für die Durchführung einer so schwierigen Aufgabe. Denn abgesehen von dem bereits erwähnten Mangel an diffusionsfesten Farbbildnern waren auch die technischen Möglichkeiten zum gleichmäßigen Beguß sehr dünner Schichten noch nicht vorhanden, und der Stand der Emulsionstechnik sowie der Sensibilisierungstechnik war ebenfalls noch unzureichend. FISCHER arbeitete in der *Neuen Photographischen Gesellschaft*, und diese Firma brachte ein Papier zur Herstellung *einfarbiger* Bilder, das sog. *Chromalpapier*, in den Handel. Die ganzen Arbeiten wurden aber bei Ausbruch des ersten Weltkrieges abgebrochen und nicht wieder aufgenommen. FISCHER selbst wandte sich gänzlich andern Arbeitsgebieten zu. Einen sehr guten Überblick über die Situation auf dem Farbstoffgebiet, die FISCHER bei seinen Arbeiten vorfand, und über die Arbeiten von FISCHER selbst gibt MERCKX (*193*). Um die Erforschung der in Betracht kommenden Farbstoffgebiete hatten sich vor FISCHER vor allem EHRLICH und SACHS mit ihren Mitarbeitern verdient gemacht. Die Anwendung auf die Farbenphotographie bleibt FISCHERs Verdienst.

Ein anderer Forscher, der auf diesem Gebiet sehr viel Einzelarbeit geleistet hat, ohne daß es zur praktischen Durchführung eines Verfahrens kam, war der Österreicher K. SCHINZEL; sein Bruder L. SCHINZEL arbeitete mit ihm zusammen. SCHINZELS Arbeiten begannen auch schon sehr frühzeitig, sie blieben aber lange unveröffentlicht. Erst als der Kodachrom-Film auf dem Markt erschien, legte SCHINZEL seine Versuchsergebnisse in einer wissenschaftlichen Arbeit (*236*) und bald darauf in umfangreichen Patentanmeldungen nieder. Die Brüder SCHINZEL haben dann zu Kodak geschäftliche Beziehungen angeknüpft.

Die durchschlagenden *praktischen* Erfolge auf dem Gebiet der farbgebenden Entwicklung brachten erst die Forschungsarbeiten der beiden photographischen Weltfirmen Eastman Kodak und Agfa (damals zur I. G. Farbenindustrie gehörig) in den dreißiger Jahren. Kodak verfolgte zunächst den Weg, bei dem die farbstoffbildende Substanz sich im Entwickler befindet. Die ersten Anmeldungen stammen von zwei Außenseitern, den Musikern MANNES und GODOWSKY. Daraus entwickelte sich das mit kontrollierter Diffusion arbeitende erste *Kodachrom-Verfahren*, einige Jahre später wurde es durch ein auf dem Prinzip der selektiven Nachbelichtung beruhendes zweites Kodachrom-Verfahren ersetzt. Inzwischen hatte die Agfa mit Erfolg an der anderen Möglichkeit gearbeitet, daß jeder Emulsionsschicht von vornherein die farbstoffbildende Substanz zugesetzt wird. Dabei kamen ihr Erfahrungen über Diffusionsverhütung zugute, die sie bereits auf anderen Gebieten der Farbenphotographie gemacht hatte. Insbesondere war bei dem Antidiazotat-Verfahren dieser Firma (DRP 561867 vom 17. Mai 1931, Erfinder A. FRÖHLICH) die Verwendung von substantiven Azokupplungskomponenten eingeführt worden (DRP 735261 vom 17. März 1934, Erfinder J. EGGERT, A. FRÖHLICH, B. WENDT). Angeregt durch diese Methode wurde für die bei der Farbentwicklung sich bildenden Azomethin- und Chinonimin-Farbstoffe die Benutzung von substantiven Farbkomponenten erstmalig im DRP 746135 v. 11. April 1935 (Erfinder G. WILMANNS, W. SCHNEIDER, A. BRODERSEN) in Vorschlag gebracht. Weitere grundlegende Arbeiten über die Diffusionsechtheit von Komponenten führten dann zur Verwendung von langen Kohlenstoffketten, z. B. Fettresten, in Farbstoffkomponenten, die daneben wasserlöslichmachende Gruppen enthalten (DRP 725872 v. 8. August 1935 und DRP 733407

v. 6. Dezember 1935, Erfinder G. WILMANNS, K. KUMETAT, A. FRÖHLICH, W. SCHNEIDER, A. BRODERSEN). Auf dieser Grundlage wurde dann das Verfahren von einer größeren Zahl von Chemikern unter der Leitung von G. WILMANNS und W. SCHNEIDER in allen Einzelheiten ausgearbeitet. Das Agfacolor-Material (in den ersten Jahren Agfacolor-Neu genannt zum Unterschied von den älteren Kornraster- und Linsenraster-Verfahren) erschien bald nach dem ersten Kodachrom-Film im Handel (1936). Sowohl von Kodachrom wie von Agfacolor waren anfangs nur Unikate herzustellen, das Kopierproblem wurde etwas später gelöst. In den letzten 10 Jahren wurden dann von beiden Firmen noch verschiedene neue Materialien mit farbbildender Entwicklung herausgebracht. Kodak hat dabei ein eigenes Verfahren entwickelt, um die farbbildenden Substanzen in der Schicht zu verankern *(Kodacolor, Ektachrom)*, ferner wurde von Kodak ein Material mit eingebauter Maske herausgebracht *(Ektacolor)*. Die Agfa hat das Agfacolor-Negativ-Positiv-Verfahren erst für Kinefilm und später für Papier ausgearbeitet. Trotz der durch den Krieg bedingten Schwierigkeiten wurde eine beträchtliche Zahl von Spielfilmen nach diesem Verfahren gedreht. Nach Trennung der *Ansco*-Gesellschaft in USA von der Agfa im zweiten Weltkrieg hat die Ansco, welche zunächst die gleichen Filme wie die Agfa unter dem Namen *Ansco Color* vertrieb, selbständig weitergearbeitet und hat in den letzten Jahren zum Teil auch neue Arbeitsrichtungen eingeschlagen.

Nach Freiwerden der Auslandspatente deutscher Firmen und Einzelpersonen im Jahre 1945 begann man in anderen europäischen Ländern wie Rußland, Belgien, Italien, England, sowie bei weiteren Firmen der USA mit Arbeiten auf dem Gebiet der farbbildenden Entwicklung. Einige Produkte sind auch bereits auf dem Markt erschienen, sie werden bei den einzelnen Verfahren näher besprochen. Weitere Einzelheiten über die Geschichte der Farbentwicklungsverfahren sind den Arbeiten von K. MEYER (*195*), SCHNEIDER und SPERLING (*245*), WILMANNS (*273*), SCHINZEL (*237*), BUSCH (*66*) zu entnehmen.

Wir wollen uns nun mit den *chemischen und photographischen Grundlagen* der farbbildenden Entwicklung beschäftigen.

Bekanntlich verläuft in der Schwarzweiß-Photographie die Entwicklung so, daß an den durch Belichtung entstehenden Keimen das Silberhalogenid (Silberchlorid, -bromid oder -jodid) durch die Entwicklungssubstanz unter Mitwirkung von Alkalien in feinverteiltes schwarzes oder braunes metallisches Silber verwandelt wird, während die Entwicklungssubstanz dabei oxydiert wird:

$$\text{Silberhalogenid} + \text{Entwicklungssubstanz} + \text{Alkali} \rightarrow$$
$$\rightarrow \text{Silber} + \text{Alkalihalogenid} + \text{oxydierte Entwicklungssubstanz.}$$

Bei den normalen Entwicklungsprozessen ist die oxydierte Entwicklungssubstanz gelb oder braun gefärbt und bleibt in Lösung. Wenn wenig oder gar kein Sulfit im Entwickler vorhanden ist, treten bei manchen Entwicklungssubstanzen diese Oxydationsprodukte als gelbe bis braune Niederschläge auf, die sich gleichzeitig mit dem Silber absetzen, sie werden dann sichtbar, wenn man das Silber durch einen Abschwächer entfernt (Restbilder). Bei bestimmten Entwicklungssubstanzen, die in der Photographie nicht üblich sind, bilden sich durch Oxydation der Entwicklungssubstanz leuchtendere Farbstoffe, z. B. aus Indoxyl Indigo nach folgender Gleichung:

$$2\ C_6H_4\!<\!\!\begin{array}{c}CO\\NH\end{array}\!\!>\!CH_2 + 4\,AgBr + 4\,NaOH \rightarrow C_6H_4\!<\!\!\begin{array}{c}CO\\NH\end{array}\!\!>\!C{=}C\!<\!\!\begin{array}{c}CO\\NH\end{array}\!\!>\!C_6H_4 +$$

$$+\ 4\,Ag + 4\,NaBr + 4\,H_2O$$

Dieser ,,primäre" Farbentwicklungsprozeß wird aber praktisch nicht verwertet. Bedeutung erlangte dagegen die andere Möglichkeit, daß die oxydierte Entwicklungssubstanz mit einer anderen Substanz zu einem Farbstoff zusammentritt. Dabei ist es noch nicht vollständig sicher, welche chemischen Verbindungen als oxydierte Entwicklersubstanzen eigentlich vorübergehend auftreten[1], dagegen ist es im allgemeinen möglich, den *Gesamtverlauf* des Vorganges durch eine Reaktionsgleichung auszudrücken. Als Entwickler kommen hauptsächlich

[1] Am meisten Wahrscheinlichkeit hat die in dem Buch von MEES (23) S. 394ff wiedergegebene Ansicht von THOMAS und WEISSBERGER, wonach zunächst aus $NR_2{-}C_6H_4{-}NH_2$ durch Oxydation mit AgBr das Chinondiimin-Ion $\overset{+}{N}R_2{=}C_6H_4{=}NH$ entsteht, das seinerseits mit dem Farbbildner zur Leukoverbindung $NR_2{-}C_6H_4{-}NH{-}CH{<}$ kuppelt. Daraus entsteht durch weitere Oxydation, sei es mit AgBr, mit Luftsauerstoff oder, was am wahrscheinlichsten ist, mit weiteren Molekülen von Zwischenverbindungen, der eigentliche Farbstoff.

Phenylendiamine oder Aminophenole in Betracht. Wenn z. B. Dimethyl-p-phenylendiamin als Entwicklungssubstanz gewählt wird und α-Naphthol als Farbbildner (Kupplungskomponente), so ergibt sich nach der folgenden Reaktion ein Chinoniminfarbstoff

$$(CH_3)_2N{-}C_6H_4{-}NH_2 + 4\,AgBr + C_{10}H_7{-}OH \rightarrow$$

α-Naphthol

$$\rightarrow (CH_3)_2N{-}C_6H_4{-}N{=}C_{10}H_6{=}O + 4\,Ag + 4\,HBr$$

Indophenolblau oder α-Naphtholblau

Der entstehende Bromwasserstoff wird durch das im Entwickler vorhandene Alkalikarbonat neutralisiert.

Es können nun in den Entwickler sowohl wie in den Farbbildner verschiedenartige Gruppen eingeführt werden. Die Farbstoffe des eben erwähnten Typus haben vorwiegend blaue und blaugrüne Nuancen. Wählt man statt der Phenole oder Naphthole als Farbbildner Substanzen mit reaktionsfähiger Methylengruppe ($= CH_2$), so entstehen Azomethine, welche gelbe bis purpurne Farbtöne ergeben. Als Beispiel für einen solchen Farbbildner sei Acetessigsäureanilid genannt. So bildet sich ein gelber Farbstoff nach der folgenden Umsetzungsgleichung:

$$(CH_3)_2N{-}C_6H_4{-}NH_2 + 4\,AgBr + \begin{matrix} OC{-}CH_3 \\ | \\ H_2C \\ | \quad H \\ OC{-}N{-}C_6H_5 \end{matrix} \rightarrow$$

N.N-Dimethyl-p-phenylendiamin — Acetessigsäureanilid

$$\rightarrow (CH_3)_2N{-}C_6H_4{-}N{=}\begin{matrix} OC{-}CH_3 \\ | \\ C \\ | \quad H \\ OC{-}N{-}C_6H_5 \end{matrix} + 4\,Ag + 4\,HBr$$

Je nach Art der Substanzen mit reaktionsfähigen Methylengruppen kann man gelbe, rote oder purpurne Farbtöne erzielen.

Eine ungeheure Fülle von Möglichkeiten ergibt sich dadurch, daß man einerseits verschiedenartige Entwicklersubstanzen nehmen kann, andererseits eine große Anzahl von Farbbildnern (Kupplungskomponenten). Es würde den Rahmen dieses Buches weit übersteigen, auf die sehr vielseitige Chemie all dieser Produkte der farbbildenden Entwicklung einzugehen. Die Patentliteratur der letzten anderthalb Jahrzehnte enthält eine Fülle von Angaben darüber. Hier soll nach einer britischen Veröffentlichung [Phot. J. 85 B 23, Ref. Brit. J. Photogr. **95**, 507

(1948)] eine Übersicht und Einteilung der Farbbildner gegeben werden. Danach ist der Grundtypus immer nach dem Schema $=C\begin{smallmatrix} \diagup R_1 \\ \diagdown R_2 \end{smallmatrix}$ aufgebaut, und man kann 7 verschiedene Klassen unterscheiden:

1. Die Gruppen R_1 und R_2 sind Teile eines Benzolringes. Dabei entstehen blaue oder blaugrüne Farben (s. das oben erwähnte Beispiel des α-Naphthols).

2. Die Gruppen R_1 und R_2 sind Teile eines heterocyclischen Ringes oder eines isocyclischen Fünfringes. Dabei entstehen verschiedenartige Farben, meistens Purpur und Rot. Besonders bekannt sind die Pyrazolonabkömmlinge.

Pyrazolon ist der heterocyclische Fünfring

$$\begin{array}{ccc} & NH & \\ \diagup & & \diagdown \\ N & & CO \\ \| & & | \\ HC & — & CH_2. \end{array}$$

3. Die Gruppe R_1 ist CN, die Gruppe R_2 hat eine Verknüpfung über $O{=}C\langle$. Die Farben sind üblicherweise Purpur, Rot oder Braun. Als Beispiel sei Cyanacetophenon genannt: $NC—CH_2—CO—C_6H_5$ (Benzolring).

4. Die Gruppen R_1 und R_2 haben beide eine Verknüpfung über $O{=}C\langle$. Die Farben sind im allgemeinen Gelb bis Braun. Zu nennen sind die Acetessigesterderivate (s. das obige Beispiel).

5. R_1 ist ein Einzelatom oder eine einfache Gruppe, R_2 ist verschiedenartig.

6. R_1 ist heterocyclisch, R_2 ist verschiedenartig.

7. R_1 und R_2 sind beide verschiedenartig.

Schneider und Sperling (*245*) gaben in einer Arbeit, die sich mit dem farbenphotographischen subtraktiven Mehrschichtenverfahren befaßt und vor allem auch zahlreiche Patenthinweise enthält, an, daß alle Farbbildner eine der folgenden Konstitutionen haben:

1. $$\begin{array}{c} —C{=}O \\ | \\ CH_2 \\ | \\ —C{=}O \end{array} \rightleftarrows \begin{array}{c} —COH \\ \| \\ CH \\ | \\ —C{=}O \end{array}$$

2. $$\begin{array}{c} —C{=}O \\ | \\ CH_2 \\ | \\ {=}CH \end{array} \rightleftarrows \begin{array}{c} —C—OH \\ \| \\ CH \\ | \\ {=}CH \end{array}$$

3. $$\begin{array}{c} OH \\ | \\ \text{(Benzolring)} \\ | \end{array} \rightleftarrows \begin{array}{c} O \\ \| \\ \text{(chinoider Ring)} \\ \| \end{array}$$

4. $$\begin{array}{c} —C{=}O \\ | \\ CH_2 \\ | \\ —S \end{array} \rightleftarrows \begin{array}{c} —C—OH \\ \| \\ CH \\ | \\ —S \end{array}$$

5. $$\begin{array}{c} —C{=}O \\ | \\ CH_2 \\ | \\ —NR \end{array} \rightleftarrows \begin{array}{c} —C—OH \\ \| \\ CH \\ | \\ —NR \end{array}$$

Nach Angabe dieser Autoren kann man aber auch Substanzen mit nicht aktiver Methylengruppe verwenden, wenn sie durch Einführung bestimmter Reste wie z. B. Oxalester, die bei der Entwicklung wieder abgespalten werden, reaktionsfähig gemacht werden. Meyer und Bettesch (*196*) berichten über die Beeinflussung der Absorptionsverhältnisse verschiedener Farbstoffe durch systematische Änderung an ihrem Aufbau.

In einer neueren Arbeit von WAHL (*312*) über den jetzigen Stand der Farbenphotographie wird auf die farbstoffchemischen Probleme bei der farbbildenden Entwicklung ebenfalls näher eingegangen. Eine Arbeit von BROWN, GRAHAM, VITTUM und WEISSBERGER (*294*) beschäftigt sich speziell mit den vom Pyrazolon abgeleiteten Azomethin-Farbstoffen, eine Arbeit von THIERS und VAN DORMAEL (*309*) mit denjenigen aus der Klasse der Malon-Hydrazone. Die Auswahl der geeigneten Farbstoffe unter der Fülle der vorhandenen ist keineswegs leicht. Denn Voraussetzung für die Verwendbarkeit in der subtraktiven Farbenphotographie ist eine größere Anzahl von günstigen Eigenschaften, von denen einige besonders wichtige genannt sein mögen.

Die entstandenen Farbstoffe müssen die geeignete Farbnuance haben. In der Dreifarbenphotographie müssen sehr reines und leuchtendes Gelb, Purpur und Blaugrün gebildet werden, davon wird in dem Kapitel über Farbwiedergabe noch ausführlicher gesprochen werden. Die Färbekraft muß ausreichend sein, denn bei der Reduktion des Silberbromids der photographischen Schicht kann nur eine begrenzte Farbstoff*menge* entstehen. Dabei ist noch zu beachten, daß die weiter oben angegebenen Formeln zwar besagen, wieviel Farbstoff aus einer bestimmten Menge Farbbildner und Entwicklungssubstanz bei ihrer Umsetzung entsteht, es ist aber damit nicht gesagt, daß die oxydierte Entwicklungssubstanz und der Farbbildner während der begrenzten Entwicklungszeit vollständig zur Reaktion kommen, das hängt vielmehr von mancherlei Umständen ab. Die entstehenden Farbstoffe müssen ferner hinreichende Echtheit haben, sowohl die Lichteinwirkung wie die chemische Wirkung anderer Substanzen der Schicht oder der Umgebung dürfen sie nicht zu schnell zerstören. Die *Farbbildner* müssen schließlich noch besondere Eigenschaften haben, und zwar richten sich die Anforderungen danach, ob der Farbbildner dem Entwickler oder der Schicht zugesetzt wird. Im ersteren Falle muß er hinreichend löslich sein und muß sich mit den anderen Bestandteilen des Entwicklers vertragen. Erwünscht ist ferner eine nicht zu große Empfindlichkeit gegenüber Sauerstoff, da sonst die Handhabung des Entwicklers erschwert wird. Wird der Farbbildner der photographischen Emulsion zugesetzt, so sind noch schwierigere Anforderungen zu erfüllen. Er muß einerseits hinreichend löslich sein, soll andrerseits möglichst wenig diffundieren, ferner soll er weder die Allgemeinempfindlichkeit der photographischen Emulsion noch ihre Farbempfindlichkeit noch ihre Haltbarkeit erheblich beeinträchtigen.

Man erkennt aus diesen Anforderungen, was für schwierige Aufgaben die Forschung auf diesem Gebiet zu lösen hatte und daß es nur der großzügigen Gemeinschaftsarbeit größerer Gruppen von Wissenschaftlern gelingen konnte, sie zu überwinden.

Über den genaueren Mechanismus der chemischen Reaktionen, die oben durch Bruttoformeln wiedergegeben wurden, weiß man noch nichts Näheres. Wie PORAI-KOSHITS (*223*) zeigte, kann man die Oxydation zu einem solchen Farbstoff durch Silberbromid auch außerhalb der photographischen Schicht durchführen und sicher nachweisen, daß dabei der gleiche Farbstoff entsteht wie bei der Kondensation der Nitrosoverbindung (—NO) mit dem Farbbildner (z. B. das oben erwähnte Indophenolblau aus Nitrosodimethylanilin $(CH_3)_2$—⟨⟩—NO und α-Naphthol). Auch ARBUSOW (*42*) findet, daß aus p-Dimethylaminoanilin-Entwickler bei der Oxydation durch bindemittelfreies Silberbromid mit Phenylmethylpyrazolon der gleiche Azomethin-Farbstoff entsteht wie durch Kondensation von p-Nitrosodimethylanilin mit diesem Pyrazolon. Infolgedessen hat man teilweise angenommen, daß durch Oxydation aus der Aminoverbindung zunächst die Nitrosoverbindung entsteht und diese sich weiter umsetzt. Diese Annahme ist aber keineswegs gesichert, wahrscheinlich ist nur, daß *irgendein* Oxydationsprodukt des Amins als Zwischensubstanz auftritt. Dafür spricht u. a. die Tatsache, daß man zwei übereinanderliegende Schichten, von denen die eine nur Silberbromid, die andere nur einen diffusionsfesten Farbbildner enthält, der farbbildenden Entwicklung unterziehen kann, wobei in der Farbbildnerschicht der Farbstoff entsteht. Man muß diese Erscheinung so deuten, daß sich in der Silberbromidschicht die Oxydation des Farbentwicklers zu einer Substanz vollzieht, die in die andere Schicht wandert und sich dort mit dem Farbbildner zum Farbstoff umsetzt. Diese Erscheinung ist auch in anderer Hinsicht noch bedeutungsvoll. Das Farbbild entsteht in diesem Fall nicht unmittelbar am Silberbromidkorn, sondern in einiger Entfernung davon. Nun kommt dieses Verfahren, bei dem der Farbbildner in einer anderen Schicht liegt, praktisch nicht vor, es besteht aber auch sonst die Gefahr, daß die Konturenschärfe des Bildes durch Diffusion des oxydierten Entwicklers verschlechtert wird. Um dem entgegenzutreten, muß dafür gesorgt werden, daß die oxydierte Entwicklungssubstanz in unmittelbarer Nachbarschaft des Silberbromidkorns bereits auf ausreichende Mengen von dem Farbbildner trifft und daß die Reaktion schnell verläuft. Je nach Art des Prozesses muß also entweder genügend Farbbildner im Entwickler selbst vorhanden sein oder genügend diffusionsfester Farbbildner in der photographischen Schicht, bzw. wenn der Farbbildner in besonderen tropfenförmigen Gebilden in der Schicht verteilt ist, so müssen diese Tröpfchen genügend zahlreich sein. Eine geringe Diffusion vom Silberbromidkorn weg ist insofern nicht ungünstig, als die eigentliche, manchmal recht unangenehm wirkende Kornstruktur dadurch vermindert wird. Eine eingehende Untersuchung über den physikalisch-chemischen Charakter der Farbentwicklungsreaktion lieferten BROMBERG und WILENSKI (*61*). Sie fanden, daß die Farbstoffbildung nur innerhalb eines bestimmten Bereiches in Nachbarschaft des Silberbromidkorns stattfindet, und erklären diese Erscheinung damit, daß die oxydierte Entwicklungssubstanz, sofern sie nicht bald auf ein Molekül des Farbbildners trifft, einer Zersetzung anheimfällt. Eine eingehende Darstellung dieser Zusammenhänge unter Berücksichtigung der eben erwähnten Arbeit und eigener Versuchsergebnisse geben MEYER und ULBRICHT (*197*). Danach ist beim Agfacolor-Verfahren die Kupplung des Entwickler-Oxydationsproduktes mit dem Farbbildner die schnellste Reaktion, welche die andern im allgemeinen überholt. Nebenreaktionen, die bei Mangel an Farbbildner hervortreten, sind 1. die Bildung einer Sulfosäure der Entwicklersubstanz, besonders bei Gegenwart von viel Sulfit [s. MEYER und ULBRICHT (*198*)], 2. die Selbst-Polymerisation des Entwickler-Oxydationsproduktes und 3. die Diffusion desselben in entferntere Bezirke. Der Mechanismus der Reaktion ist nach MEYER und ULBRICHT folgender:

a) Reduktion des Silberbromids zu Silber unter Bildung des Entwickler-Oxydationsproduktes,

b) Diffusion dieses letzteren zum nächsten Farbbildner-Molekül und Reaktion der beiden unter Bildung eines Leuko-Farbstoffes, der seinerseits nicht diffundiert,

c) Dehydrierung des Leuko-Farbstoffes durch Entwickler-Oxydationsprodukt unter Bildung von Farbstoff einerseits und unter Rückbildung von Entwickler-Substanz andererseits.

MEYER und ULBRICHT stellen in ihrer Arbeit noch fest, daß die Diffusion der Sensibilisatoren durch die Farbbildner infolge ihrer kolloiden Eigenschaften gehemmt wird, was für den Agfacolorfilm ebenfalls bedeutungsvoll ist.

Weitere Versuche über den Mechanismus der Farbentwicklung werden von WÜHRMANN (*277*) beschrieben.

In einer Arbeit von FLANNERY und COLLINS (*101*) wird das Verhältnis des gebildeten Silbers zu dem entstehenden Farbstoff untersucht. Die beiden Autoren fanden bei einem Naphthol als Farbstoffbildner das Molekularverhältnis 1,87:1, bei einem Pyrazolon 3,64:1 und bei einem Farbbildner vom Typ des Acetessigesters 3,4:1. Wenn die Oxydation bis zum Nitrosoprodukt erfolgte, wäre das Verhältnis 4:1. JORDANSKI und ARBUSOW (*154*) fanden für den Purpurfarbstoff das Verhältnis 4:1, unabhängig von der Korngröße des Silbers. Eine Arbeit von MIYAMOTO, OKUZAWA und SIMIZU (*302*) beschäftigt sich ebenfalls mit dem gleichen Problem. Bei 3-Methylpyrazolon wurde das Verhältnis 3,64:1 gefunden, bei 2,4-Dibrom-1-naphthol das Verhältnis 2:1.

Sehr unterschiedlich ist die färbende Kraft der entstehenden Farbstoffe. Während sie manchmal nicht ausreicht, um brauchbare Bilder zu erzielen, ist in anderen Fällen die färbende Kraft außerordentlich stark und derjenigen des gleichzeitig mitentstandenen Silbers weit überlegen. Will man einen solchen Farbstoff für farbenphotographische Zwecke verwenden, so kann man also mit einer sehr silberarmen Emulsion auskommen.

Die Entwicklungsfarbstoffe waren schon vor ihrer Verwendung in der Farbenphotographie gut bekannt, ihrer sonstigen Verwendung, z. B. für Textilien oder Pigmente, stehen jedoch zwei Nachteile entgegen, erstens die große Empfindlichkeit gegen Säure, zweitens die unbefriedigende Lichtechtheit. Die erste Eigenschaft stört bei der photographischen Verwendung nicht entscheidend. Zu vermeiden sind saure Fixierbäder und zu saure Stopbäder, ferner darf die Entfernung des Silbers nicht wie bei manchen photographischen Prozessen mit sauren Bichromatbädern oder Permanganatbädern erfolgen, sondern sie erfolgt beispielsweise mit neutralen Ferricyanidbädern (FARMERschem Abschwächer). Weit unangenehmer ist die unzureichende Lichtechtheit der Farbstoffe. Man muß ihr Rechnung tragen und darf die Farbentwicklungsbilder nicht monate- oder jahrelang dem Tageslicht oder gar dem direkten Sonnenlicht aussetzen. Die Belichtung für kürzere Zeit, z. B. bei der Betrachtung von Bildern in der Projektion oder am Tageslicht, wirkt noch nicht schädlich.

Als Entwicklungssubstanzen werden bei der farbbildenden Entwicklung durchweg Abkömmlinge des p-Phenylendiamin benutzt ($H_2N—\langle\rangle—NH_2$). Diese Substanz war schon in der Schwarzweiß-Photographie bekannt wegen der besonders feinkörnigen Entwicklung, die sie ermöglicht, allerdings erhält man selbst bei sehr langen Entwicklungszeiten nur außerordentlich zarte Bilder. Für die farbgebende Entwicklung nimmt man im allgemeinen Abkömmlinge des p-Phenylendiamin vom Typus $\begin{matrix}R_1\\R_2\end{matrix}\rangle N—\langle\rangle—NH_2$, dabei können R_1 und R_2 Methyl, Äthyl, aber auch andere Gruppen sein. Ein Teil dieser Substanzen verursacht bei manchen Personen Hautekzeme, man ist deshalb in den letzten Jahren bestrebt, sie durch andere Abkömmlinge zu ersetzen, welche diese unangenehme Eigenschaft nicht besitzen. Es liegt in der Eigenart des Farbentwicklungs-Prozesses begründet, daß im Gegensatz zum Schwarzweiß-Prozeß nicht viel Sulfit im Entwickler vorhanden sein darf, und zwar nach MEES (*23*), S. 397, sowie MEYER und ULBRICHT (*198*), weil sich aus dem früher erwähnten Oxydations-Zwischenprodukt des Entwicklers mit Sulfit eine Sulfonsäure bildet. Infolge des geringen Sulfit-Gehalts sind die Farbentwickler wesentlich empfindlicher gegen die Einwirkung des Sauerstoffs der Luft. Man muß diesem Umstand sorgfältig Rechnung tragen. Ein Ausweg hat sich insofern gefunden, als man außer etwas Sulfit noch eine andere Substanz zufügt, welche den Luftsauerstoff „abfängt", nämlich Hydroxylamin.

Neuerdings haben MEYER und BRUNE (*301*) eingehende Untersuchungen über das Verhalten von Farbentwicklern gegenüber dem Luftsauerstoff veröffentlicht. Danach verzögert Sulfit die Oxydation der Entwicklungssubstanz erheblich, wirkt aber nicht als eigentlicher Oxydationsschutz. Eine Erhöhung über das Verhältnis 2 Mole Sulfit zu 1 Mol Entwicklungssubstanz hinaus hat nicht mehr viel Wert, stört aber die Farbstoffbildung. Dagegen stellt Hydroxylamin gemeinsam mit Sulfit einen idealen Oxydationsschutz dar, indem diese beiden Substanzen gemeinsam oxydiert werden, bevor die Farbentwicklungssubstanz angegriffen wird. Weiterhin wird in der erwähnten Arbeit die Wirkung von Kupferionen und von Kalkschutzmitteln auf die Oxydationsgeschwindigkeit geprüft[1].

b) Die Verfahren mit Farbstoffbildner im Entwickler.

Wie schon erwähnt, unterscheidet man zwei grundsätzlich verschiedene Methoden der farbbildenden Entwicklung. Im einen Falle ist der Farbstoffbildner im Entwickler enthalten, im anderen Falle findet er sich in der photographischen Schicht[2]. Mit der ersten Methode, die zunächst besprochen werden soll, kann nur die farbbildende Entwicklung einer *einzigen* Schicht ohne jede Schwierigkeit erfolgen. Fügt man beispielsweise einem Dimethyl-p-phenylendiamin-Entwickler irgendein Naphthol zu, so erhält man bei der Entwicklung gleichzeitig mit dem Silberbild ein blaues bis blaugrünes Farbbild. Nach Entfernung des Silbers mit FARMERschem Abschwächer verbleibt das reine Farbstoffbild.

In einer englischen Arbeit (*284*) werden beispielsweise folgende Rezepte für die drei subtraktiven Farben angegeben:

Lösung A:	1 l	Wasser
	4 g	Calgon
	20 g	Natriumsulfit sicc.
	50 g	Natriumkarbonat sicc.
	2 g	Kaliumbromid
Lösung B:	1 l	Wasser
	70 cm^3	Genochrome.

(Calgon ist ein Wasserenthärtungsmittel, Genochrome ist eine 10%ige Lösung einer Verbindung von Diäthyl-p-phenylendiamin mit Schwefeldioxyd. Es ist eine Farbentwicklersubstanz der englischen Firma May und Baker, 114 Teile Genochrome

[1] Anm. b. d. Korrektur. W. A. WEIDENBACH u. JE. A. KARPOWITSCH [J. physik. Chem. (russ.) 25, 903 (1951); Ref. Chem. Zbl. 1952, 6317] untersuchen die Abhängigkeit der Farbentwicklung von der Konzentration der Entwicklersubstanz.

[2] Eigentlich müßte man noch den im vorigen Kapitel bereits erwähnten Fall der „primären" Farbentwicklung erwähnen, wobei kein gesonderter Farbbildner vorhanden ist, sondern die Entwicklungssubstanz allein bereits bei der Oxydation den Farbstoff bildet. Da aber dieses Verfahren keine praktische Anwendung gefunden hat, soll es hier außer Betracht bleiben.

können durch 100 Teile Diäthyl-p-phenylendiaminsulfat und 63 Teile Natriumsulfit ersetzt werden.)

Mischung der beiden Lösungen im Verhältnis 1:1.

Zu 1 l dieser Mischung fügt man je nach der gewünschten Farbe eine der folgenden Lösungen:

Für eine Gelbentwicklung	100 cm^3	Methanol
	1,2 g	Acetoacet-2:5-dichloranilid,
für eine Purpurentwicklung	100 cm^3	Methanol
	0,3 g	p-Nitrobenzylcyanid,
für eine Blaugrünentwicklung	100 cm^3	Methanol
	1 g	2:4-Dichlor-1-naphthol.

Man kann also auf diese Weise ähnliches erzielen wie mit den Tonungsprozessen, nur daß bei diesen erst die übliche Schwarzweiß-Entwicklung stattfindet und dann hinterher das Silberbild durch besondere Bäder in ein Farbbild übergeführt wird. Wie kann man aber nun diesen Farbentwicklungs-Prozeß verwenden, wenn mindestens zwei, im allgemeinen aber drei *verschiedene* Farben gebildet werden müssen? Eine *gleichzeitige* Behandlung mehrerer gleichartiger Schichten mit einem solchen Entwickler kann offenbar immer nur die gleiche Farbe ergeben. Um eine differenzierte Behandlung zu erzielen, sind folgende Wege beschritten bzw. vorgeschlagen worden:

1. Der Entwickler soll immer nur in eine Schicht eindringen und erhält nicht gleichzeitig Zutritt zu den andern.

2. Der Entwickler dringt zwar in alle Schichten ein, wirkt aber jeweils nur auf eine von ihnen.

3. Der Entwickler dringt in alle Schichten ein und wirkt auch auf alle ein, so daß ein und dasselbe Farbbild in allen Schichten entsteht, aber durch weitere Maßnahmen verbleibt dieses Farbbild nur in einer Schicht.

Die einzelnen Möglichkeiten sollen in dieser Reihenfolge besprochen werden, wenn auch die historische Entwicklung anders verlief und ein Prozeß der dritten Gruppe zuerst auf den Plan trat.

Die erste Möglichkeit würde sich beispielsweise ergeben, wenn man einen doppelseitig beschichteten Film, wie er als Zweifarben-Kopierfilm üblich ist, erst auf dem einen Farbentwickler schwimmen läßt, dann auf einem zweiten und so in verschiedenen Farben entwickelt. Oder man könnte erst eine Schicht entwickeln und dabei die anderen durch eine Überzugsschicht schützen, die später entfernt wird. Diese und andere Möglichkeiten scheinen praktisch nirgends Fuß gefaßt zu haben.

In der zweiten Gruppe gibt es wieder zwei grundsätzlich verschiedene Möglichkeiten. Die eine Maßnahme besteht darin, daß diese Schichten bei der ersten Einwirkung noch unbelichtet sind und ihre Belichtung erst später erhalten, die zweite besteht darin, daß die photographischen Schichten verschieden reagieren, z. B. auf eine Art von Entwickler ansprechen, auf die andere nicht. Die Gebrüder SCHINZEL haben auf diese zweite Möglichkeit in ihren Patentanmeldungen häufig hingewiesen, vor allem sollen Silberchlorid- und Silberbromidschichten gleichzeitig verwendet werden, die sich gegenüber bestimmten Entwicklern verschieden verhalten; auch diese Vorschläge haben aber bisher keine praktische Anwendung gefunden. Dagegen hat die erste Methode sich erfolgreich bewährt bei dem zweiten *Kodachrom-Prozeß* der Eastman-Kodak-Gesellschaft, der seit vielen Jahren ausgeübt wird und große Verbreitung gefunden hat. Auf ihn soll deshalb näher eingegangen werden. Bei einem Aufnahmeverfahren kommt es natürlich praktisch nicht in Frage, die Belichtung des Materials bei der Aufnahme teils vor, teils nach einem Entwicklungsprozeß durchzuführen. Dagegen ist es möglich, bei der Umkehrentwicklung die diffuse Nachbelichtung für die einzelnen Schichten selektiv (auswählend) zu verschiedenen Zeitpunkten vorzunehmen. Gleichzeitig wird damit verständlich, daß das zweite Kodachrom-Verfahren seinem *Wesen* nach ein Umkehr-Prozeß sein muß.

Der Schwarzweiß-Umkehrprozeß, der auch für das Farbraster-Material benutzt wird, ist bereits auf S. 32 beschrieben worden. Will man mit einer einzelnen Schicht eine ***Farb-Umkehrentwicklung*** machen, so geht man so vor: Die erste Entwicklung wird mit einem Schwarzweiß-Entwickler vorgenommen, das Negativsilber wird aber diesmal nicht entfernt, sondern es folgt nach gründlichem Auswaschen des Entwicklers sofort die diffuse Nachbelichtung, darauf wird die Farbentwicklung vorgenommen, bei welcher sich nun ein positives Silberbild und ein positives Farbbild gleichzeitig bilden. Das ganze Silber und das etwa noch verbleibende Silberbromid werden dann herausgelöst, so daß das positive Farbbild zurückbleibt. Wesentlich ist, daß zum Unterschied von dem Schwarzweiß-Prozeß das Negativsilber bis zum Schluß darin verbleiben kann (Abb. 23).

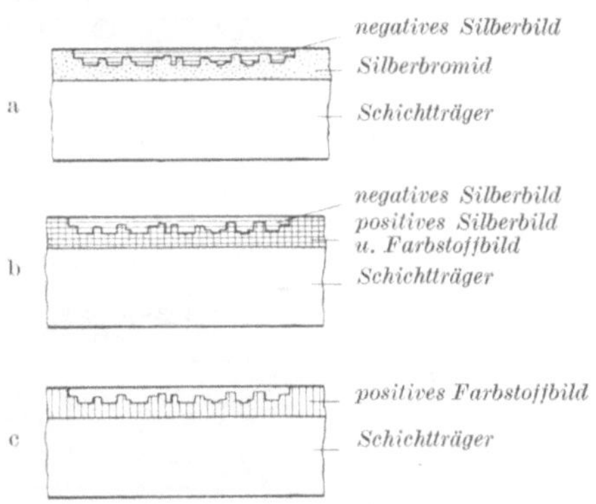

Abb. 23. Farbumkehrentwicklung in einer Einzelschicht. a) Nach der ersten Entwicklung. b) Nach der zweiten Entwicklung. c) Nach dem Herauslösen des Silbers: fertiges Bild.

Der Kodachrom-Prozeß arbeitet nun auf dieser Grundlage in folgender Weise: Das Material besteht aus drei photographischen Schichten und einer Gelbfilterschicht. Die oberste Schicht, in die das Licht bei der Aufnahme zuerst eindringt, ist unsensibilisiert und infolgedessen nur blauempfindlich, darunter liegt die Gelbfilterschicht, welche von den beiden unteren Schichten das blaue Licht fernhält. Es folgt eine für grünes Licht sensibilisierte Mittelschicht und eine für rotes Licht sensibilisierte Unterschicht. Es handelt sich um einen sog. „integralen Dreipack", die Anordnung der Schichten und ihre Sensibilisierung sind die bei einem Dreipack üblichen, aber die Schichten sind untrennbar

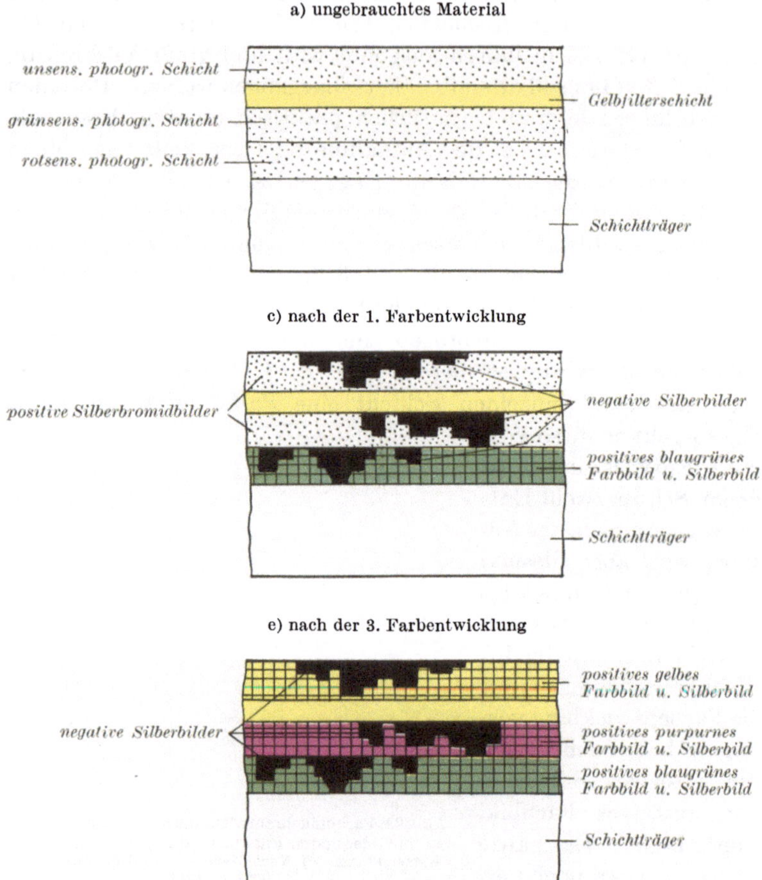

miteinander verbunden und können so dünn gehalten werden, daß auch in der untersten Schicht die Abbildung noch hinreichend scharf ist.

Die Verarbeitung geht folgendermaßen vor sich: Die erste Entwicklung erfolgt mit einem Schwarzweiß-Entwickler in üblicher Weise, das negative Farbbild entsteht dabei in allen drei photographischen Schichten. Dann wird der Film von der Unterlage aus mit rotem Licht diffus belichtet. Falls der Sensibilisator während der ersten Entwicklung unverändert bleibt und auch nicht diffundiert (diese Voraussetzungen müssen unbedingt erfüllt werden), so wirkt das rote Licht nur auf die untere Schicht, und bei der nun folgenden Farbentwicklung mit einem Farbbildner für Blaugrün bildet sich nur in dieser Schicht außer dem Silber ein blaugrünes positives Teilbild. Das Silberbromid muß voll-

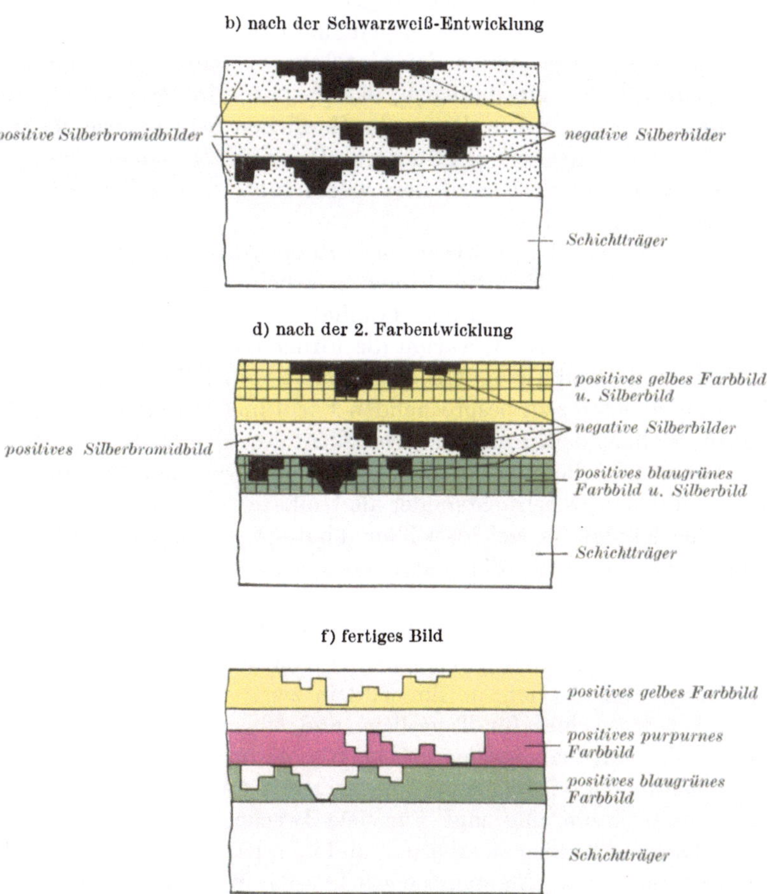

Abb. 24. Schema des Kodachrom-Verfahrens.

ständig ausentwickelt werden. Darauf wird die oberste unsensibilisierte Schicht mit blauem Licht diffus belichtet. Die Farbe der Filterschicht ist in diesem Stadium wahrscheinlich noch erhalten, um eine Wirkung des blauen Lichtes auf die Mittelschicht zu verhindern. Anschließend wird mit einem Farbentwickler behandelt, der einen Farbbildner für Gelb enthält. Das gelbe Positiv bildet sich nur in der obersten Schicht. Wieder muß sämtliches Silberbromid dieser Schicht vollständig ausentwickelt werden. Es befindet sich nunmehr nur noch in der Mittelschicht ein positives unentwickeltes Silberbromidbild. Dieses wird durch sehr kräftige Belichtung oder mit einem „schleiernden" Entwickler, welcher auch unbelichtetes Silberbromid reduziert, unter Zusatz eines Farbbildners für Purpur in ein positives Purpurbild verwandelt. Das Silber wird nun aus allen Schichten gemeinsam entfernt, und der Film wird fixiert und gewässert. Es liegen dann die drei verschieden gefärbten positiven Teilbilder in den einzelnen Schichten vor, und zwar das gelbe in der blauempfindlichen, das purpurne in der grünempfindlichen und das blaugrüne in der rotempfindlichen Schicht, wie der subtraktive Dreifarbenprozeß es erfordert. Das Kodachrom-Verfahren ist demnach nach unserer Klassifizierung als subtraktives Siebverfahren zu bezeichnen (Abb. 24).

Aus eigener ausgiebiger Erfahrung weiß der Autor, daß Prozesse, bei denen mit „selektiver Nachbelichtung" gearbeitet wird, zwar sehr gute Resultate ergeben können, in der Handhabung aber nicht einfach sind. Das ist offenbar der Grund, warum die Firma Eastman Kodak sich die Entwicklung des Kodachrom-Materials selbst vorbehalten hat, während sie bei anderen später zu besprechenden Farbfilmarten die Entwicklung dem Händler bzw. dem Amateur ermöglicht.

In Anwendung kommt das Kodachrom-Material zunächst für alle Zwecke, bei denen Durchsichtsbilder als Unikate gewünscht werden. In erster Linie handelt es sich dabei um photographische Aufnahmen in verschiedenen Formaten, die später als farbige Diapositive vorgeführt werden, ferner um Schmalfilm für den Amateur, bei dem im allgemeinen auch nur ein einziges Exemplar gewünscht wird. Bei den Aufnahmen ist die Beleuchtungsart sehr wichtig. Genauer wird darauf noch im Kapitel D V 1 eingegangen. Der Kodachromfilm wird in zwei verschiedenen Abstimmungen geliefert, einer für Tageslicht und einer für Kunstlicht. Die Gradation des Materials ist ziemlich kräftig, dadurch werden die bunten Farben leuchtender wiedergegeben, andererseits wird allerdings auch der Belichtungsspielraum eingeengt. Für viele Zwecke ist es nun erwünscht, von dem Original Kopien zu erhalten, und man hat das auch beim Kodachrom-Material getan. Am meisten scheint sich in den USA die Herstellung von Schmalfilmkopien für berufliche Zwecke, z. B. für die Werbung, den Unterricht und das Studium technischer Vorgänge, durchgesetzt zu haben. Grundsätzlich bringt jede Kopie von einem subtraktiven Material auf ein anderes eine Verschlechterung der Farben aus Gründen, die später noch genauer behandelt werden. Man kann aber durch geeignete Maßnahmen die schädliche Wirkung des Kopierens mildern. Kodak empfiehlt für den Fall, daß Kopierfilme angefertigt werden sollen, noch einen anderen Typ von Aufnahmematerial, den sog. „Kodachrome Commercial". Er hat eine flachere Gradation als der für Unikate gebräuchliche Film, dadurch erhöht sich auch der Belichtungsspielraum bei der Aufnahme. HADDEN, WEAVER und THOMPSON (*297*) gehen näher auf die maschinellen Einrichtungen für die Verarbeitung von Kodachrom-Schmalfilm-Kopien ein. Von Kodachrom-Diapositiven wurden ebenfalls Kopien angefertigt, und zwar Kodachrom Prints (früher Minicolor genannt) als Vergrößerungen von 35 mm-Kleinbild-Diapositiven, ferner Kodachrom Professional Prints (früher Kotavachrom genannt) als Kontaktkopien oder Vergrößerungen von Kodachrom-Blattfilm. Seit Mitte 1951 wird Kodachrom Planfilm nicht mehr hergestellt, da für die größeren Formate das später zu besprechende Ektachrom-Material geliefert wird. Aus den Diapositiven von Kodachrom-Aufnahmen können auch Teilauszüge gewonnen werden, entweder zur Anfertigung von Mehrfarbendrucken oder zur Verarbeitung in anderen farbenphotographischen Kopierprozessen, diese Möglichkeiten werden später näher besprochen. Während sich beim Schmalfilm eine Verwendung von Kodachrom-Material als Aufnahme- *und* Kopierfilm eingebürgert hat, ist die naheliegende Übertragung auf den Kinefilm niemals erfolgt. Ohne die Gründe sicher zu erkennen, kann man vermuten, daß die verhältnismäßig komplizierte Verarbeitungsmethode für die Massenherstellung von Kopien, wie sie vor allen in den USA erforderlich ist, nicht in Frage kam. Dagegen ist anzunehmen, daß der vielfach erwähnte „Monopack", der in den letzten Jahren beim Technicolor-Verfahren (s. später) teilweise als Aufnahme-Material verwendet wird, nach dem Kodachrom-Prozeß verarbeitet wird.

Sind Kodachrom-Diapositive durch Unterexposition zu dicht ausgefallen, so gibt es die Möglichkeit, sie durch eine Farbstoff-Abschwächung aufzuhellen. Es werden dazu drei Bäder empfohlen, von denen jedes nur einen der drei Farbstoffe abschwächt. So kann man durch Verwendung eines einzigen oder zwei dieser Bäder auch Farbstiche beseitigen. Hat das Diapositiv keinen vorherrschenden Farbstich, ist es aber allgemein zu dicht, so muß man alle drei Bäder nacheinander anwenden. Die Behandlungszeiten sind je nach dem gewünschten Abschwächungsgrad 30 sec bis 2 min.

Die Zusammensetzung der Bäder ist nach SPENCER (*9*), (S. 279):

Bleichbad für den gelben Farbstoff:

5%ige Lösung von Natriumhypochlorit	10 cm^3
28%ige Essigsäure	15 cm^3
Auffüllen mit kaltem Wasser auf	1 l.

Bleichbad für den purpurnen Farbstoff:

Kaltes Wasser	etwa	300 cm^3
Natriumcarbonat sicc.		1 g
Natriumhydrosulfit		5 g
Äthylenglykol		650 cm^3
Auffüllen mit kaltem Wasser auf		1 l

Nachbehandlung unmittelbar darauf mit 0,17%iger Essigsäure.

Bleichbad für den blaugrünen Farbstoff:

Kaltes Wasser	etwa 400 cm^3
Natriumsulfit sicc.	15 g
Natriumbisulfit sicc.	15 g
Methanol	400 cm^3
Auffüllen mit kaltem Wasser auf	1 l.

Die Bäder sind zweckmäßig erst unmittelbar vor Gebrauch anzusetzen. (Kodachromfilme werden in der Entwicklungsanstalt lackiert, vor der Korrektur muß der Lack entfernt werden.)

Für Amateurzwecke sind Kodachrom-Kopien auf weiße pigmentierte Acetylcellulose gemacht worden, wobei eine Umkehrentwicklung leichter durchgeführt werden kann als es bei Papier möglich wäre. Bei Kopien von Kodachrom Professional-Film wird eine Maske eingeschaltet. Neuerdings werden Kodachrom-Vergrößerungen über ein Kodacolor-Zwischennegativ auf Papier hergestellt, die trotz der Anfertigung eines Negatives billiger sind als direkte Umkehrkopien. Dank der Maskierung der Negative erhält man eine gute Farbwiedergabe, obwohl ein weiterer Kopierprozeß dazu kommt. Gegenüber dem direkten Umkehrbild bietet das über ein Negativ hergestellte Papierbild den Vorteil reinerer Weißen (*289*).

Nach einer Mitteilung von HORNSBY (*144*) soll das neue *Ilford Color*-Material nach einem ähnlichen Prinzip verarbeitet werden wie Kodachrom. Es besteht aus drei Emulsionsschichten mit gleicher Sensibilisierung wie bei Kodachrom, ferner aus zwei Zwischenschichten, die bei der Aufnahme durchsichtig sind, während des ersten Teiles des Verarbeitungsprozesses aber undurchsichtig werden. Die äußeren Schichten werden dann nacheinander diffus nachbelichtet und mit Farbstoffbildnern im Entwickler zu der gewünschten Farbe entwickelt. Darauf wird die mittlere Schicht durch diffuse Nachbelichtung mit durch die Zwischenschicht dringendem Licht oder chemische Verschleierung fertig entwickelt. Zum Schluß werden Silber und undurchsichtiges Material der Zwischenschicht entfernt. In der Arbeit von HORNSBY werden die Patente angegeben, nach denen möglicherweise gearbeitet wird.

Der *Fujicolorfilm*, der seit 1947 von der Fuji Photo- & Film Comp. in Japan hergestellt wird, ist ein Umkehrfilm, der ähnlich wie Kodachrom aufgebaut ist. Die Kuppler befinden sich im Entwickler, die Entwicklung wird wegen ihrer Kompliziertheit nur von der Herstellerfirma vorgenommen. Fujicolorfilm wird als Kleinbild- und Rollfilm für Tageslicht geliefert, als Planfilm nur für Kunstlicht. Kinefilm in 16 und 35 mm-Format wird als Tageslicht- und Kunstlicht-Typ hergestellt. Auf Fujicolor werden auch Spielfilme hergestellt, kopiert wird auf einen speziellen Duplikat-Umkehrfilm. Die Fujicolorfilme sind qualitativ durchaus mit den bekannten europäischen und amerikanischen Fabrikaten vergleichbar.

Wir hatten oben noch eine dritte Möglichkeit für ein Verfahren mit Farbstoffbildnern im Entwickler erwähnt. Dabei dringt der Entwickler in alle Schichten ein und entwickelt zunächst überall dasselbe Farbbild, später wird dieses in einem Teil der Schicht wieder entfernt. Nach diesem Prinzip hat das von MANNES und GODOWSKY erfundene *erste Kodachrom-Verfahren* gearbeitet.

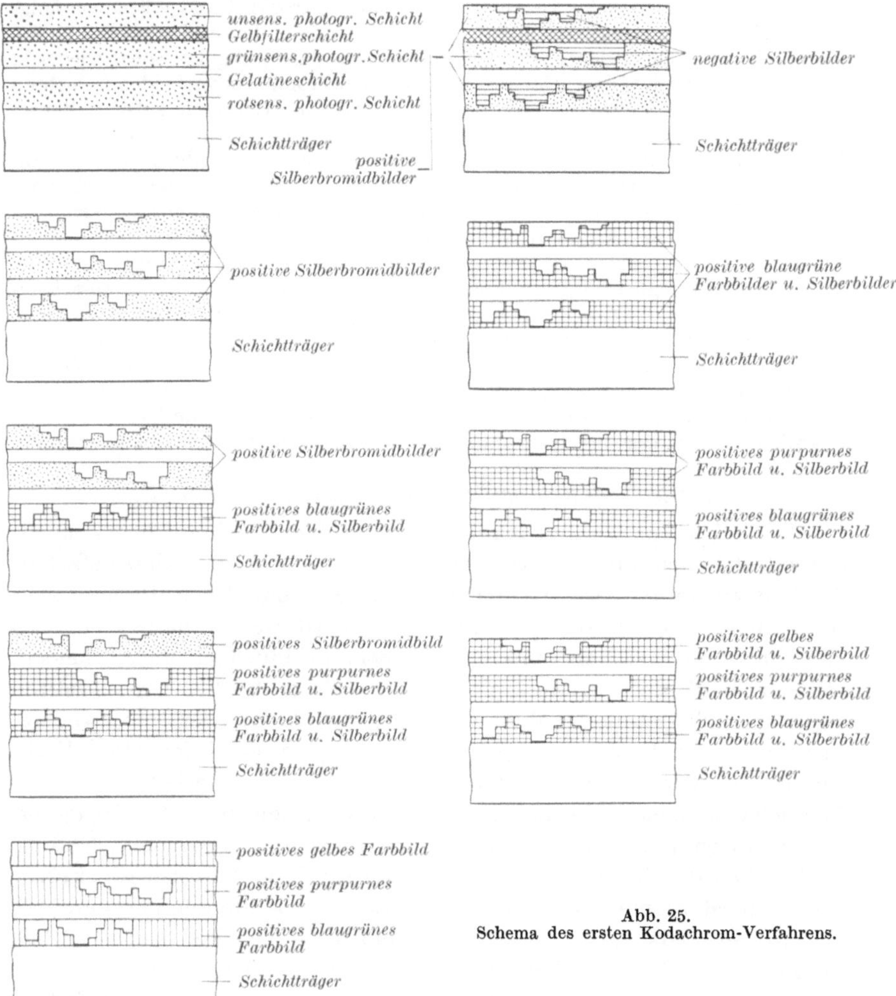

Abb. 25.
Schema des ersten Kodachrom-Verfahrens.

Obwohl es nur einige Jahre verwendet wurde und später dem bereits ausführlich beschriebenen zweiten Kodachrom-Verfahren mit selektiver Nachbelichtung Platz gemacht hat, sei es kurz beschrieben, weil die Methode der kontrollierten Diffusion von grundsätzlichem Interesse ist. Der Aufbau des Films ist dem des zweiten Kodachrom-Verfahrens analog, mit dem einen Unterschied, daß auch zwischen der mittleren und der unteren Emulsionsschicht noch eine Gelatinezwischenschicht angebracht wurde (Abb. 25). Als erste Verfahrensstufe wurde auch eine gewöhnliche

Schwarzweiß-Entwicklung sämtlicher Schichten vorgenommen. Die Silbernegative wurden durch ein übliches Bad zur Silber-Entfernung wie z. B. Permanganat-Schwefelsäure aufgelöst, so daß wie bei einer Schwarzweiß-Umkehrentwicklung die Silberbromid-Positive vorlagen, die durch diffuse Zweitbelichtung entwickelbar gemacht wurden. Nun wurde mit einem Farbentwickler mit Farbstoffbildner für Blaugrün durchentwickelt. Der Film wurde dann getrocknet und mit einem langsam eindringenden Bleichbad behandelt, welches nur in den beiden oberen photographischen Schichten den Farbstoff zerstörte und gleichzeitig das Silber wieder in Silberbromid verwandelte. Das regenerierte Silberbromid dieser beiden Schichten wurde dann nach weiterer Belichtung zu einem Purpurfarbstoff entwickelt und durch einen nochmaligen Bleichvorgang das Purpur in der oberen Schicht zerstört. Schließlich wurde das regenerierte Silberbromid der oberen Schicht nach nochmaliger Belichtung zu Gelb entwickelt und zum Schluß alles Silber und Silberbromid entfernt. Der Prozeß war also recht umständlich, und die nur auf eine oder zwei Schichten zu beschränkende Wirkung des Bleichbades war sicherlich schwierig zu kontrollieren, die beiden Zwischenschichten machten eine derartige Kontrolle überhaupt erst möglich. Für die Abschaffung dieser alten Methode sehr ausschlaggebend war ferner die Schwierigkeit, daß beim Ausbleichen der beiden ersten Farbstoffe Restsubstanzen zurückblieben, die nicht ganz farblos waren und infolgedessen die Sättigung der Farbbilder herabsetzten. Es ist selbstverständlich, daß dieser komplizierte und streng zu überwachende Prozeß auch nur bei der Herstellerfirma selbst ausgeübt werden konnte, genaue Rezepte wurden deshalb nicht veröffentlicht. Auch der alte Kodachromprozeß war ein subtraktives Siebverfahren.

c) Die Verfahren mit Farbstoffbildnern in der Schicht.

Wir haben im vorigen Kapitel bereits Mehrschichtenfilme kennengelernt, die nach ihrer Verarbeitung in jeder Schicht ein anders gefärbtes Teilbild aufweisen. Da die Schichten im Moment der Aufnahme aber noch nichts von den dazu notwendigen Farbstoffen enthalten, sondern sich nur durch ihre Lage und ihre Farbenempfindlichkeit unterscheiden, müssen die Verarbeitungsmethoden eine dieser beiden Eigenschaften benutzen und sind ihrem Wesen nach ziemlich kompliziert. Der andere, bereits von R. FISCHER vorgeschlagene Weg, verschiedenartige Farbbildner von vornherein den einzelnen Schichten einzuverleiben, gibt die Möglichkeit einer wesentlich einfacheren Verarbeitung. Die Schwierigkeiten waren aber nun vom Rohfilmhersteller zu überwinden. Daß sie in der *Agfa* durch intensive Forschungsarbeit in verhältnismäßig kurzer Zeit gemeistert wurden, wird sicher in der Geschichte der Photographie einmal besonders gewürdigt werden. Dem Nichtchemiker wird vor allem besonders rätselhaft erscheinen, daß es gelingt, mit der gleichen Entwicklungssubstanz und drei verschiedenen Farbbildnern drei so verschiedene Farbstoffe wie Gelb, Purpur und Blaugrün zu erzeugen. Der Stand der Farbstoffchemie war aber schon vor dem ersten Weltkrieg in Deutschland so hoch entwickelt, daß FISCHER bereits für jeden der Farbtöne geeignete Farbbildner angeben konnte. Es war aber nicht nur irgendein gelber, purpurner oder blaugrüner Farbstoff zu erzielen, sondern die subtraktive Farbmischung stellt, wie später noch zu erläutern ist, an die optischen Eigenschaften dieser Farbstoffe ganz bestimmte und nicht immer leicht zu erfüllende Anforderungen. So ist auch auf dem Farbstoffgebiet der große Erfahrungszuwachs der zwanziger und dreißiger Jahre und eine unermüdliche Einzelarbeit notwendig gewesen, um drei wirklich geeignete Farbstoffe aufzufinden, immer mit der erschwerenden Zusatzbedingung, daß sie alle aus der gleichen Entwicklungssubstanz hervorgehen müssen.

Während die Verbesserung der Farbnuancen stufenweise erfolgen konnte und auch heute noch weitere Fortschritte auf diesem Gebiet zu erhoffen sind, mußte eine andere entscheidende Schwierigkeit von vornherein beseitigt werden, ehe überhaupt der Mehrschichtenfilm mit eingebauten Farbbildnern verwirklicht werden konnte. Es handelt sich um das Problem des „Ausblutens".Man weiß aus der Praxis der Textilfärbung, daß der Farbstoff auf die Faser „aufziehen" muß, er muß eine unlösliche Verbindung mit ihr eingehen, um nicht beim Waschen auszubluten. Bei unbefriedigendem Aufziehen kann man durch Zufügen von Beizen nachhelfen. Nun hält die Gelatine der photographischen Schicht manche Farbstoffe gut fest, andere schlecht. Die Farbstoffe selbst, welche man durch farbbildende Entwicklung erzeugen kann, werden im allgemeinen von der Gelatine hinreichend fest gebunden, nicht dagegen die Farbbildner, welche ja aus wesentlich kleineren Molekülen bestehen als die Farbstoffe. Beim Übereinandergießen der einzelnen Emulsionsschichten wandern oder „diffundieren" derartige Farbbildner also in die Nachbarschichten und beeinträchtigen die Reinheit der Teilbilder. Auch die von FISCHER empfohlene Zwischenschaltung von „leeren" Gelatineschichten, d. h. Schichten ohne Silberbromid, schafft keine wirksame Abhilfe. Die Lösung des Problems wurde in anderer Weise gefunden. Es mußte bereits der Farbbildner „diffusionsfest" gemacht werden, ohne dadurch seine Löslichkeit zu verlieren. Dazu diente eine Molekülvergrößerung unter Beachtung der Tatsache, daß dabei die Wasserlöslichkeit, z. B. durch Einfügen von hydrophilen („wasserliebenden") Gruppen in das vergrößerte Molekül, groß genug bleibt, um den Farbbildner in der zu vergießenden Emulsion gleichmäßig verteilen zu können. Die Abb. 26 soll diese physikalisch-chemische Aufgabe veranschaulichen. Die Moleküle der in kaltem Wasser gequollenen Gelatine sind etwa einem sperrigen

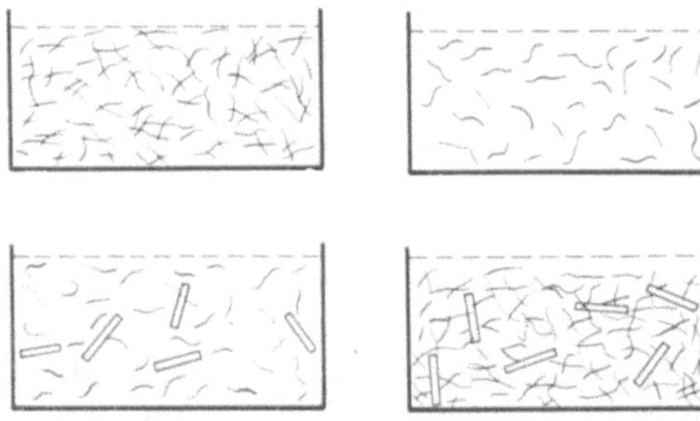

Abb. 26. Veranschaulichung der Diffusionsfestigkeit.

Reisighaufen zu vergleichen. Werfen wir eine Anzahl von Kieselsteinchen darauf, so wird ein erheblicher Teil von ihnen durchfallen, nehmen wir dagegen größere Kugeln, Scheiben oder auch längliche Gebilde, etwa dünne Stäbe, so bleiben sie hängen, weil immer an irgendeiner Stelle ein Reisigteil ihnen den Durchgang verweigert. In unserem Falle würden die Kieselsteinchen den einfachen Farbbildnern, die Kugeln, Scheiben oder Stäbe den diffusionsfesten entsprechen. Bringt man die Gelatine in warmes Wasser, so bricht das Gefüge des Reisighaufens zusammen, die einzelnen Teile schwimmen sozusagen isoliert durcheinander, und es ist leicht, Stäbe bzw. Scheiben oder Kugeln mit hineinzubringen, sofern diese nur auch „schwimmen“ können, d. h. im chemischen Sinne, sofern die Farbbildner hinreichend löslich sind. Erstarrt die Gelatine wieder, so sind die Farbbildner jetzt an den verschiedensten Stellen in dem wieder zusammengefügten Reisighaufen eingelagert und können daraus nicht mehr heraus.

Die Molekülvergrößerung erfolgt nun dadurch, daß den Molekülen der einfachen, nicht diffusionsfesten Farbbildner sog. hochmolekulare Gruppen angefügt werden. Als solche sind eine große Zahl der verschiedenartigsten chemischen Verbindungen in den Patentschriften genannt worden, wir erwähnen hier nur die Fettsäuren. Zum Beispiel wird in der französischen Patentschrift 810401 der ehemaligen I. G.- Farbenindustrie die folgende Verbindung erwähnt, die als Farbbildner für Gelb zu verwenden ist:

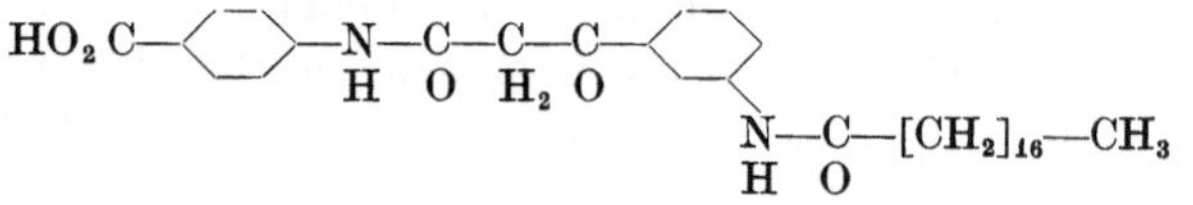

$$HO_2C-\langle\bigcirc\rangle-\underset{H}{N}-\underset{O}{C}-\underset{H_2}{C}-\underset{O}{C}-\langle\bigcirc\rangle$$

$$\underset{H}{N}-\underset{O}{C}-[CH_2]_{16}-CH_3$$

(m-Stearoylaminobenzoylacetanilid-p′-carbonsäure)

Man findet in ihr die schon früher erwähnte Gruppe $-\underset{O}{C}-\underset{H_2}{C}-\underset{O}{C}-$, die auch in der Acetessigsäure enthalten ist und die vielen Farbbildnern für Gelb eigen ist. Ferner erkennt man die Gruppe der Stearinsäure mit der langen Kohlenwasserstoffkette [$(CH_2)_{16}$!], welche die Diffusion verhindern soll und schließlich eine CO_2H-Gruppe (Carbonsäure) zur Verbesserung der Löslichkeit. Eine hinreichende Löslichkeit ist nicht nur für das Einbringen in die photographische Emulsion wichtig, sondern auch später bei der Entwicklung für die „Kupplungsfähigkeit“ des Farbbildners mit der oxydierten Entwicklungssubstanz. Die bereits erwähnte Arbeit von K. MEYER (*195*) geht auf die chemischen Einzelheiten an Hand der Literatur der dreißiger Jahre noch näher ein, ferner sind besonders die Arbeiten von SCHNEIDER und SPERLING (*245*) sowie von SCHNEIDER, FRÖHLICH und SCHULZE (*242*) zu erwähnen. Inzwischen sind noch sehr viele weitere Patentschriften mit einer Fülle von Details bekannt geworden, eine nähere Behandlung dieser Dinge würde aber den Rahmen des vorliegenden Buches überschreiten.

Es sei noch die sicherste und einfachste Methode zur Prüfung der Diffusionsfestigkeit erwähnt: Über eine Halogensilber-Gelatineschicht mit Farbbildner wird eine solche ohne den Farbbildner gegossen (Abb. 27). Nach der Entwicklung läßt sich durch einen Dünnschnitt feststellen, ob der Farbbildner in die obere Schicht diffundiert ist.

Mit der Schaffung von diffusionsfesten Farbbildnern war ein entscheidender Schritt getan, er mußte aber noch durch eine große Zahl weiterer Maßnahmen ergänzt werden, bevor das erstrebte Ziel erreicht war.

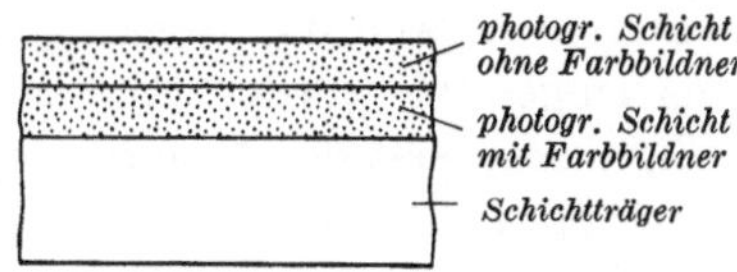

Abb. 27. Prüfung der Diffusionsfestigkeit.

Es ist bekannt, wie sehr schon kleine Mengen von Fremdsubstanzen die guten Eigenschaften einer photographischen Emulsion stören können. Infolgedessen war von vornherein zu erwarten, daß beim Zufügen relativ großer Mengen von Farbbildner-Substanzen ernsthafte Schwierigkeiten auftreten würden, und es hat auch großer Anstrengungen bedurft, sie zu beseitigen. Einmal kann es sein, daß der Farbbildner selbst, auch wenn er in reinster Form vorliegt, die Eigenempfindlichkeit der Emulsion oder zumindest ihre durch Sensibilisierung erlangte Empfindlichkeit im grünen oder roten Gebiet vermindert. Dann können aber auch noch Verunreinigungen des Farbbildners, manchmal in ganz kleinen Mengen, Ursache der Störungen sein. Weiterhin wird oft die Haltbarkeit der Emulsion beeinträchtigt, so daß schon nach kurzer Zeit Schleier auftreten. Aus alledem ist ersichtlich, daß es noch nicht genügt, Farbbildner herzustellen, welche Farbstoffe mit geeigneten optischen Eigenschaften ergeben, vielmehr müssen Emulsion, Sensibilisator, Stabilisator und Farbbildner miteinander eine harmonische Einheit bilden.

Mit Hilfe der diffusionsfesten Farbbildner ist es nun gelungen, in mehreren übereinandergegossenen, also untrennbar verbundenen Schichten des gleichen Films mit einer einzigen Entwicklung verschiedenfarbige Bilder zu erzeugen. Praktisch hat man dafür bisher immer *drei* verschiedene photographische Schichten und als Farbstoffe die für das subtraktive Dreifarbenverfahren üblichen, nämlich Gelb, Purpur und Blaugrün, genommen. Entwickelt man ein derartiges Mehrschichtenmaterial nach seiner Belichtung, so erhält man, da ja die Farbstoffablagerungen da auftreten, wo auch das Silber gebildet wird, außer Silbernegativen auch gleichzeitig Farbnegative. Entfernt man weiterhin das Silber sowie das unentwickelt gebliebene Silberbromid, so bleiben in allen drei Schichten Farbnegative zurück. Das ist der einfachste Prozeß der Farbentwicklung.

Selbstverständlich führt er genau so wie die normale Schwarzweiß-Entwicklung nicht sofort zu einem brauchbaren Bild, denn von dem Negativ muß ja immer erst eine Kopie gezogen werden, um durch erneute Umkehrung der Helligkeitswerte ein Positiv zu erhalten. Außer diesem Negativverfahren mit farbbildender Entwicklung kann man ein Mehrschichtenmaterial, das die Farbbildner in den Schichten enthält, auch der Farbumkehrentwicklung unterziehen, so daß in dem Aufnahmematerial selbst bereits ein farbiges Positiv entsteht. Nun hat sich bei dem hier zu behandelnden Farbenfilm historisch die Entwicklung so vollzogen, daß zunächst der Umkehrfilm auf dem Markt erschien und dieser auch später noch viele Jahre hindurch in der breiten Öffentlichkeit allein näher bekannt war, weil das Negativverfahren nur für die Zwecke des Kinefilms eingesetzt wurde. Aus didaktischen Gründen dürfte es zweckmäßiger sein, erst das Negativverfahren zu besprechen.

Der erste Film dieser Art war der *Agfacolor*-Negativfilm, welcher den Kinefilm-Verarbeitern in Deutschland in den Jahren 1939—1940 erstmalig zur Verfügung gestellt wurde. Sein Aufbau ist im Prinzip noch heute der gleiche wie damals, er geht aus der Abb. 28 hervor. Auf dem Schichtträger (Celluloid bei Nitrofilm, Acetylcellulose bei Sicherheitsfilm) befindet sich eine Silberbromid-Gelatineschicht, die für rotes Licht, aber nicht für grünes sensibilisiert ist und einen Farbbildner für Blaugrün enthält. Als nächste folgt die mittlere Silberbromid-Gelatineschicht, die für grünes Licht sensibilisiert ist und einen Farbbildner für Purpur enthält. Es folgt nun eine gelbgefärbte Gelatineschicht ohne Silberbromid und ohne Farbbildner, die am Schluß des Entwicklungsprozesses farblos wird. Nach SCHNEIDER und SPERLING (*245*) hat die Agfa für diese Schicht keinen organischen Farbstoff verwendet, um jede Schädigung der Emulsionen zu vermeiden. Statt dessen wird kolloides Silber in die Gelatine eingelagert, das in hochdisperser Form günstige Absorptionseigenschaften hat und dabei diffusionsecht ist. Schließlich kommt als oberste wieder eine Silberbromid-Gelatineschicht, welche nicht sensibilisiert ist und einen Farbbildner für Gelb enthält. Auf der Rückseite befindet sich eine grün gefärbte Lichthofschutzschicht. Sie besteht aus einer farblosen Trägersubstanz und einem grünen Farbstoff, welcher sich im Entwickler entfärbt. Für den Kinefilm ist die Färbung verhältnismäßig schwach, sie reicht für den Lichthofschutz vollkommen aus, man hat andererseits dadurch den Vorteil, daß die Szene mit Hilfe des Suchers auf dem Film eingestellt werden kann. Bei der Aufnahme wirken die violetten und blauen Strahlen nur auf die oberste Schicht, die mittlere und untere Schicht sind an sich zwar auch für diese Lichtarten empfindlich, aber durch das Gelbfilter werden sie ihnen ferngehalten. Die grünen Strahlen wirken nur auf die mittlere Schicht, weil die beiden andern für diesen Teil des Spektrums nicht empfindlich sind, die roten nur auf die untere Schicht, weil nur sie rotempfindlich ist. Als Entwicklungssubstanz dient ein p-Phenylendiamin-Derivat (s. den Teil C II 1a), das für die farbbildende Entwicklung geeignet ist.

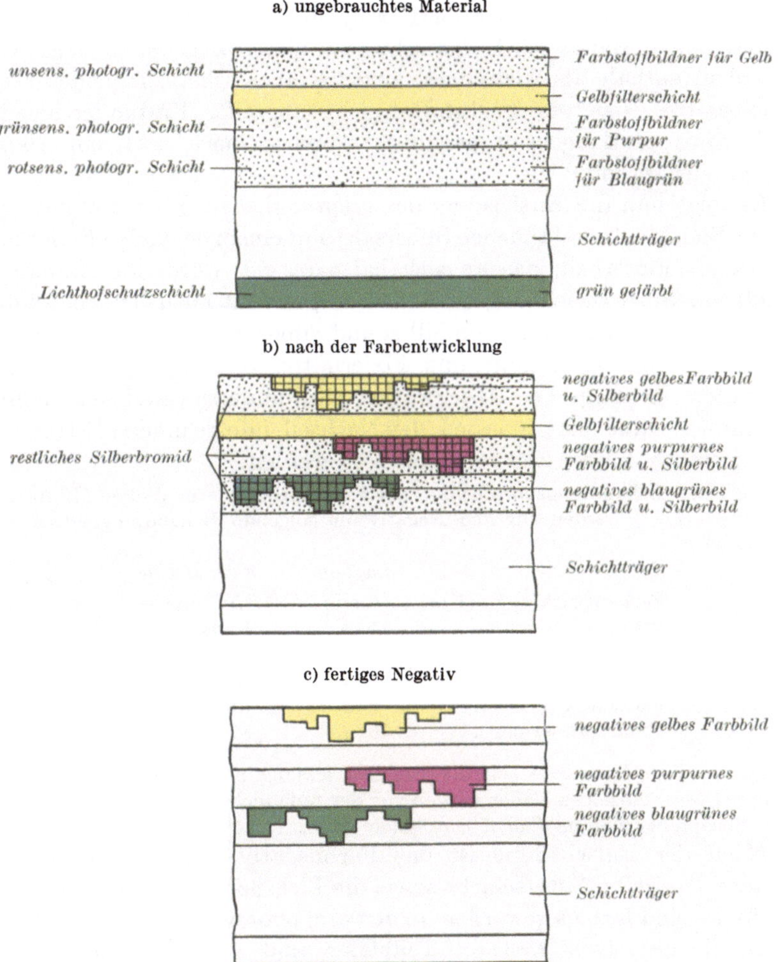

Abb. 28. Schema des Agfacolor-Negativ-Positiv-Verfahrens.

Wie schon erwähnt, wird bei einer derartigen Farbentwicklung ein Silberbild und zugleich ein Farbbild hervorgerufen. Entsprechend den verschiedenartigen Farbbildnern, die in den Schichten enthalten sind, wird das Farbbild in der obersten Silberbromid-Gelatineschicht gelb, in der mittleren purpurn und in der untersten blaugrün. Die Gelbfilterschicht, welche zwischen der obersten und der mittleren photographischen

Schicht liegt, enthält kein Silberbromid, in ihr kann infolgedessen auch weder ein Silberbild noch ein Farbstoffbild entstehen. Nach ausgiebiger Wässerung, wenn möglich Sprühwässerung, wird der Film weiterhin mit einem sog. „Bleichbad" behandelt, in welchem das Silber in ein Silbersalz wie Silberferrocyanid, Silberchlorid oder Silberbromid umgewandelt wird, das schwarze Silber wird dabei hell. Das Bleichbad enthält als wirksames, zugleich aber sehr schonendes Oxydationsmittel, das die Farbstoffe nicht angreift, Kaliumferricyanid (auch rotes Blutlaugensalz genannt), daneben meist noch ein Alkalichlorid oder -bromid[1].

Es folgt nun die Entfernung des ursprünglichen Silberbromids und der im Bleichbad entstandenen Silbersalze mit einem neutralen Fixierbad. Ein saures Fixierbad, das an sich haltbarer ist, würde die Farbstoffe schädigen. Statt Bleichbad und Fixierbad getrennt anzuwenden, könnte man auch die Entfernung von Silber und Silberbromid in einem gemeinsamen Bad von Oxydations- und Fixiermittel vornehmen, z. B. in dem bekannten FARMERschen Abschwächer (Kaliumferricyanid + Natriumthiosulfat). Dieser hat indessen den Nachteil, infolge innerer Zersetzung nach ziemlich kurzer Zeit unwirksam zu werden.

Nach den Behandlungsvorschriften der Filmfabrik Agfa in Wolfen [LÜHR und NÜRNBERG (*175*)] werden für den Negativfilm folgende Behandlungszeiten vorgeschrieben:

	im Tank	*in der Schale*
Farbentwicklung bei 18° .	6 min	$5^1/_2$ min
Wässern	15 „	15 min
Bleichen	5 „	5 „
Wässern	5 „	5 „
Fixieren	5 „	5 „
Schlußwässerung	15 „	15 „

Für größere Kontraste soll die Farbentwicklung 8 bzw. $7^1/_2$ min betragen. Rezepte für die einzelnen Bäder werden von der Agfa nicht mitgeteilt, die 1945 gültigen Rezepte wurden im *Fiat Report 943* angeführt.

Nach der Entwicklung ist das Farbnegativ folgendermaßen aufgebaut: Die gelbe Filterschicht sowie die Lichthofschutzschicht auf der Rückseite sind farblos geworden, in den drei photographischen Schichten liegen die negativen Farbstoff-Teilbilder, und zwar hat blaues Licht ein gelbes, grünes Licht ein purpurnes, rotes Licht ein blaugrünes Negativ hervorgerufen. Es ist also nicht nur ein Negativ in bezug auf die Helligkeitswerte, sondern auch in bezug auf den Farbton, oder, wie man statt dessen sagen kann, es bildet sich ein komplementärfarbiges Negativ. Haben wir z. B. in dem aufzunehmenden Objekt ein helles Blau, so ergibt sich im Farbnegativ ein dunkles Gelb, ein dunkleres Blau

[1] BIRR (*54*) gibt eine Methode an, in diesem Bad Ferricyanid, Ferrocyanid und Halogenid nebeneinander quantitativ zu bestimmen.

erzeugt ein helleres Gelb, helles Grün ergibt dunkles Purpur, dunkles Rot ergibt helles Blaugrün. In diesen Fällen wirkt die Objektfarbe annähernd nur auf eine der drei Schichten. Ein weiteres Beispiel sei noch erwähnt für eine Farbe, die auf *zwei* Schichten wirkt: Remittiert die Objektfarbe grünes und rotes Licht und wirkt demnach als gelbe Farbe auf unser Auge, so wirkt bei der Aufnahme solches Licht auf die mittlere *und* die untere Schicht, es werden also Purpur *und* Blaugrün erzeugt, die in subtraktiver Mischung bekanntlich Blau ergeben. Schließlich sei noch erwähnt, wie die Unbuntfarben wirken: Eine weiße Objektfarbe wirkt photographisch auf alle drei Schichten, es entstehen also Gelb, Purpur und Blaugrün, das ergibt in subtraktiver Mischung Schwarz. Eine schwarze Objektfarbe hinterläßt in keiner der drei Schichten einen Eindruck, infolgedessen bleiben alle drei Schichten farblos, es gibt Weiß. Ein derartiges komplementärfarbiges Negativ ist auf der Abb. 29 zu sehen.

Es ist nun ohne Schwierigkeit einzusehen, daß die Kopie von einem solchen komplementärfarbigen Negativ auf ein gleichartiges Material ein Positiv in den richtigen Farben ergeben muß. Wir wollen nur ein Beispiel durchführen: Die Objektfarbe sei ein helles, verweißlichtes Gelb, sie wirkt auf die mittlere und die untere Schicht sehr stark, auf die obere etwas. Das Ergebnis ist im Negativ eine Mischung von etwas Gelb, viel Purpur und viel Blaugrün, d. h. ein dunkles, verschwärzlichtes Blau. Diese Farbe wirkt bei der Kopie auf einen gleichartigen Positivfilm nur teilweise auf die obere Schicht, gar nicht auf die beiden anderen Schichten, es bildet sich demnach ein wenig intensives, weißliches Gelb, entsprechend der Objektfarbe (Abb. 30). Es kann dem Leser überlassen werden, noch mehrere derartige Beispiele durchzuprüfen.

Im *Agfacolor-Negativ-Positiv-Verfahren* ist die subtraktive Dreifarbenphotographie erstmalig in dieser technisch sehr einfachen Form durchgeführt worden. Die erste und zugleich außerordentlich wichtige Anwendung fand das Verfahren im farbigen *Kinefilm*. Der Agfacolor-Negativfilm und der Agfacolor-Positivfilm sind zwar im Prinzip gleichartig aufgebaut, unterscheiden sich aber doch in einigen wesentlichen Punkten. Zunächst ist der Negativfilm empfindlicher und flacher graduiert, der Positivfilm weniger empfindlich und steiler. Dafür sind dieselben Gesichtspunkte maßgebend gewesen wie beim Schwarzweiß-Verfahren. Das Negativmaterial soll immer eine möglichst hohe Empfindlichkeit aufweisen, andererseits auch einen beträchtlichen Belichtungsumfang, der nur durch flache Gradation zu erreichen ist. Im Positiv muß die zu flache Gradation des Negativs ausgeglichen werden, er muß also verhältnismäßig steil sein, die Empfindlichkeit dagegen braucht nicht allzu hoch zu sein. Der Agfacolor-Negativfilm und der Agfacolor-Positivfilm unterscheiden sich aber noch in andrer Weise:

Die spektralen Empfindlichkeitsbereiche der drei Einzelschichten sind bei beiden Materialien verschieden, und auch die Absorptionsbereiche der Farbstoffe weisen Verschiedenheiten auf. Die Ursache für diese etwas schwerer verständliche Maßnahme soll erst in dem Kapitel C III 1 besprochen werden, in dem auf die bei der Kopie auftretenden Probleme

a

Abb. 29 a u. b. Komplementär-Negativ und zugehöriges Positiv.

näher eingegangen wird. Der entscheidende Vorzug des Agfacolor-Negativ-Positiv-Prozesses vor allen früher in der Kinematographie eingeführten Farbenverfahren besteht in der großen technischen Einfachheit seiner Handhabung. Bei der Aufnahme braucht man nur einen einzigen Film, der in jeder normalen Kinekamera zu verwenden ist. Auch an die Optik werden keinerlei Anforderungen gestellt, die über das beim Schwarzweiß-Film übliche hinausgehen. Lediglich die Empfindlichkeit liegt, wie beim Farbenfilm an sich selbstverständlich, niedriger als beim Schwarzweiß-Material, sie beträgt z. Z. 13/10° bis 15/10° DIN. Über die Entwicklung wurde bereits gesprochen, sie ist nur wenig komplizierter als eine gewöhnliche Schwarzweiß-Entwicklung, und sie besteht aus Farbentwicklung, Bleichbad und Fixierbad mit zwischengeschalteten Wässerungen. Auch das Kopieren kann in jeder üblichen Kopiermaschine vorgenommen werden. Während indessen beim Schwarzweiß-Film lediglich die Helligkeit der Lichtquelle der Dichte des Negativs angepaßt werden muß, tritt hier außer der Berücksichtigung

b

Abb. 29.

der Dichte noch ein neues Moment auf: Es müssen gegebenenfalls bei der Kopie schwache Filter zwischen Lichtquelle und Film angebracht werden, um die Farbe der Kopie richtig „abzustimmen". Als Norm gilt dabei im allgemeinen, daß die unbunten Farben Weiß-Grau-Schwarz des aufgenommenen Objektes wieder unbunt, d. h. ohne „Farbstich" wiedergegeben werden sollen. Es soll in dem Kapitel „Farbsensitometrie" auf diese sehr wichtige Angelegenheit, die ja nicht nur für das Agfacolor-Verfahren, sondern für die ganze Farbenphotographie sehr bedeutungsvoll ist, näher eingegangen werden. Bei der Kopie ist zu beachten, daß auch der Agfacolor-Positivfilm panchromatisch ist, d. h. möglichst im Dunkeln oder nur bei ganz schwachem gelbgrünem Licht (Agfa-Filter 166) zu verarbeiten ist. Die Entwicklung des Agfacolor-Positivfilms muß ebenfalls im ersten Teil in voller Dunkelheit oder bei schwachem grünem Licht erfolgen, im übrigen ist die Entwicklung ganz entsprechend derjenigen des Agfacolor-Negativfilms. Zweckmäßig ist allerdings die Einschaltung eines Stopbades nach der Farbentwicklung, um klarere Weißen zu erzielen.

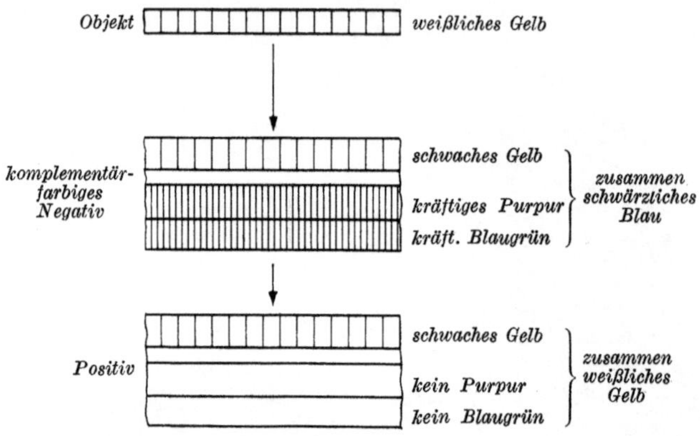

Abb. 30. Wiedergabe einer Farbe im Agfacolor-Negativ-Positiv-Verfahren.

Für den Positivfilm gelten nach Lühr und Nürnberg (*175*) folgende Behandlungszeiten für Tank und Schale:

Farbentwicklung bei 18°	11 min
kurz abspülen	
Stopbad	3 ,,
Wässern	15 ,,
Bleichen	5 ,,
Wässern	5 ,,
Fixieren	5 ,,
Schlußwässerung	15 ,,

Außer dem neu hinzutretenden Stopbad werden die gleichen Bäder gebraucht wie bei der Negativentwicklung.

Eine besondere Schwierigkeit tauchte durch die Tonspur auf. Darauf soll in dem Kapitel ,,Tonaufzeichnung und Tonwiedergabe beim Farbenfilm" näher eingegangen werden. Der Agfacolor-Positivfilm ist nach seiner Verarbeitung auch wieder in jedem Normalfilm-Projektionsgerät vorzuführen, unterscheidet sich also auch in diesem wichtigen Punkt nicht vom Schwarzweiß-Film. Er benötigt keinerlei Filter oder optische Zusatzeinrichtungen, und die Dichte liegt nur wenig über der von Schwarzweiß-Kopien, man benötigt nicht wie bei den Rasterfilmen eine ungeheure Erhöhung der Beleuchtungs-Intensität, sondern kommt mit den in jedem Lichtspieltheater üblichen Projektionsgeräten aus, sofern sie nicht schon für die Anforderungen des Schwarzweiß-Films allzusehr unter dem Durchschnitt liegen. Die Herstellung von Dupnegativen wurde zunächst möglichst vermieden, neuerdings wird sie auch ermöglicht. Auch auf dieses für alle Verfahren wichtige Problem wird noch gesondert eingegangen, und zwar in dem Kapitel „Das Kopieren und Dubeln".

Die Verarbeitung des Agfacolor-Materials ist noch wesentlich einfacher als diejenige der üblichen Zweifarben-Verfahren, welche in den dreißiger Jahren, zumal für Werbefilme, viel benutzt wurden. Demgegenüber brachte das Agfacolor-Verfahren weiterhin die Vorteile, die sich aus der Verwendung von drei Farben ergeben. Gegenüber den Verfahren, die von drei vollständig getrennten Auszügen ausgehen wie Technicolor (s. später) fällt natürlich die viel größere technische Einfachheit noch weit mehr ins Gewicht und wird auch durch einige Unvollkommenheiten in der Farbwiedergabe nicht aufgewogen. Die ersten nach dem Agfacolor-Negativ-Positiv-Verfahren gedrehten Reklame- und Kulturfilme erschienen kurz vor dem Zweiten Weltkrieg, der erste Spielfilm („Frauen sind doch bessere Diplomaten") im Anfang des Krieges (1941). In Deutschland wurden daraufhin die anderen farbigen Kinefilm-Verfahren nicht mehr ausgeübt. An dem Agfacolor-Verfahren konnte auch im Kriege noch ziemlich viel gearbeitet werden, so daß es weiter verbessert wurde. Die damaligen Verhältnisse brachten es indessen mit sich, daß abgesehen von einigen Aufführungen in neutralen und den von Deutschen besetzten Ländern das Verfahren innerhalb Deutschlands verblieb. Nach dem Kriege zeigte sofort die Sowjetunion starkes Interesse für diesen Farbenfilm, in Rußland wurde bald eine größere Zahl von Spiel- und Kulturfilmen gedreht. Neuerdings erschienen auch in anderen Ländern Verfahren, die von dem Agfacolor-Negativ-Positiv-Verfahren viel übernommen haben (s. unten), nachdem die ausländischen Vorkriegs- und Kriegspatente deutscher Anmelder zur allgemeinen Benutzung freigegeben worden sind. Eine besondere Situation ergibt sich in den USA dadurch, daß die ehemalige Tochtergesellschaft der Agfa, die Agfa-Ansco (zur General Aniline & Film Corp. gehörig) in den USA die Agfa-Patente auf ihren Namen anmeldete und diese daher dort noch heute von anderen Firmen nicht ausgeübt werden dürfen.

Man darf gespannt sein, ob im Laufe der folgenden Jahre dieses besonders einfache Arbeitsprinzip sich in der ganzen Welt durchsetzen wird.

Das Agfacolor-Negativ-Positiv-Verfahren ist nicht auf den Kinefilm beschränkt. So wurde 16-mm-Positiv-Schmalfilm bereits in großen Mengen zur Herstellung von Verkleinerungskopien nach 35-mm-Negativen verwendet. Ferner ist das Agfacolor-Negativ-Positiv-Verfahren auch besonders geeignet für das farbige Papierbild. An diesem Prozeß wird in der Agfa schon ebenso lange gearbeitet wie an dem farbigen Kinefilm, der Krieg machte es aber unmöglich, das Verfahren nach seiner Fertigstellung der Öffentlichkeit zu übergeben. Nur intern wurde damit gearbeitet, gelegentlich wurden Bildproben auf Ausstellungen gezeigt. Nach dem Kriege wirkte es sich nachteilig aus, daß die Herstellerin des Aufnahmefilms, die Filmfabrik Wolfen, und diejenige des Papiers, die Photopapierfabrik Leverkusen, nicht mehr wie früher zusammenarbeiten konnten. Jedes der beiden Werke hat dann für sich das Verfahren weiter entwickelt, heute wird es unabhängig voneinander von beiden herausgebracht. Der Aufnahmefilm ist genau so aufgebaut wie der oben besprochene Agfacolor-Negativ-Film für Kineaufnahmen, die Aufnahme kann in jeder beliebigen Kamera ohne jegliches Zusatzgerät erfolgen. Die Entwicklung ist ebenfalls die gleiche wie für den Kinefilm beschrieben. Als Kopiermaterial dient das Agfacolor-Papier, das ebenfalls im Prinzip genau so aufgebaut ist wie das Agfacolor-Positiv-Material für Kinezwecke, mit dem wichtigen Unterschied, daß die Schichten im Papier noch dünner sind als im Film, denn bekanntlich muß bei Aufsichtsbildern die Farbdichte wegen des zweimaligen Lichtdurchganges geringer sein als bei Durchsichtsbildern. Die Behandlung des Papiers stimmt auch weitgehend mit der des Films überein.

Für die Papierentwicklung sind nach Lühr und Nürnberg (*175*) folgende Behandlungszeiten vorgeschrieben:

Für Tank oder Schale	
Farbentwicklung bei 18° . .	3 min
Wässern	10 ,,
Stopbad	5 ,,
Wässern	5 ,,
Fixieren und Härten . . .	5 ,,
Schlußwässerung	20 ,,

Der Gebrauch von sog. „Abstimmungsfiltern" wird in dem Kapitel über Farbsensitometrie näher erläutert. Es können sowohl Kontaktkopien als auch Vergrößerungen gemacht werden. Mit diesem Verfahren wurde es erstmalig möglich, farbige Papierbilder nach einer sehr einfachen Methode herzustellen, die nicht mehr viel komplizierter ist als der normale Schwarzweiß-Prozeß. Da der Amateur und der Berufsphotograph ihre Aufnahmen sowohl bei Tageslicht als auch bei verschiedenen Kunstlichtquellen zu machen pflegen, wird das Negativmaterial in zwei Typen geliefert, einem für Tageslicht („T") und einem für Kunstlicht („K"), wobei zu beachten ist, daß dabei unter Kunstlicht Glühlampen und Nitraphotlampen zu verstehen sind, während Bogenlicht, Elektronenblitze und Kolbenblitze mit Blaufilter dem Tageslicht ähnlich sind. Es ist nicht notwendig, kleinere Unterschiede in der Beleuchtung durch Filter auszugleichen, weil die feinere Abstimmung beim Kopieren erfolgen kann (s. dazu auch das Kapitel „Farbsensitometrie").

Das dem Buch beigelegte farbige Papierbild (Tafel I) ist eine nach einem Agfacolor-Negativ erhaltene Originalvergrößerung auf Agfacolor-Papier. Bereits im Jahre 1936, also noch mehrere Jahre vor den Agfacolor Negativ-Positiv-Materialien erschien der *Agfacolor-Umkehrfilm* auf dem

a) ungebrauchtes Material

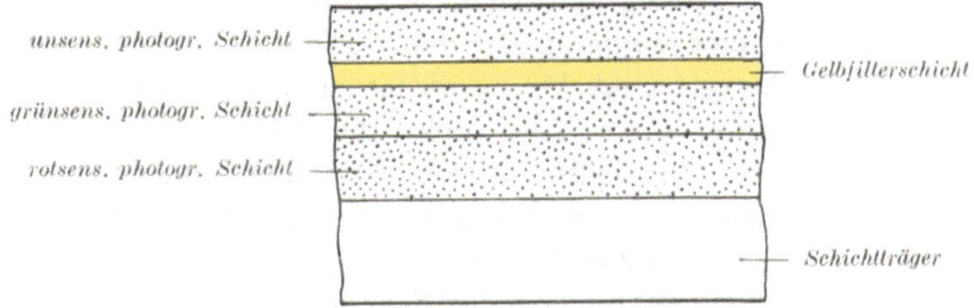

b) nach der Schwarzweiß-Entwicklung

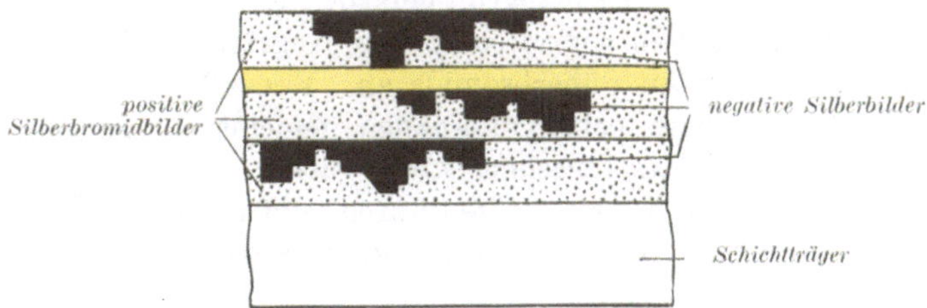

c) nach der Farbentwicklung

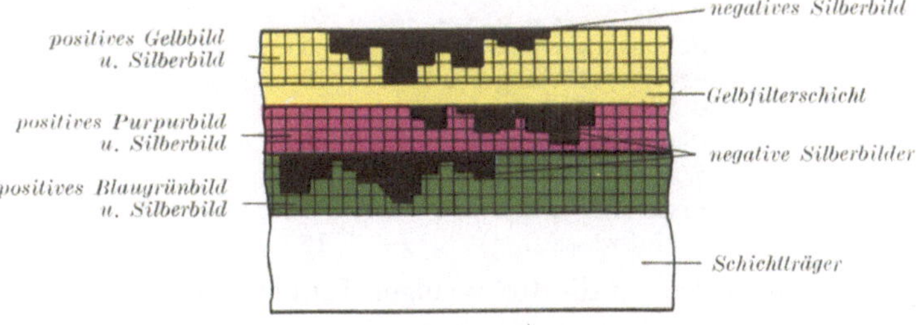

d) fertiges Farbbild

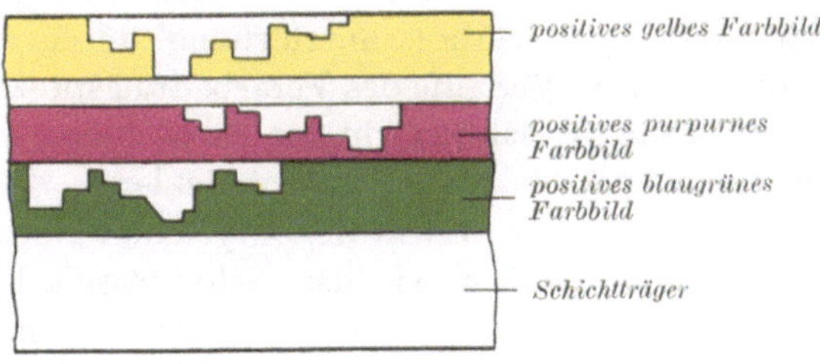

Abb. 31. Schema des Agfacolor-Umkehrverfahrens.

Markt, und zwar im Kleinbildformat zur Herstellung von farbigen Diapositiven und als 16 mm-Schmalfilm für den Filmamateur. Der Aufbau des Films ist prinzipiell der gleiche wie der des Agfacolor-Negativmaterials (Abb. 31), die Verarbeitung ist aber eine andere.

Eine erste Entwicklung erfolgt mit einem Schwarzweiß-Entwickler, dabei wird in allen drei photographischen Schichten ein Silbernegativ entwickelt; die Farbbildner reagieren mit dem Schwarzweiß-Entwickler nicht. Ohne dieses Silberbild zunächst zu entfernen, sorgt man für eine kräftige diffuse Belichtung mit weißem Licht, die auf das noch unveränderte Silberbromid aller Schichten wirkt. Nun folgt eine Farbentwicklung, bei welcher in jeder der drei Schichten ein positives Silberbild und gleichzeitig ein positives Farbstoffbild hervorgerufen wird. Da in jeder der drei Schichten ein entsprechender Farbbildner vorliegt, ist das positive Farbstoffbild in der oberen Schicht gelb, in der mittleren purpurn und in der unteren blaugrün gefärbt. Es schließt sich nun die Entfernung des ganzen entwickelten Silbers (Negativ *und* Positiv) sowie des noch unentwickelten Silberbromids an. Wie schon oben erwähnt (s. S. 64), können diese beiden Vorgänge gemeinsam erfolgen, z. B. bei Verwendung von FARMERschem Abschwächer. Meistens führt man diese Operation jedoch in zwei Stufen durch, erst die Umwandlung des Silbers in Silberchlorid oder Silberbromid in einem ,,Bleichbad" und dann das Fixieren.

Der Agfacolor-Umkehrfilm wird folgendermaßen im Tank entwickelt:

Erste Entwicklung bei 18°	32 min
Wässern	25 ,,
Belichtung	5 ,,
Farbentwicklung bei 18°	10 ,,
Wässern	25 ,,
Bleichen	5 ,,
Wässern	5 ,,
Fixieren	5 ,,
Schlußwässerung	15 ,,

Es hinterbleiben also nur die drei farbigen Teilpositive in den einzelnen Schichten, die in subtraktiver Mischung das endgültige Bild ergeben. Die bei der Aufnahme noch vorhandene Gelbfärbung in der Filterschicht und die Lichthofschutzfärbung unter den photographischen Schichten sind im Verlaufe des Verarbeitungsprozesses entfärbt worden. Wie man sieht, ist das Prinzip der Farbbildung in allen drei Schichten durch einen und denselben Farbentwickler in dem Agfacolor-Umkehrverfahren das gleiche wie in dem Agfacolor-Negativprozeß, es verhält sich zu diesem ähnlich wie das Schwarzweiß-Umkehrverfahren zum Schwarzweiß-Negativprozeß, insofern als auch hier das bleibende Bild aus dem restlichen, bei der ersten Entwicklung nicht verbrauchten Silberbromid aufgebaut wird. Ein gewisser Unterschied besteht insofern, als bei Schwarzweiß-Filmen das zuerst entwickelte Silberbild weggelöst werden muß, bevor die zweite Entwicklung erfolgt. Das ist hier nicht notwendig, da bei der ersten Entwicklung nur Silber, aber nicht gleichzeitig Farbstoff entsteht. Es ergibt sich durch diese Abweichung, daß das Agfacolor-Umkehrverfahren sogar etwas einfacher ist als das Schwarzweiß-Umkehrverfahren, während der Negativprozeß beim Farbenfilm etwas umständlicher ist als beim Schwarzweiß-Film, wie aus folgender Gegenüberstellung hervorgeht:

Schwarzweiß		Agfacolor	
Negativ	Umkehr	Negativ	Umkehr
Entwickler	1. Entwickler	Farbentwickler	1. Entwickler (Schwarzweiß)
Fixierbad	Silberlösungsmittel Klärbad (Sulfit) diffuse Belichtung 2. Entwickler	Bleichbad Fixierbad	 diffuse Belichtung 2. Entwickler (farbgebend)
	Fixierbad		Bleichbad Fixierbad
Sa. 2 Bäder	5 Bäder 1 Zweitbelichtung	3 Bäder	4 Bäder 1 Zweitbelichtung

Die Wässerungen zwischen den Bädern und am Ende sind nicht mitgerechnet. Es versteht sich von selbst, daß die durch den Umkehrprozeß direkt erhaltenen Bilder nicht nur helligkeitsgetreu, sondern auch farbgetreu sein sollen. Es muß dazu die für alle subtraktiven Dreifarbenverfahren geltende Zuordnung eingehalten werden, daß die blauempfindliche Schicht das gelbe Teilbild, die grünempfindliche das purpurne Teilbild, die rotempfindliche das blaugrüne Teilbild ergibt. Der Lichthofschutz ist im Agfacolor-Umkehrfilm an anderer Stelle als im Agfacolor-Negativmaterial. Unmittelbar unter den lichtempfindlichen Schichten befindet sich eine dünne Schicht, welche kolloides Silber enthält und braunschwarz gefärbt ist. Das Silber wird ja am Schluß des Entwicklungsprozesses entfernt.

Das Umkehrverfahren ist bekanntlich immer dann am Platze, wenn nur ein einziges Exemplar gewünscht wird und aus Ersparnisgründen der Verbrauch der doppelten Materialmenge unerwünscht ist. Das trifft für das verhältnismäßig wertvolle Mehrschichtenmaterial ganz besonders zu und gilt vor allem für den Amateur-Schmalfilm. Für Papierbilder ist dagegen das Umkehrverfahren grundsätzlich schlecht geeignet, für Normalfilm ebenfalls nicht, weil es in diesen Fällen unumgänglich ist, Kopien zu ziehen. Als ein sehr wertvolles Hilfsmittel erwies sich das Agfacolor-Umkehr-Diapositiv auch für die Reproduktionstechnik. Die im Gegensatz zu anderen Verfahren sehr bequeme Aufnahmetechnik sicherte dem Verfahren eine große Verbreitung. Von dem Diapositiv werden die Teilauszüge gemacht und wie üblich weiterverarbeitet. In den letzten Jahren wird allerdings statt des Umkehrverfahrens für diesen Zweck in großem Umfang das Negativverfahren eingesetzt. Aus den Agfacolor-Negativen werden dabei die Teilpositive direkt gewonnen.

Die farbbildende Umkehrentwicklung von Agfacolor-Filmen wurde bisher ausschließlich von der Agfa selbst vorgenommen. Die Aufgabe des Amateurs oder Berufsphotographen beschränkt sich also darauf, die Aufnahme sachgemäß vorzunehmen. Gerade das ist aber recht wichtig. Es sind nicht nur Unter- und Überbelichtungen zu vermeiden, was beim Umkehrverfahren immer starke Aufmerksamkeit erfordert, es sind auch Farbstiche durch ungeeignete Lichtquellen zu verhüten. Der Agfacolor-Umkehrfilm wird in zwei verschiedenen Typen geliefert, einem für Tageslicht und einem für Kunstlicht. Es ist selbstverständlich nicht so, daß alle Arten von Aufnahmelichtquellen in zwei starre Gruppen eingeordnet werden können. Man braucht nur daran zu denken, wie stark sich das Tageslicht unter dem Einfluß des Sonnenstandes und der Bewölkung ändert (s. dazu Teil D V 1). Natürlich kann man dem durch geeignete Filter Rechnung tragen, oft wird aber durch übertrieben starke Filter mehr verdorben als gewonnen. Kleinere Farbstiche schaden nicht, denn es ist immer zu berücksichtigen, daß das Auge besonders bei der Betrachtung von projizierten Bildern sich erstaunlich anpaßt (s. dazu Teil D I 6). Immerhin ist wenigstens zu empfehlen, daß bei Aufnahmen im Hochgebirge, wo die ultravioletten Strahlen recht kräftig sind, ein Filter zu ihrer Abschirmung benutzt wird, da sonst die Aufnahmen einen starken Blaustich erhalten. Gelegentlich wird der Fall eintreten, daß man einen Tageslichtfilm eingelegt hat und bei Kunstlicht seine Aufnahmen fortsetzen will oder umgekehrt. Dafür werden Filter empfohlen (z. B. die Agfa-Filter K 29 C für das Hochgebirge, K 69 für Kunstlichtaufnahmen mit Tageslichtfilm und K 19 für Tageslichtaufnahmen mit Kunstlichtfilm), welche die Farbempfindlichkeit des Materials den veränderten Verhältnissen anpassen. Zeigen die Durchsichtsbilder dennoch einen zu starken Farbstich, an den man sich nicht gewöhnt, so empfiehlt es sich, durch Anwendung eines schwachen Filters bei der Projektion den Farbstich auszugleichen. Eine noch bessere Korrektur des Diapositivs kann oft mit einem speziellen Abschwächungsverfahren erzielt werden, das von der Agfa empfohlen wird. Dabei werden drei verschiedene Bäder angegeben, um entweder das gelbe *oder* das purpurne *oder* das blaugrüne Teilbild abzuschwächen (SCHNEIDER *239*). Auch Arbeiten von GORDON (*107*) und von MUTSCHLECHNER (*206*) beschäftigen sich mit dieser Möglichkeit. Hat beispielsweise ein Bild einen Purpurstich, so kann es durch den Purpurabschwächer neutral gestellt werden. Es ist aber zu beachten, daß damit insgesamt eine unter Umständen recht beträchtliche Aufhellung verbunden ist, diese Methode ist daher nur für ziemlich *dichte* Bilder zu empfehlen. Rezepte für die Abschwächungsbäder sind nach SCHNEIDER folgende:

1. Zur Abschwächung des Gelbbildes wird 2—5 min in einer Lösung von 5 g cholsaurem Natrium in 100 cm³ Wasser gebadet, wobei das Fortschreiten der Farbkorrektur zu beobachten ist. Danach wird 20 min gewässert.

2. Zur Abschwächung des Purpurbildes wird zunächst 2—5 min in der folgenden Lösung 1 gebadet:

3 g m-Aminobenzoesäurechlorhydrat, aus Wasser umkristallisiert, werden in 100 cm³ Wasser warm gelöst.

Davon werden 30 cm³ mit Wasser auf 100 cm³ aufgefüllt. Die Abschwächung läßt sich dabei nicht verfolgen, da auch Gelb und Blaugrün zunächst entfärbt werden, später aber ihre Farbe zurückerhalten.

Es folgt eine Nachbehandlung in der Lösung II:

30 g Borax in 1 l Wasser

und anschließend 20minutige Wässerung.

Da die Purpurabschwächung nicht direkt beobachtet werden kann, ist es zweckmäßig, sie lieber etwas kürzer vorzunehmen und sie gegebenenfalls zu wiederholen.

3. Zur Abschwächung des Blaugrünbildes wird unter ständiger Beobachtung der Abschwächung 1—4 min in der folgenden Lösung gebadet:

Heißlösen von 0,2 g Natriumkarbonat sicc.
und 0,4 g Acetessiganilid
in 100 cm³ Wasser.

Nach der Behandlung wird 20 min gewässert.

Eine partielle Verstärkung, die das Gegenstück zu dieser partiellen Abschwächung bedeuten würde und die zur Korrektur *heller* farbstichiger Bilder brauchbar wäre, gibt es leider nicht.

Die wichtigsten Veröffentlichungen über das Agfacolor-Verfahren sind folgende: In einem Artikel über „Agfacolor Neu" gaben SCHNEIDER und WILMANNS (*246*) die grundlegenden Prinzipien des Verfahrens bekannt. Es wurde dabei nicht nur das zuerst ausgeübte Umkehrverfahren beschrieben, sondern auch bereits das Negativ-Positiv-Verfahren erwähnt. Weitere allgemeine Artikel über sämtliche Anwendungen des Verfahrens schrieben wieder WILMANNS (*273*) sowie SCHNEIDER (*240*). Eine Veröffentlichung von SCHNEIDER (*238*) beschäftigt sich speziell mit dem Negativ-Positiv-Verfahren. Technische Einzelheiten über die Verarbeitung des Agfacolor-Kinefilms bringen Arbeiten von HEYMER (*138*), von SCHILLING (*235*) sowie von SCHNEIDER und SENGER (*244*). Eine neuere zusammenfassende Darstellung des Agfacolor-Verfahrens bringt ein Buch von BERGER (*1*).

Von den Verfahren mit Farbstoffbildnern in der Schicht wurden bisher die verschiedenen Ausführungsformen des Agfacolor-Verfahrens in größerer Ausführlichkeit besprochen. Die Prinzipien, welche die Agfa bei der Entwicklung ihres Verfahrens leiteten, sind auch für die nunmehr zu besprechenden Prozesse anderer Hersteller maßgebend gewesen. Zunächst ist das *Ansco Color-Verfahren* zu nennen. Die

US-amerikanische Firma Agfa Ansco war vor dem zweiten Weltkrieg eine Tochtergesellschaft der Agfa. Sie stellte schon 1938 Farbfilme her, doch wurde die eigentliche Produktion erst 1942 aufgenommen. Während des Krieges wurden nur die Armee und gewisse Industrien mit dem Farbmaterial beliefert, die Freigabe für den zivilen Verbrauch erfolgte 1945. Entsprechend dem großen Interesse, das in den USA der Farbenphotographie auch während des Krieges und vor allem gleich nach dem Kriege entgegengebracht wurde, wurde seitens der Ansco die Forschungsarbeit wesentlich verstärkt, und es wurde an der weiteren Ausgestaltung des Mehrschichtenfilms intensiv gearbeitet. Dabei wurde zunächst noch immer an dem Umkehrverfahren festgehalten, einige Jahre später wurde auch das Negativ-Positiv-Verfahren herausgebracht.

Für den heutigen *Ansco Color-Umkehrfilm* gelten nach den neuesten Angaben der Ansco (Ansconian August 1950) folgende Behandlungszeiten:

Erste Entwicklung (20° C) . . .	17 min	
Unterbrechungsbad (16—24° C) .	1 ,,	
Härtung (16—24° C)	4 ,,	
Wässern (unter 27° C)	3 ,,	
Zweite Belichtung	3 ,,	, je $1^1/_2$ min von beiden Seiten
Farbentwicklung (20° C)	16 ,,	
Unterbrechungsbad (16—24° C) .	1 ,,	
Härtung (16—24° C)	4 ,,	
Wässern (unter 27° C)	3 ,,	
Bleichen (20° C)	6 ,,	
Wässern (unter 27° C)	3 ,,	
Fixieren (16—24° C)	4 ,,	
Schlußwässerung (unter 27° C) .	10 ,,	, bei Wassertemperaturen unter 16° C 15 min.

Diese Zeiten gelten bei der Benutzung der Ansco-Entwicklersätze sowie von selbst angesetzten Entwicklern mit der neuen Entwicklersubstanz Dicolamin S-5 unter Verwendung eines Entwicklungsbeschleunigers. THOMSON (*10*) gibt nach älteren Angaben der Ansco etwas andere Behandlungszeiten an und nennt auch die Zusammensetzung der Bäder, die hier mit einer dem neueren Stand entsprechenden Abänderung wiedergegeben seien:

Der erste Entwickler, der ja eine reine Schwarzweiß-Entwicklung bewirkt, besteht aus:

Metol	3 g
Natriumsulfit sicc.	50 g
Hydrochinon	6 g
Natriumkarbonat sicc. . . .	34 g
Natriumrhodanid	2 g
Kaliumbromid	2 g
Kaliumjodid.	3,5 mg
Auffüllen mit Wasser auf . .	1 l.

(Bei hartem Wasser sind 0,5—1 g Calgon = Natriumhexametaphosphat zuzusetzen.)

Das Stopbad hat folgende Zusammensetzung:

Eisessig	10 cm^3
Natriumacetat	20 g
Auffüllen mit Wasser auf . .	1 l.

Das Härtebad enthält:

Kaliumchromalaun	30 g
Auffüllen mit Wasser auf . .	1 l.

Die Zweitbelichtung soll zweckmäßig auf die Vorderseite und die Rückseite des Films erfolgen, die Gefahr einer Überbelichtung besteht nicht, nur muß eine Überhitzung der Emulsion vermieden werden.

Der Farbentwickler hat folgende Zusammensetzung:

Ansco „Dicolamin".	16 cm^3
Natriumbisulfit	1 g
Natriumkarbonat sicc. . . .	58 g
Kaliumbromid	1 g
Auffüllen mit Wasser auf . .	1 l.

(Bei hartem Wasser Zusatz von 1—2 g Calgon.)

Steht Dicolamin nicht zur Verfügung, so kann nach THOMSON stattdessen die folgende Lösung benutzt werden:

Natriumbisulfit	5 g
salzsaures Diäthyl-paraphenylendiamin	20 g
Auffüllen mit Wasser auf . .	100 cm^3.

Das Bleichbad besteht aus:

Kaliumferricyanid (rotes Blutlaugensalz). . .	60 g
Kaliumbromid	15 g
sekundäres Natriumphosphat	13 g
Natriumbisulfit	6 g
Auffüllen mit Wasser auf . .	1 l.

Die Fixage erfolgt mit einem neutralen Fixierbad:

Natriumthiosulfat	200 g
Auffüllen mit Wasser auf . .	1 l.

Nach Angaben der Ansco kann man durch etwas kürzere Erstentwicklung Überexpositionen und durch etwas längere Erstentwicklung Unterexpositionen bis zu einem gewissen Grade ausgleichen.

Auch bei Kopierprozessen wurde von der Ansco mehrere Jahre hindurch nur das Umkehrverfahren benutzt. Es sind auch einige Kinefilme nach diesem Verfahren hergestellt worden. Wie schon bei anderen subtraktiven Mehrschichtenverfahren erwähnt, wird für den Kopierprozeß nicht das gleiche Material genommen wie bei der Herstellung von Unikaten. Für den Aufnahmefilm wird eine flachere Gradation benötigt, um einen größeren Belichtungsspielraum zu erhalten. Die Empfindlichkeit ist so hoch wie möglich. Die Farbstoffe unterscheiden sich ebenfalls von den bei der Herstellung von Unikaten üblichen, um die Farbwiedergabe bei der Kopie zu verbessern (s. dazu das Kapitel C III 1). Der Kopierfilm hingegen muß eine steilere Gradation haben, seine Empfindlichkeit ist geringer als die des Aufnahmefilms, seine

Farbstoffe müssen den für die subtraktive Farbmischung erforderlichen Charakter haben. BATES und RUNYAN (*44*) geben ausführliche Vorschriften für die maschinelle Verarbeitung des Ansco Color-Materials, vor allem werden in dieser Arbeit ausführliche photographische und analytisch-chemische Tests für die Entwicklerlösungen veröffentlicht. Aus einer Arbeit von BRUNNER, MEANS und ZAPPERT (*63*) sind Einzelheiten über die chemischen Analysen zu entnehmen.

Für die Zwecke der Armee und der Luftwaffe wurden von der Ansco neue Entwicklungsvorschriften ausgearbeitet, die die Gesamtentwicklungszeiten für Ansco Color-Umkehrfilm auf $20^3/_4$ min und für Ansco Printon auf $15^1/_2$ min reduzieren. Interessante Einzelheiten über diese Technik findet man in einer Arbeit von HAINSWORTH (*119*).

Auf der Basis des Umkehrprozesses hat die Ansco seit 1943 auch ein Verfahren für die Herstellung von Aufsichtsbildern herausgebracht. Farbkopien auf diesem *Printon*-Material können nach jedem guten Farbdiapositiv hergestellt werden, ein Spezialfilm für die Aufnahme ist also nicht erforderlich. Das Verfahren wird in den USA in großem Maßstab durchgeführt. In großen Kopieranstalten, z. B. bei der Pavelle Corp. in New York, wird der Printonfilm in Rollen maschinell entwickelt. Ein *Film* auf opaker Grundlage wird deshalb benutzt, weil sich Papier für derartige Umkehrprozesse schlecht eignet. Der Entwicklungsgang unterscheidet sich nur wenig von dem oben ausführlich beschriebenen. Das Ansco Printon-Material, also der Kopierfilm allein, wird gelegentlich auch ohne Aufnahmefilm verwendet, z. B. für die Mikrophotographie.

An Ansco Umkehr-Materialien stehen heute Filme für 35 mm und 16 mm, ferner Rollfilme und Blattfilme für Tageslicht und Kunstlicht zur Verfügung, ferner Kopier- und Duplikatfilme in den gleichen Formaten. Als Negativ-Positiv-Material brachte die Ansco zunächst in Form von Rollfilm den *Plenacolor-Film*. Dieses Material wird von der Ansco selbst oder einigen größeren Kopieranstalten entwickelt. Von dem Plenacolor-Negativ wird direkt auf ein dem Agfacolor-Papier ähnliches Farbpapier mit einfacher Farbentwicklung kopiert. Der Plenacolorfilm ist augenblicklich (1952) nicht allgemein verfügbar.

Im Herbst 1951 wurde in einem Vortrag von DUERR (*88*) der *Ansco Color-Negativ-Positiv- Prozeß* für Kinefilm angekündigt. Er soll auf diesem Gebiet an die Stelle des Umkehrverfahrens treten. Der Negativfilm und der Positivfilm entsprechen in der Anordnung der Schichten und in der Zuordnung der Farbbildner den Agfacolor-Negativ- und Positiv-Filmen. Der Negativfilm ist auf Tageslicht abgestimmt, bei Außenaufnahmen und Bogenlicht-Aufnahmen wird die Verwendung eines Ultraviolett absorbierenden Filters empfohlen. Die Absorptionsmaxima der Farbstoffe sind

	im Negativfilm	im Positivfilm
für Gelb	440 mμ	445 mμ
für Purpur	540 mμ	540 mμ
für Blaugrün	675 mμ	655 mμ.

Die Farbbildner sind durch Fettsäureradikale in der Schicht verankert.

Die Verarbeitungszeiten sind folgende:

	Negativfilm	*Positivfilm*	
Farbentwickler	10—12 min	11—14 min	(anderer Entwickl.)
Wässerung	30 sec	30 sec	
Härtefixierbad	8 min	8 min	
Wässerung	6 ,,	6 ,,	
Bleichbad	8 ,,	8 ,,	
Wässerung	4 ,,	4 ,,	
Fixierbad	6 ,,	2 ,,	
Wässerung	6 ,,	6 ,,	
Trocknung	25 ,,	25 ,,	

Beim Positivfilm wird zwischen Bleichbad und Fixierbad die Behandlung der Tonspur eingeschaltet (s. Kapitel D IV). Die Zusammensetzung der Bäder soll in der Arbeit von Duerr gebracht werden.

Die dem Buch beigelegte Tafel II enthält Kinebilder, welche nach dem Ansco Color Negativ-Positiv-Prozeß hergestellt wurden.

Über die Möglichkeit zum Dubeln bei diesem Verfahren wird in dem Kapitel C III 2 näheres gesagt.

Auf dem europäischen Markt sind die *Gevacolor*-Filme der Firma Gevaert weit verbreitet, die in ihrem Aufbau den Agfacolor-Filmen gleichen. Umkehrfilme werden in allen gebräuchlichen Formaten hergestellt, ferner Negativfilme für die Anfertigung von farbigen Papierkopien, wobei die Verarbeitung vorläufig von der Herstellerfirma kontrolliert wird. Auf dem Gevacolor-Material für Kinezwecke (Negativ-Positiv) sind schon einige Spielfilme aufgenommen worden. Auch Agfacolor-Negative wurden im Ausland oft auf Gevacolor-Positivfilm kopiert. Einzelheiten über den Prozeß findet man bei Bracey-Gibbon (*58*) und Verkinderen (*268*). Für das Umkehrverfahren liefert die Firma Gevaert fertige Entwicklungssätze. Bei jeder Emulsionsnummer findet sich eine Angabe, mit welcher Zeit die erste und die zweite Entwicklung vorgenommen werden soll, so daß geringe Schwankungen in der Fabrikation bei der Entwicklung ausgeglichen werden können. Bei dem Negativ-Positiv-Verfahren werden die Behandlungszeiten sowohl wie die Zusammensetzung der Bäder von der Firma angegeben. Da sie den bereits angeführten der Agfa und der Ansco recht ähnlich sind, müssen sie aus Raummangel übergangen werden.

Von Ferrania wurde 1947 in Italien ein Umkehrfilm in Kleinbildformat in den Handel gebracht, der auf dem Agfacolor-Prinzip aufgebaut war. Dieser Film wurde aber bald wieder zurückgezogen, dafür erschien

1950 der *Ferraniacolor*-Negativfilm, von dem farbige Papierbilder angefertigt werden können. Gleichzeitig entwickelte Ferrania ein Negativ-Positiv-Material für Kinezwecke, mit dem in Italien einige hervorragende Dokumentarfilme hergestellt worden sind. Der Negativfilm enthält eine Silbermaske.

Das *Telcolor*-Verfahren der Firma Tellko in Fribourg (Schweiz) ist ein ähnliches Negativ-Positiv-Verfahren, das sich jedoch in einigen Punkten vom Agfacolor-Prozeß unterscheidet. Der Negativfilm, der in allen gebräuchlichen Formaten geliefert wird, enthält wie der entsprechende Ferrania-Film eine positive Silbermaske, die eine Verbesserung der Farbsättigung in der Kopie bewirkt. Das Telcolor-Papier enthält im Gegensatz zum Agfacolor-Papier keine Gelbfilterschicht, seine Entwicklung ist besonders einfach, da dafür nur zwei Bäder notwendig sind, ein Farbentwicklungsbad und ein kombiniertes Bleich- und Fixierbad. Alle Materialien sind im Handel frei erhältlich, so daß das Verfahren von jedermann selbst durchgeführt werden kann. Für die Negativ-Entwicklung werden zwei verschiedene Entwickler geliefert, ein gewöhnlicher Farbentwickler und ein Maskenentwickler, mit dem nach einer genau dosierten Zwischenbelichtung die Silbermaske einentwikkelt wird.

Der *Pakolorfilm*, der von der Photo Chemical Comp., Epsom, England, hergestellt und von der Associated British-Pathé Ltd. vertrieben wird, ist wie der Agfacolor-Negativfilm aufgebaut. Er soll als Tages- und Kunstlichtfilm in allen Formaten geliefert werden. Das Positivpapier weist eine abgeänderte Schichtenfolge auf, nämlich Gelbschicht (blauempfindlich), Blaugrünschicht (rotempfindlich) und zu unterst die Purpurschicht (grünempfindlich). Die Gelbfilterschicht ist weggelassen. Das Papier wird nach der Farbentwicklung in einem kombinierten Bleich- und Fixierbad behandelt. Der Pakolorfilm wurde früher unter dem Namen Alfacolor angekündigt.

Es sind nun noch Verfahren zu besprechen, bei denen sich ebenfalls die Farbbildner in den einzelnen Schichten eines Mehrschichtenmaterials befinden, ohne daß es sich um diffusionsfeste Farbbildner im engeren Sinne handelt. Das eine Verfahrensprinzip ist von der Firma Eastman Kodak entwickelt worden und beruht darauf, daß sehr kleine Tröpfchen einer wasserunlöslichen organischen Substanz wie z. B. Trikresylphosphat (Mees *191*) der photographischen Emulsion zugefügt werden und daß diese wie das Fett in der Milch dispergierten Tröpfchen den Farbbildner enthalten, der in diesem Fall natürlich keine wasserlöslich machenden Gruppen haben darf. Er kann auf diese Weise auch nicht diffundieren, andererseits findet der am Silberbromid oxydierte Farbentwickler den Weg zum Farbbildner trotz seiner Hülle und reagiert dort mit ihm. Der gebildete Farbstoff bleibt ebenfalls in dem Öltröpfchen gelöst (Abb. 32). Voraussetzung ist selbstverständlich einmal, daß die Tröpfchen genügend klein sind, um eine zu grobe Struktur des Bildes zu vermeiden, weiter daß sie genügend zahlreich sind, damit der oxydierte Farbentwickler keinen zu weiten Weg zurückzulegen hat, bis er auf seinen Reaktionspartner, den Farbbildner, trifft. Andernfalls würden sich durch Diffusion innerhalb der Schicht die Konturen verwaschen und durch Diffusion in die Nachbarschicht eine Farbverfälschung einsetzen. Man nennt dieses Verfahrensprinzip das der „geschützten Farbbildner". Die Verwendung der geschützten Farbbildner geht auf ein Patent von MARTINEZ zurück (U.S.P. 2269185, in Großbritannien schon 1937 angemeldet). Das heute angewendete Verfahren scheint auf dem U.S.P. 2322027 von JELLEY und VITTUM zu beruhen.

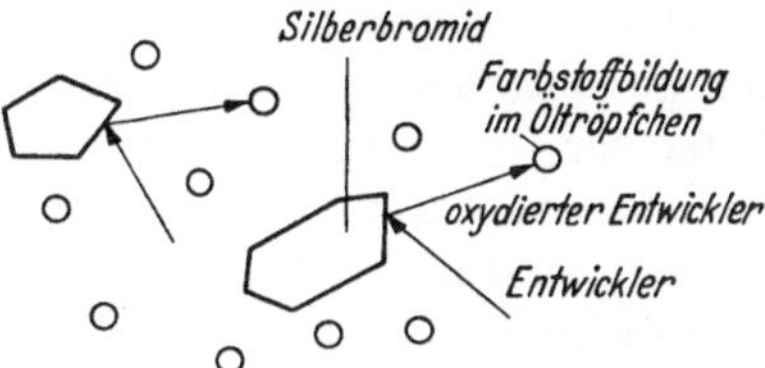

Abb. 32. Wirkungsweise der „geschützten Farbbildner".

Darin wird vorgeschlagen, die Farbbildner in einer organischen Substanz zu lösen, die bei Zimmertemperatur flüssig ist, aber einen Siedepunkt von über 175° C besitzt. Zur Erleichterung des Lösevorganges kann ein tiefsiedendes Lösungsmittel zugesetzt werden. In einer Kolloidmühle wird die Mischung mit Wasser unter Zugabe eines Emulgiermittels vermengt, darauf wird das tiefsiedende Lösungsmittel durch Erhitzen ausgetrieben. Man erhält so eine wäßrige Emulsion von öligen Tröpfchen, die aus dem hochsiedenden organischen Lösungsmittel und dem Farbbildner bestehen. Als geeignete Träger werden u. a. angegeben: Triarylester der Phosphorsäure, Methylphthalat und Dibutylphthalat. Es wird besonders darauf hingewiesen, daß das Lösungsmittel so gewählt werden muß, daß die fertige Mischung den gleichen Brechungsindex hat wie trockene Gelatine.

Gegenüber der Zugabe der Farbbildner in diffusionsechter Form (Agfacolor-Prinzip) bietet das Kodak-Verfahren einige Vorteile. Die Eigenschaften der Emulsion werden durch die abgeschlossenen Teilchen weniger beeinflußt, und dieser Umstand wirkt sich schon bei der Lagerung günstig aus. Auch während der Behandlung sind die Farbbildner noch weitgehend geschützt, so daß z. B. im Eastmancolor Film das Silber in einem sauren Bichromatbad gelöst werden kann, ohne daß die Farben dadurch zerstört werden.

Das *Kodacolor-Verfahren* (das man nicht mit dem alten Kodacolor-Prozeß für Linsenrasterfilm verwechseln darf), ist sonst dem Agfacolor-Negativ-Positiv-Verfahren ähnlich. Es dient der Herstellung von Farbbildern auf Papier für den Amateur. Der Aufbau der Schichten entspricht demjenigen des Agfacolorfilms, der wesentliche Unterschied liegt in der schon erwähnten Verwendung von geschützten oder eingebetteten statt der diffusionsfesten Farbbildner. Die Verarbeitung des Materials wird genau wie beim Kodachrom nur von der Firma Kodak selbst vorgenommen. Das Kodacolor-Verfahren wurde 1941 angekündigt und im folgenden Jahr in den USA herausgebracht.

Da das Interesse der Amateure für die Farbkopien sehr groß ist, mußte Kodak eine große Anlage bauen, um die Fertigstellung der Farbkopien zu ermöglichen. Wie beim Agfacolor-Negativ-Positiv-Verfahren ergibt der Aufnahmefilm nach der Farbentwicklung und der Entfernung von Silber und Silberbromid ein komplementärfarbiges Negativ. Der Kodacolor-Film enthielt seit 1944 noch eine Silbermaske, seit 1949 enthält er für Tageslicht- wie für Kunstlichtfilm eine Buntmaske (Farbstoffmaske). Das Negativ wird auf ein entsprechend aufgebautes, aber maskenfreies Papier kopiert und ergibt nach einer analogen Verarbeitung ein Aufsichtsbild in den korrekten Farben.

Das *Ektachrom-Verfahren* von Kodak verwertet ebenfalls das Prinzip der geschützten Farbbildner. Es ist ein Umkehrverfahren, das dem Agfacolor-Umkehrprozeß weitgehend entspricht. Wieder ist es so, daß Schichtenanordnung und Verarbeitungsmethode im Grundsatz die gleichen sind und daß lediglich anstelle der diffusionsfesten Farbbildner die geschützten treten. Im Gegensatz zu dem bereits früher erwähnten Kodachrom-Prozeß hat der Ektachrom-Prozeß den Vorteil der größeren Einfachheit in der Verarbeitung. Die Durchführung des Entwicklungsprozesses wird deshalb dem Amateur und dem Photohändler überlassen. Die Bezeichnung Ekta gibt den Hinweis, daß die Entwicklung nicht in der Kodakfabrik erfolgt. Das Ektachrom-Verfahren wurde zunächst im Kriege für die amerikanische Luftwaffe ausgearbeitet, für diesen Zweck kam es ja auf möglichst schnelle und dezentralisierte Verarbeitung an. Heute steht es dem Kunden in den normalen Amateurformaten zur Verfügung, während der Kodachromfilm nach HARRIS (*125*) nur noch als 8,16 und 35 mm-Film zu haben ist. Wegen der Möglichkeit zur Verarbeitung im eigenen Dunkelraum ist der Ektachrom-Film vor allem bei den Berufs- und Reproduktionsphotographen beliebt geworden. Für die Verarbeitung verkauft Kodak fertige Packungen der notwendigen Substanzen, ohne daß die chemische Zusammensetzung daraus ersichtlich ist.

Die Entwicklung der heutigen Ektachrom-Filme erfolgt bei 24° C nach folgendem Schema:

1. Entwicklung	10 min
Wässern	1 „
Härten	3—10 „

Während der Härtung erfolgt die zweite Belichtung, indem die Filme aus der Lösung herausgehoben werden und auf jeder Seite je 5 sec dem Licht einer 500 Watt-Lampe auf 30 cm Entfernung ausgesetzt werden.

Wässern	3 min
Farbentwicklung	15 „
Wässern	5 „

Klären und Fixieren	5 min
Wässern	1 „
Bleichen	8 „
Wässern	1 „
Klären und Fixieren	3 „
Schlußwässerung	8 „ .

Die Temperatur des ersten Entwicklers soll auf $\pm\,^1/_4{}^\circ$ C eingehalten werden, bei allen übrigen Operationen genügt eine Genauigkeit von $\pm$ 1° C, auch die Wässerungen sollen bei dieser Temperatur erfolgen.

Da in den Nachkriegsjahren in europäischen Ländern die von Kodak gelieferten Chemikalien nicht immer zu haben waren, wurden verschiedentlich Rezepte ausgearbeitet, nach denen die Entwickler und die übrigen Bäder angesetzt werden konnten. In England hat die Firma May und Baker eine haltbare Farbentwicklungs-Substanz unter dem Namen „Genochrome" herausgebracht, die eine Verbindung von Diäthyl-p-phenylendiamin mit Schwefeldioxyd ist und eine haltbare wäßrige Lösung gibt. PILKINGTON (*221*) sowie FIELD und JOHN (*97*) haben unter Verwendung von Genochrome Entwicklerrezepte für den Ektachrom-Film angegeben. Die der letzteren Arbeit seien hier zusammengestellt:

1. Entwickler

Metol	10 g
Natriumsulfit sicc.	50 g
Natriumcarbonat sicc.	34 g
Kaliumrhodanid	5 g
Kaliumbromid	2 g
Mit Wasser aufgefüllt auf	1 l.

Entwicklungszeit 15 min bei 20 $\pm$ 0,3° C, danach 1 min Wässerung.

Härtungsbad

Kaliumchromalaun	30 g
Mit Wasser aufgefüllt auf	1 l.

Behandlung 5 min, danach kräftige Zweitbelichtung von beiden Seiten, dann 5 min Wässerung.

Farbentwickler

Genochrome	3 g
Kaliummetabisulfit.	1,5 g
Natriumcarbonat sicc.	45 g
Kaliumbromid	1 g
Wasser aufgefüllt auf	1 l.

Entwicklungszeit 27 min bei 19—21° C, dann 5 min Wässerung.

Fixierbad

Natriumthiosulfat	200 g
Kaliummetabisulfit.	8 g
Wasser aufgefüllt auf	1 l.

Behandlung 5 min, Abspülen 1 min.

Bleichbad

Kaliumferricyanid	60 g
Kaliumbromid	15 g
Dinatriumphosphat	2 g
Wasser aufgefüllt auf	1 l.

Behandlung 10 min, Abspülen 1 min, dann nochmaliges Fixieren 5 min in dem gleichen Fixierbad, Wässerung 10 min, Abspülen und Trocknen.

Ektachrom-Filme können in feuchtem Zustand nur sehr schlecht beurteilt werden, da sie milchig getrübt sind. An der Opazität im feuchten Zustand kann man die Filme erkennen, die die Farbbildner in der geschützten Form, d. h. als Teilchen enthalten. Infolge der Wasseraufnahme sinkt der Brechungsindex der Schichtgelatine und stimmt infolgedessen nicht mehr mit dem Brechungsindex des Farbbildner-Materials überein. Diese Inhomogenität bewirkt eine starke Streuung des Lichtes und macht die Filme trübe.

Beim Ektachrom-Film ist wie bei den meisten anderen Farbfilmen Material für Tageslicht und Material für Kunstlicht zu erhalten. Bei der Herstellung von Unikaten ist darauf bekanntlich immer besonders zu achten, weil hier die Ausgleichsmöglichkeiten bei der Kopie wegfallen.

Das jüngste Produkt der Kodak-Farbentwicklungsmaterialien ist der *Ektacolor*-Film. Er wurde bereits 1947 angekündigt, aber erst 1949 herausgebracht. Aus der Bezeichnung ,,Ekta" ist zu ersehen (s. oben), daß die Entwicklung dem Verarbeiter überlassen wird. Das Wort ,,Color" (vgl. auch ,,Kodacolor") besagt seit Herausgabe der Farbentwicklungsmaterialien bei Kodak, daß es sich um ein Negativ-Verfahren handelt (Color ist das lateinische und auch englische Wort für Farbe). Dagegen gibt die Silbe ,,Chrom" (,,Kodachrom", ,,Ektachrom") an, daß das Material durch Umkehrentwicklung verarbeitet wird (Chroma ist das griechische Wort für Farbe). Der Ektacolor-Film ergibt wie der Agfacolor-Negativfilm und der Kodacolor-Film bei einfacher Farbentwicklung mit anschließender Silber- und Silberbromid-Entfernung ein Komplementär-Negativ. Auch der Ektacolor-Film enthält die Farbbildner in Tröpfchen aus organischem Material, wovon man sich durch Anfeuchten der Schicht überzeugen kann. Als Besonderheit ist zu verzeichnen, daß ein Teil der Farbbildner, nämlich derjenige für Purpur und derjenige für Blaugrün von vornherein gefärbt sind, und zwar in einer anderen Farbe als der später bei der Entwicklung gebildeten. So ist der Farbbildner für Purpur leicht gelb gefärbt. An den Bildstellen, wo sich bei der Farbentwicklung Purpur bildet, verschwindet gleichzeitig diese gelbe Farbe, an den unbelichteten Stellen bleibt sie dagegen erhalten, an den schwächer belichteten Stellen teilweise.

In dem farbigen Negativ ist demnach in der gleichen Schicht dem kräftigen Purpurnegativ ein zartes Gelbpositiv überlagert. Entsprechendes erfolgt in der blaugrünen Schicht, nur daß der Farbbildner für

Blaugrün eine orangerote Farbe hat. In dieser Schicht liegt dann die Überlagerung eines zarten orangeroten Positivs über ein kräftiges Blaugrün-Negativ vor. Das gelbe Negativ bleibt ohne überlagertes Positiv (s. Abb. 33). Die im ersten Augenblick schwer verständliche Maßnahme liegt in der sog. „Maskenwirkung" begründet. Ohne hier die später noch ausführlicher zu besprechende Wirkung der Masken bereits erläutern zu wollen, sei nur soviel gesagt, daß die betreffenden Positive die Unvollkommenheiten der Farbstoffe in den Farbteilnegativen ausgleichen sollen. Über die chemischen Probleme, die bei der Verwendung von gefärbten Farbbildnern auftreten, s. die Arbeiten von HANSON

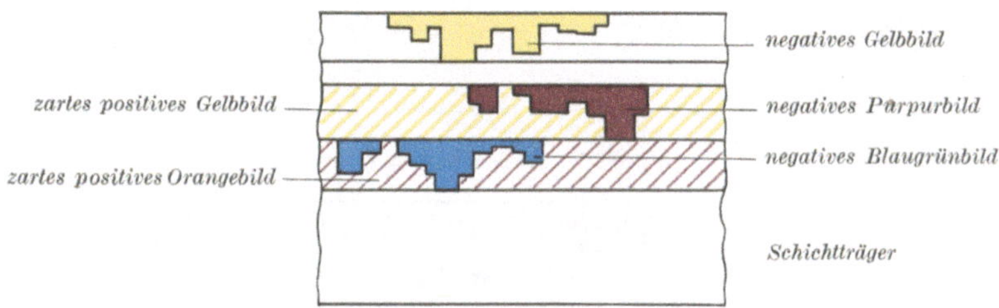

Abb. 33. Aufbau des Ektacolor-Films.

und VITTUM (*121*) sowie von MERCKX (*194*). Einzelheiten über die Gradationsprobleme beim Ektacolor-Verfahren finden sich in einer weiteren Arbeit von HANSON (*120*).

Die heutigen Ektacolorfilme (Negativ- und Positivmaterial) werden nach folgendem Schema entwickelt:

Farbentwicklung (24° C)	12 min
Stopbad (23—25° C)	2 „
Härtung „	3 „
Wässern „	3 „
Bleichen „	8 „
Wässern „	3 „
Fixieren „	3 „
Schlußwässerung	8 „ .

Ein Härtefixierbad dient sowohl zur Härtung der Schicht nach der Farbentwicklung als auch zur Fixierung. Es sind daher nur 4 verschiedene Bäder notwendig.

Ein *Ektacolor Print*-Film zur direkten Kopie von Ektacolor-Negativ wird in Blattform geliefert. Zu seiner Behandlung braucht man die gleichen Chemikalien wie für den Ektacolor-Negativfilm. Die Möglichkeit von Schwarzweiß-Abzügen ist ebenfalls vorgesehen, dafür wird besonderes panchromatisches Papier „*Ektacolor BW*" geliefert. Ferner können mit Blaufilter bzw. mit Grünfilter bzw. mit Rotfilter Kopien auf ein panchromatisches Reliefmaterial, den sog. „*Pan Matrix*"-*Film*, gezogen und nach dem *Kodak Dye Transfer*-Prozeß weiterverarbeitet werden. Über diese Einfärbungsprozesse wird später (Kapitel C II 3) noch näheres mitgeteilt. Der Ektacolor-Film wird zunächst nur für Kunstlichtaufnahmen geliefert, seine Empfindlichkeit ist, wie Hanson in seiner Arbeit erwähnt, geringer als die des Kodacolor-Films. Er ist in erster Linie für Berufsphotographen gedacht, die ihn in der eigenen

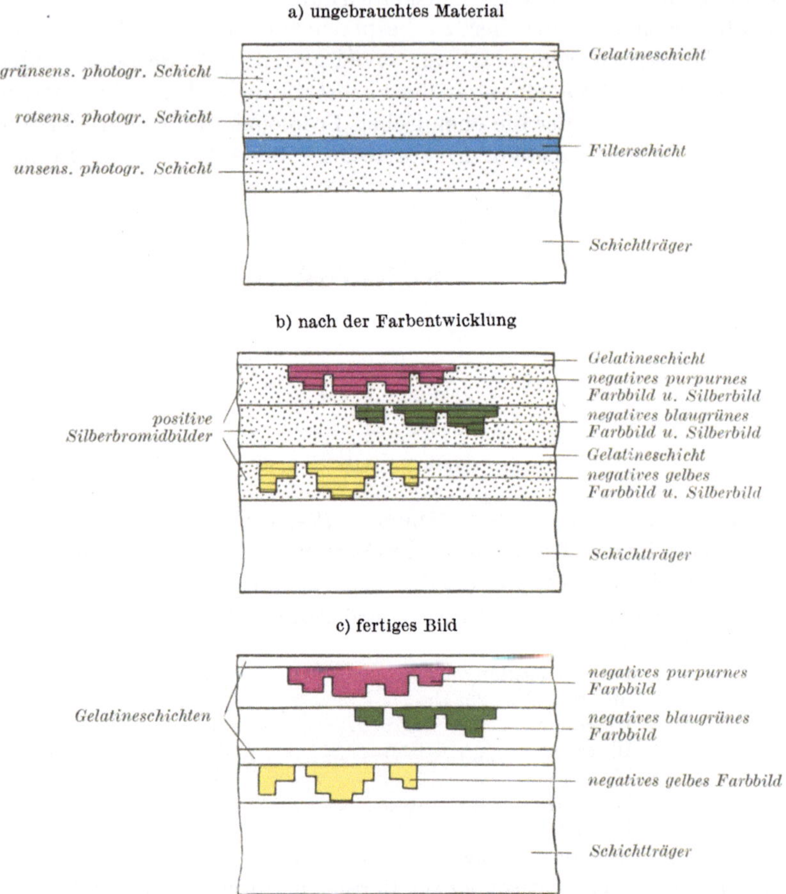

Abb. 34. Entwicklungsgang des Eastman Color Positive-Films.

Dunkelkammer verarbeiten können. Fertige Chemikalienpackungen werden dazu geliefert. Bei der Aufnahme sind enge Toleranzen für die Farbtemperatur der Lichtquelle einzuhalten. Die Belichtung des Ektacolor Print-Films erfolgt mit weißem Licht, die Entwicklung kann in den gleichen Bädern vorgenommen werden, die für den Negativfilm gebraucht wurden. Auch die Behandlungszeiten sind identisch. Die Ektacolor-Positive sind außerordentlich farbkräftig und unterscheiden sich kaum von direkten Umkehrbildern.

Gleichartig wie der Ektacolor-Film ist der *Eastman Color Negative-Film* der Firma Kodak aufgebaut. Er ist ein auf Tageslicht oder tageslichtähnliches Kunstlicht abgestimmter Kine-Aufnahmefilm. Das auf diesem Material erzeugte komplementärfarbige Negativ kann direkt auf den *Eastman Color Positive-Film* kopiert werden. Den Aufbau dieses Materials zeigt die Abb. 34. Es enthält wie der Negativfilm geschützte Farbbildner in den einzelnen Schichten, jedoch ungefärbte, da ja im Positiv keine Maske auftreten darf. Während die Zuordnung von Spektralempfindlichkeit zur Farbe des entwickelten Teilbildes in jeder Schicht die natürliche bleibt, ist hier indessen zum Unterschied von allen sonst üblichen Materialien die Reihenfolge der Schichten so verändert, daß die sonst zu oberst liegende blauempfindliche Schicht mit dem Farbbildner für Gelb zu unterst liegt. Der Grund für diese auffällige Maßnahme ist zweifellos das Bestreben, die für die Schärfe wichtigen Teilbilder, das purpurne und das blaugrüne, durch Lichtdiffusion bei der Kopie nicht unnötig in der Konturenzeichnung zu beeinträchtigen. Wie die durch die Eigenempfindlichkeit der grün- bzw. rotsensibilisierten Emulsionen bedingte Schwierigkeit umgangen wird, läßt sich noch nicht ganz übersehen. Zwei Angaben sind in dieser Beziehung zu beachten: Einmal soll bei der Kopie das Filter Kodak Wratten Nr. 2B benutzt werden, das außer dem Ultraviolett auch das Blauviolett abschneidet, zweitens wird empfohlen, die Kopie statt mit normalem weißem Licht möglichst mit einer additiven Mischung von blauem, grünem und rotem Licht vorzunehmen. Offenbar wird dadurch das blaue Kopierlicht auf einen Spektralbereich beschränkt, für den die beiden oberen Schichten weniger empfindlich sind. Ferner scheint ein — in der Abbildung weggelassener — rötlicher Schutzfarbstoff in sämtlichen Schichten vorhanden zu sein, und schließlich befindet sich in einer Zwischenschicht zwischen der untersten und der mittleren Schicht noch ein blauer Filterfarbstoff als Lichthofschutz für die beiden oberen Schichten.

Filmproben zum Eastman Color-Prozeß findet man in der dem Buch beigelegten Tafel II. Anstelle einer direkten Kopie kann auch gedubelt werden. Dafür empfiehlt Kodak einen besonderen Prozeß, der im Kapitel C III 2 näher beschrieben wird.

Die Verarbeitung der erwähnten Filme erfolgt in folgender Weise:

Entwicklung für den

	Negativfilm	*Positivfilm*
Farbentwicklung	20—27 min	12—15 min
Stopbad	4 ,,	4 ,,
Wässerung	4 ,,	4 ,,
Bleichbad	8 ,,	8 ,,
Wässerung	4 ,,	2 ,,

	Negativfilm	*Positivfilm*
Tonspur-Entwicklung . .	—	10—12 sec
Wässerung	—	2 min
Fixierbad	4 min	4 ,,
Wässerung	8 ,,	8 ,,
Stabilisierungsbad. . . .	—	1 sec
Trocknung	15—20 ,,	15—20 min

Temperatur 21° C.

Die Zusammenarbeit der Bäder ist folgende:

Negativ-Farbentwickler

Wasser von 21—24° C	800 cm³
Benzylalkohol	3,5—5,5 cm³
Natriummetaphosphat oder -hexametaphosphat	2 g
Natriumsulfit sicc.	2 g
Farbentwickler CD-3 . . . . (4-Amino-N-äthyl-N-(β-methansulfonamidoäthyl)-m-toluidinsesquisulfatmonohydrat)	5 g
Natriumcarbonat-Monohydrat . .	50 g
Kaliumbromid	2 g
Mit Wasser aufgefüllt auf	1 l
dazu 10%ige Natronlauge . . .	etwa 5 cm³

um $p_H = 10{,}75 \pm 0{,}03$ einzustellen.

Positiv-Farbentwickler

Wasser von 21—24° C	800 cm³
Natriummetaphosphat oder -hexametaphosphat	2 g
Natriumsulfit sicc.	4 g
Farbentwickler CD-2 . . . . (2-Amino-5-diäthylaminotoluolmonohydrochlorid)	3 g
Natriumcarbonat-Monohydrat . . .	20 g
Kaliumbromid	2 g
Mit Wasser aufgefüllt auf	1 l

p_H etwa 10,6.

Stop- und Fixierbad

Wasser von etwa 50° C	600 cm³
Natriumthiosulfat	240 g
Natriumsulfit sicc.	15 g
28%ige Essigsäure	48 cm³
Borsäure, fest	7,5 g
Kaliumaluminiumsulfat (Alaun)	15 g
Mit kaltem Wasser aufgefüllt auf. .	1 l

$p_H = 4{,}0 \pm 0{,}05$.

Bleichbad

Wasser von etwa 21° C	800 cm³
Kaliumbromid	20 g
Kaliumbichromat	5 g
Kaliumaluminiumsulfat (Alaun) . .	40 g
85%ige Phosphorsäure	1 cm³

	Mit Wasser aufgefüllt auf	1 l
	dazu 10%ige Natronlauge . . etwa	10 cm^3
	um $p_H = 3{,}0 \pm 0{,}05$ einzustellen.	
Tonspur-Entwickler		
Lösung A:	Wasser	600 cm^3
	Natriumsulfit sicc.	40 g
	Metol	40 g
	Natriumhydroxyd	80 g
	(Zufügen unter Kühlung)	
	Hydrochinon	40 g
Lösung B:	Wasser	300 cm^3
	Gummi-Tragant	5 g
	(Auf dem Dampfbad mindestens 10 min erhitzen und vor Zufügen der weiteren Substanzen abkühlen)	
	Natriumbisulfit	60 g
	Lösung A und B mischen und mit Wasser auf	980 cm^3
	auffüllen, dazu Äthylendiamin, 60—70%ige wäßrige Lösung . .	20 cm^3
	Haltbarkeit bis 48 Std.	
Stabilisierungsbad		
	37%iges Formalin	40—50 cm^3
	Kodak Photoflo	10 cm^3
	Mit Wasser aufgefüllt auf	1 l.

Es werden von Kodak auch genaue Angaben über die Prüfung der benötigten Chemikalien gemacht[1].

Vor einiger Zeit hat auch die amerikanische Firma E. I. du Pont de Nemours unter dem Namen *Du Pont Color Release Positive Film* einen Mehrschichten-Farbentwicklungsfilm herausgebracht, und zwar ein Positivmaterial für einfache Farbentwicklung. Als Kopiervorlage sollen drei einzelne Teilauszüge dienen. Die beste Farbwiedergabe erhält man natürlich, wenn diese Teilauszüge, z. B. in einer Strahlenteilungskamera, direkt gewonnen werden. Man kann sie aber auch aus Farbpositiven gewinnen, die ihrerseits in jeder normalen Kamera aufzunehmen sind. Die Besonderheit dieses Films besteht darin, daß die Farbbildner nicht den photographischen Schichten einverleibt werden, sondern daß sie mit dem Schutzkolloid des Silberbromids chemisch fest verbunden sind. Als solches wird aber nicht wie üblich Gelatine verwendet, sondern ein Kunststoff. Nach JENNINGS, STANTON und WEISS (*149*), die auch sonst über viele interessante Einzelheiten dieses Materials berichten, handelt es sich dabei um Acetale des Polyvinylalkohols, während

[1] Anm. b. d. Korrektur. Ausführliche Angaben über den Aufbau und die Verarbeitung der Eastman Color-Filme finden sich in einer Arbeit von W. T. HANSON [J. Soc. Mot. Pict. Tel. Engng. 58, 223 (1952)]. Mit den speziellen Eigenheiten des Kopierprozesses beschäftigt sich die Arbeit von C. A. HORTON [J. Soc. Mot. Pict. Tel. Engng. 58, 239 (1952)].

Polyvinylalkohol selbst sich als nicht brauchbar erwiesen hat. Es kann bei der Verwendung dieses Kunststoffs nicht von der Bildung eines Gels wie bei der Gelatine gesprochen werden, vielmehr sind besondere chemische Maßnahmen notwendig, um die Emulsion zu fällen und zu waschen. Einen Vorteil gegenüber der Gelatine bedeutet die geringe Anfälligkeit gegen Zersetzung. Die Zugabe von Sensibilisatoren und anderen Zusätzen und die Einstellung des p_H-Werts erfolgt ähnlich wie bei normalen Emulsionen. Beim Beguß wird durch *chemische* Mittel ein Koagulieren vor dem Trocknen erreicht. Die Farbstoffe sind polymer und vollkommen unlöslich. Die Verarbeitung kann auch bei höheren Temperaturen erfolgen. Eine Arbeit von McQueen und Woodward (*190*) gibt viele interessante chemische und physikalisch-chemische

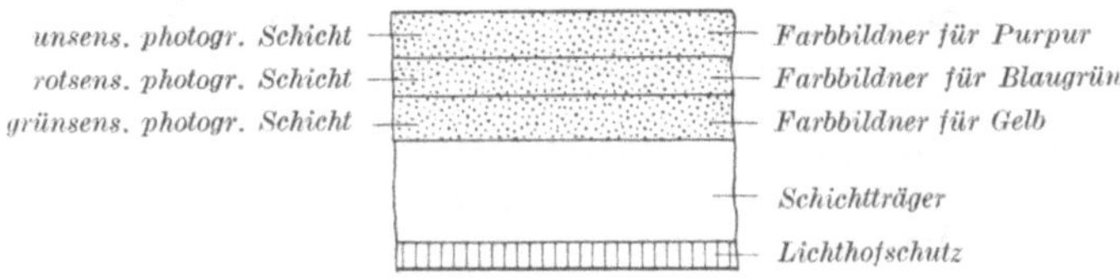

Abb. 35. Schema des Du Pont-Positiv-Films.

Einzelheiten über den Aufbau der „hochpolymeren Farbbildner“, die im Du Pont-Material vorliegen. Die Zuordnung der Farbstoffe zu den drei Schichten weicht von der üblichen ebenfalls ab, die unterste Schicht ist grünempfindlich und enthält einen Farbbildner für Gelb, die mittlere rotempfindliche Schicht enthält den Farbbildner für Blaugrün und die oberste unsensibilisierte den für Purpur (Abb. 35). Ein gelber Schirmfarbstoff, der sich über alle Schichten gleichmäßig verteilt und der beim Entwickeln herausgeht, sorgt dafür, daß die mittlere und die untere Schicht nicht von blauem Licht getroffen werden. Auf der Rückseite befindet sich ein Lichthofschutzfarbstoff. Als Grund für die von der üblichen abweichende Zuordnung der Farben wird geltend gemacht, daß die für die Bildschärfe am wenigsten wichtige Farbe Gelb sich in der untersten Schicht befindet, wo die Streuung des Lichtes sich am meisten bemerkbar macht. Die Empfindlichkeitsmaxima liegen bei 390, 550 und 710 mμ. Man kann ein relativ helles Dunkelkammerfilter benutzen, dessen Durchlässigkeitsmaximum bei 600 mμ liegt. Die Entwicklung erfolgt nach dem gleichen Prinzip wie beim Agfacolor-Film, es wird indessen nach der Farbentwicklung fixiert, dann gebleicht und nochmals fixiert.

Für die Entwicklung bei 70° Fahrenheit (21° C) wird folgende Vorschrift gegeben:

Farbentwicklung	10—12 min
Wässern	1— 2 „
1. Fixieren	6 „

Wässern . . . . 5 min
Bleichen . . . . 5 ,,
Wässern . . . . 4 ,,
2. Fixieren . . . . 4 ,,
Schlußwässerung . . . . 10 ,,

Die einzelnen Bäder sind folgendermaßen zusammengesetzt:

Farbentwickler

p-Aminodiäthylanilin-chlorhydrat 2,5 g
Natriumsulfit sicc. . . . . 10 g
Natriumcarbonat (Monohydrat) . . 47 g
Kaliumbromid . . . . 2 g
Mit Wasser aufgefüllt auf . . . . . 1 l

1. Fixierbad

Natriumthiosulfat . . . . 240 g
Natriumsulfit sicc. . . . . 15 g
Borax . . . . 18 g
28%ige Essigsäure . . . . 43 g
Alaun . . . . 20 g
Mit Wasser aufgefüllt auf . . . . . 1 l
Zum Gebrauch 1 Teil Lösung: 2 Teilen Wasser

Bleichbad

Kaliumferricyanid . . . . 100 g
Borsäure . . . . 10 g
Borax . . . . 5 g
Mit Wasser aufgefüllt auf . . . . . 1 l

2. Fixierbad

Natriumthiosulfat . . . . 200 g
Mit Wasser aufgefüllt auf . . . . . 1 l

Es folgt nochmals eine Übersicht über die verschiedenen Arten von Mehrschichtenfilmen für Farbentwicklung:

Tabelle 1. *Verfahren mit Farbbildner im Entwickler.*

Hersteller	Bezeichnung	Art d. Verfahrens	Masken	Anwendung
Kodak	Kodachrom	Umkehrverfahren	—	Diapositive, Schmalfilm
	Kodachrom Commercial	Umkehrverfahren	—	Wie Kodachrom, Vorlage für Kopien
Ilford	Ilford Color	Umkehrverfahren	—	Diapositive
Fuji Photo	Fujicolor	Umkehrverfahren	—	Diapositive, Schmalfilm
		Verfahren mit Farbbildner in der Schicht.		
Agfa	Agfacolor-Umkehr	Umkehrverfahren	—	Diapositive, Schmalfilm
	Agfacolor-Negativ-Positiv	Negativverfahren	—	Kinefilm, Aufsichtsbilder auf Agfacolor-Papier
Ansco	Ansco Color	Umkehrverfahren	—	Diapositive, Schmalfilm, Kinefilm, Aufsichtsbilder

Tabelle 1. (Fortsetzung.)

Hersteller	Bezeichnung	Art d. Verfahrens	Masken	Anwendung
Ansoo	Ansco Printon	Umkehrverfahren	—	Kopiermaterial
	Plenacolor	Negativverfahren	—	Aufsichtsbilder auf Ansco Color-Papier
	Ansco Color-Negativ-Positiv	Negativverfahren	—	Kinefilm
Kodak	Kodacolor	Negativverfahren	F	Aufsichtsbilder auf Kodacolor-Papier
	Ektacolor	Negativverfahren	F	Aufsichtsbilder auf Ektacolor Print Film, Vorlage für Dye Transfer
	Ektachrom	Umkehrverfahren	—	Diapositive, Vorlage für Dye Transfer
	Ektachrom Aero	Umkehrverfahren	—	Luftaufnahmen
	Eastman Color	Negativverfahren	F	Kinefilm
	Eastman Internegative	Negativverfahren	F	Duplikat-Kinefilm
Gevaert	Gevacolor Umkehr	Umkehrverfahren	—	Diapositive
	Gevacolor-Negativ-Positiv	Negativverfahren	—	Kinefilm, Aufsichtsbilder auf Gevacolor-Papier
Ferrania	Ferraniacolor	Negativverfahren	S	Kinefilm, Aufsichtsbilder
Tellko	Telcolor	Negativverfahren	S	Aufsichtsbilder auf Telcolor-Papier
Photo Chemical Co.	Pakolor	Negativverfahren	—	Aufsichtsbilder
Du Pont	Du Pont Color	Negativverfahren	—	Kopierfilm für Kinefilm nach Teilauszügen

S = Silbermaske
F = Farbmaske

2. Verfahren mit Farbstoffabbau.

a) Allgemeiner und chemischer Teil.

Die zweite Gruppe der subtraktiven Verfahren umfaßt die Verfahren mit Farbstoffabbau. Sie haben kurz vor Einführung der ersten Farbstoffaufbau-Verfahren praktische Ergebnisse gezeitigt, sind dann aber durch diese fast vollständig verdrängt worden und spielen heute keine nennenswerte Rolle mehr. Es soll deshalb nur in großen Zügen auf die Eigenart dieser Verfahren eingegangen werden.

Ein Verfahren, das bereits von LIESEGANG im Jahre 1889 vorgeschlagen wurde und das durch seine Einfachheit besonders besticht, aber niemals zu technischer Ausführung kam, ist das *Farbstoff-Ausbleichverfahren.* Nach dem GROTTHUS-DRAPERschen Gesetz kann nur solches Licht photochemisch wirksam sein, das von dem betreffenden

System absorbiert wird. Nun ist jedem Laien bekannt, daß viele Farbstoffe mehr oder weniger schnell ausbleichen, wenn sie dem Licht ausgesetzt werden. Diese sonst sehr unerwünschte „Lichtunechtheit“ sollte für ein subtraktives Verfahren nutzbar gemacht werden, allerdings kam wegen der geringen Empfindlichkeit zunächst nur ein Kopierprozeß in Betracht. Die subtraktiven Farbstoffe waren wie bei den Dreifarbenverfahren üblich Gelb, Purpur und Blaugrün. Wenn sie ideal wären, würde der erste nur im blau-violetten Drittel des Spektrums, der zweite nur im grünen, der dritte nur im roten absorbieren. Liegen alle drei Farbstoffe in Mischung vor, etwa in einer Gelatineschicht, so ergeben sie zusammen Schwarz. Bei Einwirkung von rein blauem Licht muß der gelbe Farbstoff ausbleichen, es bleiben Purpur und Blaugrün zurück, die in subtraktiver Mischung Blau ergeben. So bildet die Farbstoffmischung jeweils die Farbe des eingestrahlten Lichtes nach. Eine prinzipielle Schwierigkeit lag nun darin begründet, daß im Interesse einer brauchbaren Empfindlichkeit möglichst lichtunechte Farbstoffe ausgesucht wurden, daß dann aber auch die fertigen Bilder, wenn sie dem Licht ausgesetzt wurden, weiter ausbleichten. Es wurde deshalb versucht, entweder die Empfindlichkeit durch später zu beseitigende Zusätze zu erhöhen (Sensibilisierung) oder aber nach Herstellung des Bildes die Lichtempfindlichkeit durch besondere Maßnahmen herabzusetzen (Stabilisierung). Weitere Schwierigkeiten ergaben sich aus der gegenseitigen Beeinflussung der Farbstoffe, aus dem oft unzureichenden Ausbleichen der letzten Reste (mangelnde Klarheit), aus der Notwendigkeit, die Lichtempfindlichkeit der drei Farbstoffe aufeinander abzustimmen usw. Trotz intensiver Bearbeitung im Anfang des Jahrhunderts und nochmals in den zwanziger und dreißiger Jahren ist eine technische Lösung niemals gelungen. Einzelheiten über das Verfahren, dem an Eleganz nur das LIPPMANN-Verfahren gleichkommt, sind den älteren Werken über Farbenphotographie, einem Spezialwerk von LIMMER (*291*) sowie dem Buch von FRIEDMAN (*3*) zu entnehmen. Eine neuere Arbeit darüber stammt von POLGAR (*304*).

Zahlreiche weitere Vorschläge der wissenschaftlichen und der Patentliteratur zielten dahin, die bildmäßige Zerstörung der Farbstoffe auf *indirektem* Wege zu erreichen, meist in der Form, daß die photochemische Reduktion von Silberbromid oder Silberchlorid die erste Stufe eines komplizierteren Prozesses bildete. Als einziges dieser Verfahren, das praktisch brauchbare Resultate aufzuweisen hatte, soll das *Silberfarbbleichverfahren* kurz besprochen werden. Die ersten Vorschläge dazu stammen von CHRISTENSEN (*69*), die weitere Durcharbeitung wurde erheblich später von GASPAR (*106*) einerseits und der Agfa andererseits [s. HEYMER (*136*)] vorgenommen. Über den chemischen Mechanismus des Prozesses hat ARBUSOW (*41*) eine Untersuchung vorgenommen, eine weitere ARBUSOW und GILMANN (*292*). im Gegensatz zu dem oben besprochenen Ausbleichverfahren wurden lichtechte Farbstoffe verwendet, und zwar vorzugsweise saure Azofarbstoffe, welche im allgemeinen hinreichende Wasserlöslichkeit haben und daher leicht einer Silberbromid-Gelatine-Emulsion zugefügt werden können. Wenn ihre Diffusionsechtheit nicht ausreicht, so wird ihre Beweglichkeit durch Zusatz von Fällsubstanzen vermindert, um ein „Ausbluten" zu verhindern. Belichtet man eine derartige mit einem Farbstoff versehene Schicht, entwickelt und fixiert sie mit normalen photographischen Bädern, so erhält man ein negatives Silberbild in der immer noch gleichmäßig eingefärbten Schicht. Unter der Einwirkung

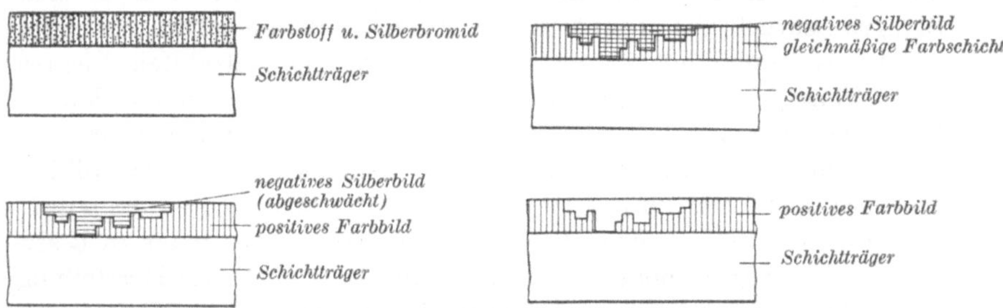

Abb. 36. Wirkungsweise des Silberfarbbleich-Verfahrens.

besonderer „Bleichbäder" erfolgt nun eine Zerstörung des Farbstoffes in Abhängigkeit von der Menge des vorhandenen Silbers. An den Bildstellen, wo sich kein Silber befindet, bleibt der Farbstoff also unzerstört, an den Stellen mit geringer Silberablagerung wird ein Teil des Farbstoffs zerstört, starke Silberniederschläge bewirken die vollständige Zerstörung des Farbstoffs. Bleibt nach der Durchführung des Bleichprozesses noch Silber zurück, so wird es mit einem der üblichen Mittel herausgelöst, es hinterbleibt dann ein positives Farbstoffbild (Abb. 36). Es ist nicht notwendig, den Farbstoff von vornherein der photographischen Emulsion zuzusetzen, man kann auch den fertigen Film oder selbst das entwickelte und fixierte Silberbild in einer Farbstofflösung baden und dann die Bleichlösung einwirken lassen. Naturgemäß ist es aber auf diese Weise nicht möglich, Mehrschichtenfilme mit *verschieden* gefärbten Schichten zu gewinnen. Als Bleichbäder können u. a. Bromwasserstoff oder Thioharnstoff in saurer Lösung verwendet werden. Beispielsweise erfolgt die Zerstörung eines Azofarbstoffes durch Bromwasserstoff nach der folgenden Reaktionsgleichung:

$$R'{-}N{=}N{-}R'' + 4\,Ag + 4\,HBr = R'NH_2 + R''NH_2 + 4\,AgBr,$$

wobei R′ und R″ irgendwelche organische Radikale bedeuten. Demnach ist das Silber selbst an der Reaktion beteiligt. Durch Zusatz reduzierender organischer Substanzen, wie z. B. Hydrochinon, zum Bleichbad kann die Reaktion erheblich beschleunigt werden, so daß sie auch in nicht zu saurer Lösung erfolgt, was für die Erhaltung der Gelatineschicht bedeutungsvoll ist. In diesem Fall muß das Silber auch einen katalytischen Einfluß auf die Reaktion ausüben.

Es ist mit dem Silberfarbbleichverfahren erstmalig gelungen, einen praktisch brauchbaren Mehrschichtenfilm zu schaffen. Dazu war es notwendig, jeder Schicht einen anderen Farbstoff einzuverleiben und die Schichten verschiedenartig zu sensibilisieren. Trotz vieler Bemühungen ist es indessen nicht möglich gewesen, ein geeignetes *Aufnahmematerial* herzustellen. Die Farbstoffe und Fällsubstanzen drückten zu sehr die Empfindlichkeit der photographischen Emulsionen, dazu kam die starke Lichtabsorption durch die Farbstoffe, welche sich besonders nach Durchgang des Lichtes durch eine oder zwei Schichten stark bemerkbar machte. Es wurden daher nur brauchbare *Kopierfilme* hergestellt.

b) Einzelne Verfahren.

Die einzigen Verfahren mit Farbstoffabbau, welche praktische Bedeutung erlangt haben, waren das Gasparcolor-Verfahren und das Pantachrom-Verfahren der Agfa. In beiden Fällen wurden als Kopierfilme Mehrschichtenfilme benutzt, die nach dem Silberfarbbleichverfahren verarbeitet wurden.

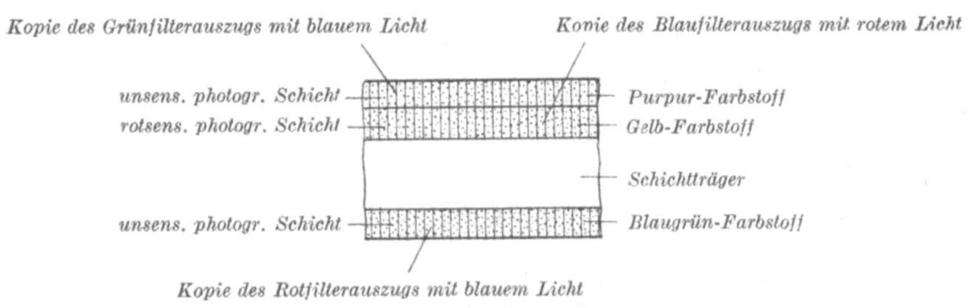

Abb. 37. Aufbau eines Silberfarbbleich-Films.

Gaspar hat von 1934 bis zum Ausbruch des Krieges in Deutschland und anderen europäischen Ländern für die Lichtspieltheater eine große Zahl von Trickfilmen, hauptsächlich Werbefilmen, hergestellt [s. Ignatow (*146*)].

Dabei wurden die drei Teilauszüge nacheinander durch Blau-, Grün- und Rotfilter auf gewöhnlichem panchromatischem Schwarzweiß-Film aufgenommen. Sie wurden dann nacheinander auf einen Silberfarbbleichfilm kopiert, dessen Aufbau die Abb. 37 zeigt. Er hatte zwei Schichten auf der einen Seite, eine auf der anderen Seite und wurde für Gaspar von der Agfa bzw. von Gevaert oder Kodak geliefert. Das Verfahren ist nach unserer Bezeichnungsweise ein subtraktives Folgeverfahren. Die Filme zeichneten sich durch sehr leuchtende Farben aus, an die Herstellung von

Spiel- und Kulturfilmen war indessen mit einem derartigen Aufnahmeverfahren nicht zu denken. GASPAR hat auch an neuen Aufnahmeverfahren gearbeitet, hat aber damit vor dem Kriege keinen Erfolg mehr gehabt. Er verließ 1940 Europa und ging nach den USA. Gegen die starke Konkurrenz des Technicolor-Verfahrens und der Zweifarbenfilme vermochte er aber doch anscheinend nicht mehr anzukämpfen.

a) unverarbeitetes Material

Kopie vom Linsenrasterpositiv mit Blaufilter- und Grünfilterauszug

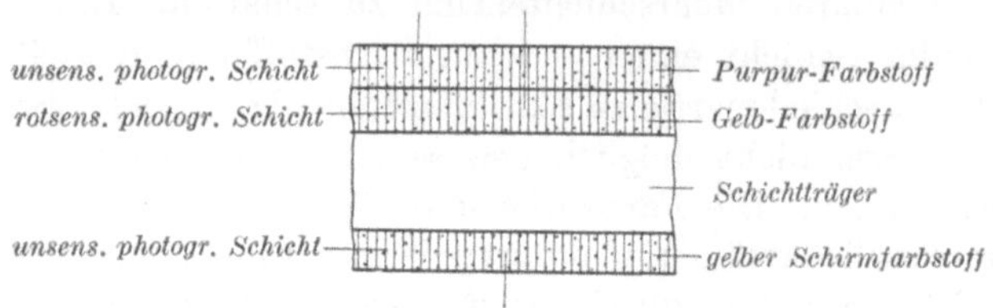

Kopie vom negativen Rotfilterauszug

b) nach der Entwicklung und Fixage

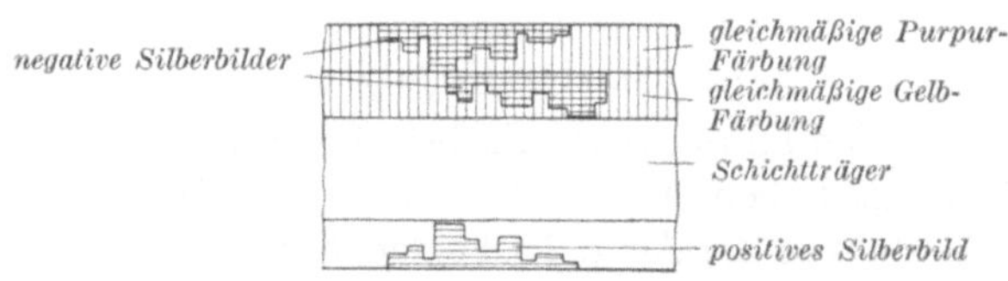

c) nach der Blautonung

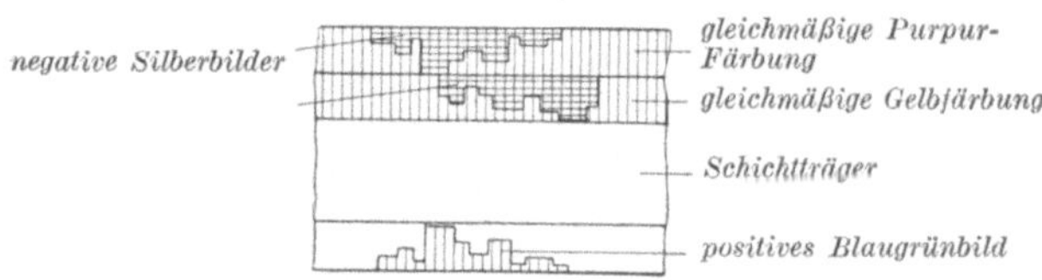

d) nach der bildmäßigen Farbstoffzerstörung

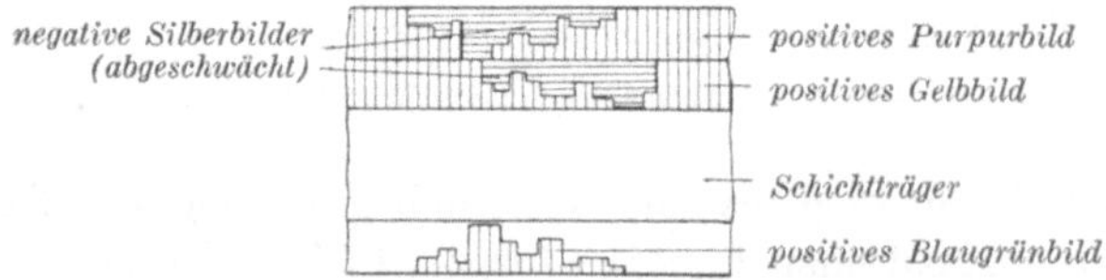

e) nach dem Herauslösen des Silbers: fertiges Bild

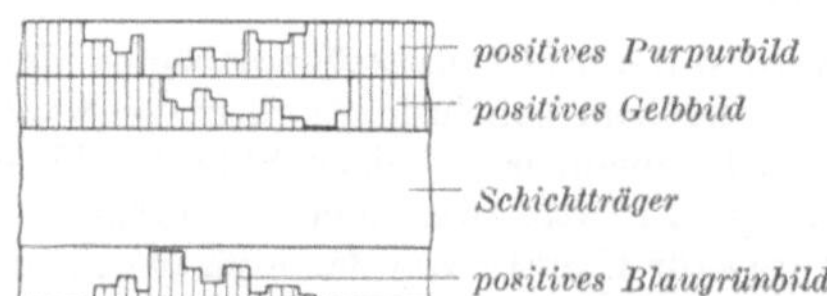

Abb. 38. Aufbau des Agfa-Tripofilms für das Pantachrom-Verfahren.

Nach Mitteilungen von WOBBE (*275*), HARRIS (*125*) und DESCHIN (*85*) soll GASPAR indessen Schmalfilmkopien von Kodachrom-Aufnahmen und Kopien auf einer opaken Unterlage von Farbdiapositiven herstellen. Das für ihn von der Firma E. I. Du Pont de Nemours hergestellte Material hat nunmehr alle drei Schichten auf einer Seite und ist nach der „natürlichen Farbzuordnung“ aufgebaut.

Die Agfa brachte kurz vor dem zweiten Weltkrieg das *Pantachromverfahren* heraus [s. EGGERT und HEYMER (91)].

Zur Aufnahme diente ein Linsenraster-Zweipack, als Kopierfilm der Agfa-Tripofilm, der zunächst genau so aufgebaut war wie der schon früher für das Gasparcolor-Verfahren von der Agfa hergestellte Film, später aber nur auf der einen Seite zwei Silberfarbbleichschichten enthielt, auf der anderen Seite eine normale photographische Schicht, die im Laufe der Verarbeitung zu einem Eisenblaubild verarbeitet wurde (Abb. 38). In diesem Fall mußte der Linsenraster-Zweipack-Frontfilm einer Umkehrentwicklung, der ungerasterte Rückfilm einer Negativentwicklung unterworfen werden. Auf die beiden Silberfarbbleichschichten wurde vom Linsenrasterfilm, auf die Eisenblauschicht vom Rückfilm kopiert. Es handelte sich bei diesem Prozeß um ein subtraktives kombiniertes Spreiz-Sieb-Verfahren. Mit dem Pantachrom-Verfahren konnten normale Szenen aufgenommen werden, außer verschiedenen Trickfilmen wurden auch einige Kulturfilme gedreht. Die Ergebnisse waren recht befriedigend, das Verfahren wurde aber von der Agfa nach kurzer Zeit zugunsten des inzwischen fertiggestellten Agfacolor-Negativ-Positiv-Prozesses (s. früher) zurückgezogen, der in der Herstellung und Verarbeitung wesentlich einfacher ist.

3. Verfahren mit Tonung und mit Einfärbung durch fertige Farbstoffe.

a) Allgemeiner und chemischer Teil.

Die in diesem Teil zu besprechenden farbenphotographischen Verfahren haben sich in einer Zeit entwickelt, als die nach dem Farbentwicklungsverfahren arbeitenden Mehrschichtenfilme noch nicht ausgearbeitet waren. Aber auch in den letzten Jahren sind diese Verfahren noch weiter verbessert worden, und da ihre Ergebnisse qualitativ zum Teil sehr befriedigend sind, ist noch nicht abzusehen, ob und wann sie von den in der Handhabung vorteilhafteren Farbentwicklungsverfahren gänzlich verdrängt werden. Weder bei den Tonungsprozessen noch bei den Einfärbungsprozessen ist es möglich, mehrere übereinanderliegende Schichten mit *verschiedenartigen* Färbungen zu versehen, es bleiben daher nur zwei Auswege, die beide benutzt werden: Einmal können die beiden Schichten eines beiderseitig begossenen Filmes durch einseitige Behandlung, z. B. durch Schwimmenlassen auf einem Behandlungsbad oder durch vorsichtiges einseitiges Auftragen der gegebenenfalls verdickten Lösung nacheinander in *zwei* verschiedenen Farben getont oder eingefärbt werden. Zum andern können mehrere vorher getonte oder eingefärbte Schichten aufeinandergelegt werden oder übereinandergedruckt werden. Dabei ist natürlich eine wesentliche Bedingung, daß die Bildkonturen genau zur Deckung gebracht werden müssen, und das ist zugleich eine sehr wesentliche technische Schwierigkeit bei all diesen Prozessen.

Bei den *Tonungsverfahren* wird ein Silberbild in eine andere gefärbte chemische Verbindung übergeführt. Auf dieser Basis hat man, schon lange bevor die Mehrfarbenphotographie praktisch brauchbare Resultate lieferte, sozusagen eine Einfarbenphotographie betrieben. Sowohl Papierkopien wie Diapositive und Laufbilder wurden und werden getont, um besondere, der Stimmung des Bildes entsprechende Effekte zu erzielen. Ein Buch von SEDLACZEK (*24*) beschreibt eingehend die verschiedenen Tonungsverfahren. Da die meisten Tonungsprozesse wenig gesättigte bzw. stark verschwärzlichte Farben ergeben, sind sie für die Mehrfarbenphotographie unbrauchbar. Am häufigsten benutzt wurden dafür die Eisenblautonung und die Urantonung, gelegentlich noch die Kupfertonung.

Die *Eisenblautonung* ergibt einen blauen bis blaugrünen Farbton, man kann ihn in beschränktem Maße durch Abänderung der Bäder beeinflussen. Sie wird heute noch bei den Zweifarbenverfahren viel verwendet. Wie das oben (s. S. 97) erwähnte Pantachromverfahren der Agfa gezeigt hat, läßt sie sich aber auch beim Dreifarbenverfahren benutzen. Sie kann beispielsweise nach folgendem Rezept vorgenommen werden:

Man setzt drei getrennte Lösungen A, B und C an:

Lösung A:	Kaliumferricyanid	10 g
	1%ige Kaliumbichromatlösung . .	1,3 cm^3
	Wasser auf	1 l
Lösung B:	Eisenammoniakalaun	21,2 g
	Wasser auf	1 l
Lösung C:	Oxalsäure	50 g
	Wasser auf	1 l

Die Lösungen werden bei nicht zu hellem Licht im Verhältnis 1:1:1 gemischt, in diesem Bad wird das Silberbild 8—10 min getont, dann nach kurzem Wässern in neutralem Fixierbad 5 min behandelt und gut gewässert. Es entsteht dabei der bekannte anorganische Farbstoff Berlinerblau nach folgender Umsetzungsgleichung:

$$\underset{\text{Silber}}{4\,Ag} + \underset{\text{Kaliumferricyanid}}{4\,K_3[Fe(CN)_6]} + \underset{\text{Ferrisulfat}}{2\,Fe_2(SO_4)_3}$$

$$\longrightarrow \underset{\text{Berlinerblau}}{Fe_4[Fe(CN)_6]_3} + \underset{\text{Silberferrocyanid}}{Ag_4[Fe(CN)_6]} + \underset{\text{Kaliumsulfat}}{6\,K_2SO_4}$$

Das Silberferrocyanid wird durch Fixieren entfernt, Kaliumsulfat als lösliches Salz ausgewaschen. Die Oxalsäure in Lösung C spielt als Komplexbildner eine Rolle, der kleine Zusatz von Kaliumbichromat in Lösung A dient dazu, eine vorzeitige Reduktion des Kaliumferricyanids zu Kaliumferrocyanid durch Verunreinigungen zu vermeiden. Im Endeffekt wird das in der Gelatine eingebettete Silber durch Berlinerblau ersetzt.

Die Urantonung wie die Kupfertonung geben rotbraune Farbtöne, man hat darauf bei der Herstellung von Zweifarbenfilmen zur Erzeugung des rotbraunen Farbtons zurückgegriffen. Auch bei diesen Tonungsbädern läßt sich die Farbnuance durch die Art der Behandlung etwas beeinflussen. Für die Urantonung sei folgendes Rezept gegeben (nach EDER, Rezepte und Tabellen 1948):

Lösung A:	Kaliumferricyanid	50 g
	1%ige Kaliumbichromatlösung . .	5 cm³
	Wasser	1 l
Lösung B:	Uranylnitrat	55 g
	Oxalsäure	50 g
	Wasser	4 l

Man gibt Lösung A zu Lösung B.

Für die Kupfertonung empfiehlt EDER folgendes Bad:

Lösung A:	Kaliumferricyanid	20 g
	1%ige Kaliumbichromatlösung . .	2,5 cm³
	Wasser	1 l
Lösung B:	Kupfersulfat	25 g
	Natriumcitrat	125 g
	Wasser	1,5 l

Man gibt Lösung A zu Lösung B.

Bei der Uran- und bei der Kupfertonung bilden sich ebenfalls die schwerlöslichen Ferrocyanide, und zwar Uranylferrocyanid $(UO_2)_2[Fe(CN)_6]$ bzw. Kupfer(2)-ferrocyanid $Cu_2[Fe(CN)_6]$.

Die *Einfärbung durch fertige Farbstoffe* hat in der Farbenphotographie bei den subtraktiven Verfahren früher die Hauptrolle gespielt und ist erst im letzten Jahrzehnt durch die Farbentwicklungsverfahren etwas zurückgedrängt worden. Einen allgemeinen Überblick über diese Verfahren gibt WENDT (*270*). Von der Färbung von Textilien ist es bekannt, daß viele Farbstoffe sich mit den Textilfasern (z. B. Wolle, Baumwolle, Kunstseide) fest verbinden, also beim Waschen nicht wieder herausgehen, während in anderen Fällen die Farbstoffe an sich leichter auswaschbar sind, aber durch besondere Substanzen, sog. Beizen, zum Festhalten an der Faser gebracht werden können. An die Stelle der Faser tritt in der Farbenphotographie die Gelatine, bekanntlich ein tierisches Eiweißprodukt. Verschiedene Farbstoffe haften sehr fest an der Gelatine, andere wieder nicht, wenn sie nicht durch beizenartige Zusätze gebunden werden. Im folgenden sollen nun die praktisch wichtigsten chemischen Vorgänge aufgezählt werden, welche die Bindung von Farbstoff an Gelatine zur Herstellung von zunächst einfarbigen Bildern nutzbar machen. Besonders wichtig sind zunächst die Verfahren, bei denen Chromsalze verwendet werden. Dieses Metall liegt in sechswertiger Form vor in den gelb bzw. rotgelb gefärbten Chromaten und Bichromaten, in dreiwertiger Form in den grünen bis violetten

Chromsalzen wie z. B. Chromalaun. Das sechswertige Chrom geht nun durch Reduktion verhältnismäßig leicht in dreiwertiges Chrom über. Aus der Reproduktionstechnik ist eine größere Zahl von Prozessen bekannt, bei denen verschiedene organische Stoffe wie Gelatine, Eiweiß, Asphalt, Gummi arabicum usw., mit Bichromat gemischt und getrocknet, unter Lichteinwirkung das Chrom reduzieren und dann ihrerseits durch das entstandene dreiwertige Chrom gehärtet werden. Die Lichtempfindlichkeit dieser Prozesse ist allerdings nicht sehr hoch, man muß bei der Kopie solche Schichten mindestens einige Minuten mit einer intensiven Lichtquelle belichten. Dieser Vorgang kann nun aber auch mit dem normalen photographischen Prozeß gekuppelt werden in der Weise, daß zunächst feinverteiltes Silber in der üblichen Weise in der photographischen Schicht erzeugt wird und dieses dann die Reduktion des Chroms und damit die Härtung der Gelatine bewirkt. Es ist ein großer Vorzug dieses Prozesses, daß die Härtung der Gelatine unter guter Einhaltung der Bildkonturen und mit guter Abstufung erfolgt.

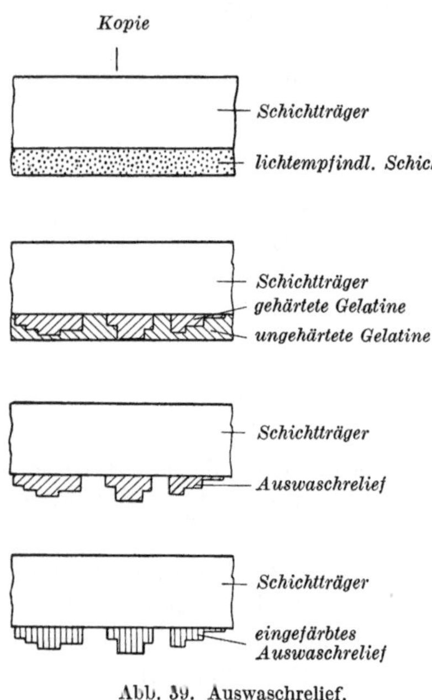

Abb. 39. Auswaschrelief.

Nach bildmäßiger Härtung der Gelatine kann nun die Weiterverarbeitung der Schicht verschieden erfolgen: Entweder wird durch eine Behandlung mit warmem Wasser die ungehärtete Gelatine aufgelöst und herausgewaschen, es bleibt nur die gehärtete Gelatine zurück und bildet ein sog. „Auswaschrelief". Bei der Einfärbung dringt der Farbstoff in dieses Relief ein und färbt es an, während die Schichtunterlage, Film oder Platte, ihn überhaupt nicht aufnimmt. So entsteht also ein zunächst einfarbiges Bild (vergl. Abb. 39). Oder man läßt gehärtete und ungehärtete Gelatine nebeneinander im Bild, wobei beim Behandeln mit kalten wässrigen Lösungen die ungehärtete Gelatine viel stärker aufquillt als die gehärtete, daher der Name „Quellrelief". Bestimmte saure Farbstoffe färben nun die ungehärtete Gelatine wesentlich stärker ein als die gehärtete, so daß dadurch die für ein Bild notwendige Abstufung erzielt wird, wenn auch in umgekehrtem Sinne als bei den Auswaschreliefs. Die Pinatypie beruht auf der Grundlage der Quellreliefs (s. Abb. 40).

Die Härtung der Gelatine kann aber noch auf einem anderen Wege erzielt werden, nämlich durch die härtende Entwicklung. Bei Benutzung verschiedener Entwicklungssubstanzen wie Pyrogallol, Brenzkatechin ohne Sulfit oder mit wenig Sulfit hinterbleiben im entwickelten Bild unlösliche Oxydationsprodukte dieser Entwicklungssubstanzen, die auf die Gelatine eine härtende Wirkung ausüben. Man kann nach diesem Verfahren ebenfalls Auswasch- oder Quellreliefs erhalten.

Die Einfärbung der Schichten mit dem Farbstoff kann in allen diesen Fällen schon vor der Belichtung erfolgen oder erst nach Fertigstellung des Reliefs.

Eine weitere Möglichkeit zur Fixierung der Farbstoffe in der photographischen Schicht nach Maßgabe des zur Einwirkung kommenden Lichtes besteht in der Überführung des zunächst entstandenen Silberbildes in schwer lösliche Salze, welche als Beizen für basische Farbstoffe dienen. Zu diesen Salzen gehören die bereits bei den Tonungsprozessen erwähnten Ferrocyanide des Urans und des Kupfers, ferner Silberjodid und Kupferrhodanür.

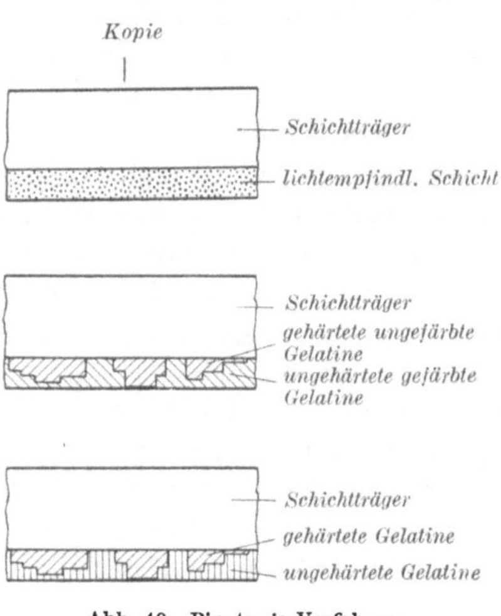

Abb. 40. Pinatypie-Verfahren.

Die Umwandlung von Silber in Kupferrhodanür kann z. B. durch die folgende Behandlung vorgenommen werden:

Lösung I:	240 g	Kupfersulfat
	2400 cm³	Wasser
	180 cm³	Eisessig
und Lösung II:	110 g	Kaliumrhodanid
	500 g	Kaliumzitrat
	2400 cm³	Wasser

werden 1:1 gemischt.

Dabei entsteht nach der Gleichung

$$Ag + Cu\,(CNS)_2 \longrightarrow Ag\,CNS + Cu\,CNS$$

ein Gemisch von Silberrhodanid und Kupferrhodanür.

Die eingefärbten Reliefs bzw. die unter Beizenwirkung eingefärbten Bilder können nun selbst dazu benutzt werden, um das subtraktive Mehrfarbenbild aufzubauen. In anderen Fällen findet ein Absaugen des Farbstoffes in eine andere Schicht statt (Imbibition), die sich auf einer anderen Unterlage, z. B. Film oder Papier, befindet. Bei dieser Übertragung hat man es mit einer Art Druckprozeß zu tun, man bezeichnet das zum Drucken benutzte Relief auch als „Matrix“. Dabei können die Bildkonturen leicht verwaschen sein, wenn nicht in der neuen Schicht eine sofortige Fixierung stattfindet, die ein Weiterwandern des Farbstoffs verhindert. Dazu werden dem Material, in das der Farbstoff abgesaugt wird, wirksame Beizsubstanzen einverleibt. Sie sollen wirksamer sein als diejenigen Beizsubstanzen, die den Farbstoff in der ursprünglichen Schicht fixieren, um die Farbstoffübertragung *vollständig* zu machen.

Über die physikalisch-chemischen Grundlagen des Übertragungsprozesses, der auch „Hydrotypie“ genannt wird, existieren Untersuchungen von BROMBERG und MALTZEWA (*60*) sowie von CHMUTOW und BROMBERG (*68*).

Ein besonderes Charakteristikum aller Einfärbungsprozesse ist die Tatsache, daß die *Dosierung* des Farbstoffes willkürlicher ist als bei den anderen farbenphotographischen Prozessen. Sie erfolgt nicht nur durch die Belichtung, sondern hängt weitgehend von der Art der Einfärbung bzw. einer nachträglichen Abschwächung ab. Das hat gewisse Vorzüge, insofern dem individuellen Arbeiten ein erheblicher Spielraum eingeräumt wird, andererseits ist es auch schwieriger, eine feste Norm einzuhalten, und die Abstimmung der Farben, vor allem zur richtigen Wiedergabe der Grautöne, ist nicht einfach. Bei der Herstellung der Matrizen ist es nicht leicht, genau die richtige Belichtung zu treffen. Man zieht es daher im allgemeinen vor, das Farbstoffbild erst etwas zu dicht zu machen und dann durch Wässern abzuschwächen, bis klare Weißen entstehen.

Die subtraktiven Verfahren, bei denen mit der Einfärbung durch fertige Farbstoffe operiert wird, sind sehr vielgestaltig. Über die wichtigsten zur Zeit noch ausgeübten und einige besonders typische von den früheren wird in den nächsten beiden Unterabschnitten berichtet. Die älteren Verfahren werden außer in den schon genannten älteren Lehrbüchern sehr übersichtlich in dem bereits erwähnten Artikel von WENDT (*270*) aufgezählt.

b) Die Zweifarbenverfahren und das Cinecolor-Dreifarbenverfahren.

Oben wurde bereits erwähnt, daß für die direkte Herstellung von Tonungs- oder Einfärbungsbildern (ohne Übertragung auf fremde Schichtträger) der doppelseitig mit photographischer Schicht versehene Kopierfilm das gegebene Material darstellt, sofern man die Beschränkung auf nur zwei Farben in Kauf nimmt. Daß diese gegenüber der Dreifarbenphotographie auf jeden Fall eine geringere Qualität in der Farbwiedergabe zur Folge hat, ist allen Fachleuten geläufig und nie ernsthaft in Abrede gestellt worden. Eine nähere Behandlung des Farbwiedergabeproblems in der Zweifarbenphotographie findet der Leser im

Teil D I 4 dieses Buches. Indessen sind diese Mängel in der Farbwiedergabe bewußt in Kauf genommen worden, als es sich darum handelte, einen nicht zu komplizierten Prozeß für den farbigen Kinefilm durchzuführen. Diese Situation führte zunächst die Technicolor-Gesellschaft dazu, nach vergeblichen Versuchen auf dem Gebiet des additiven Farbenfilms, um das Jahr 1925 ein subtraktives Zweifarbenverfahren einzuführen, das sich etliche Jahre mit gutem Erfolg gehalten hat. Während aber Technicolor, ohne den großen technischen Aufwand zu scheuen, später den dornenvollen Weg des Dreifarbenfilms beschritt (s. den folgenden Unterabschnitt), haben mehrere andere Firmen in verschiedenen Ländern an dem subtraktiven Zweifarbenverfahren festgehalten, und einige von ihnen produzieren heute noch erhebliche Mengen von Zweifarbenfilmen. Der Umsatz der drei wichtigsten Verfahren betrug in den USA 1947 200 Millionen Fuß. In der Stehbildphotographie hat dagegen das subtraktive Zweifarbenverfahren nie Fuß gefaßt. Obwohl es grundsätzlich möglich ist und vielfach versucht worden ist, zu dem Zweifarbenprozeß Aufnahmeverfahren auch nach dem Folge- oder Spreizprinzip zu benutzen, hat sich ein Siebverfahren, der *Zweipack* (Bipack), als das günstigste Aufnahmeverfahren erwiesen. Von diesem ist die direkte Kopie auf den doppelseitig begossenen Kopierfilm ohne Seitenvertauschung, Zwischenkopie oder dgl. möglich. Abb. 41 zeigt einen derartigen Zweipack. Der dem Objektiv nächst gelegene Film, der sog. Frontfilm, wendet diesem die Celloseite zu, damit seine photographische Schicht mit derjenigen des anderen Films, des sog. Rückfilms, in möglichst engem Kontakt liegt. Eine sehr dünne Filterschicht muß allerdings dazwischen liegen, ob auf dem Frontfilm oder dem Rückfilm, ist prinzipiell nicht wichtig. Der Frontfilm soll für die kurzwellige Hälfte des sichtbaren Spektrums empfindlich sein, also für das Violett, das Blau und das kürzerwellige Grün. Der Rückfilm ist panchromatisch, d. h. für das ganze sichtbare Spektrum empfindlich, durch die orange gefärbte Filterschicht gelangt aber nur die langwellige Hälfte des Lichtes, nämlich das Gelbgrün, Gelb, Orange und Rot in den Rückfilm. Für die Kineaufnahmen mit Zweipack wurden besondere Kameras gebaut, z. B. von Mitchell, Askania, Bell und Howell, Debrie. Durch besonders exakte Filmführung mit Sperrgreifern wird dafür gesorgt, daß die Lage der beiden Filme zueinander während der Aufnahme durch die Perforation genauestens festgestellt wird, so daß

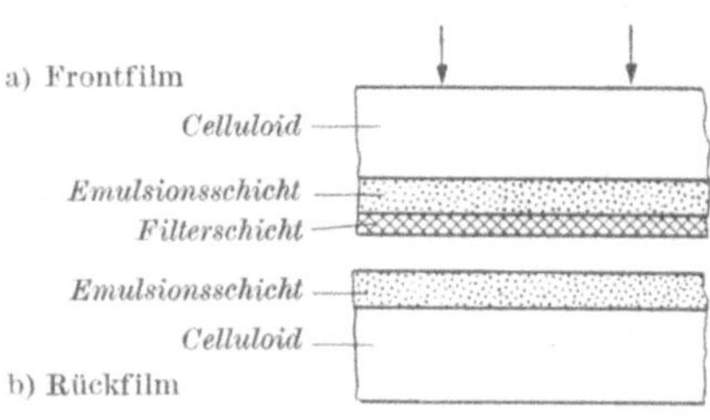

Abb. 41. Aufbau eines Zweipacks.

bei der Kopie diese Lage mit aller Präzision wiederhergestellt wird, um jede Möglichkeit der Bildkonturenverschiebung zu vermeiden. Wichtig ist ferner, daß die photographischen Schichten von Front- und Rückfilm sehr fest aufeinander gepreßt werden. Denn durch die Streuung des Lichtes in der Frontschicht wird in der Rückschicht die Abbildung verunschärft, was bei wachsender Entfernung immer schlimmer wird (s Abb. 42). Man begegnet dem einmal durch „Einwölbung" des Rückfilms in den Frontfilm, weiter durch festen Andruck im Bildfenster. Der Durchlauf von zwei Filmen durch die Kinokamera erfordert ferner besondere Zweipack-Kassetten. Die Abb. 43 zeigt eine Zweipack-

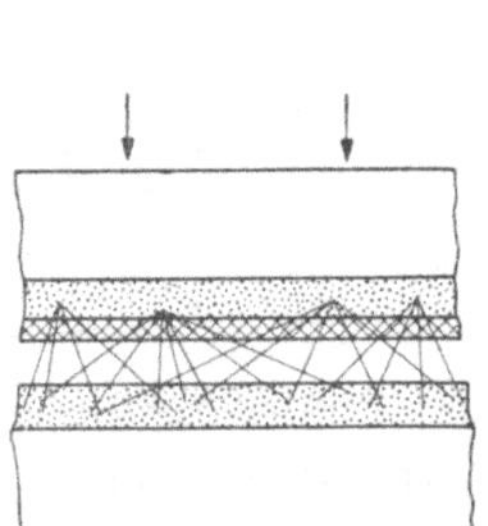

Abb. 42. Streulicht beim Zweipack.

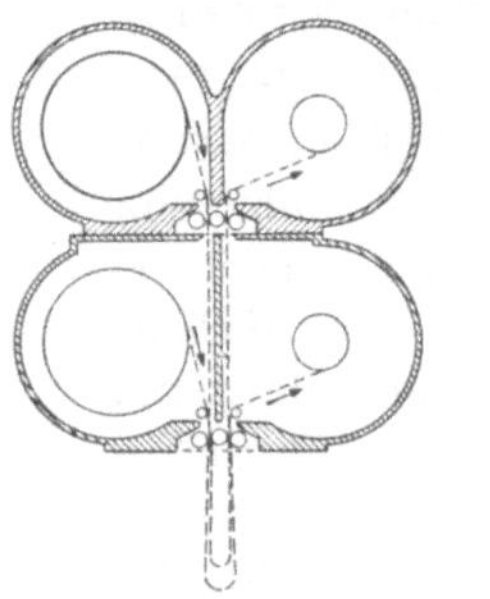

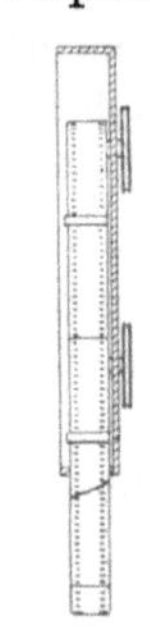

Abb. 43. Zweipack-Kassette. Entnommen aus der Arbeit von Holm und Kaylor (*140*).

Kassette, in der die 4 Rollen teils hinter- und teils übereinander liegen. Sie sind für Filmlängen von 400 Fuß gebaut. Für 1000 Fuß liefert Vinton in England eine Zweipack-Kassette, in der die Filme hintereinander und nebeneinander liegen. Dadurch wird der zu hohe Aufbau und die ungünstige Schwerpunktsverlagerung vermieden. Eine ähnliche Kassette wird auch von der Cinecolor Corporation in USA benutzt und in einer Arbeit von Holm und Kaylor (*140*) beschrieben. Die Empfindlichkeit des Zweipack-Aufnahmematerials ist recht hoch, sie beträgt entsprechend der Teilung des Spektrums in zwei gleiche Teile etwa die Hälfte der Empfindlichkeit von normalem panchromatischem Film. Da einerseits die beiden Schwarzweiß-Filme genügend Belichtungsspielraum haben, andererseits beim Kopieren die Möglichkeit zum Farbausgleich besteht, kommt man mit einer Sorte Zweipackmaterial für die verschiedenen Lichtarten aus. Überstrahlungen wirken sich unangenehmer aus als beim gewöhnlichen Schwarzweißfilm und sind daher möglichst zu vermeiden.

Die Entwicklung der beiden Filme erfolgt in der normalen Weise, wobei auf gleichartiges Gamma zu achten ist.

Die Kopie wird auf einen doppelseitig mit photographischer Schicht versehenen Kopierfilm vorgenommen. Diese Kopie kann in doppelseitig wirkenden Kopiermaschinen gleichzeitig von beiden Seiten erfolgen. Derartige Kopiermaschinen, bei denen ebenfalls durch Sperrgreifer die Lage der beiden Aufnahmefilme zueinander genauestens festgelegt werden muß, wurden z. B. von der französischen Firma Debrie geliefert. Es ist aber auch möglich, eine einfache Kopiermaschine zu benutzen, wobei erst von dem Frontfilm auf die eine Seite des Kopierfilms, darauf von dem Rückfilm auf die andere Seite kopiert wird. Auch hierbei müssen Sperrgreifer vorhanden sein.

Da bei der Umwandlung der beiden Silberbilder im Kopierfilm in die Farbbilder eine erhebliche Verstärkung stattfindet, müssen die Silberbilder recht zart sein. Es hat sich daher als zweckmäßig erwiesen, den unsensibilisierten photographischen Schichten des Kopierfilms einen gelben Schirmfarbstoff zuzusetzen, der ein tieferes Eindringen des allein wirksamen blauen Lichtes verhindert. Gleichzeitig wird dadurch ein „Durchschlagen" des Kopierlichtes auf die andere Seite des Kopierfilms vermieden. Der Schirmfarbstoff wird in den Behandlungsbädern herausgelöst oder entfärbt.

Der Kopierfilm wird zunächst in der üblichen Weise schwarzweiß entwickelt und fixiert und enthält in diesem Stadium auf beiden Seiten zarte Silberpositive. Bei der weiteren Behandlung kommt es darauf an, das vom Frontfilm kopierte Bild in ein gelblichrotes und das vom Rückfilm kopierte in ein blaugrünes zu verwandeln. In der dazu verwendeten Methode weichen die einzelnen Zweifarbenverfahren etwas voneinander ab. Im allgemeinen wird für die Blaugrünfärbung die oben beschriebene Eisenblautonung benutzt. Auf diese Seite wird im allgemeinen auch der Ton kopiert (näheres s. Teil D IV). Die andere Seite wird entweder einer Urantonung unterworfen, die ebenfalls schon beschrieben wurde, oder es wird ein Beizverfahren gewählt, wobei z. B. das Silber in weißes Kupferrhodanür umgewandelt und mit einem gelblichroten Farbstoff eingefärbt wird. Gelegentlich wird auch beides kombiniert, da das Uranylferrocyanid ebenfalls als Beize dienen kann. Bei dem in Deutschland vor dem zweiten Weltkrieg viel verwendeten *Ufacolor*-Verfahren [s. Pohlmann (*222*)] wurde zunächst die Blautonung durchgeführt, indem der Film durch eine flache Kufe lief und dabei auf der Tonungslösung schwamm, ohne daß die andere Seite des Films benetzt wurde. Die weitere Behandlung, nämlich Umwandlung des Silbers der anderen Seite in Kupferrhodanür und Einfärbung mit dem roten Farbstoff erfolgte dann in den gewöhnlichen Tanks der Entwicklungsmaschine. Wenn die Umwandlung des Silbers in Eisenblau quantitativ verläuft, wird dieses Bild durch die folgenden Bäder nicht mehr beeinträchtigt. Sowohl das Zweipack-Aufnahmematerial wie der Kopierfilm (Dipo-Film) für das Ufacolor-Verfahren wurden von der Agfa geliefert, s. v. Biehler (*51*). Die unzureichende Farbenwiedergabe gleicht man häufig etwas dadurch aus, daß man bei bestimmten Szenen, wo dieser Fehler sich besonders stark bemerkbar macht, das Bild mit einer dritten Farbe, meistens Gelb, in vorsichtigem Maße überfärbt. Es wird damit natürlich keineswegs das gleiche erreicht wie mit einem echten Dreifarbenfilm, aber es gelingt, einen gewissen Ersatz zu schaffen. Die meisten Möglichkeiten des Zweifarbenfilms liegen bei Trickaufnahmen, wo man am leichtesten auf die beschränkte Farbenskala Rücksicht nehmen kann. Von Außenaufnahmen gelingen am besten noch die Herbstlandschaften, während das frische Blattgrün recht schlecht wiedergegeben wird und auch Purpur vollkommen fehlt.

Von den einzelnen Verfahren können nicht alle genannt werden, viele sind auch bereits wieder verschwunden. Obwohl die Technicolor-Gesellschaft bereits 1932 ihr altes Zweifarbenverfahren aufgegeben hatte, hat sie nach dem zweiten Weltkrieg wieder ein solches unter dem Namen *Technichrome* ausgeübt, anscheinend aber nur in England und wahrscheinlich nur vorübergehend aus Mangel an Dreifarbenkameras.

Die wichtigsten Zweifarbenfilm-Prozesse in USA sind zur Zeit das Cinecolor-Verfahren, das Trucolor-Verfahren und das Magnacolor-Verfahren. Das *Cinecolor-Zweifarben*-Verfahren ähnelt weitgehend dem Ufacolor-Verfahren. An Besonderheiten ist außer der schon erwähnten neuartigen Zweipack-Kassette die „Latensification“ der beiden Negativfilme zu nennen, eine in Amerika heute auch beim Schwarzweiß-Film häufig benutzte Methode, um die Empfindlichkeit des Materials zu steigern und damit bei der Aufnahme Licht zu sparen. Sie wird nach (*285*) von der Cinecolor-Gesellschaft als Blitzbelichtung nach der normalen Aufnahme durchgeführt.

Nach dem Cinecolor-Zweifarbenverfahren wurden nach COOTE und JENKINS (*79*) auch Kopien auf 16 mm-Schmalfilm hergestellt, jedoch macht sich bei diesem kleineren Format eine Schwierigkeit stärker geltend, die bei 35 mm-Film noch nicht allzu störend ist: Die Unterbringung der beiden Teilkopien auf den beiden Seiten des Schichtträgers macht es unmöglich, bei der Projektion gleichzeitig auf *beide* Teilbilder scharf einzustellen.

Das *Trucolor*-Verfahren, das in den Consolidated Laboratories durchgeführt wird, benutzt für die Aufnahme ebenfalls einen Bipack. Die Kopie erfolgt auch auf doppelseitig beschichteten Kopierfilm, der aber zum Unterschied von den bisher besprochenen Zweifarben-Verfahren nichtdiffundierende Farbbildner enthält und nach dem Farbentwicklungsverfahren verarbeitet wird. Das Material wird von Kodak geliefert. Nach einer neueren Mitteilung (*286*) hat die Trucolor-Gesellschaft in letzter Zeit auf einem Monopack-Negativ aufgenommen und — offenbar über dazwischen geschaltete Teilauszüge — auf den Dupont-Positivfilm kopiert.

Auch das *Magnacolor*-Verfahren geht vom Bipack aus, die beiden Negative werden ebenfalls auf einen doppelseitigen Positivfilm kopiert.

Wie beim Ufacolor-Prozeß erhält die eine Seite ein Eisenblaubild und die andere ein gelblichrotes Beizenbild. Die Art der Verarbeitung ist indessen nach COOTE (*76*) etwas anders: Der Film wird zunächst der üblichen Schwarzweiß-Entwicklung und Fixage (mit einem Härtefixierbad) unterzogen. Dann folgt eine Schwimmbehandlung der vom Frontfilm kopierten Seite auf einer Jodlösung, wodurch das Silber dieser Schicht in Silberjodid übergeht. Nach einem Klärbad zur Entfernung des überschüssigen Jods folgt die Einfärbung mit dem basischen Farbstoff, für den das Silberjodid als Beize wirkt. Nach weiteren Wasch- und Klärprozessen wird der Film durch ein Eisenblau-Tonungsbad geführt. Wieder ist nur einmal eine einseitige Behandlung des Films in Schwimmkufen notwendig, aber gerade dieser Teil des Entwicklungsprozesses ist immer unangenehm, weil die Laufgeschwindigkeit dabei nicht sehr stark erhöht werden kann. Neuerdings soll deshalb das Magnacolor-Verfahren mit einem von Kodak gelieferten Film arbeiten, bei dem eine Seite des Kopierfilms zunächst vor der Einwirkung der Behandlungsbäder durch eine Schutzschicht bewahrt wird, die im Laufe des Prozesses entfernt wird.

Das *Multicolor*-Verfahren entspricht weitgehend dem Magnacolor-Prozeß. *Vitacolor* und *Fullcolor* arbeiteten früher ebenfalls nach dem Bipack-Verfahren, sollen aber jetzt nur noch 35 mm-Vergrößerungen nach 16 mm-Kodachrom-Film durchführen.

Die älteren Zweifarbenprozesse werden in dem Buch von CORNWELL-CLYNE (*6*) näher besprochen. Die beschriebenen Zweifarbenprozesse sind durchweg als subtraktive Siebverfahren zu bezeichnen.

Am Schluß sei noch das neue *Cinecolor-Dreifarben*-Verfahren beschrieben, weil es seinem ganzen Wesen nach sich eng an die Kinefilm-Zweifarbenverfahren anschließt. Einzelheiten sind einer Arbeit von GUNDELFINGER (*117*), dem technischen Leiter der Cinecolor-Gesellschaft, zu entnehmen.

Für die Aufnahme sind mehrere Möglichkeiten vorgesehen, die nicht näher erläutert werden, jedenfalls aber darauf abzielen, drei getrennte Auszüge als Schwarzweiß-Negative zu erhalten. Als Kopierfilm wird wieder ein üblicher doppelseitig beschichteter Positivfilm benutzt. In einer doppelseitig wirkenden Kopiermaschine wird zunächst nur vom Grünfilterauszug auf die eine (1.) Seite, vom Rotfilterauszug auf die andere (2.) Seite kopiert (die Kopie des Blaufilterauszuges wird später nachgeholt). Der Film wird dann einer normalen Schwarzweiß-Entwicklung unterworfen, aber noch nicht fixiert. Anschließend wird der Film durch einseitige Behandlung (Schwimmenlassen in einer Kufe) auf der 2. Seite einer Eisenblautonung unterzogen, wobei gleichzeitig (s. die chemische Reaktionsgleichung auf S. 98) das Silber in Silberferrocyanid übergeführt wird. Anschließend wird wieder der ganze Film mit einer Bromidlösung behandelt zur Überführung des Silberferrocyanids in Silberbromid. Zwischen allen Einzelbehandlungen finden natürlich Wässerungen statt, die hier nicht besonders erwähnt werden. Der Film wird dann getrocknet und enthält nunmehr (Abb. 44a) auf der einen Seite das Silberpositiv des Grünfilterauszuges und dazu unverändertes Silberbromid, auf der anderen Seite das fertige Eisenblaupositiv vom Rotfilterauszug und teils unverändertes, teils regeneriertes Silberbromid. Nach der Arbeit von Gundelfinger kann ein Empfindlichkeitsausgleich zwischen diesen beiden Silberbromidsorten hergestellt werden unter Berücksichtigung der Absorption durch das Eisenblaubild, jedoch dürften dagegen einige Bedenken am Platze sein. Es folgt die Kopie des Blaufilterauszuges auf die 2. Seite. Dabei findet ein Durchschlagen dieser Kopie auf die 1. Seite statt, ist aber unwirksam, da die nun folgende Entwicklung wieder nur einseitig für die 2. Seite vorgenommen wird. Darauf wird der ganze Film fixiert und anschließend der ganze Film mit einem Bad behandelt, welches die Silberbilder beider Seiten in Silberjodid umwandelt, das als Farbstoffbeize dient. Nunmehr wird die 1. Seite mit der

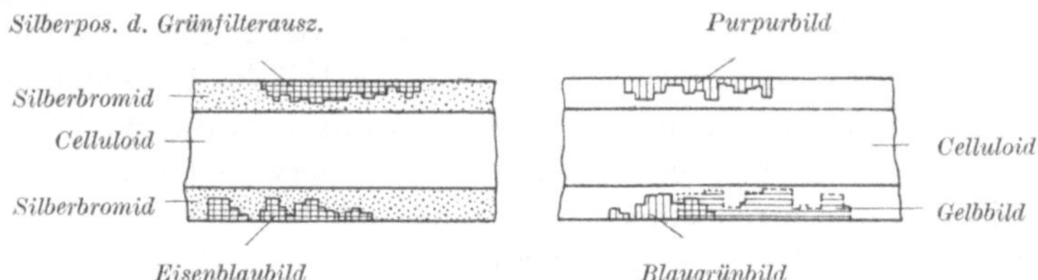

Abb. 44. Cinecolor-Dreifarben-Verfahren.

Lösung eines Purpurfarbstoffes und darauf die 2. Seite mit der Lösung eines Gelbfarbstoffes behandelt. Auch diese Behandlungen müssen also wieder einseitig erfolgen. Abb. 44b zeigt den endgültigen Aufbau des Films.

Die Verarbeitung ist schon allein durch die viermal vorzunehmende einseitige Behandlung recht kompliziert, und man darf gespannt sein, ob dieses Verfahren sich praktisch bewähren wird.

Neuerdings verarbeitet Cinecolor auch die Mehrschichtenfilme Ansco Color und Eastman Color.

c) *Das Technicolor-Verfahren.*

Die in USA ansässige Technicolor Motion Picture Corp. mit einem Zweigunternehmen in England hat bisher weitaus die meisten farbigen Kinefilme hergestellt und hat auch in der qualitativen Vervollkommnung des Farbenfilms Hervorragendes geleistet. Es muß daher auf dieses Verfahren etwas näher eingegangen werden. Die ersten Leiter der Gesellschaft waren Dr. Herbert Kalmus, Daniel Frost Comstock und W. B. Westcott. Die Entwicklungsgeschichte der früheren Jahre wird von Dr. Kalmus in einem längeren Bericht (*155*) über „Technicolor Adventures in Cinemaland" beschrieben. Technische Einzelheiten über ihr Verfahren veröffentlicht die Technicolor-Gesellschaft nur sehr spärlich. Eine Zusammenfassung des bisher Bekanntgewordenen bringen Petersen (*219*) und das Buch von Cornwell-Clyne (*6*). Die ersten Versuche von 1916 an galten einem additiven Spreizverfahren in zwei Farben, seine Hauptschwierigkeit bestand in der unvollkommenen

Konturendeckung bei der Projektion. „Der Vorführer hätte eine Kreuzung zwischen Akrobat und Professor sein müssen", schreibt Dr. KALMUS. Man ging dann zu Beginn der 20er Jahre zu einem subtraktiven Zweifarbenverfahren über, mit dem bereits beträchtliche Erfolge erzielt wurden. Es wurden mit diesen Zweifarben-Verfahren einige größere Spielfilme und eine große Zahl von Kurzfilmen hergestellt. 1932 erfolgte die Umstellung auf den Dreifarben-Prozeß, erst nur für den Trickfilm (*Walt Disney's „Silly Symphonies"*), später für den normalen Spielfilm.

Wie schon erwähnt, ist ein Technicolor-Zweifarben-Verfahren unter dem Namen Technichrome nochmals nach dem zweiten Weltkrieg in England ausgeübt worden. Mit „La Cucaracha" begann die Serie der Technicolor-Dreifarben-Spielfilme, welche inzwischen eine beträchtliche Höhe erreicht hat. Nach den letzten verfügbaren Angaben sind 1949 44, 1950 59 Spielfilme gedreht worden und dabei Kopien in einer Gesamtlänge von 300 Millionen Fuß hergestellt worden.

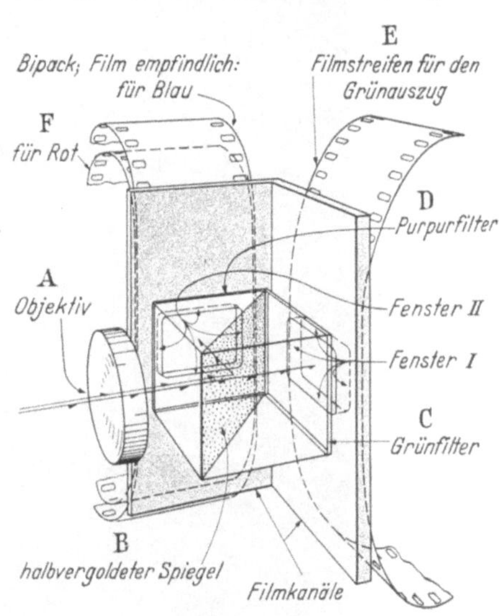

Abb. 45.
Schema des Technicolor-Aufnahme-Verfahrens.

Charakteristisch für die Entwicklung des Technicolor-Verfahrens ist es gewesen, daß das Hauptgewicht nicht allein auf die einwandfreie technische Gestaltung des Verfahrens gelegt wurde, sondern daß die Technicolor-Gesellschaft, obwohl weder Rohfilm- noch Spielfilm-Produzentin, es verstanden hat, die künstlerische und auch wirtschaftliche Leistungsfähigkeit ihrer Verfahren immer wieder zu beweisen, auch wenn manchmal die Begeisterung der Hollywooder Spielfilm-Hersteller sich stark abgekühlt hatte. Allerdings ist auch zu bedenken, daß nur bei dem großen Umfang und der großen Ertragsfähigkeit, welche die USA-Spielfilmproduktion schon in den zwanziger und dreißiger Jahren hatte, so großangelegte und kostspielige Experimente mit einem so schwierigen Verfahren möglich waren.

Das bis zur Gegenwart wichtigste Aufnahmeverfahren der Technicolor-Gesellschaft ist ein Strahlenteilungs-Zweipack-Prozeß, der in Abb. 45 schematisch dargestellt wird. Das vom Objektiv kommende Licht wird an einer halbdurchlässig verspiegelten Fläche teils reflektiert, teils durchgelassen. Der reflektierte Anteil geht durch ein

Purpurfilter, in dem der grüne Teil des Spektrums absorbiert wird, während der blaue und der rote durchgelassen werden und auf einen Zweipack treffen, der den blauen Anteil im unsensibilisierten Frontfilm, den roten nach Durchgang durch eine aufgegossene rote Filterschicht im rotempfindlichen Rückfilm registriert. Die durch die verspiegelte

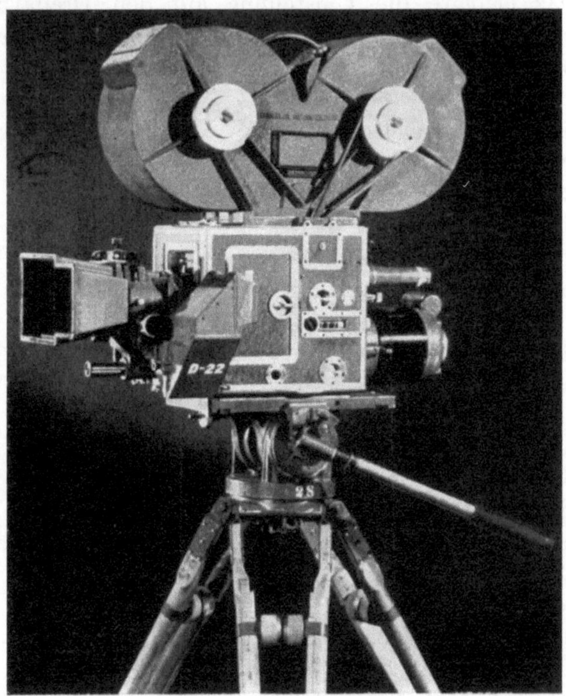

Abb. 46. Technicolor-Kamera.

Fläche durchgelassenen Strahlen treffen nach Durchgang durch ein Grünfilter auf einen einzelnen Film, der das grüne Drittel des Spektrums aufzeichnet. Eine Gesamtansicht der Kamera bringt die Abb. 46.

Bei den Zweifarbenverfahren wurde bereits näher darauf eingegangen, daß die genaue Justierung der Filme, welche für die Konturendeckung im Kopierfilm Voraussetzung ist, im Zweipackverfahren nicht allzu schwierig ist. Wesentlich komplizierter ist die Justierung bei Vorhandensein einer Strahlenteilung, indessen muß es doch noch als Vorteil der Technicolor-Kamera gelten, daß diese Strahlenteilung nur einmal vorkommt. Die Justierung bei doppelter Strahlenteilung ist demgegenüber wesentlich zeitraubender und schwieriger. Immerhin war es auch bei dem Technicolor-Prozeß zumindest in den ersten Jahren notwendig, daß ein besonderer Facharbeiter nach jedem Aufnahmetag prüfte, ob die Kamera noch richtig justiert war, wie überhaupt das ganze Bedienungspersonal von der Technicolor-Gesellschaft besonders geschult und an die Produktionsgesellschaften „ausgeliehen" wurde. Ferner ist es wichtig, ein Filmmaterial mit sehr geringer Schrumpfung zu verwenden. Nach COOTE (*78*) wird in USA im allgemeinen mit einer Öffnung f/2, in England mit f/2,8 gearbeitet, wodurch bessere Schärfe erzielt wird, aber größerer Lichtaufwand benötigt wird.

Die drei Filme, welche die Kamera durchlaufen, werden einer normalen Schwarzweiß-Entwicklung unterworfen, wobei auf eine sorgfältige Einhaltung der Gradation geachtet werden muß. Sie beträgt nach COOTE $\gamma = 0{,}65$ für alle drei Auszüge.

Aus den drei negativen Farbauszügen werden die für den Farbdruck benötigten Matrizen über das Auswaschrelief-Verfahren hergestellt. Wie schon im allgemeinen Teil dieses Kapitels näher beschrieben, kann man beim Kopieren auf einen Positivfilm durch die Filmunterlage und Behandlung mit einem härtenden Entwickler oder aber durch normale Entwicklung und anschließende Härtung mit Bichromat bildmäßig gehärtete Gelatine erhalten, die beim Behandeln mit warmem Wasser als Relief stehenbleibt, während die ungehärteten Bildteile sich auflösen und abschwimmen. Die Matrizenfilme enthalten Tartrazin und Rose Bengale, um eine zu starke Tiefenwirkung des Lichtes zu vermeiden, die Cellounterlage ist sehr kräftig, um die Schrumpfung zu vermindern. Damit sind die Matrizen fertiggestellt, sie stellen Positive der einzelnen Auszüge dar. Jede dieser Matrizen wird dann in der zugehörigen subtraktiven Farbe eingefärbt, also die aus dem Blaufilterauszug stammende Matrize gelb, die aus dem Grünfilterauszug stammende purpur und die aus dem Rotfilterauszug stammende blaugrün. Es folgt dann der Abdruck dieser drei Farben auf den Positivfilm. Je höher das Relief an der betreffenden Bildstelle ist, desto mehr Farbstoff nimmt es auf und desto mehr gibt es dann auch beim Drucken ab.

Bei Anwendung eines reinen Dreifarbenprozesses könnte der Positivfilm ein Blankfilm sein. Das Technicolor-Verfahren ist jedoch in Wirklichkeit ein Vierfarbenprozeß, den drei Buntfarben ist noch ein zartes Schwarzbild überlagert, das aus Silber besteht. Ferner besteht auch die Tonspur aus Silber. Es wird deshalb so vorgegangen, daß auf einen Film von der Art des üblichen Kine-Positiv-Materials mit einer einzigen Emulsionsschicht, aber wiederum mit wenig schrumpfender Unterlage erst vom Tonnegativ, dann nach Einfärbung mit Tartrazin vom Grünfilterauszug kopiert und anschließend schwarzweiß entwickelt wird. Auf den Kopierfilm werden dann von den drei Matrizen die Farbbilder aufgedruckt. Dieser Druckprozeß ist naturgemäß sowohl wegen der notwendigen Konturenschärfe des einzelnen Bildes als auch wegen der erforderlichen Konturendeckung der verschiedenen Teilbilder technisch sehr schwierig und muß dauernd sorgfältig überwacht werden.

Eine schematische Übersicht über das gesamte sog. Dreistreifen-Verfahren gibt die Abb. 47.

An Einzelheiten ist noch folgendes nachzutragen: Die Objektive müssen so berechnet und die Justierung so eingestellt sein, daß alle drei Bilder in gleicher Größe und focusscharf sind. Für die beiden Bipackbilder muß also eine Focusdifferenz berücksichtigt sein. Nach einer neueren Mitteilung der Technicolor-

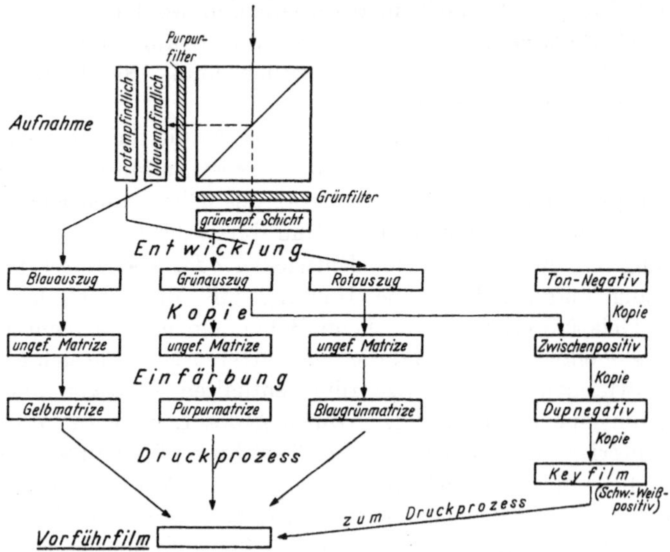

Abb. 47. Gesamtschema des Technicolor-Verfahrens.

Gesellschaft, die u. a. von PETERSEN (*220*) wiedergegeben wird, hat man sich jetzt bei dem Verfahren ganz auf Nitralampen mit einer Farbtemperatur von 3450° C an Stelle von Bogenlicht umgestellt. Das wurde durch eine erhebliche Empfindlichkeitssteigerung des photographischen Materials erreicht. Der notwendige Lichtbedarf beträgt nur noch 1200 bis 1500 Lux, eine für Farbenfilm ungewöhnlich niedrige Zahl. Wahrscheinlich wird die Empfindlichkeitssteigerung z. T. durch Latensifikation erzielt. Auf Bogenlicht muß in Zukunft durch besondere Filter abgeglichen werden. Einzelheiten über die Beleuchtungstechnik bei Technicolor-Aufnahmen bringt eine Arbeit von Coote (*316*). Die Kopie von den Negativen auf den Matrizenfilm muß optisch erfolgen, da der Matrizenfilm von der Celluloidseite her zu belichten ist. Da bei der optischen Kopie jede Beschädigung und jeder Kratzer sich sehr deutlich abbilden, muß das Negativ sehr sorgfältig behandelt werden. Bei der optischen Kopie sorgt noch eine sinnreiche Vorrichtung dafür, daß etwaige Paßfehler korrigiert werden können. Dazu wird eine planparallele Glasplatte in den Strahlengang eingeschaltet, die in ihrer normalen Lage keine Abweichung des Strahlenganges verursacht. Erweist sich indessen eine Korrektur als notwendig, so wird diese bei Abweichung in horizontaler Richtung durch Drehung der Platte um die vertikale Achse bewirkt, bei Abweichung in vertikaler Richtung durch Drehung um die horizontale Achse. Durch beides gemeinsam kann jede Verzerrung behoben werden.

Beim Druckprozeß ist zu beachten, daß das Einfärben und das Abspülen der Matrizen sehr gleichmäßig erfolgt. Die Übertragung erfordert eine gewisse Zeit, daher genügt es nicht, wie in einer Kopiermaschine jeweils nur ein Bild nach dem andern eine ganz kurze Zeit hindurch in Kontakt zu bringen, man muß vielmehr diese Berührung gleichzeitig für eine größere Zahl von Bildern durchführen, was auf größeren Andruckplatten geschieht. Einzelheiten sind einem Bericht von JENKINS zu entnehmen (*148*). Ferner ist auf eine Arbeit von PETERSEN (*219*) zu verweisen. Danach erfolgt dieser Teilprozeß in folgender Weise: Der Positivfilm sowohl wie die Matrize werden in der Weise zusammengeführt, daß in einem mit Wasser gefüllten Tank auf einem langen endlosen Band die Matrize mit den Perforationslöchern in kleine Zäpfchen eingeknöpft und der Positivfilm darüber in gleicher Weise eingefädelt wird. Beim Zusammenführen spritzt eine Düse Wasser zwischen die Filme, um die Bildung von Luftblasen zu vermeiden. Die beiden Filme bleiben dann mehrere Minuten in Kontakt, dasselbe wiederholt sich mit den beiden anderen Matrizen. Nach COOTE (*78*) soll Technicolor mehrfach versucht haben, die Tonspur ebenfalls von einer Matrize zu drucken, jedoch war die Qualität nicht ausreichend.

Die Aufnahme der Technicolor-Filme mit Hilfe der Strahlenteilungskamera hat den Vorteil einer sehr guten Farbtrennung in den drei Teilnegativen, die Handhabung einer derartigen Kamera bringt aber viele Erschwerungen mit sich. Sie ist sehr schwer und unhandlich, infolge des komplizierten Mechanismus gibt sie auch mehr Geräusch, so daß bei Tonaufnahmen eine sorgfältige Abdeckung der Kamera notwendig ist. Außerdem ist es natürlich unerfreulich, daß die genaue Einhaltung der Konturendeckung schon bei der Aufnahme eine Präzision erforderlich macht, die man, wenn sie überhaupt notwendig ist, lieber der Kopieranstalt überläßt. Besonders schwierig ist infolgedessen die Herstellung von Außenaufnahmen, vor allem in unebenem Gelände, bei Expeditionen u. dgl. Aus allen diesen Gründen haben sich die Techniker der Technicolor-Gesellschaft schon sehr bald um eine Möglichkeit bemüht, wenigstens bei der Aufnahme nach einem einfacheren Prinzip zu arbeiten. Die Gelegenheit dazu bot sich bei der Einführung des Mehrschichtenmaterials in die farbenphotographische Praxis. Es folgte eine Periode längerer gemeinsamer Versuche von Technicolor und Kodak und als deren Ergebnis die Einführung eines *Monopack*, d. h. eines einzigen Aufnahmefilms, der wie der Kodachromfilm drei übereinanderliegende, verschieden sensibilisierte Schichten enthält und in einer gewöhnlichen Kinekamera benutzt werden kann. Da das verwendete Material einem ähnlichen Entwicklungsprozeß unterworfen wird wie der Kodachromfilm (s. S. 51 ff.), so erhält man zunächst ein farbiges Positiv, aus dem dann die drei Teilauszüge durch Kopie mit den drei Filtern Blau, Grün und Rot gewonnen werden. Die drei Auszugsfilme werden normal schwarzweiß entwickelt, und von diesem Punkt an besteht zwischen dem ursprünglichen und dem abgeänderten Technicolor-Prozeß kein Unterschied mehr. Nach dem abgeänderten Verfahren ist bereits eine Anzahl von Filmen gedreht worden. In der

Arbeit von CLARKE (*70*) wird über die Erfahrungen mit dem Monopack bei dem ersten größeren Spielfilm berichtet. In vielen anderen Fällen ist das Verfahren nur für bestimmte, sonst schwer zu meisternde Aufgaben eingesetzt worden. Der Farbfilm von der Londoner Olympiade 1948 stellte sogar eine Kombination dieser beiden Verfahren und des Zweifarbenprozesses dar, was eigenartigerweise dem durch die Handlung stark gefesselten Publikum gar nicht aufgefallen ist. Die Farbwiedergabe mit dem Monopack-Verfahren kann nicht ganz so gut sein wie mit dem „Dreistreifen-Verfahren". Es stehen also die bessere Qualität oder die einfachere Handhabung bei der Aufnahme zur Wahl. Allerdings gilt dieser Vorteil nur für die Aufnahme, denn insgesamt wird die Verarbeitung bei Anwendung des Monopack noch umständlicher (im Gegensatz zu der großen Einfachheit eines Monopack-Monopack-Prozesses, wie ihn das Agfacolor-Negativ-Positiv-Verfahren darstellt). Hinzu kommt, daß mit dem Dreistreifen-Prozeß die Herstellung von Proben in Schwarzweiß ebenso schnell möglich ist wie beim Schwarzweiß-Film selbst, man braucht nur *einen* der drei Filme möglichst schnell zu entwickeln und zu kopieren. Beim Monopack-Verfahren sind dazu die wesentlich langwierigere Entwicklung des Originals und eine zweimalige Kopie erforderlich. Auch zu den Farbproben gelangt man bei dem älteren Prozeß schneller. So werden wahrscheinlich noch beide Verfahren nebeneinander hergehen bzw. sich ergänzen.

Ein Vorteil des an sich recht langwierigen Technicolor-Prozesses besteht darin, daß unschwer und ohne Farbverlust Duplikate von den Negativen gemacht werden können. Auch die Matrizen, welche nur eine begrenzte Zahl von Drucken überstehen (COOTE nimmt eine Durchschnittszahl von 50—60 an), können aus den Original-Negativen bzw. beim Monopack aus den ersten Auszügen nach Bedarf neu hergestellt werden. Ein weiterer Vorzug des Verfahrens besteht in der Verwendung eines sehr billigen Positiv-Materials, was gerade bei den für USA-Filme üblichen Massenkopien von Bedeutung ist. Für Filme, bei denen Massenauflagen nicht zu erwarten sind, dürfte dagegen die Kompliziertheit des Prozesses dem wirtschaftlichen Erfolg sehr im Wege stehen. Aus farblich unbrauchbaren, aber mechanisch nicht beschädigten Kopien können übrigens die Farben entfernt und die Filme zum Neudruck nochmals verwendet werden. Da die Herstellung der Matrizen relativ teuer ist, wird ein großer Teil der Aufnahmen, die sich schon in der Schwarzweiß-Kopie als unbrauchbar erweisen, gar nicht erst auf Matrizen verarbeitet.

Nach einer anderen Mitteilung von COOTE (*75*) werden Technicolor-Kopien auch auf 16 mm-Schmalfilm hergestellt, wobei ebenfalls von drei Teilnegativen ausgegangen wird. In England werden dabei die für 35 mm vorhandenen Druckvorrichtungen benutzt, die Matrizen haben das Bild bereits in der Schmalfilmgröße, sind aber ebenso wie der

Kopierfilm 35 mm breit und mit Kine-Perforation versehen. Erst nach Übertragen aller Teilfarben wird der Kopierfilm in 16 mm-Größe geschnitten und mit Schmalfilmperforation versehen. Ein leichter „Schwebeeffekt" wegen der nachträglichen Perforation soll allerdings zu beobachten sein.

Nach unserer Klassifizierung ist der Technicolor-Dreistreifen-Prozeß als subtraktives Spreiz-Siebverfahren, der Technicolor-Monopack-Prozeß als subtraktives Siebverfahren zu bezeichnen.

d) Andere Verfahren.

Die in den beiden vorigen Abschnitten besprochenen Verfahren waren kinematographische Prozesse. Es ist nun noch eine Reihe von Einfärbungsprozessen zu erwähnen, die sich für die Standphotographie eingeführt haben, während Tonungsverfahren nur in der Kinematographie Eingang gefunden haben. Die zu besprechenden Verfahren werden z. T. schon über eine beträchtliche Reihe von Jahren praktisch angewendet, z. T. haben sie im Laufe der Zeit Abwandlungen erfahren, ohne daß sich an den Grundlagen allzuviel geändert hat.

Charakteristisch für alle Einfärbungsprozesse ist die Tatsache, daß die Teilbilder einzeln hergestellt werden müssen und man demnach auch immer den Weg über die einzelnen Teilauszüge gehen muß. Dabei wird fast immer mit drei Teilbildern gearbeitet. Als Aufnahmemethoden haben sich die folgenden praktisch bewährt:

1. Das Folgeverfahren, d. h. die Herstellung der drei Teilauszüge nacheinander. Dieses in der Reproduktionstechnik immer noch sehr viel benutzte Prinzip kann vom Amateur oder Fachphotographen allerdings nur in beschränktem Maße verwendet werden, hauptsächlich bei Stilleben und Landschaftsaufnahmen.

2. Das Strahlenteilungsverfahren. Dabei werden alle drei Teilauszüge gleichzeitig aufgenommen und liegen dann getrennt vor. Dieses Verfahren erfordert ziemlich schwere und teure Spezialkameras, liefert aber sehr gute Ergebnisse. Nach unserer Klassifizierung ist es als Spreizverfahren zu bezeichnen.

3. Die Aufnahme auf einem Mehrschichtenfilm. Dabei kann jede übliche Kamera benutzt werden. Aus dem Mehrschichtenfilm müssen dann die drei Teilauszüge nachträglich durch Kopie gewonnen werden. Es handelt sich um ein Siebverfahren.

Wenn auch die Grundlagen dieser Aufnahmeverfahren schon früher behandelt worden sind, so bleibt doch an technischen Einzelheiten noch manches hinzuzufügen.

1. Folgeverfahren.

Die Aufnahmen können bei ruhenden Objekten mit jeder gewöhnlichen Kamera vorgenommen werden, sofern auch die Kamera beim

Wechsel der Filter und beim Wechsel oder Weiterdrehen von Platte oder Film nicht aus ihrer Lage gebracht wird. Aufnahmen aus freier Hand scheiden daher aus, aber auch Aufnahmen vom Stativ aus müssen mit besonderer Vorsicht vorgenommen werden. Noch besser ist natürlich die Verwendung einer Reproduktionskamera, jedoch wird diese normalerweise nicht ohne weiteres zur Verfügung stehen. Bei dem Dreifarbenprozeß wird die eine Aufnahme durch ein Blaufilter, die zweite durch ein Grünfilter, die dritte durch ein Rotfilter gemacht.

Geeignete Filtersätze werden von den größeren photographischen Firmen geliefert, z. B. in Deutschland von der Agfa die Filter 40 (blau), 41 (grün) und 42 (rot), deren Durchlaßbereiche normal sind, ferner die Filter 43 (blau), 544 (grün) und 45 (rot) mit engen, sowie die Filter 46 (blau), 47 (grün) und 48 (rot) mit breiten Durchlaßbereichen. Kodak liefert folgenden Filtersatz: Tricolour Blue (Wratten 48), Tricolour Green (Wratten 58) und Tricolour Red (Wratten 25). Die Durchlässigkeitsbereiche der drei Agfa-Filtersätze sind in Abb. 48 gegeben. Die Filter können vor oder hinter dem Objektiv liegen.

Wichtig ist die Benutzung eines gut korrigierten Objektivs (Anastigmat oder Apochromat), da sonst die Schärfeebene bei den drei Filtern verschieden liegt.

Als photographisches Aufnahmematerial sind grundsätzlich alle panchromatischen Filme oder Platten brauchbar, welche im grünen wie im roten Spektralgebiet ausreichende Sensibilisierung haben, wie es an sich von jedem guten panchromatischen Material erwartet werden muß. Die Agfa empfiehlt für diesen Zweck besonders die „Isopanplatten für Dreifarbenauszüge“. Grundsätzlich ist es möglich, den Blaufilterauszug auch auf unsensibilisiertem Material ohne Filter aufzunehmen oder besser mit einem Filter, welches nur das Ultraviolett fernhält, ferner den Grünfilterauszug auf orthochromatischem Material mit einem Gelbfilter, dessen Durchlässigkeit für Rot auf das orthochromatische Material ja ohne Einfluß bleibt. Die Expositionszeiten werden dadurch herabgesetzt, indessen dürfte es im allgemeinen eine Erschwerung der Arbeit bedeuten, mit drei verschiedenen photographischen Materialien zu arbeiten. Bei den Filmen ist auf gute Planlage zu achten, da schon kleine Verzerrungen die Konturendeckung stören. Wichtig ist die Entwicklung der drei Auszüge zum gleichen Gamma, was auch bei Verwendung des gleichen panchromatischen Materials nicht so einfach ist, denn bei gleicher Entwicklung ist der Blaufilterauszug flacher als die beiden anderen.

Die Belichtungszeit bei der Aufnahme durch ein Filter muß natürlich länger sein als bei der üblichen Schwarzweiß-Aufnahme ohne Filter. Mit welchem Faktor die Belichtungszeit gegenüber der normalen multipliziert werden muß, hängt von der Art des Filters, von der Art des Aufnahmematerials und von der Natur der Lichtquelle ab. Das wird ohne weiteres klar, wenn man bedenkt, daß z. B. Glühlampenlicht verhältnismäßig wenig Blau enthält, daher wird bei diesem Licht die Blaufilteraufnahme einen größeren Verlängerungsfaktor erfordern als bei Tageslicht. Sind die Filterfaktoren nicht bekannt, so sind sie durch

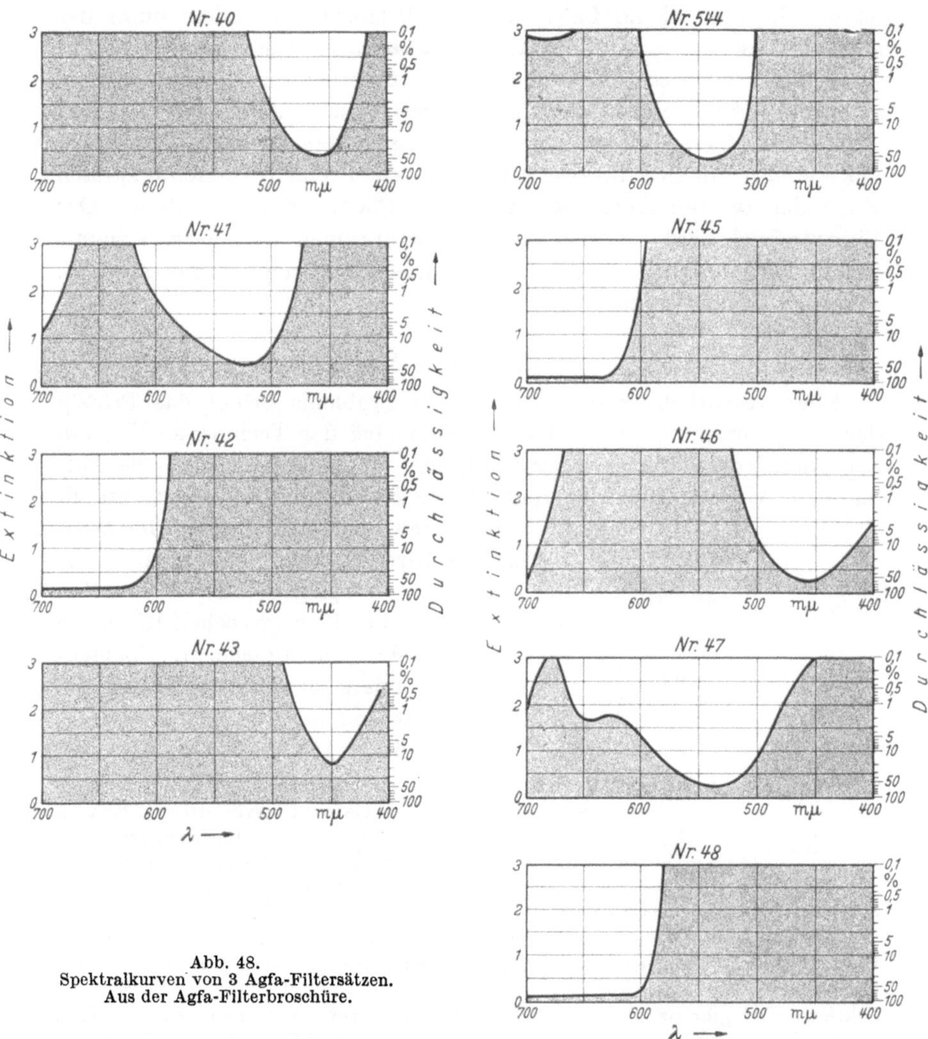

Abb. 48.
Spektralkurven von 3 Agfa-Filtersätzen.
Aus der Agfa-Filterbroschüre.

einige Versuche leicht zu bestimmen. Bei der Herstellung von Teilauszügen ist es immer nützlich, am Rande des Bildes oder als gesonderte Aufnahme eine Grauskala aufzunehmen. Dadurch wird sowohl die Bestimmung der Aufnahmezeiten wie die Kontrolle der Gradation wesentlich erleichtert.

Die Durchführung des Folgeverfahrens in einer gewöhnlichen Kamera ist nur bei vollständig ruhenden Objekten möglich. Es ist zu bedenken, daß Landschaften nur ruhend sind, wenn weder Bewegungen durch den Wind noch das Ziehen der Wolken stören. Bei „Stilleben" ist oft die allmähliche Bewegung von Pflanzen, vor allem unter der starken Wirkung von Atelierleuchten, zu beachten. Einen großen Vorteil bedeutet es daher schon, wenn die Zeiten zwischen den drei Aufnahmen durch geeignete Maßnahmen herabgesetzt werden können. Bei den „Schlittenkameras" rückt mittels Gleitkassetten gleich nach Beendigung der ersten Aufnahme die zweite Platte an die Stelle der ersten und nach Ende der zweiten Aufnahme die dritte Platte an deren Stelle. Der Filterwechsel wird bei manchen Konstruktionen automatisch damit verbunden. Auf diese Weise ist es unter Umständen sogar möglich, Personenaufnahmen zu machen.

2. Strahlenteilungs-Verfahren.

Eine wesentlich bessere Lösung des Problems bringt das Prinzip der Strahlenteilung. Wir sind ihm schon bei der Technicolor-Kamera begegnet, jedoch wurde es dabei mit der für kinematographische Aufnahmen vorteilhaften Zweipack-Methode kombiniert. Bei Standaufnahmen wird statt dessen die zweimalige Strahlenteilung mit zwei halbdurchlässigen Spiegeln oder Folien bevorzugt. Abb. 49 zeigt schematisch die *Bermpohl-Kamera,* welche in Deutschland besonders große Verbreitung gefunden hat und für die Formate 9×12, 10×15 und 13×18 gebaut wird.

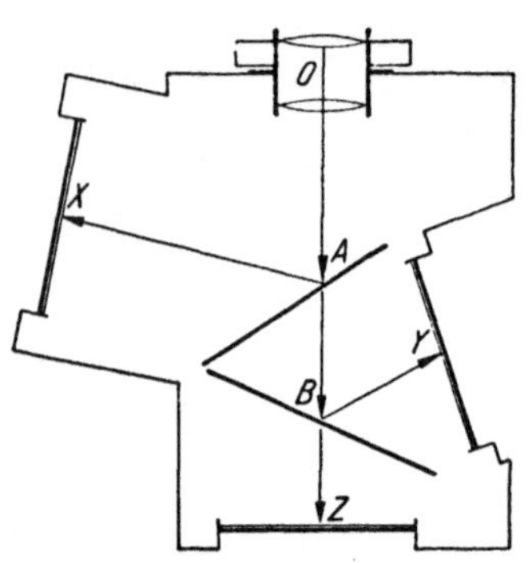

Abb. 49. Schema der Bermpohl-Kamera.

Sie wird in Mahagoni ausgeführt und hat je nach Größe ein Gewicht von 5—10 kg. Das vom Objektiv kommende Licht trifft zunächst auf einen halbdurchlässigen Spiegel, der einen Teil durchläßt und den anderen reflektiert. Der reflektierte Teil trifft seitlich nach Durchgang durch ein Blaufilter auf einen Film, der den Blaufilterauszug registriert. Der durch den ersten Spiegel durchgelassene Teil des Lichtes trifft auf einen zweiten halbdurchlässigen Spiegel. Der von diesem reflektierte Teil gibt nach Durchgang durch ein Rotfilter auf einem zweiten Film den Rotfilterauszug. Der durch den zweiten Spiegel durchtretende Teil des Lichtes passiert ein Grünfilter und erzeugt auf dem dritten Film den Grünfilterauszug. Die Bermpohl-Kamera wurde seinerzeit nach den Ideen von Professor Miethe, Berlin, entwickelt.

Ähnlich wie die Bermpohl-Kamera ist die in Deutschland ebenfalls verbreitete *Reckmeier-Kamera* gebaut. Auch in anderen Ländern gibt es einige Kameras, die auf dem gleichen Prinzip beruhen.

Die Strahlenteilungskameras liefern genau wie die weiter oben besprochenen Folgeverfahren direkt drei vollkommen getrennte Teilauszüge, welche für die Weiterverarbeitung mit Einfärbungsprozessen notwendig sind. Zugleich gibt ja die Aufnahme mit drei getrennten Teilauszügen die beste Farbtrennung. Ferner wird in den Strahlenteilungskameras unter verhältnismäßig günstigen Bedingungen aufgenommen. Bei Objektivöffnungen von f:4,5 kann bei Sonne im Sommer mit Belichtungszeiten von $^1/_{25}$—$^1/_{100}$ sec gearbeitet werden, im Atelier mit etwa $^1/_2$ sec. Besonders geeignet sind diese Kameras auch in Verbindung mit Blitzlicht. Einen erheblichen Nachteil bieten demgegenüber hohes Gewicht und Unhandlichkeit der Kamera sowie die Tatsache, daß die Justierung genauestens stimmen muß, damit alle drei Auszüge in genau gleicher Größe und mit der nötigen Schärfe gewonnen werden. Die Kameras sind infolgedessen auch meistens ateliergebunden, man findet sie in Reproduktionsanstalten oder bei Berufsphotographen. Eine Übersicht über die Entwicklung der Strahlenteilungskameras gibt COOTE (*74*).

3. Herstellung der Teilauszüge aus einem Mehrschichtenfilm.

Bald nachdem die ersten Mehrschichtenfilme auf den Markt kamen, wurde damit begonnen, sie zur Gewinnung von Teilauszügen heranzuziehen, indem daraus nacheinander, oder bei Verwendung einer Strahlenteilungskamera auch gleichzeitig, durch Blaufilter, Grünfilter und Rotfilter Kontaktkopien oder optische Kopien auf panchromatisches Material gezogen wurden. Diese Technik hat besonders in den Reproduktionsanstalten für die Herstellung von Farbdrucken große Verbreitung gefunden, ist aber auch für den Farbenphotographen bei der Herstellung von Farbbildern nach einem Einfärbungsverfahren von erheblicher Bedeutung. Eine gewisse Qualitätseinbuße gegenüber der Herstellung reiner Auszüge ist unvermeidlich, wenn nicht durch die Verwendung von Masken (s. später) auch das ausgeglichen wird. Dafür bietet aber die Aufnahme mit dem Mehrschichtenfilm den entscheidenden Vorteil einer einmaligen Aufnahme in einer gewöhnlichen Kamera mit nicht viel größerem Lichtbedarf als bei Schwarzweiß-Aufnahmen. Über die Mehrschichtenfilm-Verfahren und ihre Handhabung ist früher bereits alles Notwendige gesagt worden. Für den vorliegenden Zweck kann man sowohl Umkehr- wie auch Negativfilme benutzen. Im ersten Fall gewinnt man durch Kopie die Teilnegative, von denen dann die Positivprozesse wie üblich ausgehen. Aus den Mehrschichten-Farbnegativen kann man gegebenenfalls bei Vorhandensein von panchromatischen Relieffilmen direkt die drei Reliefs herstellen.

Für die Herstellung von Teilauszügen nach farbigen Kleinbildern wurden z. T. besondere Anordnungen geschaffen.

Bemerkenswert sind die Bestrebungen, verschieden sensibilisierte photographische Schichten auf *einer* Unterlage schwarzweiß zu entwickeln und dann durch *Abziehen* voneinander zu trennen. Der von der Firma Du Pont de Nemours angekündigte *S.-T.-Tripack* (*76*) verwendete dieses Prinzip, er ist aber nach neueren Meldungen (*125*) nicht in den Handel gebracht worden. Dagegen soll nach einer Veröffentlichung von MATTHEWS (*187*) Kodak einen Abzieh-Dreipack auf den Markt bringen. Näheres über den Aufbau und die Verarbeitung dieses Materials bringt eine Arbeit von CAPSTAFF (*67*). Der Stripping-Film wird während der Entwicklung in drei Schichten getrennt und auf zwei zusätzliche Unterlagen gebracht, so daß drei fertige Negativfilm-Streifen die Maschine verlassen. Dieses ungewöhnliche Verfahren soll sich jedoch noch im Versuchsstadium befinden.

Es soll nun eine Reihe der wichtigsten Einfärbungsverfahren besprochen werden. Dabei wird kein prinzipieller Unterschied gemacht, ob die Einfärbung der Filme vom Verbraucher im Verlaufe der Verarbeitung oder bereits vom Fabrikanten vorgenommen wird.

Eine gute Übersicht über die wichtigsten Verfahren zur Herstellung farbiger Aufsichtsbilder nach dem Stande des Jahres 1937 findet sich in einer Arbeit von WENDT (*270*).

Kurz erwähnt sei zunächst das kaum mehr ausgeübte *Pinatypieverfahren*, bei dem man von Teilpositiven aus auf Bichromatgelatine von der Schichtseite her kopiert. Das entstehende ausgewaschene Quellrelief enthält an den belichteten Stellen gehärtete, an den unbelichteten ungehärtete Gelatine. Letztere nimmt beim Baden mit einem sauren Farbstoff diesen an, so daß ein Farb-Teilpositiv entsteht. Durch längeres Baden in der Farbstofflösung kann man das Bild verstärken, durch längeres Wässern kann man es abschwächen. Beim Auflegen auf ein mit Gelatineüberzug versehenes Papier wird der Farbstoff „abgesaugt“. Das geschieht nacheinander mit den drei gefärbten Teilpositiven.

Eine größere Zahl von Verfahren, von denen heute nur noch ein Teil ausgeübt wird, beruht auf der Verwendung von Auswaschreliefs. In Deutschland sind hervorgetreten vor allem das Jos-Pe-, das Coloprint- und das Duxochrom-Verfahren.

Beim *Jos-Pe-Verfahren* werden die Teilnegative auf die Druckplatten durch das Glas hindurch vergrößert. Die photographische Silberbromid-Schicht wird bei der gerbenden Entwicklung an den belichteten Stellen gehärtet. Bei der Behandlung mit warmem Wasser lösen sich die unbelichteten Teile ab, so daß ein Auswaschrelief zurückbleibt, das eingefärbt wird. Das Absaugen auf Papier erfolgt wie beim Pinatypie-Verfahren.

Das *Coloprint-Verfahren* der gleichnamigen Firma, das nach Patenten von LIERG arbeitet, verwendet ebenfalls durch härtende Entwicklung gewonnene Auswaschreliefs. Nach einer neueren Änderung des Verfahren wird in dem Auswaschrelief das Silber in Silberhalogenid rückverwandelt und nach diffuser Belichtung nochmals mit gerbendem Entwickler behandelt, um den Gehalt an adsorbierend wirkenden Oxydationsprodukten zu verstärken (Österr. Pat. 169828 v. ZIFFER-TESCHENBRUCK). In dem Papier, auf welches abgesaugt wird, ist eine starke Beize für die Farbstoffe vorhanden. Dadurch werden zwei Vorteile erzielt: Einmal ist der Farbstoffübergang vollständiger, die Anfärbung ist infolgedessen besser reproduzierbar als bei einem ungünstigeren Gleichgewichtszustand in der Verteilung des Farbstoffes. Zweitens ist das Ausbluten nach der Seite geringer, man erhält infolgedessen eine schärfere Konturenzeichnung. Die Farbabstimmung erfolgt dadurch, daß die Druckpositive probeweise übereinandergelegt und je nach Bedarf verstärkt oder abgeschwächt werden, bevor das Absaugen vorgenommen wird. Bei den geschilderten Verfahren kann der Druck von den gleichen Reliefs mehrmals erfolgen.

Beim *Duxochrom-Verfahren* der Firma Johannes Herzog & Co. werden die Farbstoffe von vornherein den Teilschichten einverleibt, die dann zum fertigen Bild zusammengesetzt werden. Die zur Abstimmung erforderliche Dosierung der Teilbildstärke erfolgt hier, da die Farbstoffmenge nicht zu variieren ist, durch stärkere oder schwächere Belichtung der Pigmentschicht. Die Pigmentschichten enthalten transparente, substantive Azo-Farbstoffe, und zwar wie üblich Gelb, Purpur und Blaugrün. Die Kopie oder Vergrößerung vom Teilnegativ erfolgt durch das Celluloid des Farbstoff-Films, es folgen härtende Entwicklung, Fixage, Entsilbern und Auswaschen mit warmem Wasser. Die so erhaltenen drei transparenten Teilbilder können zum Durchsichtsbild direkt zusammengesetzt werden, zum Aufsichtsbild werden die Gelatineschichten als ganze auf Papier abgezogen, während bei vielen anderen Verfahren nur die Farbstoffe abgesaugt werden. Man bringt dazu den feuchten Film auf das feuchte Papier mit einem Rollenquetscher, preßt längere Zeit und trocknet, worauf sich das Celluloid leicht abziehen läßt. Das Verfahren wird in einer Broschüre von OPFERMANN (*218*) näher beschrieben.

Von den im Ausland üblichen Prozessen sind vor allem das Kodak Dye Transfer-Verfahren und das Carbro-Verfahren zu nennen.

Das *Dye Transfer-Verfahren* ist an die Stelle des früheren Kodak Wash-Off Relief-Verfahrens getreten. Abb. 50 zeigt ein Schema des Verfahrens. Man geht wie bei den früher erwähnten Verfahren von den drei Teilnegativen aus. Diese werden auf ein Filmmaterial mit dünner Unterlage, den Dye Transfer Matrix-Film, von der Rückseite aus kopiert. Die photographische Schicht des Matrix-Films besteht aus einer wenig gehärteten Silberbromid-Emulsion mit der Empfindlichkeit von Bromsilberpapier.

Sie enthält einen gelben Schirmfarbstoff, der ein zu tiefes Eindringen des blauen Lichts verhindert. Sowohl Kontaktkopien als auch Vergrößerungen von den Teilnegativen sind möglich. Man entwickelt mit einem gerbenden Entwickler und löst mit heißem Wasser die unbelichteten Stellen heraus. Die Entwicklungsbedingungen, welche in einer Veröffentlichung in "Amer. Photography" (*283*) angegeben sind, müssen sorgfältig beachtet werden. Insbesondere sollen die drei Matrizen

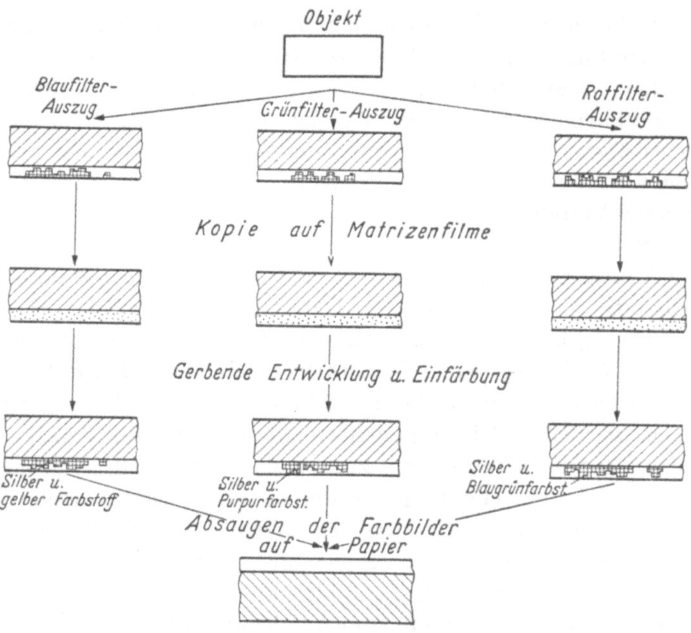

Abb. 50. Schema des Dye Transfer-Verfahrens.

zusammen entwickelt werden. Man legt dabei abwechselnd die erste, zweite und dritte nach oben. Durch eine „Kontrast-Kontroll-Lösung" kann die Gradation bei der Entwicklung variiert werden, so daß Teilnegative vom Gamma 0,8—1,2 verarbeitet werden können. Die drei erhaltenen Auswaschreliefs („Matrizen"), die auch noch das Silber enthalten und weiter behalten können, werden nun zur genauen Registrierung übereinandergelegt und paßgerecht geschnitten. Dann wird die vom Blaufilterauszug kopierte Matrize gelb, die vom Grünfilterauszug kopierte purpurn und die vom Rotfilterauszug kopierte blaugrün eingefärbt. Beim Abspülen des überschüssigen Farbstoffs kann durch verschiedene Bäder der Kontrast jeder Matrize etwas reguliert werden. Die drei Farbbilder werden dann auf ein spezielles Papier übertragen, welches wie beim Coloprint-Verfahren eine Beize enthält, um die

Farbstoffe möglichst vollständig und ohne Ausbluten abzusaugen. Eine besondere Schablone aus Kunststoff mit kleinen Führungsknöpfen, an die die Matrizen gelegt werden, sorgt für das genaue Einhalten der Konturendeckung (Abb. 51). Durch einen Rollenquetscher wird für kräftigen Andruck während der Übertragung auf das durch eine geeignete alkalische Lösung vorbereitete Papier gesorgt. Die Übertragung eines jeden Teilbildes erfordert fünf Minuten.

Als Vorteile des Verfahrens werden die verhältnismäßig kurze und einfache Verarbeitung, die Sicherheit der Registerhaltung und die gute Farbwiedergabe hervorgehoben. Die große Ähnlichkeit mit dem Technicolor-Verfahren ist zu beachten. Wie bereits beim Ektacolor-Verfahren erwähnt (S. 85), können von den durch zwei Masken korrigierten Negativen dieses Prozesses direkt die drei Teilauszugs-Positive auf *Kodak Pan Matrix-Film* gewonnen werden. Dieses Material ist dem Dye Transfer-Film ähnlich, ist aber panchromatisch und dementsprechend mit einem grauen Schirmfarbstoff eingefärbt, der beim Entwickeln herausgeht. Für die Herstellung von Vergrößerungen auf Pan Matrix-Film wird ein pneumatischer Kopierrahmen empfohlen, der gleich Stifte zur paßgerechten Führung des Materials mittels der am Rande der Filme vorhandenen Perforationslöcher vorsieht. Das Einfärben und Übertragen der Bilder auf das Papier erfolgt wie beim Dye Transfer-Prozeß, wobei das Passen nun auch automatisch durch die Perforationslöcher erfolgt. Näheres über das Dye Transfer-Verfahren sowie das Pan Matrix-Material ist vor allem den speziellen Kodak-Broschüren zu entnehmen.

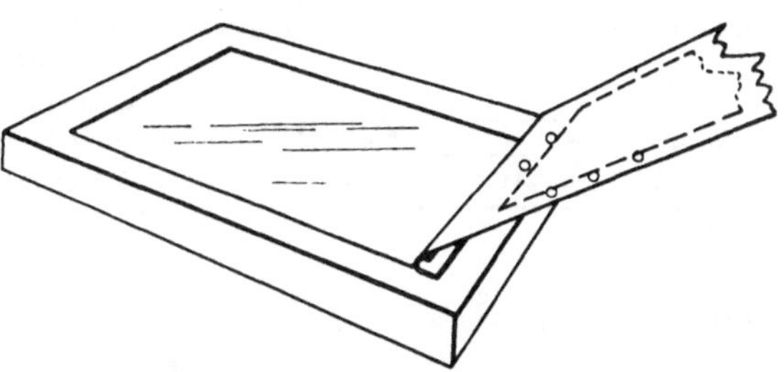

Abb. 51. Schablone für die Matrizenführung. Aus einer Kodak-Broschüre.

Eine ziemlich weite Verbreitung hat besonders in den angelsächsischen Ländern der *Carbro-Druck* gefunden, der auf Arbeiten von Manly und von Farmer zurückgeht. Eine ausführliche Beschreibung findet sich in dem Buch von Spencer (*9*), der ein besonderer Fachmann auf diesem Gebiet ist, ferner in dem Buch von Dunn (*2*).

Dem Carbro-Verfahren liegt die Tatsache zu Grunde, daß ein Silberbild, welches mit einer bichromathaltigen Gelatineschicht in Kontakt gebracht wird, diese an den Stellen, die mit dem Silberbild in Kontakt kommen, durch Reduktion des Bichromats härten kann. Noch besser verwendet man eine angesäuerte Mischung von Kaliumbichromat, Kaliumferricyanid und Kaliumbromid. Das Kaliumferricyanid dürfte als Überträger dienen, insofern es selbst am Silber zu Kaliumferrocyanid reduziert wird und beim Rückwandern in die Pigmentschicht das Bichromat reduziert (Abb. 52). Da das gehärtete Bild sich an der Oberfläche der Pigmentschicht bildet und infolgedessen beim Behandeln mit warmem Wasser abschwimmen würde, muß es auf eine andere Unterlage übertragen werden.

Im einzelnen geht man folgendermaßen vor:

Von den drei Teilnegativen erfolgt die Kopie auf normal oder hart graduiertes Bromsilber-Papier, das keine Überzugschicht hat, wie sie meist zum Schutz vor Beschädigungen üblich ist. Haben die Teilnegative verschiedene Gradation, so ist bei der Kopie auf Papier der Ausgleich vorzunehmen, z. B. durch weicher und härter arbeitenden Entwickler. Die Papierkopien müssen sehr gründlich ausgewaschen werden, um die letzten Spuren von Thiosulfat zu beseitigen. Sie können direkt oder auch nach zwischengeschalteter Trocknung verwendet werden. Es folgt nun die Einwirkung dieser Bromsilberkopien auf die Pigmentpapiere, und zwar in der üblichen Zuordnung, daß der Blaufilterauszug für das gelbe, der Grünfilterauszug für das purpurne, der Rotfilterauszug für das blaugrüne Pigmentpapier verwendet wird. Die Operationen können bei Licht vorgenommen werden, nur direktes Sonnenlicht ist zu vermeiden. Die Raumtemperatur soll 18° C nicht überschreiten. SPENCER empfiehlt zur Behandlung der Pigmentpapiere folgende Lösungen: Zuerst kommt die Lösung 1 während 2 min in Anwendung, bestehend aus einer

Abb. 52.
Chemische Reaktion des Carbro-Verfahrens.

Vorratslösung mit 50 g Kaliumferricyanid
und 50 g Kaliumbromid
aufgefüllt auf 500 cm³ Wasser

in einer Verdünnung 1:4 mit Wasser.

Die überschüssige Lösung 1 wird abgequetscht, und es folgt eine Behandlung von 25 sec mit der Lösung 2, bestehend aus einer Vorratslösung mit

18 g Kaliumbichromat
4 g Chromsäure
10 g Chromalaun
aufgefüllt auf 450 cm³ Wasser,

in einer Verdünnung 1:4 mit Wasser.

Darauf werden Pigmentpapier und die Bromsilberkopie 10 bis 15 min in engen Kontakt gebracht. Dabei findet die oben bereits erwähnte Reaktion statt. Wenn die beiden Papiere wieder voneinander gelöst sind, wird das Pigmentpapier in einem Methanol-Wasser-Gemisch kurz gebadet. In dem Bromsilberpapier ist das Silber gebleicht, es kann wieder entwickelt und dann erneut verwendet werden.

Die Pigmentpapiere werden nun mit der Schichtseite auf Blätter aus gewachstem Celluloid oder aus Kunststoff gebracht und die Gelatinereliefs auf diese übertragen. Dazu werden sie in 40° C warmes Wasser gebracht, dem etwas Chromalaun zugesetzt ist. Die nichtgehärtete Gelatine schmilzt dabei, und die Papierunterlage wird abgezogen, die Reliefs verbleiben auf dem Celluloid. Auf eine Hilfsunterlage in Form von Papier mit einer in warmem Wasser löslichen Gelatineschicht werden nun die drei Farbreliefs nacheinander übertragen, später erfolgt die Übertragung des ganzen Bildes auf die endgültige Unterlage, ein Papier mit unlöslicher Gelatine, indem die in Kontakt gebrachten Papiere wieder mit warmem Wasser behandelt werden, so daß sich die Gelatine der Hilfsunterlage dabei löst.

Ein Schema des ganzen Prozesses gibt die Abb. 53. Der Prozeß ist ziemlich langwierig, dafür gibt es aber auch zahlreiche Möglichkeiten, Fehler auszugleichen, und in der Ausführung durch geübte Fachleute werden schöne Resultate erhalten.

In einer Arbeit von NYROS (*217*) wird zur Abkürzung des Verfahrens der Gebrauch eines in USA käuflichen Umkehrpapiers „*Panchro-Versal*" empfohlen. Auf diesem werden von dem vorliegenden Farbdiapositiv oder auch direkt vom Objekt Teilauszüge gemacht, welche nach dem Schwarzweiß-Umkehrverfahren direkt zu Positiven verarbeitet werden. Man braucht dann nicht über die Teilnegative zu gehen.

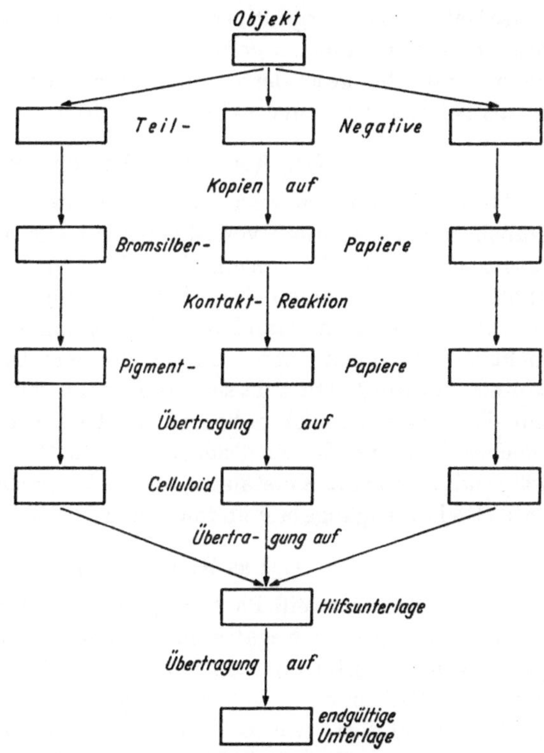

Abb. 53. Gesamtschema des Carbro-Verfahrens.

Eine Abänderung des Carbro-Druckes, das sog. *Vivex-Verfahren*, wurde lange Jahre hindurch durch die unter Leitung von Dr. SPENCER stehende Colour Photographs Ltd. in London mit sehr gutem Erfolg ausgeübt. Die Gesellschaft hat sich aber vor einigen Jahren aufgelöst. Eine Arbeit von COPPIN und SPENCER (*81*) beschreibt diesen Prozeß näher.

Ein besonderes Merkmal ist danach die Zwischenübertragung der einzelnen Farbreliefs auf Cellophan. Eine gewisse Dehnbarkeit dieses Materials kann dazu verhelfen, Größenunterschiede und Verzerrungen bei der Vereinigung der Teilbilder auszugleichen und so die Konturendeckung zu verbessern. Ferner wird für die Sensibilisierung der Pigmentpapiere an Stelle von zwei Bädern ein einziges Bad folgender Zusammensetzung empfohlen:

Chromsäure	1,8 g
Kaliumbromid	10 g
Kaliumferricyanid	10 g
Wasser aufgefüllt auf	1 l

Im übrigen betonen die Autoren immer wieder, daß Sorgfalt in allen kleinen Dingen und vor allem Erfahrung notwendig ist, um gute Resultate zu erzielen. Maschinelle Einrichtungen und automatische Reglungen, vor allem der elektrischen Spannung bei den Kopierlampen und des Raumklimas, erleichtern die Arbeit außerordentlich.

Abschließend kann man sagen, daß die Einfärbungsprozesse infolge freierer Wahl der Farbstoffe und vieler Korrekturmöglichkeiten bei der Verarbeitung bei sorgfältiger und sachverständiger Kontrolle zu sehr beachtlichen Resultaten geführt haben. Es liegt aber in der Natur der Sache, daß die gesonderte Herstellung der Teilbilder umständlicher ist als bei dem Farbentwicklungsverfahren.

III. Kopie, Duplikat und Maske.

Es wäre möglich gewesen, die Probleme, welche sich beim Kopieren, Dubeln und Einschalten von Masken für alle Farbenverfahren ergeben, teils schon bei der Erörterung der allgemeinen Grundlagen der Farbenphotographie und teils bei der Besprechung jedes einzelnen Verfahrens zu behandeln. Dem stand die Überlegung entgegen, daß im Anfang nicht zu viel allgemeinere und schwierigere Dinge abgehandelt werden sollten. Es wurde statt dessen vorgezogen, bei den einzelnen Verfahren nur die notwendigen Angaben zu machen, auf welches Material und in welcher Weise die Kopien gezogen bzw. die Masken eingeschaltet werden, während die für das Verständnis dieser Vorgänge notwendigen allgemeineren Gedankengänge erst im folgenden Abschnitt gebracht werden sollen.

1. Das Kopieren und Dubeln.

In der Schwarzweiß-Photographie kopiert man aus zwei Gründen: Einmal um aus dem Negativ ein Positiv zu erhalten, zum anderen um das gewonnene Bild oder den erhaltenen Film zu vervielfältigen. Im normalen Fall sind beide Gründe gleichzeitig maßgebend. Fällt der zweite Grund fort, wie es z. B. meist beim Amateur-Schmalfilm der Fall ist, so hat man mit Erfolg das Negativverfahren durch ein an sich komplizierteres Umkehrverfahren ersetzt, welches direkt ein Positiv liefert. Es ist gegebenenfalls möglich, wenn nachträglich doch noch Kopien erwünscht sein sollten, auch von dem Positiv Kopien zu ziehen und sie ihrerseits wieder nach dem Umkehrverfahren zu Positiven zu verarbeiten, jedoch wird man diesen umständlichen Weg im allgemeinen vermeiden. In der Farbenphotographie und beim Farbenfilm liegen die Dinge etwas anders. Bei manchen Verfahren kann man zunächst auch Negative erhalten und macht davon wegen der einfacheren Entwicklung gern Gebrauch, wenn man ohnehin vervielfältigen will und wenn der Kopierprozeß auf einem Negativ aufbauen kann. Als Beispiel sei das Agfacolor-Negativ-Positiv-Verfahren genannt. Falls man nur *ein* Exemplar (Unikat) haben will, ist es zweckmäßig, einen solchen Prozeß zum

Umkehrverfahren umzugestalten, wie es beim Agfacolor-Prozeß auch tatsächlich geschehen kann. In zahlreichen anderen Fällen dagegen ist es unmöglich, überhaupt Negative zu erhalten, sondern man muß sofort Positive gewinnen, z. B. beim Kodachrom-Verfahren. Oder es ist zumindest aus Qualitätsgründen nachteilig, die Negativ-Entwicklung zu wählen, wie bei vielen Rasterverfahren. In diesen Fällen erhält man demnach direkt ein positives Unikat und muß dann natürlich auch vom *Positiv Kopien* ziehen, wenn man es zu vervielfältigen wünscht. Die *mehrfache* Kopie, d. h. die Kopie von der Kopie, ist beim Schwarzweiß-Verfahren im allgemeinen nur üblich, wenn man bei Spielfilmen zur Schonung des Original-Negativs ein Duplikat-Negativ anfertigt, so daß das Original-Negativ in Reserve gehalten werden kann. Dieses sog. Dubeln kann beim Farbenfilm aus dem gleichen Grund erwünscht sein, außerdem gibt es aber Farbenverfahren, bei welchen ein mehrfaches Kopieren im Wesen des ganzen Verfahrens begründet ist. Als Beispiel sei das Silberfarbbleichverfahren genannt, das als Aufnahmeverfahren nicht geeignet ist und positiv arbeitet. GASPAR machte daher Negative und Zwischenpositive und kopierte von diesen erst auf den Silberfarbbleichfilm.

Das farbenphotographische Bild setzt sich immer aus mehreren Teilbildern zusammen, in den weitaus meisten Fällen sind es drei. Es sind uns bei den einzelnen Verfahren solche begegnet, bei denen diese Teilbilder, zumindest in bestimmten Phasen des Verfahrens, getrennt sind, d. h. sich auf *verschiedenen* Schichtträgern befinden, und andere, bei denen sie sich, ineinandergeschachtelt oder übereinander, auf dem *gleichen* Schichtträger befinden. Für diese beiden Fälle sind die Kopierprobleme grundlegend anderer Natur.

Im Falle der getrennten Teilauszüge (man denke z. B. an das Technicolor-Verfahren!) besteht eine der größten Schwierigkeiten in der Einhaltung der *Konturendeckung*. Darüber wird im Kapitel D III noch ausführlich gesprochen.

Gänzlich frei von den Konturendeckungs-Schwierigkeiten sind die Rasterverfahren (ineinandergeschachtelte Bilder) und die Mehrschichtenverfahren (übereinanderliegende, fest miteinander verbundene Bilder). Bei diesen tritt aber ein anderes Problem auf. Es besteht die Gefahr, daß die Beeinträchtigung der *Farbwiedergabe* sich beim Kopieren verschärft. Bei den Rasterverfahren sollten im Idealfalle die ineinandergeschachtelten Teilbilder völlig unabhängig voneinander sein, und die Farbwiedergabe müßte dann die gleiche Qualität erreichen wie getrennte, übereinander projizierte Bilder. Das wäre praktisch auch einigermaßen zu erreichen bei hinreichender Größe des Rasters. Damit die Teilbilder für das Auge ineinanderfließen, muß aber das Raster sehr fein sein. Um so mehr fallen dann die Randfehler ins Gewicht, nämlich Lücken zwischen den Rasterpunkten oder -strichen, durch die weißes Licht fällt, Lichtstreuung an den Rasterteilchen und Übergreifen des Silberbromidkorns von einem Rasterbezirk in den andern. Diese Fehler beeinträchtigen schon bei der Betrachtung oder Projektion von Unikaten die Farbwiedergabe recht erheblich, beim Kopieren von einem Rasterfilm auf einen andern verdoppeln sie sich.

Bei den Mehrschichtenfilmen hat die Farbverfälschung andere Ursachen, sie ist vor allem in den optischen Eigenschaften der Farbstoffe

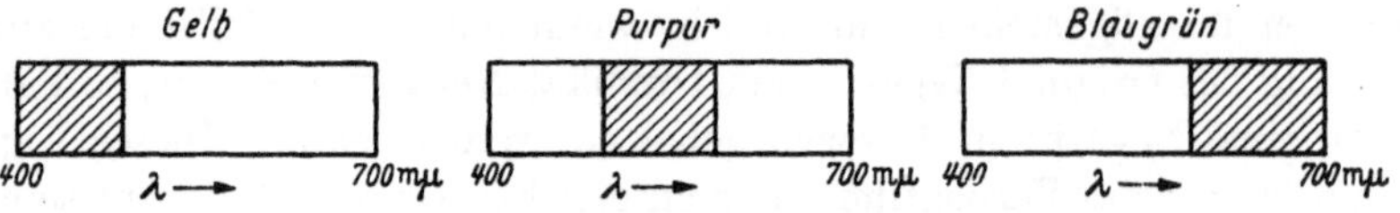

Abb. 54. Optimalfarben als subtraktive Farben.

selbst begründet. Im Kapitel D I 4 soll auf die theoretischen Grundlagen des Farbwiedergabe-Problems noch genauer eingegangen werden, die wichtigsten Gesichtspunkte müssen aber jetzt bereits behandelt werden. Wie schon früher (S. 17 ff.) erwähnt wurde, wären solche Farbstoffe am günstigsten, welche in einem Teil des sichtbaren Spektrums (beim Dreifarbenprozeß ungefähr einem Drittel) eine gleichmäßige Lichtabsorption (auch Extinktion oder „Auslöschung" genannt), in dem übrigen Bereich volle Lichtdurchlässigkeit aufweisen. Dabei muß der Absorptionsbereich eines jeden der drei Farbstoffe ein anderer sein (Abb. 54). Bei diesen „optimalfarbenartigen" Farbstoffen würden die drei subtraktiven Teilbilder sich gegenseitig nicht beeinflussen und auch nicht beeinträchtigen. Das gilt für die direkte Betrachtung oder Projektion eines solchen Bildes, es gilt aber auch für die *Kopie*. Will man z. B. das gelbe Teilbild kopieren, ohne daß die beiden anderen Teilbilder mitwirken, so muß man blaues[1] Licht nehmen, das nur im Extinktionsbereich des gelben Farbstoffes liegt, wie es z. B. die Abb. 55 zeigt. Der purpurne und der blaugrüne Farbstoff in den beiden anderen Schichten des Aufnahmefilms absorbieren in diesem blauen Spektralbereich überhaupt nicht und beeinflussen daher die Kopie des gelben Teilbildes auch in keiner Weise. Ist der Kopierfilm seinerseits auch ein Mehrschichtenfilm mit „optimalfarbenartigen" Farben, so sind also

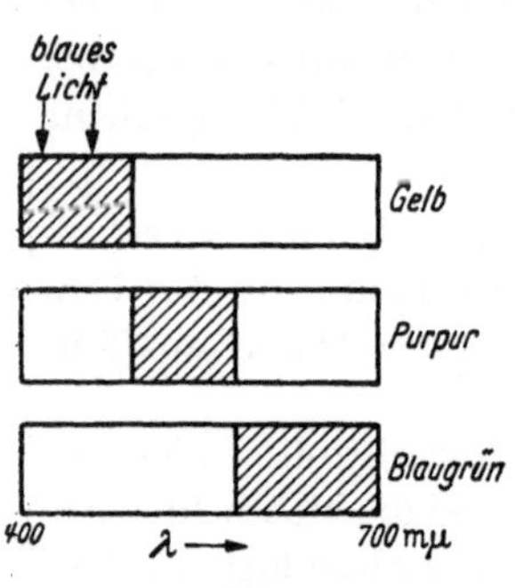

Abb. 55. Wirkung des Kopierens bei der Verwendung von Optimalfarben.

[1] Wir sagen immer nur „blau", obwohl ein sehr beträchtlicher Teil dieses Spektralbereichs violett ist.

weder bei der Kopie noch bei der Betrachtung gegenseitige Beeinflussungen der Teilbilder zu verzeichnen, das gleiche gilt natürlich auch für eine mehrfache Kopie. Daß die Farbwiedergabe auch im Falle solcher „idealen" subtraktiven Farben und auch im „idealen" additiven Verfahren bei einer Beschränkung auf drei Farben nicht ganz naturgetreu sein kann, sei hier nur nebenher erwähnt. Jedenfalls wären die optimalfarbenartigen Farbstoffe für den subtraktiven Prozeß sehr erwünscht, die Fehler blieben dann verhältnismäßig geringfügig und würden sich beim Kopieren nicht vergrößern. Leider gibt es aber trotz der großen Zahl von bekannten Farbstoffen keine mit diesen gewünschten optischen Eigenschaften. Manche Gelbfarbstoffe kommen immerhin dem Ideal ziemlich nahe, von den Purpur- und Blaugrünfarbstoffen sind aber selbst die besten wesentlich ungünstiger. Vor allem kann man aber die Farbstoffauswahl keineswegs nur nach den optischen Eigenschaften vornehmen, vielmehr muß man auf die chemischen Anforderungen des betreffenden Verfahrens, auf die Beeinflussung der photographischen Schicht durch die Farbstoffe und auf manches andere Rücksicht nehmen. So kommt es, daß bei allen praktisch ausgeübten Verfahren die Abweichungen der Farbstoffe von dem Optimalfarbencharakter ziemlich erheblich und keineswegs zu vernachlässigen sind. Es sei nochmals besonders betont, daß diese Fehler auch bei der Betrachtung oder Projektion eines subtraktiven Unikates schon eine beträchtliche Rolle spielen, nur verschärfen sie sich bei der Kopie noch erheblich. Bei der Diskussion dieses Problems in der Fachliteratur entsteht dagegen oft der Eindruck, als ob diese Fehler überhaupt erst bei der Kopie in Erscheinung treten.

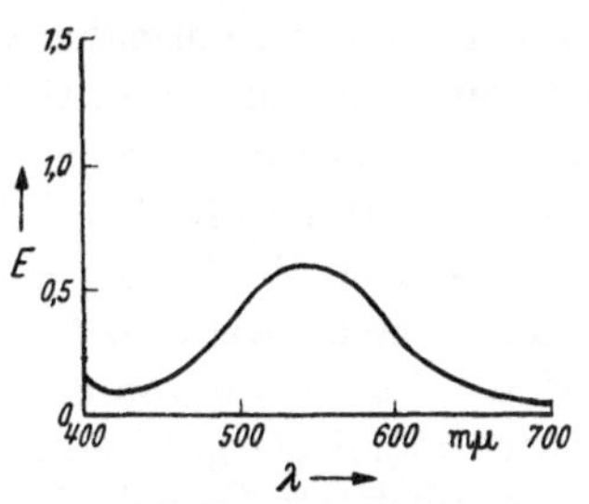

Abb. 56. Extinktionskurve eines Purpurfarbstoffs.

Es soll nun näher besprochen werden, durch welche Maßnahmen diese an sich unvermeidliche Fehlerquelle verkleinert werden kann. Dazu betrachten wir zunächst die Extinktionskurve eines Purpurfarbstoffes (s. Abb. 56). Es ist festzustellen, daß im Gegensatz zu der vollen Lichtdurchlässigkeit des Idealfarbstoffes im blauen und roten Gebiet der reale Farbstoff in diesen Gebieten eine beträchtliche Extinktion zeigt. Im grünen Spektralgebiet ist die Extinktion des realen Farbstoffes auch nicht gleichmäßig. Die verhältnismäßig große Lichtdurchlässigkeit an den Flanken des grünen Spektralgebietes führt bei der Betrachtung zu einer erheblichen Verweißlichung der Farbe. Erhöht man die Konzentration des Farbstoffs, so erhält man beispielsweise die Verhältnisse der Abb. 57. Nunmehr ist die Lichtdurchlässigkeit im grünen Gebiet wesentlich geringer, aber auch die Durchlässigkeit im blauen und roten Gebiet, so daß der Farbstoff jetzt zwar gesättigter wird, aber auch erheblich verschwärzlicht ist. Bisher war die *Betrachtung* in dem normalen weißen Licht vorausgesetzt. Auch bei der *Kopie* mit weißem Licht wirken sich die optischen Eigenschaften des Farbstoffes in derselben Weise aus. Eine gewisse Verbesserung wäre dann zu erreichen, wenn man zur Betrachtung das Licht von drei engen Spektralbezirken verwendet, wobei deren Intensität so abgestimmt ist, daß sie zusammen ebenfalls Weiß ergeben. Ferner sollen die drei Bezirke so liegen, daß der mittlere im Extinktionsmaximum, die beiden anderen in den Extinktionsminimen des Farbstoffes liegen (Abb. 58). Betrachtet man nunmehr den Farbstoff, so wird er beträchtlich gesättigter erscheinen als

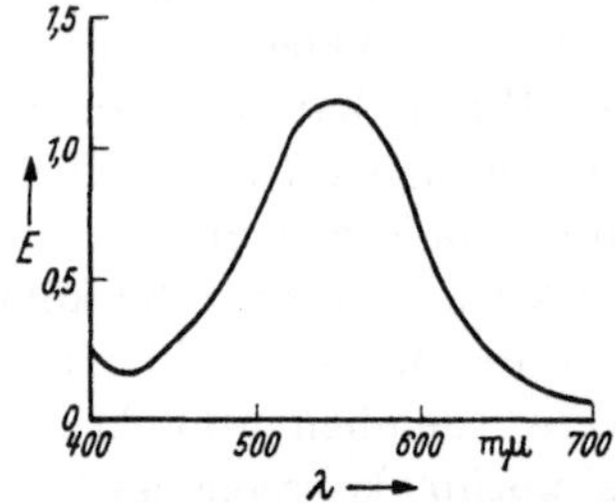

Abb. 57. Extinktionskurve des Farbstoffs von Abb. 56 bei Erhöhung der Dichte.

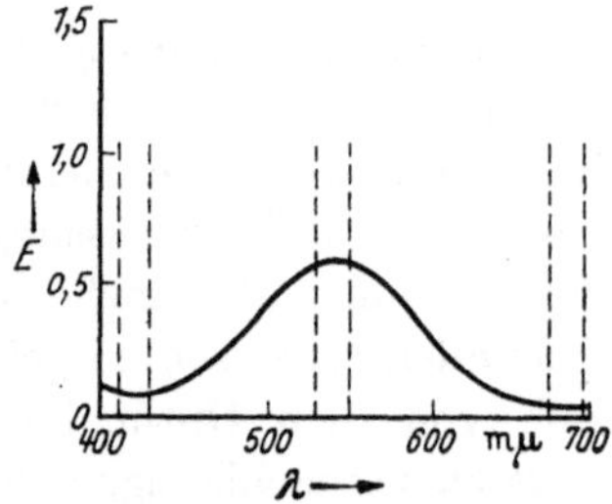

Abb. 58. Maximum und Minima des Farbstoffs von Abb. 56.

bei dem früheren normalen weißen Licht, denn das Verhältnis von Extinktion im erwünschten Gebiet zu der Extinktion in den unerwünschten Gebieten ist jetzt größer und überhaupt das größtmögliche bei diesem Farbstoff. Wir wollen in Zukunft *Hauptfarbdichte* für die erste, *Nebenfarbdichten* für die beiden anderen Größen sagen, in der neuen Formulierung können wir also feststellen, daß bei jedem subtraktiven Farbstoff das Verhältnis von der Hauptfarbdichte zu den beiden Nebenfarbdichten möglichst groß sein soll und daß für einen gegebenen Farbstoff dieses günstigste Verhältnis erreicht wird, wenn man ihn mit drei engen Spektralbereichen beleuchtet, die in den höchsten bzw. den tiefsten Stellen der Extinktion des Farbstoffes liegen. Für die beiden anderen subtraktiven Farbstoffe Gelb und Blaugrün gilt das gleiche, nur daß das Extinktionsmaximum beim Gelb im blauen und beim Blaugrün im roten Gebiet liegt. Für die Betrachtung mit den drei Spektrallichtern wäre es nun am günstigsten, wenn jeweils das Maximum des einen Farbstoffes mit den Minimen der beiden anderen Farbstoffe zusammenfiele. Das wird im allgemeinen nicht der Fall sein, andererseits liegen die Stellen meistens nicht weit auseinander, und es läßt sich unschwer ein Kompromiß finden. Eine solche aus den gefundenen drei Spektrallichtern bestehende Lichtquelle wäre also die günstigste bei der gewöhnlichen Betrachtung, Projektion oder Kopie aller Bilder, die aus den drei vorgegebenen Farbstoffen in subtraktiver Mischung bestehen. Nun dürfte es nicht leicht sein, eine derartige Lichtquelle zu finden, da sie ja auch nicht zu dunkel sein darf. Am ersten ist es noch bei der *Kopie* versucht worden, mit Spektrallichtern oder zumindest mit engen Spektralbezirken zu arbeiten. Die größte praktische Schwierigkeit besteht oft in der mangelnden Konstanz derartiger Lichtquellen, diese ist aber Voraussetzung für eine genaue Abstimmung bei der Kopie. Vielleicht kann man in Zukunft diese Möglichkeit zur Verbesserung der Farbwiedergabe bei subtraktiven Prozessen noch besser ausnutzen.

Eine weitere Möglichkeit, die für den Kopierprozeß von großer praktischer Bedeutung geworden ist, ist folgende. Für die *Betrachtung* des fertigen Bildes ist es unbedingt notwendig, daß die drei subtraktiven Farbstoffe in ganz bestimmten Bezirken des sichtbaren Spektrums das Licht absorbieren, nämlich der eine (gelbe) im Blau, der zweite (purpurne) im Grün, der dritte (blaugrüne) im Rot, damit die richtigen Farbeindrücke in unserem Auge entstehen. Soll dagegen von einem Mehrschichtenfilm mit drei übereinanderliegenden Bildern eine *Kopie* gezogen werden, so kommt es nur darauf an, daß die drei Einzelbilder möglichst unabhängig voneinander kopiert werden. Dabei ist man an die drei Hauptabsorptionsgebiete im sichtbaren Spektralbereich nicht gebunden. Es ist prinzipiell möglich, das Absorptionsgebiet von einem, von zweien oder evtl. sogar von allen drei Farbstoffen aus dem sichtbaren Bereich herauszuverlegen, wenn sich daraus ein günstigeres Verhältnis der Hauptfarbdichte zu den Nebenfarbdichten ergibt. Allerdings muß auch beachtet werden, daß geeignetes Kopierlicht zur Verfügung steht sowie Kopiermaterial, das die richtige Spektralempfindlichkeit aufweist. Dieses Prinzip ist beim Agfacolor-Negativ-Positiv-Verfahren angewendet worden, indem für den Negativfilm statt eines üblichen Blaugrünfarbstoffs mit einem Extinktionsmaximum von etwa 650 mμ einer verwendet wird, dessen Extinktionsmaximum ungefähr bei 700 mμ liegt [s. die Extinktionskurven in der Arbeit von SCHULTZE (*248*)]. Natürlich muß sich die Sensibilisierung des Positivmaterials dem anpassen. Der Gedanke dieses „Auseinanderziehens" der Farbstoffextinktionsmaxima dürfte erstmalig in der Patentanmeldung J 61 943 der Agfa vom 15. Juli 1938 ausgesprochen worden sein. Obwohl durch die erwähnten Maßnahmen die Farbwiedergabeverfälschungen durch die Kopie beträchtlich vermindert werden können, so sind sie doch keineswegs ganz zu vernachlässigen.

Wir wollen nun besprechen, was bei den wichtigsten Typen von farbenphotographischen Verfahren im einzelnen noch für die Kopie zu beachten ist.

Wir unterscheiden dabei drei grundsätzlich verschiedene Gruppen:

1. Die Aufnahme der Teilauszüge erfolgt in drei getrennten Bildern, die im allgemeinen schwarzweiß entwickelt sind.

2. Die Bilder sind ineinandergeschachtelt, es handelt sich um die verschiedenen Rasterverfahren.

3. Die Bilder sind in Mehrschichtenfilmen fest miteinander verbunden.

Alle drei Gruppen können nochmals unterteilt werden, je nachdem, auf was für Material die Kopie erfolgt.

Zu 1. Es handelt sich um die Folgeverfahren, um die Spreizverfahren, soweit sie nicht mit Raster arbeiten und dadurch zu Gruppe 2. gehören, und um die Siebverfahren, wenn die photographischen Schichten auf verschiedenen Schichtträgern liegen.

a) Die Kopie erfolgt wieder auf getrennte Kopiermaterialien, die nur zum Schluß durch Zusammenprojektion, Übereinanderlegen oder Übereinanderdrucken vereinigt werden.

Beispiele sind: Das Technicolor-Strahlenteilungsverfahren, das Carbroverfahren, das Duxochromverfahren, das Kodak-Dye-Transfer-Verfahren, die drei letzteren soweit sie von drei getrennten Teilauszügen ausgehen.

Bei diesen Verfahren ergeben sich beim Kopieren nur die Probleme der Konturendeckung, während die Farbwiedergabe durch keinerlei gegenseitige Beeinflussung der Teilauszüge beeinträchtigt wird. Die Kopie erfolgt bei jedem Teilauszug wie bei einer Schwarzweiß-Kopie mit weißem Licht, das Kopiermaterial braucht nicht sensibilisiert zu werden, infolgedessen kann man gelbe bis hellrote Dunkelkammerbeleuchtung anwenden.

b) Die Kopie der getrennten Teilauszüge erfolgt auf ein gemeinsames Kopiermaterial.

Beispiele sind die verschiedenen Zweipackverfahren, das neue Cinecolor-Dreifarbenverfahren, das Dupont-Farbentwicklungsverfahren und das Gasparcolorverfahren, die beiden letzteren soweit sie von einzelnen Teilauszügen ausgehen.

Dabei ist ebenso wie bei den unter a) genannten Verfahren die Konturendeckung einzuhalten. Eine gegenseitige Beeinflussung der Auszüge von seiten des Aufnahmematerials her kann nicht stattfinden, da ja die Auszüge getrennt vorliegen. Dagegen besteht beim Einkopieren der verschiedenen Auszüge in den gemeinsamen Kopierfilm die Möglichkeit, daß das Kopierlicht auf eine andere Schicht als die zugeordnete „durchschlägt". Bei den Zweipackverfahren ist diese Gefahr deshalb gering, weil die Schichten des doppelseitig begossenen Kopierfilms unsensibilisiert, d. h. nur für Blau empfindlich sind, und weil andererseits durch Zugabe eines gelben Schirmfarbstoffes das zu tiefe Eindringen und damit auch das Durchschlagen dieses Lichtes auf die andere Seite verhindert wird. Beim Dupont- und beim Gasparcolor-Verfahren müssen die Schichten verschiedene Sensibilisierung haben, infolgedessen muß das Kopieren von den einzelnen Teilauszügen mit verschiedenfarbigem Licht erfolgen. Dabei ist es wichtig, daß die Empfindlichkeitsbereiche der einzelnen Schichten sich möglichst nicht überschneiden, damit keine gegenseitige Beeinflussung erfolgt. Bei allen Verfahren der Gruppe 1 wird die Kopie der drei Teilauszüge vollkommen unabhängig voneinander vorgenommen, daher muß auch der Ausgleich auf eine richtige Grauwiedergabe durch Änderung der einzelnen Kopierzeiten erfolgen. Manchmal stehen allerdings noch besondere Mittel wie nachträgliche Abschwächung der einzelnen Farben u. ä. zur Verfügung.

Zu 2.: Auch bei den Rasterverfahren können wir zwei Untergruppen unterscheiden, je nachdem von dem Rastermaterial die einzelnen Auszüge auf gesonderte Materialien oder auf einen gemeinsamen Kopierfilm kopiert werden sollen, der seinerseits wieder ein Rasterfilm oder ein subtraktiver Film sein kann. Praktisch hat nur noch die erste Untergruppe Interesse, insofern von Aufnahmen auf Dufaycolor-Film (Linienraster) oder Lumière-Material (Kornraster) Auszüge gemacht und nach irgendeinem anderen Verfahren wie Carbro- oder Dye-Transfer weiterverarbeitet werden. Wir erwähnten bereits oben (S. 127) die Farbwiedergabefehler, welche durch das Raster auftreten können. Die Kopierfilter müssen sich naturgemäß nach den Rasterfarben richten, bei Linsenraster mußte die Kopie unter Einhaltung der richtigen optischen Verhältnisse erfolgen. Bei Kopien von Rastermaterial auf Rastermaterial traten noch einige besondere Schwierigkeiten hinzu, z. B. der „Moiré-Effekt", wenn es sich um regelmäßige Raster handelte. Da die Rasterverfahren kein erhebliches praktisches Interesse mehr beanspruchen, kann hier aus Raummangel darauf nicht näher eingegangen werden, verwiesen sei auf die älteren Arbeiten von Heymer (*136*), von Gretener (*115*) und von Baker (*43*).

Zu 3. Werden Mehrschichtenfilme als Aufnahmematerial verwendet, wie es in immer steigendem Maße der Fall ist, so gibt es auch wieder die beiden Möglichkeiten der Kopie aller Teilauszüge auf gesonderte Kopiermaterialien oder der Kopie auf einen zweiten Mehrschichtenfilm.

Als Beispiele für die Untergruppe a) sei das Technicolor-Monopack-Verfahren erwähnt, ferner die Möglichkeit, aus Agfacolor, Kodachrom, Ektachrom, Ektacolor oder dergleichen Auszüge herzustellen und daraus Carbro-, Dye Transfer-, Duxochrom- oder ähnliche Bilder zu machen.

Beim Kopieren der Teilauszüge aus Mehrschichtenfilm ist es von großer Bedeutung, daß geeignete Farbstoffe für den Mehrschichtenfilm und geeignete Filter für die Kopie gewählt werden. Aus den erwähnten Gründen sollen die Kopierfilter nur einen verhältnismäßig engen Spektralbereich umfassen und die Absorptionsgebiete der Farbstoffe etwas weiter auseinanderliegen als es bei den üblichen Farbstoffen Gelb, Purpur und Blaugrün der Fall ist. Ob man von einem Mehrschichtenfilm-

Negativ oder von einem Mehrschichtenfilm-Positiv ausgeht, richtet sich nach der Weiterverarbeitung, man wird ein weiteres Umkopieren der Einzelauszüge zu vermeiden suchen. Die Güte der Kopie ist an sich dieselbe. Der Negativ-Prozeß hat indessen den Vorteil, daß es leichter ist, verschiedene Gradationen zu erzeugen. Der Entwicklungsvorgang ist beim Negativprozeß etwas anpassungsfähiger als beim Umkehrprozeß.

Im allgemeinen erfolgt das Kopieren aller Teilauszüge auf panchromatisches Schwarzweiß-Material, obwohl das für das Kopieren mit blauem und grünem Licht nicht unbedingt notwendig ist. Wie auch bei der Gewinnung von Teilauszügen durch direkte Aufnahme ist auf einen guten Gradationsausgleich zu achten. Die Weiterverarbeitung der Teilauszüge hängt von dem betreffenden subtraktiven Verfahren ab.

In manchen Fällen ist es zweckmäßig, mit dem Herauskopieren der Auszüge gleich die Vergrößerung zu verbinden, sofern sie bei der Weiterverarbeitung erwünscht ist.

Besonders bedeutungsvoll wurde im letzten Jahrzehnt die Untergruppe b): Kopie von Mehrschichtenfilmen auf Mehrschichtenfilme. Diesem Verfahren kommt die große Einfachheit zugute sowie das völlige Fehlen eines Konturendeckungsproblems. Zu dieser Gruppe gehören u. a. das Agfacolor-Negativ-Positiv-Verfahren, die Kodachrome Prints, das Kodacolor-Verfahren, das Ektacolor-Verfahren, das Eastmancolor-Verfahren, der Ansco Color Negativ-Positiv-Prozeß, der Ansco Printon-Prozeß, das Ansco Plenacolor-, das Gevacolor-, das Ferraniacolor- und das Telcolor-Verfahren.

Wie bei der ersten Untergruppe ist es wiederum von besonderer Bedeutung, die Farbwiedergabe nicht zu sehr zu verschlechtern, und man bedient sich dazu der gleichen Mittel, nämlich Auswahl günstiger Farbstoffe im Aufnahmematerial und Kopie in den am besten gelegenen Spektralbereichen, die zugleich möglichst eng sind. Man könnte dazu grundsätzlich auch drei Kopierfilter nehmen, deren Durchlaßbereich im Hauptabsorptionsgebiet der Farbstoffe liegt. Statt dessen bevorzugt man in diesem Fall den anderen Weg, die Einzelschichten des Kopierfilms nur für diese engen Bereiche zu sensibilisieren (s. Abb. 59).

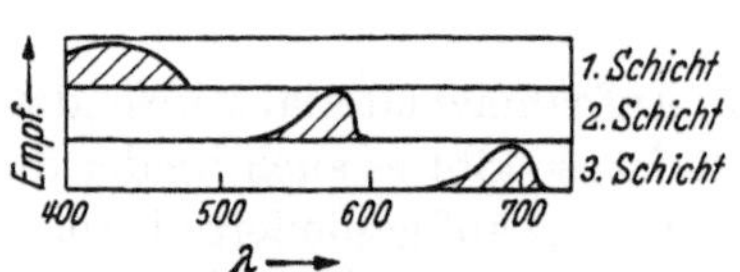

Abb. 59. Sensibilisierung eines Kopierfilms für enge Spektralbereiche.

Bei einer solchen Kopie mit weißem Licht wird nun im allgemeinen die Grauabstimmung nicht in Ordnung sein, denn selbst wenn die Empfindlichkeit aller photographischen Einzelschichten des Aufnahmefilms und des Kopierfilms genau aufeinander abgestimmt sind, so kann doch durch Benutzung etwas abweichender Lichtquellen bei der Aufnahme und bei der Kopie ein „Farbstich“ auftreten, d. h. die unbunten Farben

Weiß-Grau-Schwarz werden leicht gefärbt wiedergegeben. Dem läßt sich leicht durch Anwendung geeigneter Kopierfilter, sog. „Abstimmungsfilter", abhelfen.

Die Agfa hat z. B. einen derartigen Satz in den Handel gebracht, bei dem Gelb, Purpur und Blaugrün von sehr niedriger bis zu etwas höherer Farbdichte abgestuft sind[1]. Die Bezeichnungen sind Gelb IV, Purpur IV und Blaugrün IV in Abstufungen von 5% und 10% bis zu 100% ansteigend. Dazu kommen noch Graufilter unter der Bezeichnung Grau IV. Wird z. B. ein Gelbfilter bei der Kopie eingeschaltet, so wird der Blauanteil des weißen Lichtes geschwächt, die blauempfindliche Einzelschicht des Kopierfilms wird schwächer belichtet als ohne Benutzung des Filters. Da die blauempfindliche Schicht den gelben Farbbildner enthält, wird demnach bei einem Negativ-Positiv-Verfahren die Farbe durch Verminderung des Gelb nach Blau verschoben, bei einem Umkehr-Umkehr-Verfahren dagegen gerade entgegengesetzt nach Gelb. In derselben Weise werden die Purpur- und Blaugrün-Filtersätze

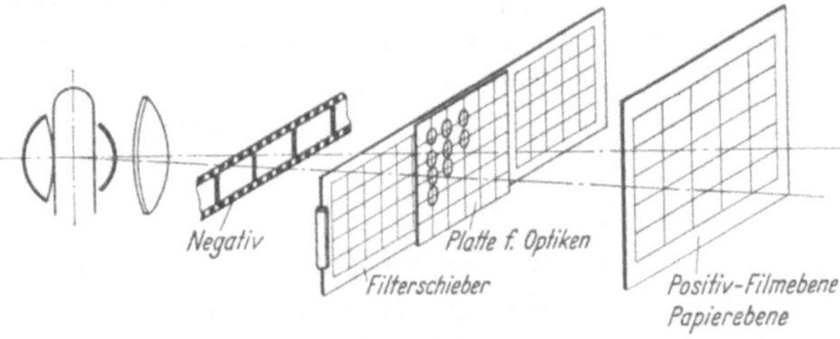

Abb. 60. Multiplikator.

einzeln benutzt, ferner ist es aber vielfach auch zweckmäßig, zwei verschiedenfarbige Filter, also Gelb-Purpur, Gelb-Blaugrün oder Purpur-Blaugrün, zu kombinieren, dagegen hat die Kombination von drei Farbfiltern keinen Sinn, man kann immer mit zwei auskommen. Soll die Helligkeit herabgesetzt werden, wie es bei Kinefilm-Kopien oft erforderlich ist, verwendet man zusätzlich noch ein Graufilter.

Es ist sehr wesentlich für den Erfolg einer farbenphotographischen Wiedergabe, daß diese Farbabstimmung sorgfältig durchgeführt wird. Es gehört viel Erfahrung und Fingerspitzengefühl dazu, auf Grund einer Probekopie die richtigen Abstimmungsfilter gleich das erste oder zumindest das zweite Mal richtig zu wählen. Ist eine unbunte Farbe im Bild vorhanden, so wird man sich im allgemeinen nach dieser richten, sonst wählt man diejenige Farbe, welche für den Gesamteindruck des Bildes am wichtigsten ist.

Die Kopierprobleme beim Agfacolor-Negativ-Positivprozeß und ganz besonders die Einzelheiten der Farbabstimmung werden ausführlich in einer Arbeit von SCHILLING (*235*) besprochen. Darin wird auch der von der Agfa herausgegebene „Multiplikator" näher beschrieben, mit dessen Hilfe bei einer Kopie eine größere Zahl von Probeabstimmungen in Gestalt kleinerer Bezirke auf dem Bild gleichzeitig erhalten werden (Abb. 60). Man sucht sich die beste Abstimmung heraus und nimmt mit dem entsprechenden Abstimmungsfilter die eigentliche Kopie vor.

[1] Entsprechende Filtersätze liefern auch Kodak, Ansco, Gevaert und andere Firmen.

Wichtig ist bei den Negativ-Positiv-Verfahren die Frage nach der Austauschbarkeit der einzelnen Materialien. Es zeigt sich, daß die Produkte der „Agfacolor-“Gruppe (Agfacolor, Ansco Plenacolor, Ferraniacolor, Telcolor, Gevacolor) weitgehend untereinander austauschbar sind, d. h. daß Negative einer Sorte auf Papier einer anderen Sorte kopiert werden können, wobei selbstverständlich für jedes Fabrikat die zugehörigen Entwickler usw. verwendet werden müssen. Die farbmaskierten Negative der Kodak (Kodacolor, Ektacolor) verlangen jedoch eine starke Filterung des Kopierlichtes, und man kommt zu besseren Resultaten, wenn man beim Vergrößern hintereinander drei Belichtungen durch Blau-, Grün- und Rotfilter auf das gleiche Blatt Farbpapier durchführt. Außerdem ist die Gradation der Kodak-Negative etwas flacher als die der Negative vom Agfacolor-Typ, so daß man zu ziemlich flachen Kopien kommt, sofern kein Farbpapier von steilerer Gradation zur Verfügung steht. Manche Kopieranstalten, die nur mit einem Fabrikat Positivpapier arbeiten, nehmen zur Vergrößerung auch Negative anderer Marken an.

Beim *Kinefilm* wird ebenfalls eine größere Zahl von Kopierproben mit allen möglichen Abstufungen vorgenommen und aus diesen die günstigste ausgesucht. Wie HEYMER (*138*) näher beschrieben hat, ist die automatische Herstellung einer solchen Serie von Probekopien mit Hilfe einer Blendenbandmaschine von Debrie leicht möglich. Die Aufnahme einer Grautafel vor jeder Szene erleichtert das Aussuchen der richtigen Probe. Man kopiert dann die ganze unter gleichartigen Beleuchtungsbedingungen aufgenommene Szene mit dem ausgesuchten Abstimmungsfilter. So wird es bei sämtlichen Szenen gemacht, die evt. notwendige Umschaltung auf ein anderes Abstimmungsfilter beim Szenenwechsel erfolgt später bei Vornahme der Gesamtkopie automatisch durch einen einzigen Steuerstreifen.

Eine ausführliche Arbeit von HERRNFELD (*135*) beschreibt die technische Durchführung des Kopierens beim Ansco Color-Verfahren. Beim Eastman Color-Verfahren wird im Gegensatz zu den anderen Verfahren mit drei getrennten Kopierlichtern, einem blauen, einem grünen und einem roten, kopiert. In einer Arbeit von MOSSER und DUNN (*204*) wird das Kopieren von 16 mm-Kodachromfilm auf 35 mm-Anscofilm beschrieben.

Aus den bisherigen Ausführungen über das Kopieren von Farbenfilm ergeben sich zwangsläufig gewisse Folgerungen für das *Dubeln* von Farbenfilmen. Bei den Prozessen der Gruppe 1, die von negativen Teilauszügen ausgehen, ist es durchaus möglich, entweder über Positiv-Negativ oder direkt durch einen Umkehrprozeß gleichwertige Duplikatnegative zu schaffen, aus denen dann die endgültige Farbkopie gewonnen werden kann. Zu bedenken ist nur, daß durch das nochmalige

Umkopieren die Konturendeckung verschlechtert werden kann. Für die Gruppe 2 sind Duplikate wahrscheinlich niemals ernsthaft versucht worden. In der Gruppe 3a stellen die aus dem Mehrschichtenfilm gewonnenen Teilauszüge bereits die gewünschten Duplikate dar, das Herauskopieren dieser Teilauszüge kann nach Verschleiß der ersten Serie unschwer wiederholt werden. Für die Gruppe 3b ist das Problem schwieriger. Wählt man konsequenterweise wieder einen Mehrschichtenfilm für das Duplikat, und zwar entweder einen Umkehrfilm oder zweimal einen Negativfilm, so werden zwar alle Konturendeckungs-Schwierigkeiten radikal vermieden, die Farbwiedergabe leidet aber, selbst wenn alle erwähnten Vorsichtsmaßnahmen bezüglich der Wahl von Farbstoffen und Kopierfiltern beachtet werden. Der Farbverlust ist aber nicht schwerwiegend genug, um die Anfertigung derartiger Duplikate für Überblendungen und ähnliche spezielle Zwecke zu vermeiden.

Die beiden neuen Negativ-Positiv-Verfahren der USA, das Ansco Color Negativ-Positiv-Verfahren und das Eastman Color-Verfahren von Kodak sehen beide Möglichkeiten vor, mit Duplikaten zu arbeiten. Schon bei dem ersten Ansco Color-Kineverfahren, das für den Aufnahme- wie für den Kopierfilm den Umkehrprozeß verwendete, wurde nach Harsh u. Friedman (*129*) der Weg gewählt, die Teilauszüge von dem Aufnahmefilm einzeln auf Schwarzweiß-Material zu kopieren und diese als Duplikate zu benutzen. Bei dem neuen *Ansco Color-Negativ-Positiv-Verfahren* sind nach Duerr (*88*) für das Dubeln mehrere Möglichkeiten vorgesehen:

1. Man kopiert aus dem Aufnahmenegativ die drei Teilauszüge einzeln auf panchromatischen Schwarzweißfilm (Duplikat-Positive) und kopiert diese wieder zusammen auf einen Mehrschichtenfilm (Duplikat-Negativ), der prinzipiell den gleichen Aufbau hat wie der Negativ- und der Positivfilm und der auch, von geringen Änderungen abgesehen, gleichartig entwickelt wird. Von diesem Dupnegativ werden die Theaterkopien gezogen.

2. Diese Methode vermeidet das erneute Einschalten eines Mehrschichtenfilms und sieht nach der Gewinnung der drei Dup-Positive deren Umkopieren auf drei Dup-Negative vor. Diese drei Schwarzweiß-Negative werden mit den entsprechenden farbigen Kopierfiltern auf den Positivfilm kopiert.

3. Man kopiert das Aufnahmenegativ auf einen Duplikat-Mehrschichtenfilm (Duplikat-Positiv), von diesem wieder auf einen Duplikat-Mehrschichtenfilm (Duplikat-Negativ) und zieht von diesem auf den Positivfilm die Theaterkopien.

Die Güte der Farbwiedergabe vermindert sich bei den drei Verfahren in der Reihenfolge 2, 1, 3. Andererseits treten bei 3 keine Paßschwierigkeiten auf, während sie bei 2 besonders groß sind.

Beim *Eastman Color-Verfahren* wird ebenfalls empfohlen, aus dem Negativ durch Blau-, Grün- und Rotfilter die drei Teilauszüge getrennt auf panchromatischen Schwarzweißfilm zu kopieren (3 Dup-Positive). Die drei Teilauszüge werden dann wieder durch Kopie auf einen Mehrschichtenfilm vereinigt, den sog. *Eastman Color Internegative Film* (Dupnegativ). Dieser Film hat einen recht merkwürdigen Aufbau. Er enthält dieselben gefärbten Farbbildner für Purpur und Blaugrün wie der Eastman Color Negative Film, so daß sich zwei Buntmasken bilden. Die Spektralempfindlichkeit der Schichten ist die normale, also Blauempfindlichkeit in der obersten, Grünempfindlichkeit in der mittleren, Rotempfindlichkeit in der untersten Schicht. Die Zuordnung der Farbbildner zur Empfindlichkeit ist aber nicht mehr die natürliche, vielmehr befindet sich der Farbbildner für Purpur in der blauempfindlichen, der für Blaugrün in der grünempfindlichen, der für Gelb in der rotempfindlichen Schicht. Eine Filterschicht ist nicht vorhanden. Entsprechend dieser „unnatürlichen" Zuordnung muß, um die Zuordnung wieder richtigzustellen, der Blauauszug in diesen Film mit rotem, der Grünfilterauszug mit blauem, der Rotfilterauszug mit grünem Licht einkopiert werden. Die Entwicklung des Internegative Films erfolgt wie die des Eastman Negative Films. Er hat nach der Entwicklung auch denselben Aufbau wie dieser, und es können deshalb vor der Herstellung der Theaterkopien Teile des Dupnegativs und des Originalnegativs vereinigt werden, was für Überblendungen und Trickaufnahmen wichtig ist.

Beim Ansco- wie beim Kodak-Verfahren wird das Dubeln nur insoweit empfohlen, wie es für Überblendungen und Tricks oder für eine vergrößerte Zahl von Kopien, vor allem für das Ausland, notwendig ist, denn das Dubeln ist notgedrungen immer schwieriger als beim Schwarzweiß-Verfahren.

2. Die Farbkorrektur durch Masken.

Im vergangenen Kapitel wurde gezeigt, daß sich beim subtraktiven Verfahren erhebliche Verfälschungen der Farbwiedergabe dadurch ergeben, daß die Farbstoffe von dem Idealfall der „Optimalfarbe" stark abweichen. Es wäre erwünscht, wenn jeder Farbstoff nur in einem Teil des Spektrums (bei drei Farben in etwa einem Drittel) das Licht absorbieren, es dagegen in den anderen Spektralgebieten ungehindert durchlassen würde. Statt dessen haben wir immer außer der notwendigen „Hauptfarbdichte" unerwünschte „Nebenfarbdichten". Wir lernten einige Gesichtspunkte kennen, nach denen bei der Kopie das Verhältnis der Hauptfarbdichte zu den Nebenfarbdichten möglichst groß gehalten werden kann, jedoch kann man den erwähnten Fehler dadurch nur verringern, aber nicht beseitigen. In diesem Abschnitt soll nun ein eigenartiges, im Prinzip schon seit der Jahrhundertwende (s. S. 3) bekanntes Verfahren erläutert werden, das durch eine Ausgleichmethode diesen Fehler zu einem großen Teil zu beseitigen vermag, wobei allerdings die ganze Arbeitsweise technisch schwieriger wird. Es handelt sich um das sog. „Maskenverfahren", dem sich neuerdings mehr und mehr das Interesse zuwendet.

Es wurde schon im vorigen Kapitel betont, daß Fehler, welche durch die Unvollkommenheit der subtraktiven Farbstoffe bedingt sind, sich sowohl bei der Betrachtung oder Projektion des subtraktiven Farbbildes auswirken als auch bei der Kopie von einem subtraktiven Farbbild. Wird die Aufnahme auf einem subtraktiven Material gemacht und wird davon auf ein anderes subtraktives Material kopiert (direkt oder auf dem Umweg über Teilauszüge), so wirkt sich diese Farbverfälschung demnach doppelt aus. Die Maskenmethode wäre nun prinzipiell imstande, sowohl bei der Betrachtung wie bei der Kopie den Fehlerausgleich zu bewirken. Praktisch hat man aber von der ersten Möglichkeit noch keinen Gebrauch gemacht, weil durch Überlagerung einer Maske bei der normalen *Betrachtung* und sogar bei der *Projektion* das Bild zu dunkel würde. Es ist deshalb im allgemeinen bei der Beschreibung des Maskenverfahrens ausschließlich von der anderen Möglichkeit die Rede, daß die bei der *Kopie* entstehenden Fehler ausgeglichen werden. Um die Sache nicht zu kompliziert zu gestalten, will der Autor sich diesem allgemeinen Vorgehen anschließen, jedoch unter ausdrücklichem Hinweis darauf, daß die bei der Betrachtung auftretenden Farbwiedergabefehler auch keinesfalls zu vernachlässigen sind. Es besteht prinzipiell auch noch die Möglichkeit, durch Anwendung besonders intensiver Kopiermasken die Farbverfälschungen beim Kopieren *und* beim Betrachten gleichzeitig aufzuheben, wie weit das praktisch möglich ist, ist eine andere Frage. Vorläufig ist man bei allen Anwendungen des Maskenverfahrens ohnehin mit Teilergebnissen zufrieden.

Um das Wesen des Maskenverfahrens vollkommen verständlich zu machen, muß manches früher Gesagte nochmals wiederholt werden. Der übersichtlichste Fall und zugleich ein praktisch sehr bedeutungsvoller ist gegeben, wenn aus einem subtraktiven Farbbild die drei Teilauszüge gewonnen werden sollen. Nehmen wir beispielsweise an, die Aufnahme sei auf einem Umkehrfilm erfolgt und man habe ein Farbdiapositiv erhalten. Man kann dann voraussetzen, daß in jeder der drei photographischen Schichten ein recht gutes Teilpositiv vorliegt, und zwar in der oberen Schicht das Positiv des Blaufilterauszuges, in der mittleren das des Grünfilterauszuges, in der unteren das des Rotfilterauszuges (s. Abb. 31d). Wie nehmen nun zunächst einmal an, das Farbdiapositiv enthalte ideale, optimalfarbenartige Farbstoffe. Durch Kopie mit blauem Licht auf einen Schwarzweiß-Film würde man dann das Blaufilternegativ unverfälscht erhalten, denn nur das Gelb soll ja im Blau absorbieren, die beiden andern Farbstoffe sollen in diesem Gebiet vollkommen lichtdurchlässig sein, das purpurne und das blaugrüne Teilbild könnten daher das blaue Kopierlicht überhaupt nicht beeinflussen. Entsprechendes gilt für die Gewinnung des Grünfilterauszuges durch Kopie mit grünem Licht auf einen grünempfindlichen Schwarzweiß-Film und für die Gewinnung des Rotfilterauszuges mit rotem Licht auf einen rotempfindlichen Schwarzweiß-Film. Gehen wir nun von den idealen zu realen Farbstoffen über, wie sie z. B. in Abb. 61 verzeichnet sind, so ergibt sich bei der Kopie mit blauem Licht, die wir zunächst ausführlich beschreiben wollen, folgendes: Das obere

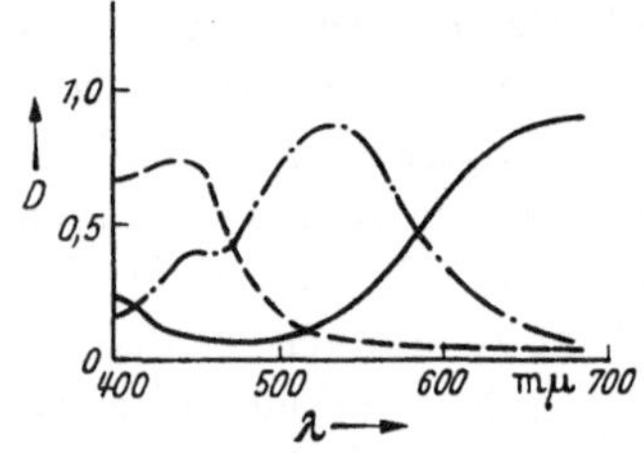

Abb. 61. Reale Negativ-Farbstoffe.
——— gelb, —·—· purpur, —— blaugrün.

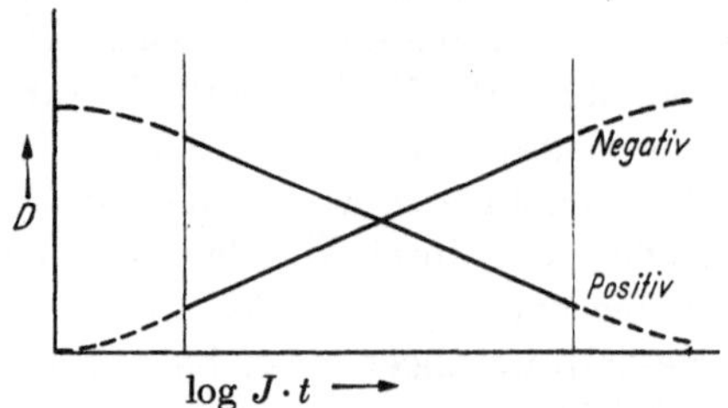

Abb. 62. Geradliniger Teil der Negativ- und Positiv-Gradationen.

gelbe Teilbild des Farbdiapositivs bildet sich wieder ab wie vordem. Die beiden anderen Teilbilder indessen, das purpurne und das blaugrüne, haben nun eine Nebenfarbdichte im blauen Gebiet, so daß sie sich gleichzeitig, wenn auch in geringerem Maße als das gelbe Teilbild, ebenfalls abbilden und zur Verfälschung des reinen Blaufilterauszuges führen. Das purpurne und das blaugrüne Teilbild erscheinen jetzt unter dem blauen Licht als zarte Positive, während sie im Falle der idealen Farbstoffe überhaupt nicht sichtbar waren. *Beim Maskenverfahren soll nun diese Wirkung aufgehoben werden durch Zufügen von Negativen, die diese zarten Positive gerade zu einem gleichmäßigen Grau ergänzen.* Eine solche Ergänzung ist möglich, wenn Positiv und Negativ im geradlinigen Teil der Dichtekurve liegen und entgegengesetzt gleiches Gamma haben (Abb. 62). Was muß man nun praktisch machen, um zunächst die störende Wirkung des purpurnen positiven Teilbildes bei der Kopie mit blauem Licht auszuschalten? Es muß nach *diesem* Positiv der Mittelschicht ein Negativ angefertigt werden mit derselben flachen Gradation. Dieses Negativ muß so gefärbt sein, daß es blaues Licht absorbiert, also entweder grau oder auch gelb, und es muß während der Kopie auf einem Farbdiapositiv liegen unter genauer Deckung der Konturen. Man kann diese erste „Maske“ dadurch herstellen, daß man von dem Farbdiapositiv mit grünem Licht auf Schwarzweiß-Film kopiert und durch zarte Entwicklung ein flaches Negativ gewinnt.

(Grünes Licht muß man deshalb verwenden, weil das auszugleichende Purpurbild grün absorbiert und sich deshalb bei der Kopie mit grünem Licht abbildet.) Durch die beschriebene Maske wird jedoch erst der Fehler ausgeglichen, den das purpurne Teilpositiv durch Absorption von blauem Licht verursachte. Wie bereits erwähnt, absorbiert aber auch das blaugrüne Teildiapositiv blaues Licht. Zum Ausgleich dieses Fehlers kann durch Kopieren des Farbbildes mit rotem Licht auf rotempfindlichen Schwarzweiß-Film und zarte Entwicklung ein *zweites* Negativ gewonnen werden, welches in der Gradation gerade dem durch blaues Licht betrachteten Blaugrün-Bild unseres Farbdiapositivs entgegengesetzt ist und dessen Wirkung demnach aufhebt. Legen wir nun die *beiden* erhaltenen Masken mit Konturendeckung über unser Bild und kopieren mit blauem Licht, so sind jetzt die wesentlichsten Fehler des Blaufilterauszuges ausgeglichen. Daß das Verfahren nicht ganz ideal sein kann, geht schon daraus hervor, daß auch bei der Herstellung der beiden Masken durch Kopie mit grünem bzw. mit rotem Licht wieder die Verfälschungen durch die anderen Nebenfarbdichten hereinspielen. Auch sonst sind einige weitere Verfälschungen unvermeidbar, vor allem dadurch, daß es nicht immer gelingt, alle Masken im gradlinigen Teil der Dichtekurve unterzubringen.

Das alles galt nur für die Kopie mit blauem Licht zur Herstellung eines einwandfreien Blaufilterauszuges. Will man weiterhin durch Kopieren mit grünem Licht aus dem Farbdiapositiv einen Grünfilterauszug herstellen, so ergibt sich auch hierbei, daß das eine Teilbild, im diesem Fall das purpurne, im Grün die Hauptfarbdichte hat und dadurch die Kopie in der Hauptsache bestimmt, die beiden anderen aber, diesmal das gelbe und das blaugrüne, ihrerseits wieder störende Nebenfarbdichten haben. Schließlich ergibt sich noch ein drittes Mal dasselbe beim Herauskopieren des Rotfilterauszuges aus unserem Farbdiapositiv. Im roten Spektralbereich hat das blaugrüne Teilbild die Hauptfarbdichte, das gelbe und das purpurne haben unerwünschte Nebenfarbdichten. Auch in diesen Fällen sind also zum Ausgleich der Farbverfälschungen wieder je zwei Masken notwendig. Im ganzen würde man also bei der Gewinnung der drei Teilauszüge aus dem Farbbild sechs Masken benötigen. Eine Übersicht über ihre Herstellung, Anwendung und Wirkung gibt die Abb. 63.

Wir betrachten nun die praktisch bedeutungsvolle Möglichkeit, daß in einigen Fällen die Nebenfarbdichten der Farbstoffe ziemlich niedrig sind und infolgedessen die entstehenden Fehler nicht ausgeglichen werden müssen. Besonders gilt das häufig für die Nebenfarbdichte des gelben Farbstoffs im roten Spektralbereich und für die Nebenfarbdichte des purpurnen Farbstoffs im roten Spektralbereich. Die beiden zum Ausgleich dieser Fehler benötigten Masken würden sehr flach sein, man kann sie demnach ohne allzugroßen Schaden ganz weglassen. Dadurch geht die Zahl der Masken von sechs auf vier herunter. Eventuell kann man noch eine weitere Maske weglassen, nämlich diejenige, welche die Nebenfarbdichte des gelben Farbstoffs im grünen Gebiet ausgleichen soll. Auch diese Nebenfarbdichte ist meistens nicht allzu hoch. Es bleiben demnach als wichtigste die folgenden Masken: a) die aus dem Grünfilterauszug stammende

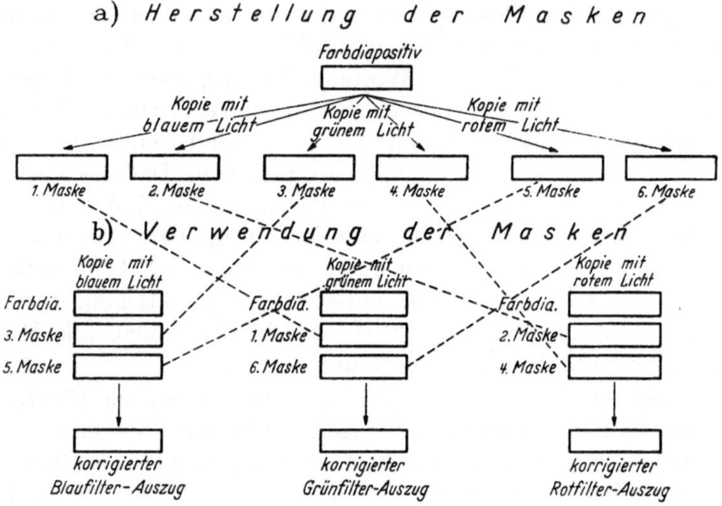

Abb. 63. Übersicht über die möglichen Masken.

Maske 3, die dem Gelbbild zu überlagern ist (Ausgleich der Nebenfarbdichte des Purpurfarbstoffs im blauen Spektralbereich), b) die aus dem Rotfilterauszug stammende Maske 5, die dem Gelbbild zu überlagern ist (Ausgleich der Nebenfarbdichte des Blaugrünfarbstoffs im blauen Spektralbereich), c) die aus dem Rotfilterauszug stammende Maske 6, die dem Purpurbild zu überlagern ist (Ausgleich der Nebenfarbdichte des Blaugrünfarbstoffs im grünen Spektralbereich), gegebenenfalls noch d) die aus dem Blaufilterauszug stammende Maske 1, welche dem Purpurbild zu überlagern ist (Ausgleich der Nebenfarbdichte des Gelbfarbstoffs im grünen Spektralbereich).

T. H. Miller empfiehlt in seiner sehr lesenswerten Arbeit „Masking: A Technique for Improving the Quality of Color Reproductions“ (*200*) die Anwendung aller vier Masken vor allem bei der Herstellung von Teilauszügen aus Farbbildern, wodurch eine fast vollständige Korrektur der Kopierfehler ermöglicht wird. Besondere Aufmerksamkeit erfordert dabei die Einstellung der Gradation der verschiedenen Masken sowie der später notwendige Gradationsausgleich bei den Teilauszügen.

Zu beachten ist dabei, daß dem Gelbbild und dem Purpurbild des Farbdiapositivs jeweils zwei Masken zu überlagern sind, dem Blaugrünbild gar keine. Infolgedessen würde natürlich die Kopie des Blaugrünbildes, d. h. der Rotfilterauszug, bei gleicher Entwicklung viel steiler werden als die beiden andern. Durch flachere Entwicklung muß das ausgeglichen werden, damit die drei Auszüge in der Gradation gleich werden. Einzelheiten über das Gradationsproblem bei der Anwendung von Masken werden im Teil D II 5 gebracht. Nur eins soll hier schon erwähnt werden, daß die Gradation jeder Maske sich nach der Größe der Nebenfarbdichte richtet, die sie ausgleichen soll. Im allgemeinen muß daher auch jede Maske eine andere Gradation haben.

Wir wollen nun nochmals den Fall näher betrachten, daß bei der Herstellung von drei Teilauszügen mit den ersten drei der oben erwähnten Masken gearbeitet werden soll. Bei der Kopie mit blauem Licht werden dann dem Diapositiv zwei Masken überlagert (Nr. 3 und 5 der Abb. 63), bei der Kopie mit grünem Licht eine (Nr. 6 der Abb. 63), bei der mit rotem gar keine. Die drei Masken können als Schwarzweiß-Negative angefertigt werden, da bei jeder Kopie nur die dafür vorgesehenen Masken aufgelegt werden. Zum Beispiel empfehlen Coppin und Hill (*80*) derartige Masken bei der Herstellung von Teilnegativen aus Ektachrom-Diapositiven. Werden nun die beiden ersten der erwähnten Masken als Gelbnegative hergestellt, so erfüllen sie bei der Kopie mit blauem Licht den gleichen Zweck, andrerseits stört es auch kaum, wenn sie bei der Kopie mit grünem Licht und der mit rotem liegen bleiben, denn das Gelb läßt ja grünes und rotes Licht ziemlich ungestört durch. Die bei der Kopie mit grünem Licht notwendige Maske kann grundsätzlich statt schwarz auch purpurn gefärbt sein, da grünes Licht vom Purpur absorbiert wird. Andrerseits stört diese purpurne Maske auch verhältnismäßig wenig bei dem Kopieren mit blauem und rotem Licht, so daß sie ebenfalls liegen bleiben kann (Abbildung 64)[1]. Man kann demnach eine kombinierte Maske herstellen, welche aus drei Teilmasken zusammengefügt ist. Man kann aber auch,

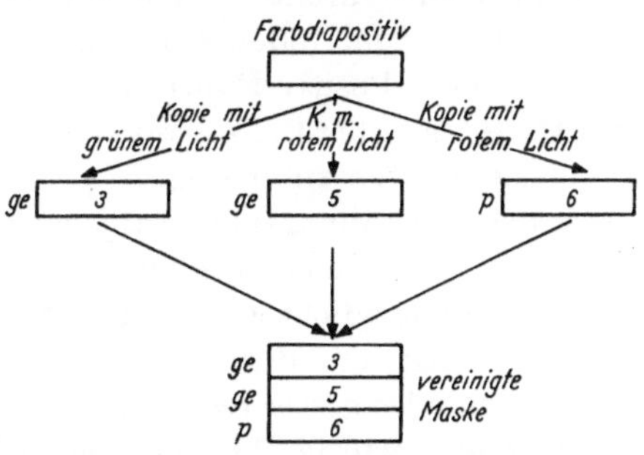

Abb. 64. Aufbau einer Maske aus 3 Einzelmasken.

[1] Wir sahen schon oben, daß die meisten Purpurfarbstoffe im Rot gute Durchlässigkeit haben, dagegen im Blau keine voll befriedigende. Durch letzteres kommt also wieder ein gewisser Fehler herein, der aber erheblich kleiner ist als die durch die Masken ausgeglichenen.

wenn geeignete Maßnahmen dazu möglich sind, noch einen Schritt weitergehen und diese dreifache Maske in das Diapositiv selbst einbauen, entweder in gesonderte Schichten oder auch in die gleichen Schichten. Erinnert sei an das bereits besprochene Ektacolor-Verfahren von Kodak (s. S. 84 u. 85), wobei sich gefärbte Farbkuppler in den Schichten befinden (Abb. 33). In diesem Fall liegt in einem Dreischichtenmaterial die Maske 3, welche gelb gefärbt ist, in der mittleren grünempfindlichen Schicht. Die Masken 5 und 6 sind zu einer einzigen orange gefärbten vereinigt worden statt Gelb und Purpur. Sie befindet sich in der untersten rotempfindlichen Schicht. Daß es sich beim Ektacolor-Film nicht um ein Farbdiapositiv handelt, das durch Maskennegative korrigiert wird, sondern um ein Farbnegativ, welches durch Maskenpositive verbessert wird, ist ohne grundsätzliche Bedeutung. Die Wirkung der Masken bleibt in beiden Fällen die gleiche. Einzelheiten über die Masken des Ektacolor-Verfahrens finden sich in der erwähnten Arbeit von Miller (*200*) und noch eingehender in einer Arbeit von Hanson (*120*).

Von einem subtraktiven Farbbild mit fest verbundener oder auch eingebauter mehrfach gefärbter Maske können die drei Teilauszüge nacheinander gezogen werden, ohne daß man die Masken zu beseitigen braucht. Das wurde vorhin schon als Vorteil erwähnt. Man kann aber davon auch eine direkte Kopie auf ein anderes subtraktives Material ziehen mit weißem (oder schwach korrigiertem) Licht. Diese Kopie kann z. B. eine Positiv-Positiv-Kopie oder eine Negativ-Positiv-Kopie sein. Dabei ist allerdings besonders auf das Problem der Gradation der Einzelschichten zu achten.

Wie oben erwähnt, sind exakt betrachtet sechs Masken notwendig, um die (je zwei) Nebenfarbdichten der drei Farbstoffe auszugleichen. Da die Nebenfarbdichten sehr unterschiedlich hoch sind, muß streng genommen auch jede der sechs Masken eine andere Gradation haben, die empirisch oder besser rechnerisch zu ermitteln wäre. Zur technischen Vereinfachung wurde bereits die Möglichkeit erwähnt, die zwei oder drei flachsten Masken wegzulassen. Ferner wird zur Vereinfachung oft der Weg beschritten, die Gradation mehrerer Masken gleich zu setzen und sie dann zusammenzufassen. Eine Möglichkeit dieser Art beruht darauf, daß jeweils die beiden Masken zusammengefaßt werden, welche zur Korrektur des gleichen Auszuges dienen, also 3 u. 5, 1 u. 6, 2 u. 4. Dadurch erhält man insgesamt drei Masken. Eine derartige Methode wurde z. B. von Wilson (*274*) zur Korrektur von Kopien empfohlen, welche aus Kodachrom-Bildern über die Teilauszüge hergestellt werden sollten. Die in der üblichen Weise mit Blau- bzw. Grün- bzw. Rotfilter hergestellten negativen Teilauszüge wurden mit zarten positiven Masken versehen, welche jeweils aus drei durch Komplementärfilter gewonnenen Teilauszügen stammten. Die

Maske für den Blaufilterauszug stammt also aus einem Gelbfilterauszug, diejenige für den Grünfilterauszug aus einem Purpurfilterauszug, diejenige für den Rotfilterauszug aus einem Blaugrünfilterauszug. Ein analoges Verfahren wurde bereits 1926 von VAN STRATTEN (E. P. *353, 151*) für die Korrektur von Teilauszügen in der Reproduktionstechnik empfohlen.

Eine häufig angewandte Lösung zur weiteren Vereinfachung ist die *Unbuntmaske.* Man verwendet sie hauptsächlich bei der direkten Kopie von einem subtraktiven Material auf ein zweites, weil gerade dabei die Verwendung von mehreren Masken schwieriger ist, aber auch bei der Herstellung von Teilauszügen aus einem Farbenbild. In diesen Fällen wird dem zu kopierenden Farbbild ein entgegengesetzt graduiertes flacheres Schwarzweiß-Bild überlagert oder einentwickelt. Auf ein Farbnegativ wird also ein flaches Schwarzweiß-Positiv oder auf ein Farbpositiv ein flaches Schwarzweiß-Negativ gelegt. Auch bei der Kopie von Teilauszügen bleibt im Falle der Unbunt-Maske immer ein und dieselbe Maske auf dem Farbbild liegen. Um zu verstehen, wie diese Maske wirkt, betrachten wir nochmals die Übersicht der sechs Masken (Abb. 63). Wir können sie ergänzen durch drei weitere „unechte" Masken, die vollkommen den drei Teilbildern in unserer Kopiervorlage entsprechen, nämlich

Spektral-empfindlichkeit	Farbe	Bezeichnung
b	ge	u
g	p	v
r	bg	w

„Unecht" nenne ich diese Masken, weil sie nur die Gradation, nicht aber die Farbwiedergabe beeinflussen.

Eine Zusammenstellung aller neun Masken, der echten und der unechten, ergibt

Spektral-empfindlichkeit	Farbe		
	Gelb	Purpur	Blaugrün
Blau . . .	u	1	2
Grün . .	3	v	4
Rot	5	6	w

Wir können nun jeweils drei Masken mit gleicher Spektralempfindlichkeit und den Farben ge, p, bg zusammenfassen zu einer einzigen Schwarzweiß-Maske, es gibt deren drei:

$$\text{A)}\quad u + 1 + 2,$$
$$\text{B)}\quad 3 + v + 4,$$
$$\text{C)}\quad 5 + 6 + w.$$

Faßt man wieder diese drei zusammen, so gibt es die eigentliche Unbuntmaske, erzeugt durch Kopie des subtraktiven Farbbildes auf einen für alle Spektralbereiche empfindlichen (panchromatischen) Schwarzweiß-Film. Diese Unbuntmaske enthält demnach alle sechs echten Masken und die drei unechten. *Dabei haben nunmehr auch alle Masken gleiche Gradation*, was also unmöglich zu der besten Korrektur der Farbwiedergabe führen kann, aber als Annäherung einen gewissen Wert hat, zumal die technische Anwendung bei einer solchen einzigen Schwarzweiß-Maske viel leichter ist. Eine andere, meist bevorzugte Möglichkeit besteht darin, eine einzige Schwarzweiß-Maske aus einem nur mit gelbem (grünem + rotem) Licht behandelten Material herzustellen. In diesem Fall sind nur die Masken B u. C zusammengefaßt. Diesen Weg empfiehlt LOESSEL (*170*) zur Herstellung von Duplikaten aus Ansco Color-Diapositiven. Mit gelbem Licht wird auf ein panchromatisches Schwarzweiß-Material kopiert, dieses zu einem zarten Negativ entwickelt ($\gamma \approx 0{,}4$), die Schwarzweiß-Maske über das Diapositiv gelegt und nunmehr auf Farbumkehrfilm kopiert. Auch in der bereits zitierten Arbeit von MILLER wird für die Herstellung von Kodachrom-Duplikaten die Anwendung einer Unbunt-Maske empfohlen, und zwar einer solchen, die durch Kopie mit rotem Licht aus dem Kodachrom-Diapositiv hergestellt worden ist. Ebenso empfehlen COPPIN und HILL (*80*) die Überlagerung von Kodachrom-Diapositiven mit einer solchen etwas unscharfen Maske, wenn daraus Teilnegative, z. B. für den Dye Transfer Prozeß, gewonnen werden sollen. Die Agfa in Wolfen hat ein Verfahren entwickelt, nach dem durch Zweitbelichtung und geeignete zwischengeschaltete Entwicklung vorwiegend in der untersten Schicht des Agfacolor-Negativ-Films eine aus Silber bestehende Unbunt-Maske erzeugt wird. Einzelheiten über diesen Prozeß, der in gleicher oder ähnlicher Form offenbar auch von anderen Produzenten ausgeübt wird, veröffentlichen ZEH, CLEVER und WATTER (*282*).

Es läßt sich zeigen [(s. die Arbeit von SCHULTZE (*248*)], daß die eigentliche Unbunt-Maske, also die mit weißem Licht erzeugte, genau wie eine Gradationserhöhung bei den subtraktiven Verfahren eine Sättigungserhöhung der bunten Farben bewirkt, wobei aber nunmehr die bei der Gradationserhöhung eintretende unerwünschte Erhöhung der Helligkeitskontraste wieder ausgeglichen wird.

Erhöht man die Gradation der Masken über das zum Ausgleich der Kopierfehler erforderliche Maß, so kann man weitere Farbverschiebungen erzielen, die gegebenenfalls auch die bei der *Betrachtung* des subtraktiven Bildes entstehenden Fehler noch ausgleichen könnten. Bisher unveröffentlichte Rechnungen des Verfassers zeigen jedoch, daß man das nur mit sehr hohen Gradationen erreichen kann, die praktisch schwer zu handhaben sind, es sei denn, daß von vornherein besonders gute subtraktive Farbstoffe zur Verfügung stehen. Man kann indessen auch bei der *Kopie* Masken einschalten, wenn diese für die Kopie selbst gar nicht notwendig sind, um die Farbverfälschungen bei der Betrachtung auszugleichen. Praktisch ist dieser Fall erst dann bedeutungsvoll, wenn von einem Objekt durch die drei Filter Blau, Grün und Rot direkt die drei getrennten Teilauszüge gemacht werden, z. B. in einer Strahlenteilungskamera (s. S. 118), und davon nach irgendeinem farbenphotographischen Verfahren oder Farbdruckverfahren subtraktive Bilder hergestellt werden (z. B. nach dem Duxochrom-Verfahren oder dem Dreifarben-Tiefdruck). Man kann dann bereits die drei Teilauszüge durch überlagerte Masken, welche aus den anderen Teilauszügen oder aus einem gemeinsamen „Grauauszug" erhalten werden, korrigieren (Abb. 65). Das ist auch der Inhalt der ersten Vorschläge von Albert zur Verwendung von Masken (DRP 101 379 und DRP 116 538). In der Reproduktionstechnik hat man merkwürdigerweise diese Vorschläge Jahrzehnte hindurch kaum je befolgt. Das hängt damit zusammen, daß die Retuschearbeit

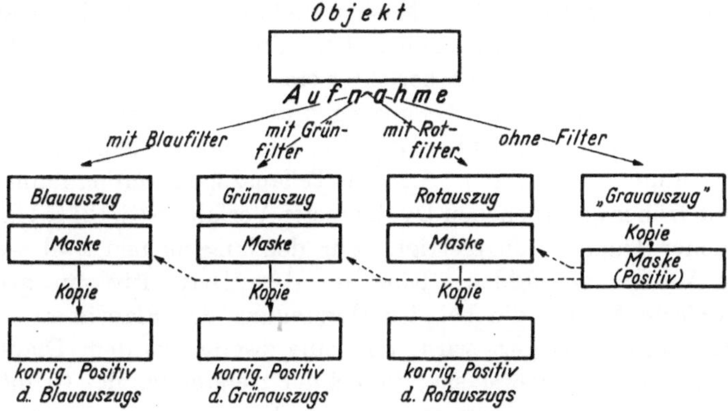

Abb. 65. Maske aus einem „Grauauszug".

im Reproduktionsbetrieb eine Selbstverständlichkeit geworden ist. Man geht infolgedessen nur zögernd an ein Verfahren heran, das eine Komplikation bedeutet und auf der anderen Seite auch nur einen Teil der Retuschearbeit einsparen läßt. Neuerdings überzeugt man sich aber doch in vielen Reproduktionsanstalten davon, daß es letzten Endes lohnend sein wird, bei der Herstellung von Mehrfarbendrukken das Maskenverfahren zu benutzen. Es kommt hinzu, daß man mehr und mehr von der direkten Herstellung von Teilauszügen zur indirekten Herstellung über ein Farbdiapositiv oder Farbnegativ übergeht. Die auftretenden Farbverfälschungen werden dadurch größer und die Retuschearbeit umfangreicher, die Verbesserung durch Masken ist also besonders erwünscht.

Neugebauer hat eine Kamera konstruiert, um die Maskierung bei der Aufnahme durchzuführen unter Anbringung der Maske unmittelbar vor der Schicht. Bei dem Kodak Fluorescenz-Prozeß wird ebenfalls bei der Aufnahme maskiert, allerdings in anderer Form. Das Verfahren, das sich auf die Reproduktion von gemalten Vorlagen beschränkt, benutzt die Tatsache, daß geeignete Farbstoffe durch Ultraviolettbestrahlung an Sättigung erheblich gewinnen. Während also bei der Betrachtung unter gewöhnlichen Beleuchtungsverhältnissen diese Farbstoffe sich „normal" verhalten, wird bei der Aufnahme eine Beleuchtung mit starker Ultraviolett-Beimengung gewählt, bei der sich die für die Farbtrennung günstige Sättigungserhöhung der Farben auswirkt. Siehe dazu die Arbeit von YULE und MURRAY (*281*).

Nähere Anweisungen zur Herstellung von maskenkorrigierten Teilauszügen geben LERNER und PEREISTRUS (*169*). Sie empfehlen als dem Blaufilterauszug zu überlagernde Maske ein Positiv aus einem Gelbfilterauszug (Grünfilter- und Rotfilterauszug). Dem Grünfilterauszug soll als Maske ein Positiv des Rotfilterauszugs überlagert werden. Ferner empfehlen sie, aus Gründen der Einhaltung gleichartiger Gradationen, dem Rotfilterauszug ebenfalls ein Positiv des Rotfilterauszuges zu überlagern. Letzteres ist nach unserer obigen Bezeichnungsweise eine „unechte" Maske w. Die anderen Masken sind die gleichen, wie wir sie auf S. 145 als 1, 2 und 4 angeführt haben. Über die Verwendung von Masken beim Kopieren von Schmalfilm berichtet eine Arbeit von KENDALL (*157*).

Bei der Herstellung von Teilauszügen aus Kodachrom- oder Ektachrom-Diapositiven empfiehlt auch die Eastman Kodak-Gesellschaft die Verwendung von Masken. Aus den Teilauszügen werden dann nach dem schon früher besprochenen Dye Transfer-Verfahren (S. 121 ff.) farbige Bilder hoher Qualität angefertigt. Für den allgemeinen Fall werden folgende Masken empfohlen: Eine aus dem Diapositiv mit grünem Licht kopierte Maske, die bei der Herstellung des Blaufilterauszuges dem Diapositiv überlagert wird, und eine zweite aus dem Diapositiv mit rotem Licht kopierte Maske, die bei der Herstellung des Grünfilterauszuges und des Rotfilterauszuges dem Diapositiv überlagert wird. Das sind also nach unserer Bezeichnung die Maskenarten 1, 4 und w. Letztere dient als „unechte" Maske wieder zum Gradationsausgleich. Für die Dichte der Masken wird ein Drittel von derjenigen des Diapositivs empfohlen. Bei Lage der Spitzlichter in dem Durchhang der Dichtekurve wird noch die Herstellung einer besonderen Spitzlichtmaske ohne Filter empfohlen. Diese wird vor den anderen angefertigt und bei der Herstellung der anderen Masken auf das Diapositiv gelegt. Die anderen Masken werden sonst in der üblichen Weise hergestellt und angewendet.

Über das Wesen der Masken und ihre Wirkung auf die Farbwiedergabe ist in den vorangegangenen Zeilen das Wichtigste gesagt worden, es muß nun noch besprochen werden, *an welcher Stelle* sich die Masken überhaupt befinden können. Wir erwähnten bereits früher, daß die Verwendung von Masken bei der Betrachtung und bei der Projektion von Farbbildern praktisch nicht in Frage kommt. Die Einführung von Masken bei der Aufnahme ist zwar schon eher in Betracht gezogen und wahrscheinlich auch hier und da durchgeführt worden. Man muß zunächst von dem Objekt eine Aufnahme machen, welche zur Maske verarbeitet wird. Durch diese hindurch wird nun die Aufnahme oder die Aufnahmen gemacht, bei denen die Maske wirken soll. Praktisch kommt also allein die

Benutzung der Maske bei der Kopie in Betracht. Dabei kann man nun drei Möglichkeiten zur Unterbringung der Masken unterscheiden: Einmal kann die Maske vollkommen getrennt sein von dem zu kopierenden Material. Zweitens kann die Maske sich auf demselben Schichtträger befinden, aber in einer gesonderten Schicht. Drittens kann die Maske in das zu kopierende Bild oder Teilbild in der gleichen Emulsionsschicht eingebaut sein. Diese drei Möglichkeiten gibt es sowohl für Mehrschichtenfilme wie für getrennte Auszüge. Wir haben in diesem Kapitel schon einige Beispiele für die erste und die dritte Möglichkeit kennen gelernt. Die Literatur, vor allem die Patentliteratur, gibt eine große Fülle von weiteren Beispielen.

Bei getrennten Masken ist die Herstellung immer recht einfach, erfordert sie doch nur die Kopie auf ein geeignetes Schwarzweiß- oder Farbmaterial und dessen Entwicklung. Dagegen ist in diesem Fall die Einhaltung der Konturendeckung ein schwieriges Problem. Hat man ein Verfahren, das mit getrennten Teilauszügen arbeitet, so muß dieses Problem ohnehin in geeigneter Form gelöst werden. Liegt dagegen ein Mehrschichtenfilm-Verfahren vor, so bedeutet die Sorge für die Konturendeckung etwas Neues, was das Verfahren vorher nicht belastet hat, und es ist daher verständlich, daß gerade bei diesen Verfahren eifrig nach Wegen gesucht worden ist, die Maske lieber auf dem gleichen Schichtträger unterzubringen. LOESSEL (*170*) gibt in seiner bereits zitierten Arbeit an, daß bei der Herstellung einer gesonderten Maske aus einer Ansco Color-Aufnahme besonders die Paß-Schwierigkeiten durch Schrumpfung vermieden werden müssen.

Er empfiehlt dazu folgende Maßnahmen: Das Diapositiv, von dem die Kopie gezogen werden soll, wird 12 Std. vorher bereits in den Raum gebracht, in dem die Kopie vorgenommen werden soll. Selbstverständlich müssen in diesem Raum gleichbleibende Temperatur- und Feuchtigkeitsverhältnisse herrschen. Als Material für die Maske wird eine Platte empfohlen, weil beim Film durch die Entwicklung und Trocknung eine Schrumpfung einsetzt, die die Konturendeckung mit dem Original in Frage stellt. Nach Fertigstellung der Maske wird sie Schicht auf Schicht auf das Original gebracht und in dem gleichen Raum gelassen und zweckmäßig unter kräftigem Druck aneinandergepreßt. Die eigentliche Kopie wird so vorgenommen, daß das durch Abstimmungsfilter geregelte Licht der Lampe erst die Maske, dann das fest damit verbundene Original durchdringt und schließlich auch den Kopierfilm trifft. Bei Vergrößerungen kann unter normalen Verhältnissen gearbeitet werden, bei Kontaktkopien muß man eine Punktlichtlampe nehmen, da sonst die Abbildung durch die Filmunterlage des Originals unscharf würde.

Von anderer Seite [YULE (*280*)] ist vorgeschlagen worden, die Maske mit Absicht leicht unscharf abzubilden. Mehrere Autoren wie BONZANIGO (*57*), HARDY und WURZBURG (*123*) und NEUGEBAUER (*209*) haben schon vor Jahren vorgeschlagen, die Maskenkompensation auf elektrischem Wege vorzunehmen. Diese Methode beginnt jetzt zunächst in USA, neben den rein photographischen Maskenmethoden für die

Reproduktionstechnik erhebliche Bedeutung zu gewinnen. Siehe dazu eine kurze Mitteilung von BISHOP (*55*) sowie ausführlichere Arbeiten von PREUCIL (*225*). So benutzt z. B. das System der beiden illustrierten Zeitschriften „Time“ und „Life“ die elektrische Kompensation, um zwei Masken wirksam werden zu lassen. Das System der Interchemical Corp. dagegen, das auf den erwähnten Arbeiten von HARDY und WURZBURG fußt, nimmt die Abgleichung nach den von NEUGEBAUER für den Buchdruck abgeleiteten Gleichungen vor. NEUGEBAUER gibt in einem neueren Artikel (*214*) ebenfalls einen zusammenfassenden Überblick über die hier vorhandenen Möglichkeiten. Es erscheint noch fraglich, ob auch in der Farbenphotographie und beim Farbenfilm sich die Korrektur mittels elektrischer Kompensation gegenüber den rein photographischen Masken durchsetzen kann, da ja hier für das einzelne Bild kein so großer Aufwand getrieben werden kann wie in der Reproduktionstechnik und die rein photographischen Masken ihrerseits keine kostspielige Apparatur benötigen.

Zusammenfassend ist über das Maskenverfahren zu sagen, daß man ihm z. Z. sehr großes Interesse entgegenbringt, weil es ein entscheidendes Mittel ist, um die Farbwiedergabe beträchtlich zu verbessern. Auf der anderen Seite sind aber auch erhebliche Schwierigkeiten damit verbunden, die wie im Falle des Ektacolor-Verfahrens entweder der Hersteller auf sich nehmen muß oder wie im Falle der getrennten Masken der Verarbeiter.

Einen guten Überblick über die ältere Literatur gibt eine Arbeit von TRITTON (*265*), welche auch zahlreiche Patente berücksichtigt, von den neueren wissenschaftlichen und technischen Veröffentlichungen sind die wichtigsten bereits zitiert worden; den umfassendsten Überblick gibt das Buch von FRIEDMAN. Eine zusammenfassende Betrachtung über das Maskenverfahren gibt CLERC (*72*). In dieser Arbeit wird auch der Anwendung von Masken in der Schwarzweiß-Photographie ein breiter Raum gewidmet, ein Gebiet, das den Rahmen dieses Buches überschreitet, dem näher Interessierten jedoch wichtige allgemeine Gesichtspunkte vermittelt. Einen Überblick über die praktisch angewendeten Maskenverfahren und zahlreiche in Patenten niedergelegte neuere Vorschläge gibt eine Arbeit von ROBINSON (*306*).

D. Die wissenschaftlichen und technischen Probleme der Farbenphotographie.

Durch die vorangehenden Kapitel ist ein Überblick über die zur Zeit verwendeten farbenphotographischen und farbenkinematographischen Prozesse gegeben worden. Der vorliegende Teil befaßt sich nun mit einzelnen wissenschaftlichen und technischen Problemen, die sich bei der Herstellung und Verarbeitung des Farbenfilms ergeben. Der Autor ist sich dessen bewußt, daß diese Probleme in ihrer Gesamtheit nur denjenigen interessieren werden, der sich mit der Farbenphotographie und der Farbenkinematographie näher befaßt. Dagegen besteht die Gefahr, daß der Amateur oder der auf Nachbargebieten sich betätigende Fachmann, der bis hierher das Buch willig in sich aufgenommen hat, vor manchen Details zurückschrecken wird. Es ist deshalb im vorliegenden Teil D Wert darauf gelegt worden, daß von den einzelnen Hauptabschnitten I, II, III, IV und V jeder für sich ein geschlossenes Ganzes darstellt und im unmittelbaren Anschluß an die früheren Teile gelesen werden kann. So wird z. B. der Abschnitt IV über die Tonaufzeichnung bei dem Kinofachmann Interesse finden und kann von ihm auch ohne vorherige Lektüre der Abschnitte I—III aufgenommen werden. Umgekehrt kann der nicht kinotechnisch interessierte Fachphotograph gerade diesen Abschnitt IV ohne Schaden überspringen. Die Unterabschnitte bilden dagegen nicht mehr ein unabhängiges Ganzes. Wer in die Ausführungen über die Farbwiedergabe (Abschnitt I) richtig eindringen will, sollte möglichst diesen Abschnitt vollständig lesen. Der Schlußteil E dürfte wieder von ziemlich allgemeinem Interesse sein, er setzt die Einzelheiten des Teiles D nicht voraus.

I. Das Problem der Farbwiedergabe in der Farbenphotographie.

Es erscheint eigentlich selbstverständlich, daß das Problem der Farbwiedergabe als das wichtigste der ganzen Farbenphotographie gilt und daß ihm daher von den Anfängen an die größte Aufmerksamkeit gewidmet wurde. Und doch wurde dieses Problem lange Zeit weniger beachtet, und zwar aus drei Gründen:

1. Die Prinzipien der Dreifarbenphotographie wurden schon bei den ersten Versuchen von MAXWELL richtig erkannt und im allgemeinen auch weiterhin richtig beachtet. Infolgedessen war bei allen auf dieser Grundlage aufgebauten Verfahren die Farbwiedergabe einigermaßen erträglich, zumindest was den Farb*ton* anbelangt. Bei Zweifarbenverfahren dagegen war man sich meistens dessen bewußt, daß man sich mit einer ungefähren Angleichung begnügen mußte.

2. Eine genauere Prüfung der Farbwiedergabe ist nicht einfach. Es fehlen auch jetzt noch Verfahren zur objektiven Farbmessung, die gleichzeitig schnell, exakt und ohne allzu großen apparativen Aufwand durchführbar sind. Auch die Bewertung der Farben mußte erst einheitlich gestaltet werden. Ein ganz einwandfreier Maßstab für die empfindungsmäßige Beurteilung von Farbabweichungen fehlt sogar heute noch.

3. War es verhältnismäßig leicht, eine leidlich gute Farbwiedergabe zu erzielen, so war es um so schwieriger, bei den farbenphotographischen Prozessen gleichzeitig alle diejenigen Anforderungen zu erfüllen, die

man in der Schwarzweiß-Photographie oder beim Schwarzweiß-Film zu stellen gewohnt war in bezug auf Empfindlichkeit, Belichtungsspielraum, Schärfe, Haltbarkeit des Materials, Helligkeit bei der Projektion und vor allem in bezug auf Einfachheit und gute Reproduzierbarkeit bei der Herstellung wie bei der Verarbeitung. Diese Probleme haben die Aufmerksamkeit und den Eifer der Techniker zeitweise so in Anspruch genommen, daß der Farbwiedergabe oft keine allzu große Beachtung geschenkt wurde, wenn sie sich nur einigermaßen im Rahmen des Erträglichen hielt.

In den letzten 10 Jahren hat sich die Situation erheblich verändert. Auch jetzt ist auf dem Gebiet der Farbenphotographie noch vieles im Werden, auch jetzt ist manches noch nicht so wie in der Schwarzweiß-Photographie, aber die Verfahren, welche sich durchgesetzt haben und miteinander konkurrieren, haben die schlimmsten Kinderkrankheiten überstanden. Damit wachsen aber auch die Ansprüche. Das Publikum betrachtet das Farbenphoto und den Farbenfilm nicht mehr als ein bestaunenswertes Wunder, es sieht die farbigen Bilder häufiger, lernt dabei sehen, wird kritisch und vergleicht. Bewußt oder unbewußt spielt dann die Güte der Farbwiedergabe bei der Bewertung des Ganzen eine sehr erhebliche Rolle. Der Produzent oder Verarbeiter mag seinerseits zwar oft geneigt sein, dasjenige Verfahren vorzuziehen, welches technisch leichter zu handhaben ist, und hat insofern Recht, als ein allzu schwieriges Verfahren wegen ungleichmäßiger Resultate sich auch nicht durchsetzen kann. Er muß aber doch bestrebt sein, jeder *echten* Verbesserung den Weg zu bahnen.

Jede Beurteilung der Farbwiedergabe sollte auf *objektiver* Grundlage beruhen. Natürlich ist letzten Endes unser subjektives Urteil maßgebend. Dabei gibt es indessen zuweilen beträchtliche Differenzen, wenn mehrere Personen dasselbe Photo oder denselben Film beurteilen. Es kommen sogar Differenzen vor, wenn ein und dieselbe Person die gleiche Reproduktion zu verschiedenen Zeitpunkten beurteilen soll. Man könnte sich zwar damit helfen, daß man das subjektive Urteil einer sehr großen Zahl von Personen registriert, möglichst noch an verschiedenen Tagen, und so ein größeres Material sammelt. Doch dürfte dieser große Aufwand in den seltensten Fällen möglich sein. Die objektive Messung und Bewertung der Farbwiedergabe ist daher auf jeden Fall vorzuziehen. Zu ihrem richtigen Verständnis müssen wir aber die Grundzüge der modernen Farbenlehre kennen lernen.

1. Kurzer Abriß der Farbenlehre.

Es ist nicht möglich, im Rahmen des vorliegenden Buches diese Farbenlehre in aller Ausführlichkeit zu schildern. Demjenigen, der sich tiefer in dieses interessante Gebiet einarbeiten will, stehen eine Reihe von Spezialwerken zur Verfügung: In deutscher Sprache sind es vor allem die ausführlichen Werke von RICHTER (*36*) und von BOUMA (*30*), sowie die Bücher von ARENS (*28*) und von KLAPPAUF (*34*), in englischer die von WRIGHT (*37*) und EVANS (*31*)[1]. Ein Artikel von SCHULTZE (*250*) diskutiert die Beziehungen zwischen Farbenlehre und Farbenphotographie.

Insbesondere müssen wir es uns hier versagen, auf die große Zahl von Farbsystemen einzugehen, die von den verschiedensten Autoren vorgeschlagen wurden und die für viele Zwecke vorteilhaft erscheinen, sich aber doch nicht allgemein durchgesetzt haben. Wir beschränken

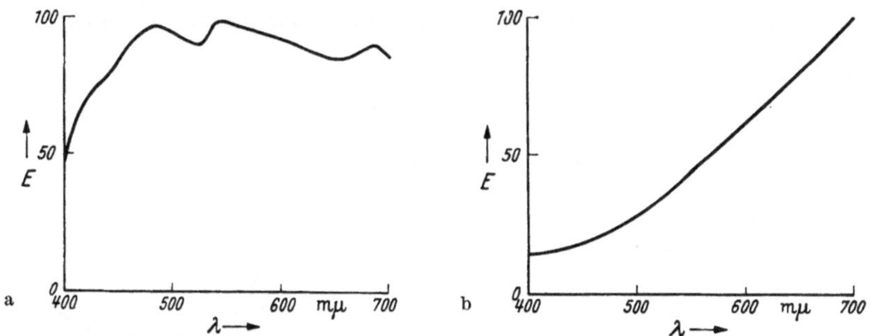

Abb. 66. Spektrale Verteilung von Sonnenlicht (a) und Glühlampenlicht (b). Aus einer Arbeit von TAYLOR und KERR (*263*).

uns bewußt auf das von der Internationalen Beleuchtungs-Kommission empfohlene farbvalenzmetrische System und auf einige empfindungsgemäße Systeme, die für den Farbenphotographen in Betracht kommen.

Im Teil A wurde schon auf den Bereich des sichtbaren Lichtes innerhalb der Gesamtheit der elektromagnetischen Schwingungen und auf die Zerlegung unseres Tageslichtes oder auch des üblichen Lampenlichtes in ein Spektrum näher eingegangen. Durch die spektrale Zerlegung können wir jede Lichtart in eindeutiger Weise physikalisch charakterisieren. Wir messen Wellenlänge für Wellenlänge die Intensität des Lichtes, d. h. die ausgestrahlte Energie pro Zeiteinheit. Beispielsweise erhalten wir von zwei bekannten Lichtquellen folgende Diagramme (Abb. 66).

Wir wissen, daß es Lichtquellen verschiedener Farbe gibt, die besondere physikalische Beschaffenheit der Lichtarten muß also unseren Eindruck „Farbe“ maßgebend beeinflussen.

Mehr noch als die Farbe der Lichtquelle interessiert uns aber im allgemeinen die Farbe der belebten und unbelebten Objekte unserer Umgebung. Hier ist nun von vornherein ein entscheidendes Mißverständnis aufzuklären. Die Farbe eines jeden Objektes hängt entgegen

[1] *Anm. b. d. Korrektur:* Im Jahre 1952 ist noch folgendes Buch erschienen: D. B. JUDD. Color in Business, Science and Industry. New York: Wiley a. Sons.

einer weit verbreiteten Annahme nicht nur von dem Objekt selbst, sondern auch von dem Licht ab, mit dem es beleuchtet wird. Man sieht das besonders eindeutig, wenn man zur Beleuchtung unserer gewohnten Umgebung einmal eine ganz andere Lichtquelle wählt als die gebräuchlichen, z. B. eine Natriumdampflampe, bei deren Schein alle Gegenstände uns in einem mehr oder weniger hellen Gelb oder vollkommen schwarz erscheinen. Dagegen fehlen alle anderen Farben. Wir sehen also weder rote noch grüne noch blaue Objekte. Daß wir trotzdem im allgemeinen Sprachgebrauch immer nur von „der“ Farbe des *Gegenstandes* sprechen, hängt damit zusammen, daß unsere üblichen Lichtquellen Licht aller Spektralbereiche aussenden und uns im wesentlichen

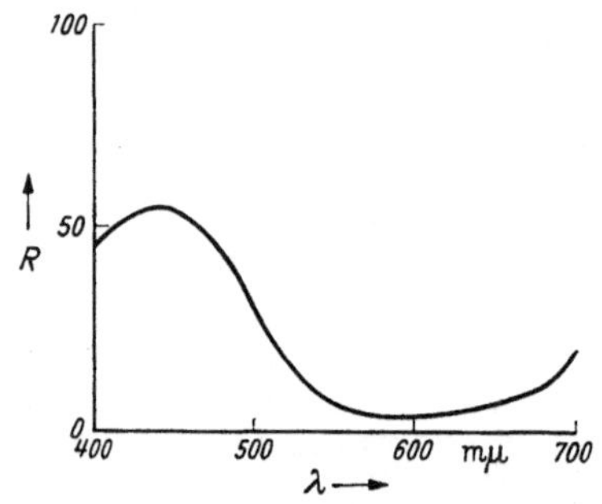

Abb. 67.
Remissionskurve eines blauen Papiers.

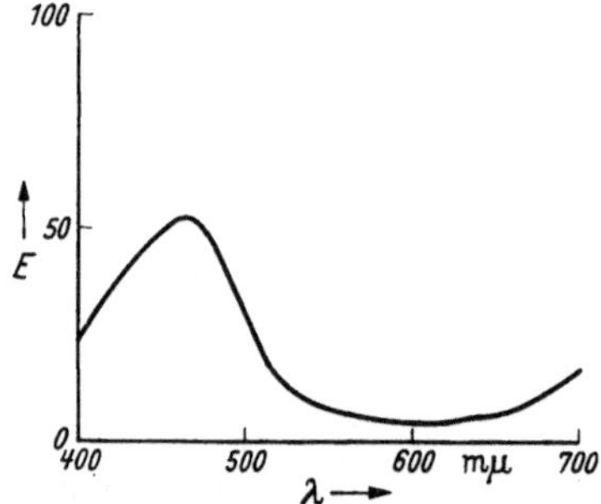

Abb. 68.
Von Sonnenlicht beleuchtetes blaues Papier.

weiß erscheinen. Allerdings spielt auch noch die „Umstimmung“ des Auges eine Rolle, die wir aber zunächst außer Betracht lassen wollen.

Die physikalische Messung lehrt uns also, daß das von dem Objekt auf unser Auge treffende Licht einerseits durch die spektrale Zusammensetzung der Lichtquelle, andererseits durch die Remission (Zurückwerfung) durch den Gegenstand bedingt ist. In der Abb. 67 ist die Remissionskurve eines leuchtend blauen Papiers gegeben. Wir sehen daraus, daß unter den genormten Bedingungen (Lichteinfall unter 45°, Betrachtung oder Messung senkrecht zur Papierebene) dieses Papier z. B. bei der Wellenlänge 450 mμ 55$^0/_0$ des auftreffenden Lichtes zurückstrahlt, bei der Wellenlänge 600 mμ 4$^0/_0$. Es soll nun die in Abb. 66a gekennzeichnete Lichtquelle dieses Papier beleuchten. Bei der Wellenlänge 450 mμ hat diese Lichtquelle z. B. eine Intensität von 84, nach Remission an dem Papier beträgt sie demnach $84 \cdot \frac{55}{100} = 46$, entsprechend gilt bei 600 mμ $91 \cdot \frac{4}{100} = 3{,}6$. Führt man diese Multiplikation Wellenlänge für Wellenlänge über den ganzen Spektralbereich durch, so erhält man für die Intensität des von dem Papier remittierten Lichtes das folgende Diagramm (Abb. 68). Es charakterisiert eindeutig die physikalische Zusammensetzung des Lichtes, welches das mit der Lichtquelle L beleuchtete Papier zurückwirft und welches auf unser Auge oder auf die Kamera des Farbenphotographen wirkt. Es kann nun auch noch den anderen Fall geben, z. B. bei Kirchenfenstern oder sonstigen von hinten beleuchteten durchsichtigen Gegenständen, daß das Licht nicht von der Oberfläche des Körpers zurückgestrahlt wird, sondern daß es den Körper durchdringt. Wir sprechen dann von einer *Trans*mission (Durchdringung) des Lichtes, an die Stelle der Remissionskurve tritt die Transmissionskurve (auch Transparenzkurve genannt), sonst bleibt aber alles genau wie bei der Remission. Wenn wir von einigen komplizierteren und dabei verhältnismäßig seltenen Fällen absehen, wie z. B. der Beleuchtung eines Körpers durch zwei verschiedene Lichtquellen oder einer aufeinanderfolgenden Transmission bzw. Remission des Lichtes durch mehrere Objekte, ferner von Fluorescenzerscheinungen u. dgl., so ist die physikalische Beschaffenheit des wirksamen Lichtes also recht einfach und eindeutig durch die besprochenen Beziehungen gegeben.

Soweit die physikalische Beschaffenheit der Farben.

Wir sahen nun aber bei unseren einleitenden Betrachtungen bereits, daß für das Zustandekommen des Eindruckes „Farbe“ nicht nur die Beschaffenheit des Lichtes, sondern auch die *Natur unseres Auges* eine maßgebende Rolle spielt und, wie wir gleich hinzusetzen wollen, auch die *Verarbeitung* des Sinneseindruckes im *Gehirn*. Über die Beschaffenheit des Sehapparates im Auge ist schon mancherlei bekannt, anderes noch unbekannt oder umstritten. Für unsere Farbenlehre brauchen wir aber nur auf einige wenige Dinge einzugehen. Da ist zunächst die gesicherte Tatsache, daß wir auf zwei ganz verschiedenen Wegen sehen können, man spricht vom „Tagessehen“ und vom „Dämmerungssehen“. Dem Tagessehen dienen die „Zapfen“ der Netzhaut, dem Dämmerungssehen die „Stäbchen“. Während die Zapfen erst auf verhältnismäßig helle Lichteindrücke reagieren, sprechen die Stäbchen schon auf sehr geringe an und ermöglichen uns so auch bei sehr geringen Beleuchtungsstärken noch eine hinreichende Orientierung. Dieses Dämmerungssehen ist aber im wesentlichen farbenblind: In der Nacht sind alle Katzen grau. Schon aus diesem Grund interessiert uns also für unsere Farbenlehre nur das Tagessehen mit den Zapfen. Der Helligkeitsbereich für das reine Tagessehen und damit für das ungestörte Farbensehen beginnt ungefähr bei 100 asb (Apostilb[1]) und geht bis etwa 1 Million asb, oberhalb dieser Grenze finden störende Blendungserscheinungen statt. Die untere Grenze ist deshalb besonders zu beachten, weil oft bei

[1] Ein Apostilb ist $\frac{1}{10000 \cdot \pi}$ Stilb, wobei ein Stilb die Leuchtdichte: 1 candela je cm^2 bedeutet.

unzureichend heller Projektion, z. B. in weniger gut ausgerüsteten Kinotheatern, die Helligkeit unterhalb 100 asb bleibt und damit für den Farbenfilm zu niedrig ist.

In Abb. 69 ist die relative spektrale *Hellempfindlichkeitskurve* des Auges beim Tagessehen wiedergegeben. Sie ist streng genommen bei jedem Menschen etwas verschieden, diese Abweichungen sind aber im allgemeinen nicht sehr groß, und man konnte daher die erwähnte Kurve als Durchschnittskurve eines „Normalbeobachters" aufstellen. Die Kurve zeigt, daß die Helligkeitsempfindung von 400 mμ ab ganz langsam und dann immer stärker ansteigt, das Maximum liegt etwa bei 555 mμ, also im gelbgrünen Gebiet des Spektrums, dann vermindert sich die Helligkeitsempfindung wieder, um etwa bei 700 mμ fast Null zu werden. Durch welche Vorgänge im Auge die eigentliche *Farbempfindung* zustande kommt, ist noch nicht vollständig geklärt, wenn auch manche neueren Forschungsergebnisse von großem Interesse sind. Vom Standpunkt der Farbenlehre ist es nun von grundlegender Bedeutung, daß auch ohne nähere Kenntnis des physiologischen Mechanismus auf Grund verhältnismäßig einfacher Annahmen die ganzen Erscheinungen der Farbenwelt, insbesondere auch die zunächst schwer zu verstehenden Phänomene der Farbmischung, sich zwanglos deuten lassen. Gemeint ist die YOUNG-HELMHOLTZ*sche Theorie* des Farbensehens, die in ihren wichtigsten Zügen auch heute noch als gültig angesehen werden muß. Danach erfolgt das Zapfensehen über drei verschiedene Arten von Reizzentren. Wie diese sich im Auge verteilen, vor allem ob in jedem Zapfen alle drei vorhanden sind oder ob für jede Reizart bestimmte Zapfen in Frage kommen, ist dabei für uns von untergeordneter Bedeutung. Von diesen Reizzentren spricht das eine auf den kurzwelligen (violetten und blauen) Teil des Spektrums an, das zweite überwiegend auf den mittleren (grünen bis gelben) Teil, das dritte überwiegend auf den langwelligen (gelben bis roten) Teil. Eine der wichtigsten Stützen für diese Annahme ist die Möglichkeit, auf dieser Basis die verschiedenen Arten von Farbenblindheit zwanglos zu erklären. Diese beruht danach auf dem gänzlichen Fehlen oder zumindest teilweisen Versagen irgendeines dieser Reizzentren. Es kann sogar vorkommen, daß alle drei Zapfen-Reizarten zu einer einzigen verschmelzen, so daß eine totale Farbenblindheit die Folge ist. Eine andere Art von voller Farbenblindheit resultiert aus dem gänzlichen Ausfall des Zapfensehens. Auf Einzelheiten dieser interessanten

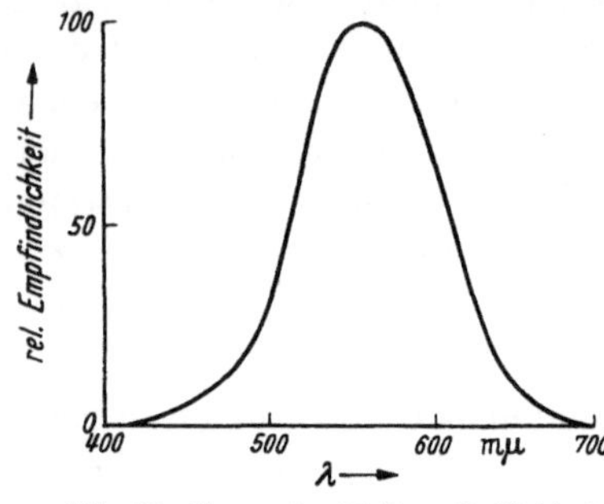

Abb. 69. Kurve der Hellempfindlichkeit.

Erscheinungen können wir hier nicht eingehen. Wie schon durch das Wort „überwiegend" angedeutet, überschneiden sich die drei Reizarten teilweise. Selbst monochromatisches Licht (d. h. jede beliebige Spektralfarbe) wirkt niemals nur auf das eine Reizzentrum, sondern gleichzeitig in schwächerem Maße noch auf ein zweites oder sogar auf alle drei. Man hat nun auf Grund eingehender Versuche über die additive Mischung der Farben und unter Verwertung der Beobachtungen über die Farbenblindheit die physiologischen „Grundvalenzen" der drei Reizzentren des Auges ungefähr ermitteln können. Eine genauere Festlegung ist jedoch infolge des unsicheren physiologischen Versuchsmaterials noch nicht möglich. Für die Zwecke der Farbenlehre[1] hat es sich deshalb als praktisch erwiesen, diese physiologischen Grundvalenzen zunächst nicht dem System zugrundezulegen und statt dessen „Normalvalenzen" festzusetzen. Diese wurden so gewählt, daß in diesem System die eine Valenz zugleich die Helligkeit repräsentiert. Wie bereits erwähnt, konnte die Hellempfindlichkeitskurve recht genau bestimmt werden. Auch die beiden anderen Valenzen wurden in praktischer Weise festgelegt. Durch Versuche über die additive Farbmischung, die letzten Endes auf dem sehr zuverlässigen Gleichheitsurteil unseres Auges beruhen, wurde das Spektrum so durchgeeicht, daß damit die „spektralen Farbwerte", d. h. die farbmetrischen Daten der Spektralfarben, festliegen (Internationale Beleuchtungs-Kommission 1931, daher IBK-System[2]). Es würde hier zu weit führen, im einzelnen auf die Aufstellung dieses Systems einzugehen. Die drei Kurven der Abb. 70 zeigen die drei „spektralen Farbwerte". Eine nähere Betrachtung zeigt, daß der auf den kurzwelligen Spektralteil ansprechende Farbwert ($\bar{z}_\lambda$) nur verhältnismäßig wenig in den mittleren Spektralbereich übergreift. Dagegen greifen die beiden anderen ($\bar{y}_\lambda$ und $\bar{x}_\lambda$) nicht nur in den kurzwelligen Bereich über, sondern

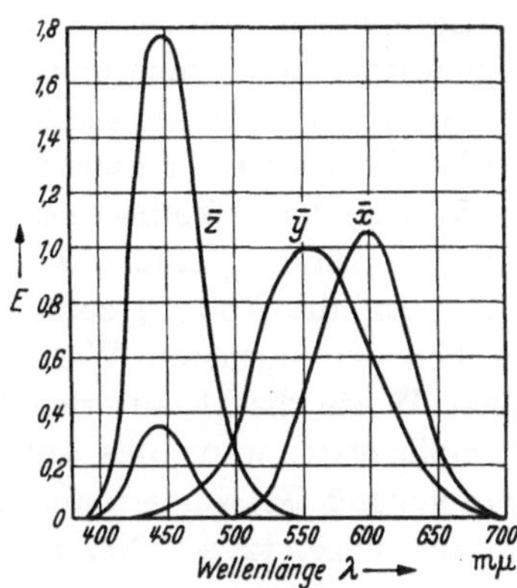

Abb. 70.
Kurven der drei spektralen Farbwerte.

[1] Die Fachausdrücke für die Farbvalenzmetrik (früher Farbreizmetrik) werden hier gemäß den letzten Vereinbarungen des Fachnormenausschuß Farbe gebraucht, sie sollen auch in dem neuen Normblatt in dieser Form verwendet werden.

[2] Man kennt nur in seltenen Fällen physiologische Vorgänge schon so gut, daß mathematische Beziehungen aufgestellt werden können und damit das Stadium der bloßen Beschreibung überwunden wird. Auf der anderen Seite ist die mathematische Formulierung für physikalische Vorgänge nicht ungewöhnlich. Daher ist man leicht geneigt zu übersehen, daß die Farbenlehre auf physikalischen *und* physiologischen Tatsachen beruht.

überschneiden sich vor allem gegenseitig sehr stark. Der Maßstab kann an sich willkürlich festgelegt werden, es hat sich aber als zweckmäßig erwiesen, ihn so anzunehmen, daß äquienergetisches Licht, d. h. Licht von gleicher Energie in allen Teilen des sichtbaren Spektralbereichs und von rein weißem Aussehen, alle drei Reize in gleichem Maße erregt.

Die Anschaulichkeit der ganzen Farbenlehre wird dadurch erheblich beeinträchtigt, daß selbst die reinsten Farben, also die Spektralfarben, immer zwei oder gar drei Farbwerte enthalten. Infolgedessen fehlt uns eine anschauliche Vorstellung von diesen Farbwerten selbst. Man kann aber den indirekten Schluß ziehen, daß der reine $\bar{z}$-Farbwert eine übersättigte blaue Empfindung hervorrufen würde, der reine $\bar{y}$-Farbwert eine übersättigte grüne und der reine $\bar{x}$-Farbwert eine übersättigte rote.

Kennt man die physikalische Zusammensetzung des auf unser Auge wirkenden Lichtes, so kann man die drei Farbwerte ermitteln. Besonders einfach sind die Verhältnisse zu übersehen, wenn monochromatisches Licht einwirkt. Nehmen wir z. B. Licht der Wellenlänge 550 mμ. Ein Blick auf die Abb. 70 zeigt uns, daß der $\bar{z}_\lambda$-Wert praktisch Null ist, $\bar{y}_\lambda$ hat den höchsten Wert 1, der $\bar{x}_\lambda$-Wert ist 0,43. Während sich diese Werte direkt aus den Kurven ablesen lassen, wird die Aufgabe komplizierter, wenn das auf unser Auge wirkende Licht nicht monochromatisch ist, sondern aus Anteilen der verschiedensten Wellenlängen zusammengesetzt ist. Nehmen wir beispielsweise das Licht, das von einem blauen Papier zurückgestrahlt wird (Abb. 68) und dessen spektrale Zusammensetzung wir bereits wissen. Andrerseits kennen wir bei jeder Wellenlänge die Höhe des $\bar{z}_\lambda$-Farbwertes (s. Abb. 70). Diese Werte müssen für jede Wellenlänge mit dem jeweiligen Energiebetrag unseres remittierten Lichtes multipliziert werden. Addiert man alle diese für die einzelnen Wellenlängen erhaltenen Produkte, so erhält man den Gesamtbetrag Z. Das gleiche geschieht für Y und X[1]. Die ermittelten Farbwerte lauten für Z: 45,3, für Y: 10,9, für X: 12,7.

Auf eine vereinfachte Methode zur Ermittlung der Farbwerte wird im folgenden Teil näher eingegangen. Auch nach Feststellung der Farbwerte fällt es noch schwer, uns eine nähere Vorstellung von der Beschaffenheit der Farbe zu machen, es sei denn, wir hätten schon Erfahrungen in ihrer Bewertung. Wir wollen nun an ein ähnliches Problem denken, das dem Chemiker, Physiker und Ingenieur geläufig ist und das auch jedem andern einleuchten wird. Ich denke an die Mischung mehrerer Stoffe, z. B. an eine Legierung aus drei verschiedenen Metallen. Es liege ein kleiner Block einer bestimmten Legierung vor. Wir erfahren, daß darin 0,5 kg Eisen, 0,2 kg Nickel und 0,1 kg Chrom enthalten sind. Diese Angabe ist eindeutig, aber irgendwie unanschaulich. Man zieht

[1] Der Betrag für die einzelne Wellenlänge wird mit $\bar{z}_\lambda$, der für den ganzen sichtbaren Bereich mit Z bezeichnet. Entsprechendes gilt für die beiden anderen Reize.

es vor, einerseits das *Gesamtgewicht* anzugeben, also in diesem Falle $0{,}5 + 0{,}2 + 0{,}1 = 0{,}8$ kg, andererseits den *Anteil* oder Prozentgehalt der einzelnen Metalle in der Legierung. Man erhält ihn durch Division jedes Einzelgewichtes durch das Gesamtgewicht. Auf diese Weise errechnen wir den Anteil an Eisen zu 0,625, den Anteil an Nickel zu 0,25 und den Anteil an Chrom zu 0,125, oder wir sagen im allgemeinen: Die Legierung besteht zu 62,5% aus Eisen, zu 25% aus Nickel und zu 12,5% aus Chrom. Um nun eine Übersicht über alle überhaupt möglichen Legierungen zwischen den drei Metallen Eisen, Nickel und Chrom zu erhalten und ihre Eigenschaften in graphischer Darstellung charakterisieren zu können, pflegt man bei solchen Dreistoffgemischen die Darstellung in einem gleichseitigen Dreieck zu benutzen (Abb. 71):

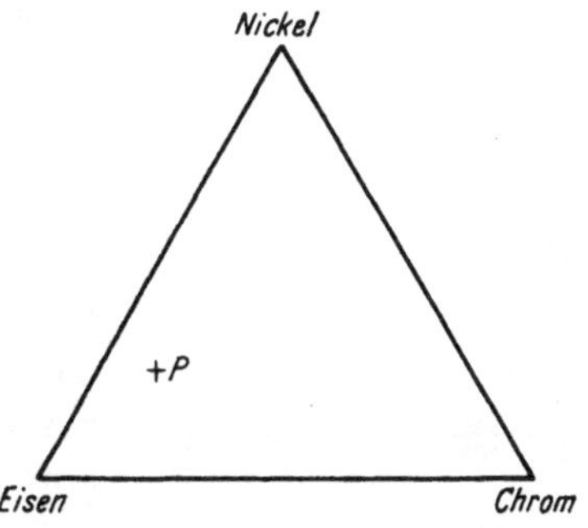

Abb. 71.
Diagramm eines ternären Stoffgemischs.

Jede Ecke des Dreiecks stellt einen reinen Stoff dar, auf den Dreieckseiten befinden sich die Zweiermischungen, im Innern die Dreiermischungen, z. B. stellt der Punkt P die soeben erwähnte Mischung dar.

In der gleichen Weise verfährt man nun in der Farbenlehre. Aus den drei Farbwerten (s. das obige Beispiel unseres blauen Papieres) ermittelt man erst einmal die drei Farbwertanteile. Diese nennen wir x, y und z, wir nehmen also jetzt die kleinen Buchstaben.

Es sind demnach die Farbwertanteile:

$$(1) \qquad x = \frac{X}{X+Y+Z} \qquad y = \frac{Y}{X+Y+Z} \qquad z = \frac{Z}{X+Y+Z}\ ^{*}$$

Nach dem obigen Zahlenbeispiel für das blaue Papier ist

$$x = \frac{12{,}7}{68{,}9} = 0{,}158, \quad y = \frac{10{,}9}{68{,}9} = 0{,}185, \quad z = \frac{45{,}3}{68{,}9} = 0{,}657.$$

Wenn wir jetzt nur die *Farbwertanteile* einer Farbe betrachten, so lassen wir die absolute Größe des Reizes zunächst ganz aus dem Spiel. Uns interessiert erst einmal, in welchem *Verhältnis* die Erregung der drei Reizzentren unseres Auges zueinander steht, ebenso wie uns oben das Mischungsverhältnis in der Legierung interessierte. Wir könnten, wie oben gezeigt, die Auftragung in einem gleichseitigen Dreieck vornehmen, und man hat das in der Farbenlehre im Anfang auch getan. Aber aus

* In Zukunft wird nach dem Alphabet und dem allgemeinen Gebrauch folgend die Reihenfolge x, y, z benutzt, obwohl entsprechend der Wellenlänge der Spektralgebiete und der Farbenfolge Blau, Grün, Rot die umgekehrte Reihenfolge vorzuziehen wäre.

verschiedenen Gründen hat sich die Auftragung in einem rechtwinklig-gleichschenkligen Dreieck als vorteilhafter erwiesen, wie es in der Abb. 72 gezeigt wird. Ein Blick auf die obigen Gleichungen (1) zeigt, daß durch die Werte von x und y derjenige von z ohne weiteres mitgegeben ist, und zwar ist $z = 1 - (x + y)$. Infolgedessen begnügt man sich im allgemeinen mit der Angabe der beiden Anteile x und y und läßt auch im Dreieck die Bezeichnung z fort, obwohl das eigentlich die Tatsache außer acht läßt, daß alle drei gleichberechtigt sind. Wir können nun auch die Daten x und y der mehrfach erwähnten blauen Farbe im Dreieck eintragen, siehe den Punkt B in Abb. 72. Um uns in dem Farbendreieck (man spricht statt dessen auch von der Farbentafel) zu orientieren und um eine lebendige Vorstellung von der Lage der Farben zu gewinnen, müssen wir aber nun erst einmal charakteristische Punkte und Linien eintragen. Zunächst ist aus dem auf S. 158 Gesagten ohne weiteres zu entnehmen, daß sog. äquienergetisches Licht, welches einem reinen Weiß entspricht, alle drei Reizanteile in gleicher Höhe hat, so daß $x = y = z = 0{,}333$ ist, entsprechend dem Punkte U in Abb. 72. Von besonderem Interesse ist ferner die Lage der Spektralfarben. Auf S. 157 wurde bereits gezeigt, wie auf Grund der Kurven der Abb. 70 die drei Farbwerte einer jeden Spektralfarbe leicht zu ermitteln sind, nach den Gleichungen (1) sind damit auch die Farbwertanteile leicht auszurechnen. Führt man das durch, so erhält man einen Kurvenzug (von V bis R) für sämtliche Spektralfarben. Wie genauer gezeigt werden kann, liegen alle additiven Mischungen zweier Farben auf der geraden Linie, welche die beiden Farbpunkte verbindet, und so liegen auf der geradlinigen Verbindung V—R die additiven Farbmischungen, die man mit dem äußersten spektralen Violett und dem äußersten spektralen Rot erzielen kann. Das sind aber sämtliche gesättigten blauroten Farbtöne. Man nennt diese gerade Linie die Purpurgerade. Die von dem Spektrallinienzug und der Purpurgeraden umschlossene Fläche umfaßt nun alle natürlich vorkommenden Farben. Was außerhalb liegt, hat nur theoretischen Charakter[1].

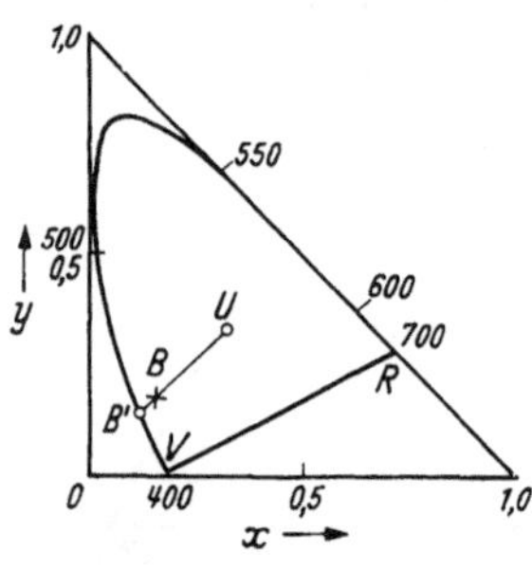

Abb. 72. Farbendreieck.

Mischt man additiv eine Spektralfarbe in wechselndem Verhältnis mit reinem Weiß, so liegen sämtliche möglichen Mischfarben dann auf

[1] Eine gewisse Einschränkung ist insofern zu machen, als beim Betrachten einer gesättigten Farbe nach vorhergehendem Betrachten der Gegenfarbe das Auge eine besonders leuchtende Farbe sieht, die wahrscheinlich in ihrer Sättigung über die betreffende Spektralfarbe hinausgeht.

der Verbindungslinie dieser Spektralfarbe mit dem Weißpunkt, z. B. $B' — U$ in Abb. 72. Diese Zumischung von weißem Licht zu einer Spektralfarbe bewirkt aber erfahrungsgemäß eine zunehmende Verweißlichung oder abnehmende Sättigung der Farbe ohne Änderung des Farbtones. Umgekehrt kann man nun aber diese Erscheinung benutzen, um jede beliebige Farbe als Mischung aus einer bestimmten zugehörigen „farbtongleichen" Spektralfarbe und Weiß aufzufassen. So können wir z. B. unsere mehrfach erwähnte Farbe des blauen Papieres, bezeichnet durch den Punkt B in Abb. 72, als Mischfarbe zwischen der Spektralfarbe B' und Weiß charakterisieren. Wir ermitteln diese Spektralfarbe B' sehr leicht durch Verbinden von B mit dem Unbuntpunkt U und Verlängerung dieser Linie über B hinaus bis zum Schnitt mit dem Spektrallinienzug. Es handelt sich um die Spektralfarbe von der Wellenlänge 479 mμ. Dieses Verfahren hat zwei Vorteile: einmal ist der Farbton jeder Spektralfarbe ganz scharf definiert, er kann auch in jedem Spektralapparat nachgeprüft werden. Man kann daher den Farbton der Farbe durch die entsprechende Spektralfarbe eindeutig kennzeichnen und spricht direkt von der „farbtongleichen Wellenlänge". Zum andern läßt sich aus der Lage des betreffenden Farbpunktes zwischen der Spektralfarbe und Weiß ein Rückschluß auf die Sättigung ziehen. Als Maß für die Sättigung einer Farbe wählt man z. B. die Beziehung

$$\frac{\text{Abstand zwischen dieser Farbe und Weiß}}{\text{Abstand zwischen der zugehörigen Spektralfarbe und Weiß}},$$

in der Abb. 72 z. B. $\frac{\mathrm{BU}}{\mathrm{B'U}}$ und nennt diesen Quotienten „spektralen Farbanteil" mit dem Zeichen p_e. Farbton und Sättigung geben damit schon eine anschauliche Charakterisierung der Farbe[1], es fehlt aber noch eine dritte Eigenschaft zur vollständigen Bewertung einer Farbe, das ist die Helligkeit.

Es sei daran erinnert, daß bei der Aufstellung des IBK-Systems von der Voraussetzung ausgegangen wurde, daß die Helligkeit einer Farbe nur in dem Y-Reiz zum Ausdruck kommt. Andererseits kommt es hier nicht wie bei den Farbwertanteilen auf die Verhältniszahl an, sondern auf den Absolutwert. Der Farbwert Y ist also selber bereits ein Maß für die Helligkeit. Wir haben bisher die Farben unabhängig von ihrer Helligkeit in das Farbendreieck eingetragen. An sich ist das nicht korrekt. Da aber die Berücksichtigung dieser Größe bei einer ebenen Darstellung schwierig sein würde, kann man statt dessen eine räumliche wählen, indem man die Anteile x, y (und z) wie bisher in der Papierebene und die Helligkeit Y nach oben aufträgt, s. Abb. 73. Man erhält dann ein Parallelepiped.

[1] Bei Purpurtönen, denen keine farbtongleiche Wellenlänge entspricht, gibt man die gegenfarbige Wellenlänge an und versieht sie mit einem Minuszeichen.

Führt man einen Schnitt durch diesen Körper parallel zu der Grundfläche, so erhält man wieder ein Dreieck wie in Abb. 72, wobei nun aber alle Farben von gleicher Helligkeit sind. Die dreidimensionale Darstellung der Farben ergibt sich zwangsläufig bei allen Farbsystemen, sie leitet sich aus dem Vorhandensein von drei Grundvalenzen her. So muß man auch immer drei Bestimmungsstücke für jede Farbe angeben. In der Farbenlehre ist es nun am zweckmäßigsten, dafür die beiden Farbwertanteile x und y (z ist dadurch mitgegeben) und die Helligkeit Y zu nehmen. Anschaulicher ist es unter Umständen, vor allem für den Anfänger, die farbtongleiche Wellenlänge λ_f, die Sättigung p_e und die Helligkeit Y anzugeben, weil man sich dann gleich eine nähere Vorstellung von dem Aussehen der Farbe machen kann. Die Farbe des oben erwähnten blauen Papieres hat die farbtongleiche Wellenlänge $\lambda_f = 479$ mμ, die Sättigung $p_e = 0{,}73$ und die Helligkeit $Y = 10{,}9\,\%$.

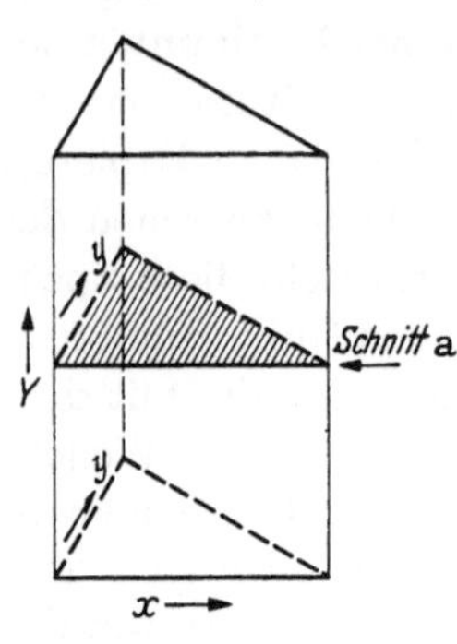

Abb. 73. Farbenraum als Parallelepiped.

Wir wollen nun die schon im Teil B I besprochene additive Mischung von Farben unter den neu gewonnenen Gesichtspunkten betrachten und können auch hier die Parallele mit der Mischung aus mehreren Stoffen durchführen. Wir denken z. B. an den Fall, daß eine Dreistofflegierung mit einer anderen zusammengeschmolzen wird, die aus drei gleichartigen Metallen, aber in anderem Prozentgehalt, besteht. Erhalten wir die Stoffangabe nicht in Prozentgehalten, sondern direkt in Gewichtsmengen, so ist die Lösung dieser Aufgabe sehr einfach, man braucht die einzelnen Mengen nur zu addieren, andernfalls kann man diese einzelnen Gewichtsmengen vorher errechnen. So habe z. B. der eine kleine Metallblock, wie oben erwähnt,

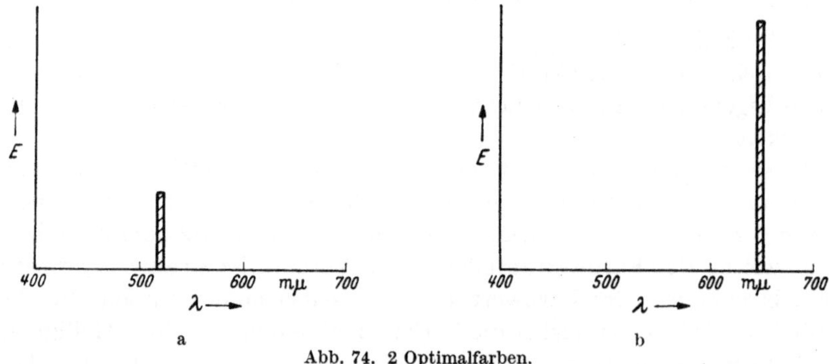

Abb. 74. 2 Optimalfarben.

0,5 kg Eisen	0,2 kg Nickel	0,1 kg Chrom, ein anderer habe
0,3 kg Eisen	0,1 kg Nickel	0,2 kg Chrom. Die Summe ist
0,8 kg Eisen	0,3 kg Nickel	0,3 kg Chrom.

Daraus lassen sich dann nach dem obigen Schema die Anteile der einzelnen Metalle an der neuen Legierung errechnen. Dasselbe geschieht nun bei den Farben. Hat eine Farbe die Farbwerte X_1, Y_1 und Z_1, eine andere die Farbwerte X_2, Y_2 und Z_2, so sind sie Farbwerte der additiven Mischfarbe einfach $X_3 = X_1 + X_2$, $Y_3 = Y_1 + Y_2$ und $Z_3 = Z_1 + Z_2$. Daraus kann man dann, wie auf S. 159 beschrieben, die Anteile x_3, y_3, z_3 ausrechnen und weiterhin auch die Werte λ_f und p_e bestimmen.

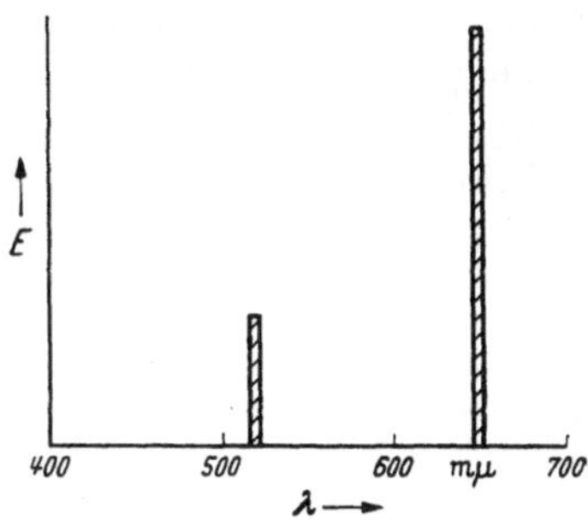

Abb. 75.
Additive Mischung der Farben von Abb. 74.

Kann man so in vollkommen eindeutiger Weise aus den Daten zweier Farben ihre additive Mischung ermitteln, so ist es selbstverständlich unmöglich, aus der Mischfarbe die Einzelfarben zu bestimmen, so wie es ja in der Algebra nicht möglich ist, aus einer einzigen Gleichung $x + y = A$ die beiden Unbekannten x und y zu ermitteln.

Das folgende Beispiel soll nun diese Beziehungen noch näher erläutern: Wir mischen additiv eine grüne Optimalfarbe G von der Wellenlänge

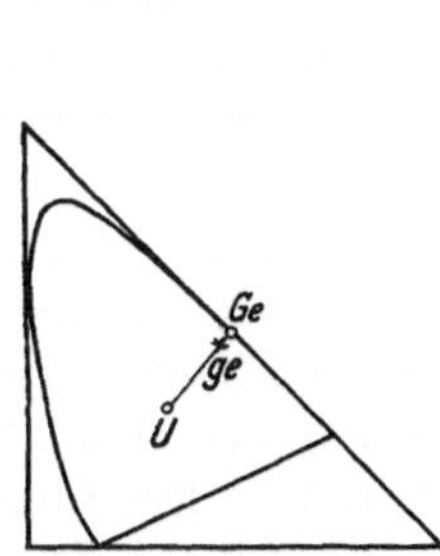

Abb. 76. Mischfarbe von Abb. 75 im Farbendreieck.

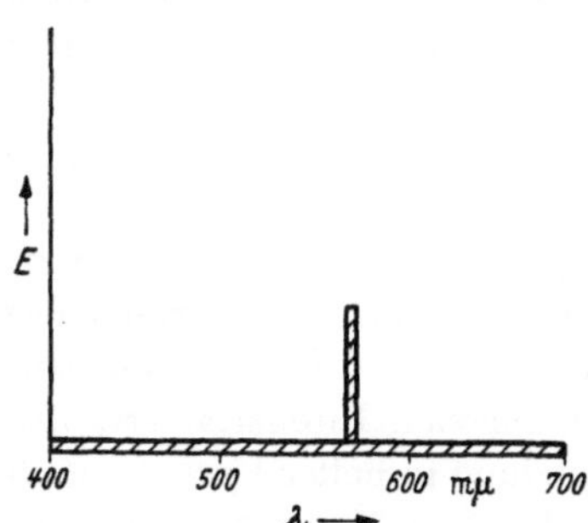

Abb. 77. Additive Mischfarbe bedingt gleicher Farbvalenz.

517,5—522,5 mμ und eine rote Optimalfarbe R von der Wellenlänge 647,5—652,5 mμ, wie in dem Versuch S. 11 beschrieben (Abb. 74). Die Intensität der beiden Farben sei so gewählt, daß wir ein reines Gelb erhalten. Die Mischfarbe hat folgende Emissionskurve (Abb. 75), die Farbbewertung ergibt die Farbe des Punktes *ge* im Farbdreieck (Abb. 76). Diese Farbe von der farbtongleichen Wellenlänge $\lambda_f = 575$ mμ kann nach dem auf S. 160 Gesagten auch aus der gelben Farbe Ge der Wellenlänge 572,5—577,5 mμ und reinem Weiß W ermischt werden[1]. Die Rechnung ergibt die dabei notwendigen Intensitäten, die Mischfarbe sieht nun folgendermaßen aus (Abb. 77). Wir sehen also beim Vergleich der Farbe der Abb. 75 und der Farbe der Abb. 77 zwei physikalisch vollkommen verschiedene Farben, welche die gleichen farbmetrischen Daten ergeben und unserem Auge demnach auch vollkommen gleich erscheinen. Man nennt die Farbvalenzen solcher Farben bedingt gleich, während die der physikalisch gleichartigen unbedingt gleich heißen. Das sind aber nun keineswegs die beiden einzigen Möglichkeiten, es gibt noch mehr

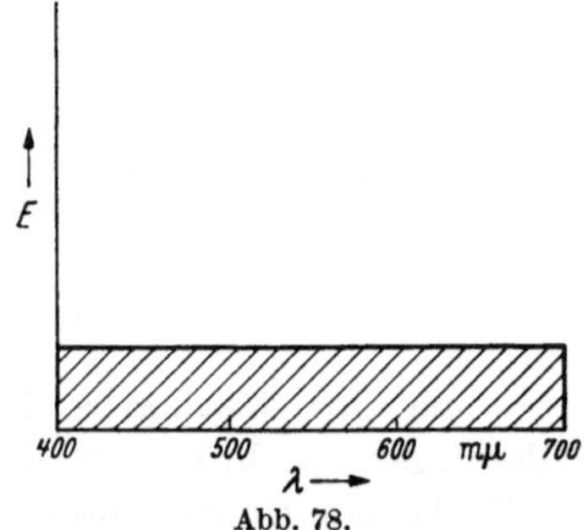

Abb. 78.
Äquienergetisches Licht als Echtgrau.

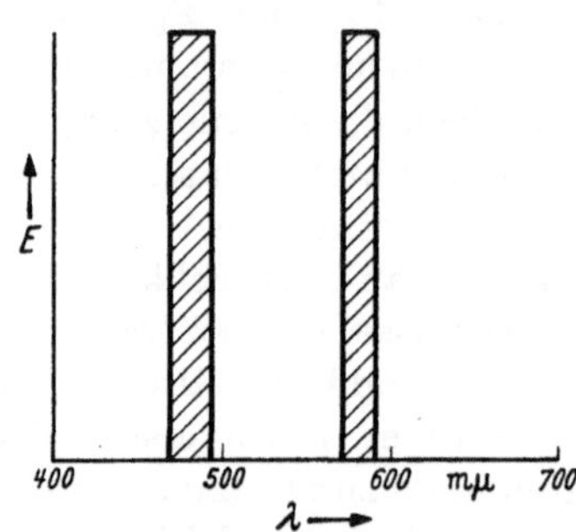

Abb. 79. 1. Beispiel für ein Unechtgrau.

solcher bedingt gleicher Farben, welche uns den gleichen Farbeindruck vermitteln können. Unser Sehapparat ist also, was man bei der Fülle der Farben, die er uns bringt, zunächst nicht vermutet, durch die Beschränkung auf drei Reizzentren verhältnismäßig unvollkommen. Er kann die Feinheit der spektrographischen Aufzeichnung bei weitem nicht erreichen.

Wir müssen nun einen Spezialfall von bedingt gleichen Farben betrachten. Wie schon mehrfach erwähnt, empfinden wir äquienergetisches Licht, d. h. Licht, das über den ganzen sichtbaren Spektralbereich mit der gleichen Intensität strahlt, als rein weiß und bei allmählicher Abdunkelung in heller Umgebung als rein grau (Abb. 78). Der Eindruck Weiß oder Grau kann aber ebenfalls durch eine unendliche Zahl von anderen Mischungen zustande kommen. Ein Beispiel zeigt die Abb. 79, ein anderes die Abb. 80. Diese Farben sind also der äquienergetischen bedingt gleich. Aus einem später zu erörternden Grunde nennt man die erste Farbe Echtgrau, alle anderen, nicht äquienergetischen, Unechtgrau.

Im Farbendreieck (S. 160) spielt der Weißpunkt oder besser Unbuntpunkt eine besondere Rolle, und zwar deshalb, weil für diesen

[1] Auf die verhältnismäßig einfachen Rechenmethoden, die man benutzen muß, sei hier nicht näher eingegangen.

Punkt und alle räumlich darüber oder darunter liegenden Punkte die drei Farbwertanteile untereinander gleich sind: $x = y = z = 0{,}333$. Diese vollkommen unbunten Farben bilden, nach der Helligkeit gestuft, die Graureihe, von Weiß über die verschiedenen Grauwerte bis Schwarz.

Das äquienergetische Licht ist praktisch schwierig herzustellen, es gibt aber Bogenlicht mit ähnlicher Zusammensetzung. Für die wichtigsten Beleuchtungsarten hat man gewisse typische Lichtquellen normgerecht festgelegt. Es sind dies:

1. Die Normalbeleuchtung A, welche dem Licht von Glühlampen entspricht
2. Die Normalbeleuchtung B, welche etwa dem Sonnenlicht entspricht
3. Die Normalbeleuchtung C, welche etwa diffusem Tageslicht entspricht und
4. Die Normalbeleuchtung E, welche zwischen B und C steht.

Die Lage der Normalbeleuchtungen im Farbendreieck wird in Abb. 81 gezeigt. Wie man sieht, liegt nur die Normalbeleuchtung E im Unbuntpunkt, sie ist mit voller Absicht so abgestimmt worden.

Die Normalbeleuchtung A ist stark nach der gelben Seite

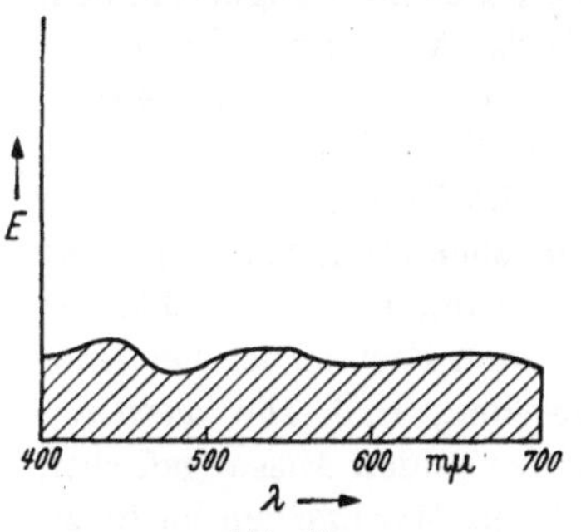

Abb. 80.
2. Beispiel für ein Unechtgrau.

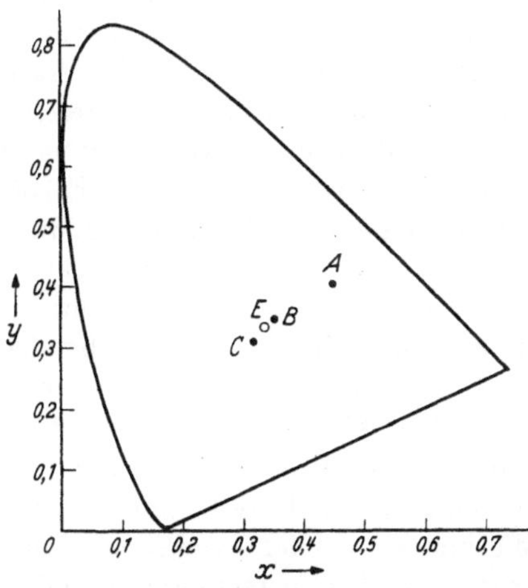

Abb. 81.
Lage der Normalbeleuchtungen im Farbendreieck.

verschoben, wir können uns davon überzeugen, wenn wir Glühlampen bei Tageslicht einschalten und betrachten. B ist etwas gelber als E, C etwas blauer.

Es ist bedauerlich, daß durch die vielen Normalbeleuchtungsarten eine gewisse Verwirrung unvermeidlich ist. An sich würden zwei Typen vollständig genügen, eine für Lampenlicht und eine für Tageslicht, und das war auch der Gedankengang, als vom deutschen Normenausschuß die Normalbeleuchtung E eingeführt wurde. Sie sollte an die Stelle von B und C treten und hat diesen beiden gegenüber den Vorteil, daß sie genau im Unbuntpunkt liegt. Leider hat sich diese Normalbeleuchtung E aber international nicht durchgesetzt.

Nun haben wir früher gesehen, daß die Farbe eines Objekts nicht nur von ihm selbst, sondern auch von der ihn beleuchtenden Lichtquelle abhängt, es ist daher zur eindeutigen Bestimmung der Farbe des Gegenstandes zweckmäßig, die Beleuchtung mit einer genormten Lichtquelle vorzunehmen. Kann man das praktisch auch nicht immer machen, so läßt es sich doch, wie später gezeigt wird, in der Auswertung rechnerisch berücksichtigen.

Die Bedeutung des farbvalenzmetrischen oder IBK-Systems, das wir bis jetzt besprochen haben, liegt in drei Dingen:

1. Jede Farbe wird eindeutig und sogar zahlenmäßig in übersichtlicher Art festgelegt. Wenn mehrere Farben in dem Farbkörper auf den gleichen Punkt fallen, so kann man sicher sein, daß jeder normal farbtüchtige Mensch sie als gleichartig beurteilt. Fallen sie nicht zusammen, so werden Unterschiede bemerkbar sein.

2. Je nach der Lage des ermittelten Farbpunktes in dem valenzmetrischen Raum kann man bestimmte Aussagen über die Eigenschaften der Farbe machen, so über den Farbton, die Sättigung, die Helligkeit, jedoch sind bei den beiden letzteren Größen die *zahlenmäßigen* Angaben nicht als Maß für die Empfindung zu betrachten. Zum Beispiel sollen zwei grüne Farben den gleichen Farbton und die gleiche Helligkeit haben, die eine hat aber 80% Sättigung, die andere 60% Sättigung. Wir werden die erste dann bestimmt als gesättigter empfinden, um wieviel wir sie jedoch als gesättigter empfinden, können uns diese Zahlen noch nicht zuverlässig angeben. Entsprechendes gilt für die Helligkeit.

3. Das System ermöglicht es in außerordentlich einfacher und übersichtlicher Weise, additive Farbmischungen zu ermitteln. Wir haben bei dem Farbendreieck, das einem Schnitt durch den Farbkörper bei einer bestimmten Helligkeitsstufe entspricht, gesehen, daß alle *additiven* Mischungen auf der *geradlinigen* Verbindung der beiden Ausgangsfarben liegen. Auch rein rechnerisch sind die additiven Mischfarben leicht zu bestimmen. Dagegen muß man sorgfältig beachten, daß die Verhältnisse nicht so einfach für die *subtraktive Farbmischung* liegen, die uns vom Standpunkt der modernen Farbenphotographie besonders stark interessiert. Näheres darüber s. im Teil D I 4. Daß die Leistungsfähigkeit des IBK-Systems ihre Grenzen hat, ist bereits angedeutet worden. Wir müssen darauf jetzt näher eingehen:

Ein Mangel des Systems liegt zunächst in einer gewissen Unanschaulichkeit. Die Koordinaten x und y sagen erst demjenigen etwas, der sich mit dem System durch längeren Gebrauch vertraut gemacht hat. Die stattdessen benutzten Größen λ_f (farbtongleiche Wellenlänge) und p_e (Sättigung) haben auch ihre Nachteile. Bei der ersten muß man die

Farben der Spektrallinien kennen, die zweite Größe ist nur als qualitative Angabe zu bewerten, zahlenmäßig entspricht sie nicht unserer Empfindung. Das gilt auch für die Helligkeit.

Ein weiterer Mangel liegt darin, daß bei einem Vergleich von zwei oder mehr *verschiedenen* Farben der Maßstab des IBK-Systems nicht unserer Farbempfindung entspricht. Wenn z. B. im IBK-Dreieck eine Farbe I von einer Farbe II einen bestimmten Abstand hat, und eine Farbe III hat von einer Farbe IV den gleichen Abstand, so nimmt man zunächst an, daß der Abstand zwischen Farbe I und Farbe II als ebenso groß empfunden wird wie derjenige zwischen Farbe III und Farbe IV. Das ist aber nicht der Fall.

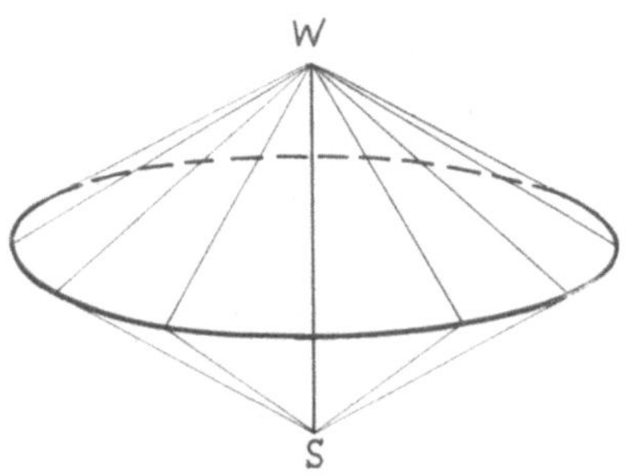

Abb. 82. Ostwald-Farbkörper.

Größere Anschaulichkeit als das IBK-System haben einige andere Systeme, die meist schon vor diesem geschaffen wurden und die wir als Benennungssysteme bezeichnen können. In Deutschland ist dasjenige von OSTWALD am besten bekannt. Er hat alle Farben in einem Doppelkegel untergebracht, dessen obere Spitze Weiß, dessen untere Schwarz ist, auf der Achse liegen alle grauen Farben. In der Peripherie des größten Kreises sind alle Farben mit der *höchsten Sättigung*, die „Vollfarben" untergebracht, wobei wie im IBK-System die Reihenfolge der Farben im Spektrum beibehalten und die Lücke durch die Purpurfarben geschlossen wird. Die verweißlichten Farben, durch additive Mischung aus Vollfarbe und Weiß darstellbar, liegen auf der Oberfläche des oberen Kegels zwischen Spitze und größtem Kreis. Die verschwärzlichten, durch additive Mischung aus Vollfarbe und Schwarz darstellbar, liegen entsprechend auf der Oberfläche des unteren Kegels. Im Innern des Doppelkegels liegen alle gleichzeitig verweißlichten und verschwärzlichten Farben (Abb. 82). Ein ähnliches Benennungssystem ist auch das in den USA jetzt sehr viel benutzte von MUNSELL. Bei diesem System (Abb. 83) ist auch wieder eine Grauachse von Weiß bis Schwarz so angeordnet wie bei OSTWALD. Sie ist nach Empfindungsmaß in verschiedene Stufen eingeteilt. Es werden nun alle bunten Farben betrachtet, die gleich hell sind wie ein bestimmtes Grau und infolgedessen in einer Ebene liegen. Alle Farben gleichen Farbtons werden so angeordnet, daß sie sich mit zunehmender Sättigung stufenweise von der Achse nach außen entfernen. Dabei ist wieder die empfindungsgemäße Bewertung maßgebend. Es gibt also z. B. die Sättigungsstufen 1, 2, 3 usw. Je nach Farbton und Helligkeit können nun Farben in einem Falle, z. B. bei einem dunklen Gelb, nur in wenigen Stufen vorliegen, in einem anderen Fall, z. B. bei einem dunkleren Blau, in wesentlich mehr Stufen. Schließlich wird noch für Farben gleicher Helligkeit und gleicher Sättigung, die jeweils auf Kreisen liegen, der empfindungsgemäße Abstand der Farbtöne ermittelt und diese Farbtonabstände bestimmen den Abstand der Farben auf der Peripherie dieser Kreise. Dabei wird wieder eine bestimmte Zahl von Stufen festgelegt. Man hat für dieses System vor einigen Jahren die Farbbestimmung sehr sorgfältig neu durchgeführt, und es ist zur übersichtlichen Charakterisierung von Farben auf jeden Fall gut geeignet. Durch die Ausmessung sämtlicher Munsell-Farben kann man sie auch zum IBK-System in Beziehung setzen.

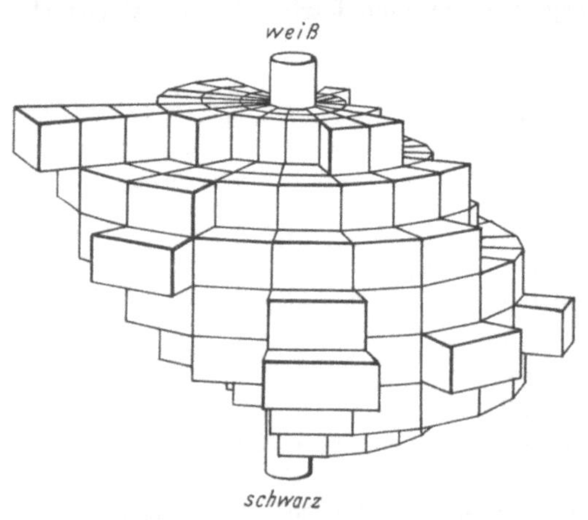

Abb. 83. Munsell-Farbkörper.
Aus einer Arbeit von BOND und NICKERSON.

Ein weiteres Benennungs-System, das in Deutschland wegen seiner Zuverlässigkeit und der Reichhaltigkeit der Anfärbungen beliebt ist, ist das von BAUMANN-PRASE. Es gibt noch eine Fülle von anderen derartigen Systemen, die hier unerwähnt bleiben müssen.

Die Bezeichnung „Benennungs-System" sollte bereits Vorzüge und Grenzen dieser Modelle kennzeichnen. Sie leisten gute Dienste, wenn es sich darum handelt, Farben mit leidlicher Genauigkeit zu charakterisieren, wie es vielfach z. B. bei Textilien, Anstrichen u. dgl. erwünscht ist. Die Genauigkeit des IBK-Systems und seine Leistungsfähigkeit für alle rechnerischen Methoden, wie z. B. für die Bestimmung von Mischfarben u. dgl., kann man von ihnen nicht erwarten. Wie schon erwähnt, sind sie aber mit Ausnahme des Munsell-Systems auch als „Abstands-Systeme", d. h. zur zahlenmäßigen Charakterisierung des empfindungsgemäßen Abstandes, nicht ausreichend. Diese besonders für die Farbenphotographie wichtige Anforderung hat man in den letzten Jahren durch eine Reihe von anderen Systemen zu verwirklichen gesucht. Restlos befriedigend ist noch keins von ihnen. Eines, das in der Farbenphotographie schon mehrfach benutzt worden ist, soll als Beispiel beschrieben werden. Gemeint ist das *RUCS* („*R*ectangular *U*niform *C*hromaticity *S*ystem"), das durch Verzerrung aus dem

IBK-System entstanden ist. Wie man aus der Abb. 84 sieht, handelt es sich wieder um einen Helligkeitsschnitt. Spektralfarbenzug und Purpurgerade sind ebenso vorhanden wie der Unbuntpunkt, die Koordinaten-Benennung (x″ und y″) erfolgt diesmal aber von dem Unbuntpunkt aus mit positiven Werten nach rechts und oben, mit negativen nach links und unten. Die Umrechnung der IBK- in die RUCS-Daten ist verhältnismäßig einfach und kann auch auf graphischem Wege erfolgen (*131*). Der Sinn dieses Systems ist folgender: Einerseits sollen die oben näher gekennzeichneten Vorteile des IBK-Systems aufrechterhalten bleiben, andererseits sollen die Abstände — immer gleiche Helligkeit der Farben vorausgesetzt — unserem Empfindungsurteil entsprechen. Sind also die eingezeichneten Farben I und II um 0,1 voneinander entfernt, die Farben III und IV ebenfalls um 0,1, so müßte auch unser Urteil lauten, daß die Farbabstände in beiden Fällen als gleich groß empfunden werden. Diese Forderung ist jedoch auch mit diesem System noch nicht restlos erfüllt. Die Abb. 85 und 86 zeigen, wie empfindungsgemäß gleich große Abstände nach den IBK-Daten und wie sie nach den RUCS-Daten bewertet werden. Auch bei dem letzteren sind die Strecken noch keineswegs alle gleich, wenn es auch schon wesentlich besser ist als im IBK-Dreieck. Es kommt hinzu, daß nur die Reizart, d. h. Farbton und Sättigung gleichzeitig, beurteilt wird, die Helligkeit aber wieder getrennt bewertet werden muß. Einige neuere amerikanische Systeme, der ω-space und der ξ-space (*203*, *231*), kommen vielleicht der Forderung nach gleichartigem Empfindungsabstand noch näher [s. dazu Burnham (*65*)], z. T. sind sie aber auch wieder komplizierter und geben die Übersichtlichkeit des IBK-Systems auf. Vorläufig ist es auf jeden Fall zweckmäßig, zunächst die Bewertung der Farben im allgemein anerkannten IBK-System vorzunehmen. Wenn es darüber hinaus auf die empfindungsgemäße Bewertung ankommt, kann das RUCS für Farbton und Sättigung empfohlen werden. Für die Helligkeitsbewertung, die zusätzlich erfolgen muß, existieren bereits gute Abstands-Systeme, besonders das in Anlehnung an das

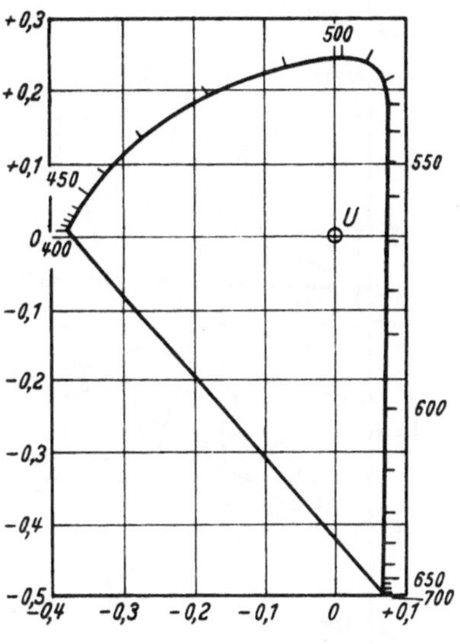

Abb. 84. RUCS-Farbentafel.

Weber-Fechnersche Gesetz von Klughardt aufgestellte (*158*) ist recht zuverlässig. Allerdings sind die Helligkeitsabstände zunächst nur für die reine Graureihe ermittelt worden, man begeht aber bei der Übertragung auf die bunten Farben sicher keinen allzu großen Fehler. Neuerdings soll nach einer Empfehlung des Fachnormenausschusses Farbe in

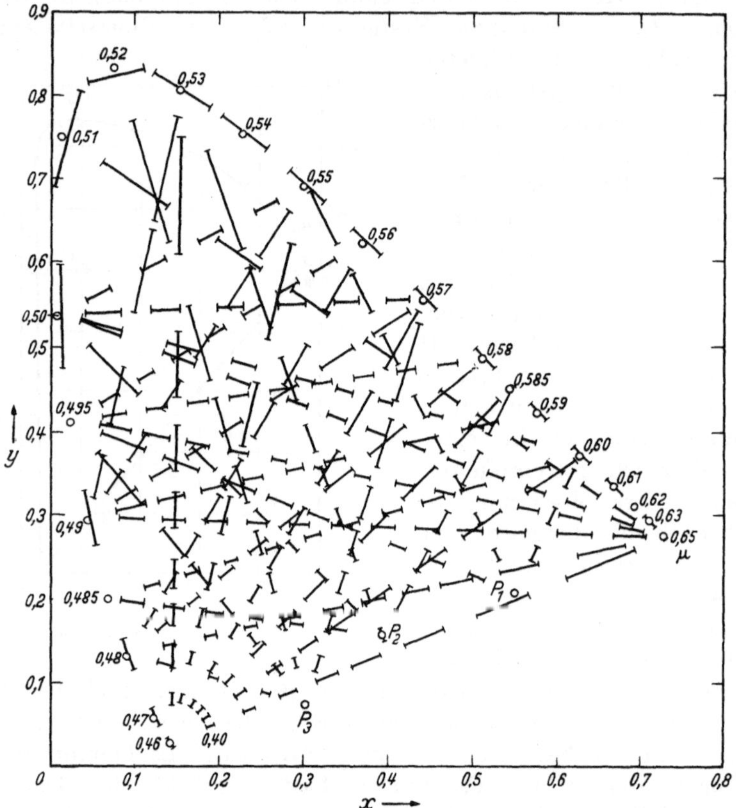

Abb. 85. Empfindungs-Abstände im IBK-Dreieck. Aus dem Buch von Wright (*37*).

Deutschland an die Stelle des RUCS das sehr ähnliche *Mac Adam-System* treten (s. das Buch von Richter, S. 167).

Ob ein einwandfreies Abstandssystem überhaupt möglich ist, ist noch nicht vollkommen klargestellt. Wenn es aber realisierbar ist, so sollte keine Mühe gescheut werden, um es zu ermitteln, es liegt nicht nur im Interesse der Farbenphotographie, sondern auch der anderen wissenschaftlichen und technischen Disziplinen, die mit Farben und Farbabweichungen zu tun haben.

Neuere Versuche, in Deutschland im Rahmen des Fachnormenausschusses Farbe eine allgemein anerkannte Farbkarte zu schaffen, fußen auf Arbeiten von M. RICHTER, über die er in einer vor kurzem erschienenen Veröffentlichung (*228*) berichtet.

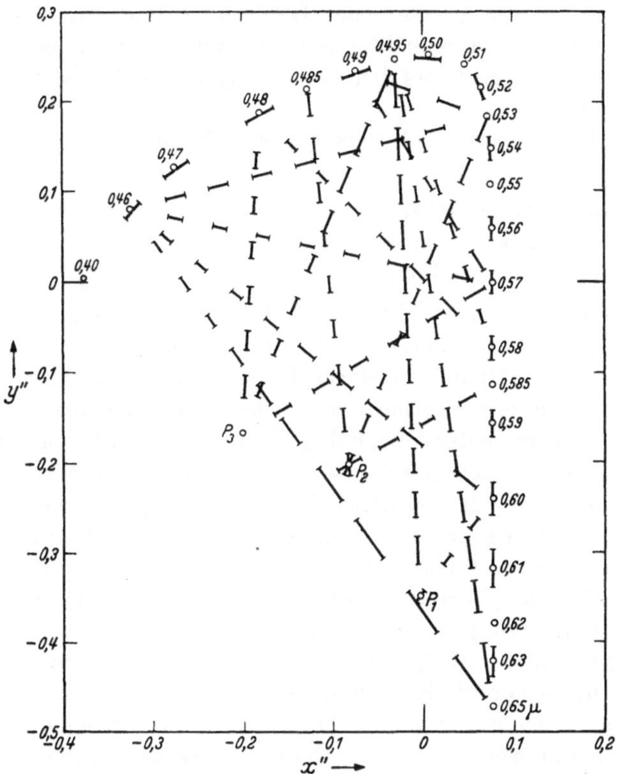

Abb. 86. Empfindungs-Abstände im RUCS. Aus dem Buch von WRIGHT (*37*).

2. Messung und Bewertung von Farben.

Im vorigen Abschnitt wurden die Grundzüge der modernen Farbenlehre auseinandergesetzt, damit ist der Rahmen für die Charakterisierung der einzelnen Farben gegeben. Wir müssen nun die Methoden kennen lernen, nach denen die Messung und Bewertung der Farben praktisch erfolgt. Lange Zeit hat man sich in der Farbenphotographie mit subjektiven und qualitativen Urteilen über die Farbwiedergabe begnügt. Auf die Dauer kann das nicht befriedigen. Wir haben im vorhergehenden Teil gesehen, daß für das Zustandekommen dessen, was wir mit Farbe bezeichnen, nicht nur die physikalischen Gegebenheiten, sondern auch unser Sehapparat in weitestem Sinne maßgeblich ist, daß aber für den weitaus größten Teil der Menschen dieses Farbensehen nahezu einheitlich ist und daß man es sogar mathematisch formulieren kann. Wenn man von einer objektiven Bestimmung der Farben spricht, so ist das daher nicht wortgetreu richtig, es handelt sich vielmehr um eine genormte subjektive Bewertung, in diesem Sinne wird das Wort objektiv aber auch im gewöhnlichen Leben oft gebraucht. Wichtig ist, daß die Bewertung zahlenmäßig erfolgen kann, wir haben hier den seltenen Fall, daß man das bei einem physiologisch-psychologischen Vorgang tun kann.

Es gibt drei grundsätzlich verschiedene Methoden für die Messung von Farben:

1. das Gleichheitsverfahren,
2. das Spektralverfahren,
3. das Helligkeitsverfahren.

Bei dem Gleichheitsverfahren wird die Übereinstimmung zwischen der zu prüfenden Farbe und einer bekannten Farbe festgestellt. Eine besonders einfache Ausführungsform des Gleichheitsverfahrens besteht in dem Vergleich des Prüflings mit bekannten Farbenwerten. Man nimmt dafür eine besonders reichhaltige Sammlung von Farben (Farbenatlas) und ermittelt, welcher Farbe dieser Sammlung die zu prüfende Farbe am nächsten kommt, denn eine vollständige Übereinstimmung ist ja selbst bei einer sehr großen Zahl der Farben im Atlas nicht immer zu erwarten[1]. Daraus folgt, daß diese Methode nicht übermäßig genau ist, sie hat aber den Vorteil großer Einfachheit und benötigt keinerlei apparative Vorrichtungen. Sie ist auch schon sehr alt und insofern unabhängig von dem IBK-System oder einem anderen farbvalenzmotrischen System, als nur die Einteilung bzw. Numerierung des betreffenden Farbenatlas benutzt zu werden braucht. Zwei wesentliche Schwierigkeiten treten indessen dabei auf. Einmal ist es notwendig, daß jedes Exemplar einer solchen Farbensammlung immer wieder vollständig gleichartig ausfällt, was bei derartigen Papieranstrichen keineswegs selbstverständlich ist. Zweitens ist es gerade in der Farbenphotographie erwünscht, den Abstand einer Farbe von einer anderen richtig zu bewerten. Dazu müßte aber die Farbensammlung die Farben in einem für die Empfindung gleichartigen Abstand anordnen. Das ist noch in keinem Fall ganz gelungen.

Man kann nun eine derartige Farbensammlung auch mit dem IBK-System verknüpfen, indem man für die sämtlichen Farben dieses Atlas ein für allemal die valenzmetrischen Daten nach einer genauen Methode ermittelt. Das ist in den letzten Jahren in USA mit dem Munsell-System geschehen. Wenn man sich also auf die Reproduzier-

[1] Das Auge vermag etwa 10 Millionen Farben zu unterscheiden.

barkeit der Farben des Atlas hinreichend verlassen kann und sich mit dem Fehler abfindet, der durch die nicht vollständige Übereinstimmung zwischen der zu prüfenden Farbe und der Sammlungsfarbe entsteht, kann man so auf sehr einfache Weise ohne Apparate und ohne Rechnung die valenzmetrischen Daten einer Farbe ermitteln.

Eine andere Methode der Farbmessung, die ebenfalls zu dem Gleichheitsverfahren zu zählen ist, beruht auf der in diesem Buch schon mehrfach besprochenen Erscheinung der additiven oder der subtraktiven Farbmischung. Die additive Mischung *zweier* Farben gibt nur die sehr beschränkte Zahl von Farben, die bei der Darstellung im Farbendreieck auf der geraden Verbindungslinie dieser beiden Farbpunkte liegt. Dagegen kann man mit *drei* sehr gesättigten Farben, z. B. einer blauen, einer grünen und einer roten, die meisten praktisch vorkommenden Farben ermischen, nämlich alle diejenigen, die innerhalb des von den drei Farben als Eckpunkten bestimmten Dreiecks liegen (Abb. 87). Man trifft also eine apparative Anordnung, in der die zu prüfende Farbe unmittelbar verglichen werden kann mit der aus drei gesättigten Farben zu ermischenden. Das Mischungs*verhältnis* der drei Farben wird so lange abgeändert, bis volle Übereinstimmung mit der zu prüfenden Farbe besteht. Nach diesem Prinzip ist eine Reihe von Instrumenten gebaut worden. Als Beispiel sei das Instrument von GUILD in seiner Abwandlung durch DONALDSON erwähnt (*37*), s. Abb. 88.

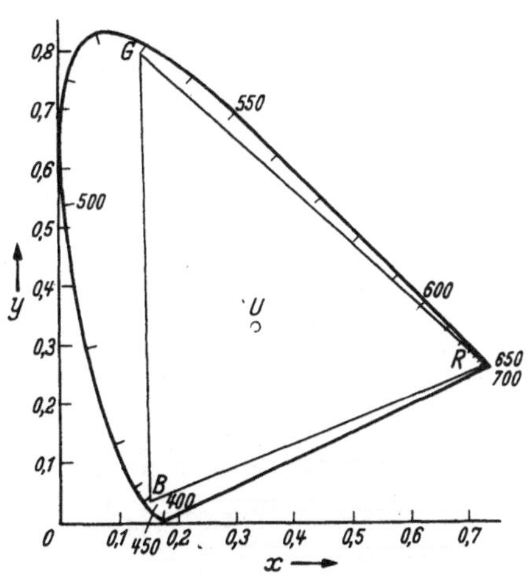

Abb. 87.
Additive Mischung aus drei gesättigten Farben.

Die Genauigkeit bei dieser Art von Farbmessung ist gut, wenn der Beobachter wirklich ein „Normalbeobachter“ ist. Weicht sein Auge von der Norm ab, so wirkt sich das hier unangenehm aus. Ferner erfordert die Einstellung der Farbmischung anfänglich ziemlich viel Geduld, allerdings erhält man später darin Übung.

Die Ausrechnung der gewünschten farbvalenzmetrischen Daten aus den abgelesenen Werten ist ziemlich einfach. Meistens werden von dem Hersteller des Instruments gleich die nötigen Umrechnungsformeln angegeben.

Die zweite Methode der Farbmessung ist das *Spektralverfahren.* Es besteht darin, zunächst die spektrale Zusammensetzung der Farbe zu bestimmen, also ihre *physikalischen* Eigenschaften, und daraus mit Hilfe der auf S. 157 abgebildeten spektralen Farbwerte die im Sehapparat des Normalbeobachters hervorgerufene Farbe rechnerisch zu ermitteln. Für die Messung ist es notwendig, die Intensität des von der Prüffarbe ausgehenden Lichtes Wellenlänge für Wellenlänge zu bestimmen. Eine spektrale Zerlegung durch Prismen oder Gitter ist also dafür in erster Linie notwendig. Aus dem dabei erzeugten Spektrum muß ein Spektralbereich nach dem andern in nicht zu großer Breite,

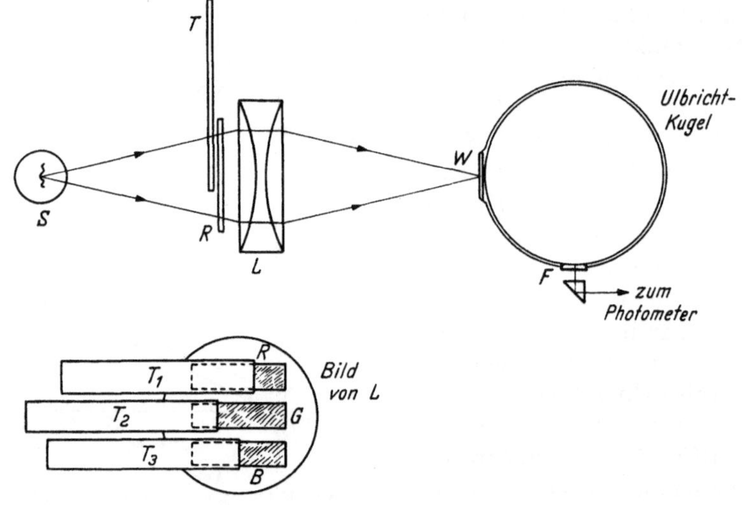

Abb. 88. Instrument von GUILD und DONALDSON.

S Projektionslampe, L Kondensor, T_1, T_2, T_3 Blenden, B, G, R Blau-, Grün-, Rotfilter, W Öffnung der Ulbricht-Kugel, F Lichtaustritt zum Photometer.

z. B. 5 mμ, herausgeblendet werden, und die Intensität jedes dieser Bereiche muß bestimmt werden. Das kann mit dem Auge geschehen wie z. B. in dem König-Martensschen Spektralphotometer oder in dem Zeißschen Spektraldensitometer. Alle diese visuellen Instrumente leiden aber unter der mangelnden Genauigkeit bei Messungen im kurzwelligen Gebiet. Besser arbeitet man mit einer Photozelle, in der durch das ausgeblendete Licht ein elektrischer Strom erzeugt und seinerseits gemessen wird (Abb. 89). Hat man die Farbe eines Selbstleuchters zu bestimmen, so muß für jeden Wellenlängenbereich die Photozelle vorher geeicht werden, denn es gibt leider keine Photozellen, welche eine über den gesamten sichtbaren Spektralbereich gleichbleibende Empfindlichkeit aufzuweisen haben. In der Farbenphotographie dagegen handelt es sich nicht um Selbstleuchter, sondern um Remissions- oder Transmissionsfarben. Betrachten wir zunächst die letzteren, so genügt es, eine beliebige, möglichst helle Lichtquelle zu wählen und das zu messende Glas oder den zu messenden Film hinter dem Austrittsspalt des Spektralapparates so anzuordnen, daß sie jederzeit beiseitegeschoben oder -geschwenkt werden können. Es ist dann erforderlich, für jeden Spektralbereich eine Messung mit dem Prüfling und eine ohne ihn vorzunehmen. Sofern der Photozellenstrom proportional der Lichteinwirkung ist, kann aus dem Verhältnis der beiden Ausschläge unmittelbar die Transmission in dem betreffenden Spektralbereich festgestellt werden. Man ist dabei auch von Ermüdungserscheinungen der Photozelle unabhängig.

So wird die Messung je nach gewünschter Genauigkeit alle 5 oder alle 10 mμ von 400—700 mμ vorgenommen, und die sämtlichen erhaltenen

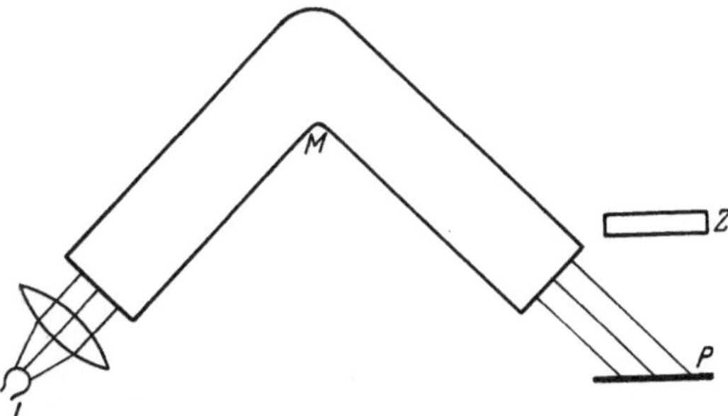

Abb. 89. Schema der spektralphotometrischen Messung.
L Lichtquelle, M Monochromator, P Pigment, Z Photozelle.

Werte werden in Abhängigkeit von der Wellenlänge aufgetragen. Dasselbe Verfahren kann auch mit Remissionsfarben durchgeführt werden. Man muß dann dafür sorgen, daß die zu messende Farbe unter einem Winkel von 45° beleuchtet wird und das von ihr in senkrechter Richtung remittierte Licht gemessen wird. Die „Nullmessung“, welche bei den Transmissionsmessungen einfach ohne Zwischenschaltung der Prüffarbe erfolgte, geschieht hier durch Einstellen eines ideal remittierenden Körpers anstelle der Prüffarbe. Frisch aufgedampftes Magnesiumoxyd kommt dieser Forderung ziemlich nahe. Eine grundlegende Schwierigkeit bei den Remissionsmessungen besteht darin, daß durch zu geringe Lichtintensität die Ausschläge zu schwach werden. Im allgemeinen muß man sich daher durch elektrische Verstärkervorrichtungen helfen, was die Messung kompliziert.

Ein Apparat zur Gewinnung der Transmissions- bzw. Remissionskurve in wenigen Minuten durch *selbsttätige Registrierung* ist das Spektralphotometer nach HARDY (*122*), das in Amerika trotz seiner Kostspieligkeit ziemlich verbreitet ist (Abb. 90). Nach Europa war vor 1939 nur ein derartiges Instrument gelangt, das in der Badischen Anilin- und Sodafabrik in Ludwigshafen steht. Es vereint große Bequemlichkeit in der Handhabung und beachtliche Genauigkeit und ist insofern für die Messung von Farben bisher unerreicht. Nach 1945 sind noch mehrere Instrumente nach Westeuropa gelangt.

Es wurde bereits auf S. 158 gezeigt, wie aus der spektralen Emissions-, Transmissions- oder Remissionskurve einer Farbe ihre valenzmetrischen Daten gewonnen werden können. Dazu ist diese Spektralkurve, wie sie der Einfachheit halber genannt werden soll, mit den drei spektralen Farbwerten Wellenlänge für Wellenlänge zu multiplizieren, die daraus

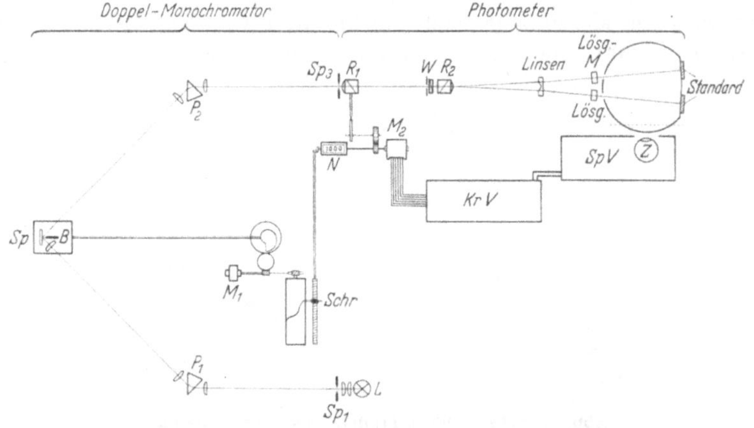

Abb. 90. Schema des selbstregistrierenden Spektralphotometers nach HARDY.

L Lichtquelle,
Sp regelbarer Mittelspalt mit gesteuerter Spaltbacke B,
R_1 u. R_2 Rochonprismen,
W Wollastonprisma,
Z Photozelle,
SpV u. KrV Verstärkungs-Aggregate,
M_1 u. M_2 Motoren,
N Ziffernwerk,
Schr Schreibtrommel.

erhaltenen drei Kurven sind zu integrieren, d. h. die dadurch abgegrenzten Flächen zu bestimmen. Dieses Verfahren wird im allgemeinen nicht ausgeübt, weil es durch die vielen notwendigen Multiplikationen umständlich ist. Steht eine der modernen elektrischen Rechenmaschinen zur Verfügung, so ist diese Art der Auswertung jedoch vorteilhaft, wie in einer Arbeit von MAC ADAM (*180*) näher gezeigt wird. Sonst ist es am günstigsten, sich der Methode der Auswahlordinaten zu bedienen. Sie stellen bei einer Einteilung der spektralen Farbwertkurven in eine Anzahl flächengleicher Teile die Schwerlinien dieser Teile dar. Ihre Zahl ist an sich beliebig, sie richtet sich nach der verlangten Genauigkeit. Für die meisten Zwecke und auch für die Farbenphotographie ist die Zahl 30 ausreichend. Die Abb. 91 stellt die Auswahlordinaten der $\bar{x}_\lambda$-, $\bar{y}_\lambda$- und $\bar{z}_\lambda$-Kurven dar. Ihre genaue Lage ist z. B. dem Buch von BOUMA (30), (S. 323) zu entnehmen.

Man legt zunächst das Netz der X-Auswahlordinaten über oder unter die auszuwertende Spektralkurve und liest bei allen 30 Ordinaten ab, in welcher Höhe sie von der Spektralkurve geschnitten werden. Man summiert die 30 Werte, was

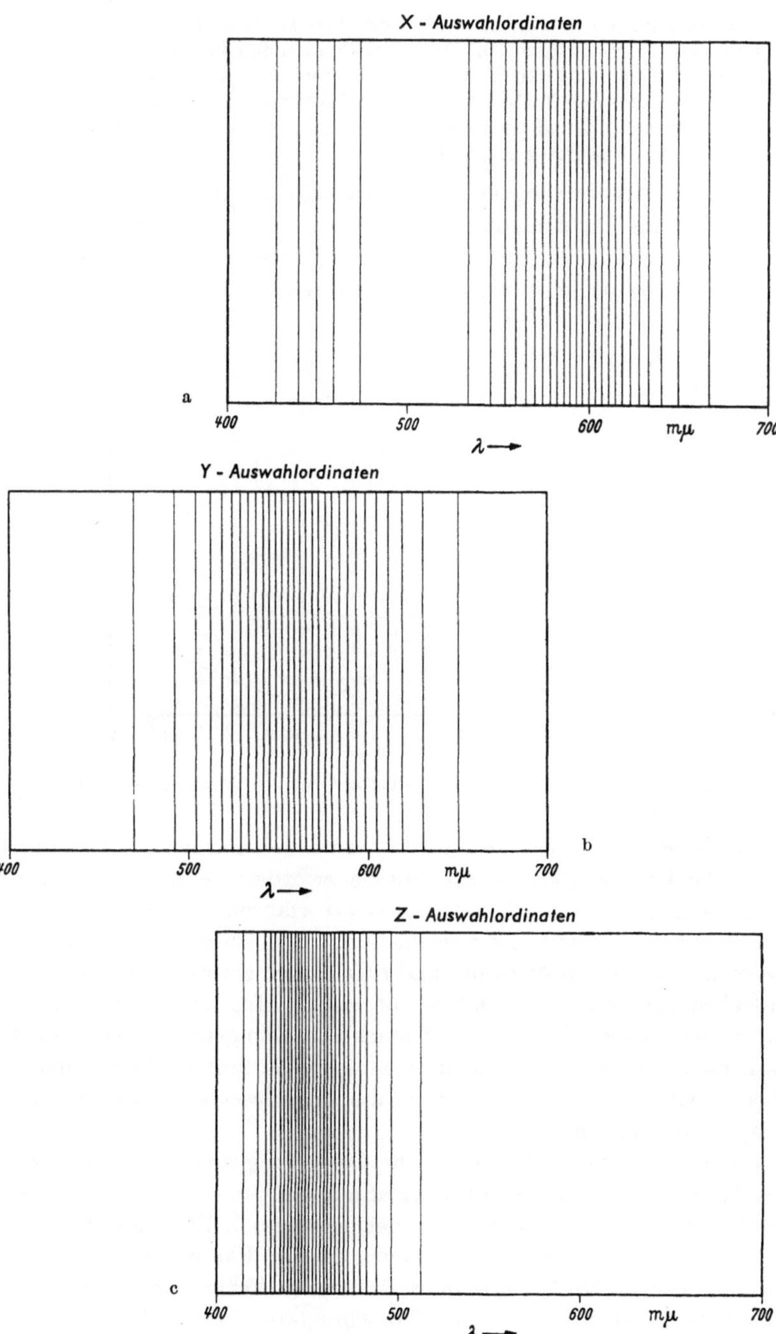

Abb. 91 a—c. 30 Auswahlordinaten für die Normalbeleuchtung E.

gegebenenfalls mit einem Addiator oder mit einer Rechenmaschine erfolgen kann, und teilt diese Summe durch 30. Damit erhält man den Farbwert X. In gleicher Weise verfährt man mit den Y-Auswahlordinaten (Abb. 92) und mit den Z-Auswahlordinaten. Aus den Farbwerten X, Y und Z kann man, wie auf S. 159 gezeigt, leicht die Anteile x, y und z ermitteln. x und y sind die Koordinaten der Farbe im Farbdreieck, Y ist ihre Helligkeit.

Auch die Auswertung kann automatisch gestaltet werden. An das oben erwähnte Instrument von HARDY kann z. B. eine solche Vorrichtung angebaut werden, in der die Multiplikation der gemessenen Spektralkurve mit jeder der drei Farbwertkurven vorgenommen wird,

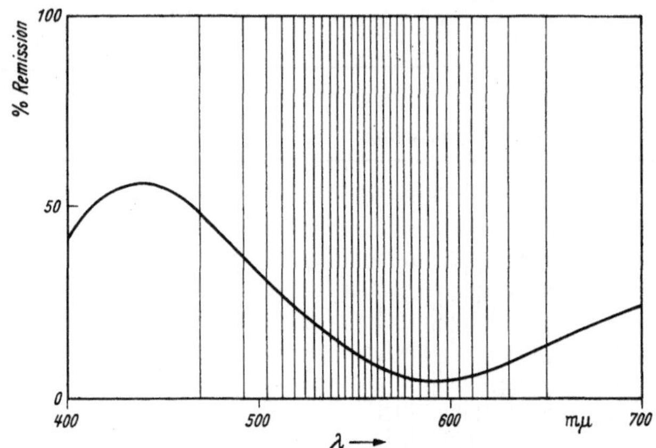

Abb. 92. Spektralkurve eines blauen Pigments mit den Y-Auswahlordinaten.

so daß die Spektralwerte der zu bestimmenden Farbe direkt abzulesen sind. Die Umrechnung in die Anteile erfordert dann nur noch eine geringfügige Rechenarbeit. Das Spektralverfahren ist die genaueste und zuverlässigste Methode der Farbmessung, immerhin erfordert sie einen gewissen apparativen Aufwand und ist ziemlich zeitraubend, wenn nicht ein selbstregistrierendes Instrument zur Verfügung steht. Es wäre sehr zu wünschen, daß wir in Deutschland wenigstens einige derartige Instrumente hätten, damit auch die mit weniger kostspieligen Apparaten arbeitenden Stellen jederzeit rasch die Zuverlässigkeit ihrer Resultate nachprüfen könnten.

Für die rein farbvalenzmetrische Bewertung erscheint die Messung der Farben nach dem Spektralverfahren als Umweg, der nur deshalb gerechtfertigt ist, weil man so zu den genauesten Ergebnissen kommt. In vielen Fällen dagegen ist es auch in der Farbenphotographie erwünscht, die *spektrale Zusammensetzung* der Farben zu kennen. Das gilt insbesondere bei sehr vielen Forschungsarbeiten. Ich erwähne nur die Darstellung neuer Farbstoffe, ferner die Errechnung der subtraktiven

Mischung (s. Teil D I 4) und die Umrechnung auf eine andere Beleuchtung als die gerade verwendete.

Die dritte Methode der Farbmessung ist das *Helligkeitsverfahren.* Es beruht auf dem Prinzip, daß drei photoelektrische Empfänger gebaut werden mit der spektralen Empfindlichkeit der drei Normalvalenzen. Da es keine solchen Photozellen gibt, hat man es unternommen, durch Filter diese gewünschte spektrale Empfindlichkeitsverteilung herzustellen. Die bisher konstruierten Apparate arbeiten noch nicht zuverlässig genug, doch ist zu hoffen, daß man darin noch Fortschritte erzielen wird. In den Arbeiten von VAN DEN AKKER (*38*), DRESLER und FRÜHLING (*87*), HUNTER (*145*) und SZIKLAI (*262*) wird das Problem ausführlich behandelt. An sich ist diese Meßmethode die eleganteste Lösung des Problems der Farbbewertung, da dabei durch drei Helligkeitsmessungen direkt die X-, Y- und Z-Werte ermittelt werden, so daß außer der Umrechnung in die Anteile keinerlei weitere Auswertung vorzunehmen ist. Das Helligkeitsverfahren ist auch nicht wie das Gleichheitsverfahren subjektiven Einflüssen unterworfen, und von den Spektralgeräten arbeitet nur der Hardy-Apparat mit Rechengerät ebenso schnell, ist aber sehr viel komplizierter. Eine Farbmessung, die eine Kombination des Spektralverfahrens mit dem Helligkeitsverfahren darstellt, hat KÖNIG (*161*) beschrieben.

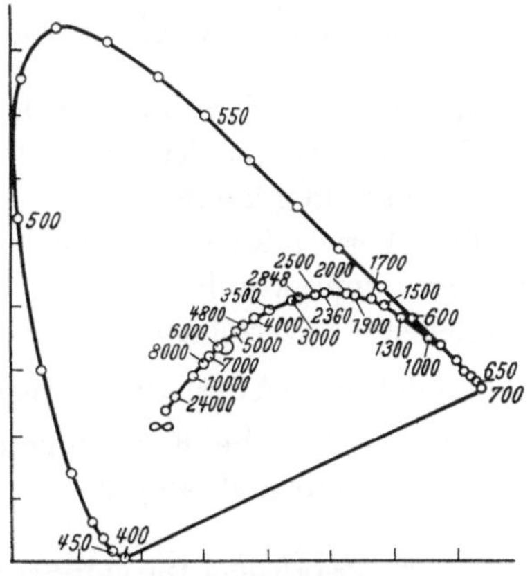

Abb. 93. Lage von Lichtquellen verschiedener Farbtemperatur im Farbendreieck. Aus dem Buch von RICHTER (*36*).

Es sei hier noch kurz darauf eingegangen, daß man die Farbe von Lichtquellen oft durch die *Farbtemperatur* charakterisiert. Man hat dabei den Vorteil, daß man durch eine einzige Zahl über die Farbe der Lichtquelle eine Aussage macht, indessen muß man sich den Sinn und die Grenzen dieser Bezeichnung immer vor Augen halten. Das Wort Farbtemperatur nimmt darauf Bezug, daß beim „schwarzen Körper“ die Verteilung der Strahlungsenergie über das Spektrum durch die Temperatur des Körpers eindeutig gegeben ist. Nun gibt es nahezu schwarze Strahler oder, wie man auch sagt, graue Strahler, die sich ähnlich verhalten, z. B. bei 2750° K dieselbe Energieverteilung zeigen wie ein schwarzer Körper bei 2700° K. In diesem Fall hat es Sinn zu sagen, dieser Körper hat eine Farbtemperatur von 2700° K. Dieses Verhalten zeigen die Metallfadenlampen und zum Teil auch noch die Bogenlampen. Eine Übersicht über die Beziehung zwischen Farbtemperatur und Lage im Farbdreieck gibt Abb. 93. Nach einer erweiterten Definition soll auch für Farben bedingt gleicher Farbvalenz die Bezeichnung der gleichen Farbtemperatur zugelassen sein. Für die Farbenphotographie kann das zu Schwierigkeiten führen, da solche Farben trotz gleichen Aussehens sich photographisch verschieden verhalten können, siehe z. B. die Abb. 94 und 95 aus der Arbeit von CRANDELL, FREUND und MOEN (*82*). Vor allem stört überlagerte monochromatische Strahlung. Bei solchen Lichtquellen, z. B. Gasentladungslampen, liegt der Farbort oft überhaupt außerhalb der Farbtemperatur-

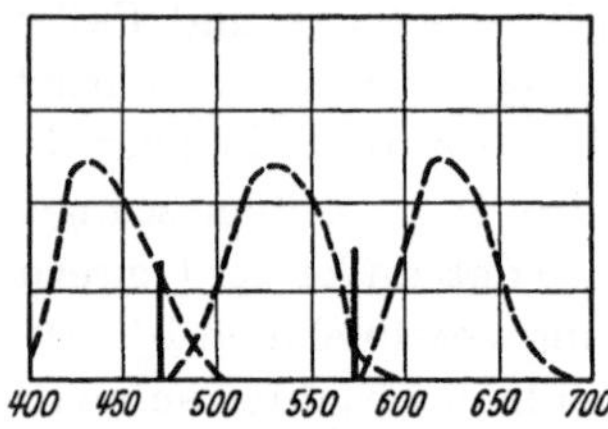

Abb. 94.

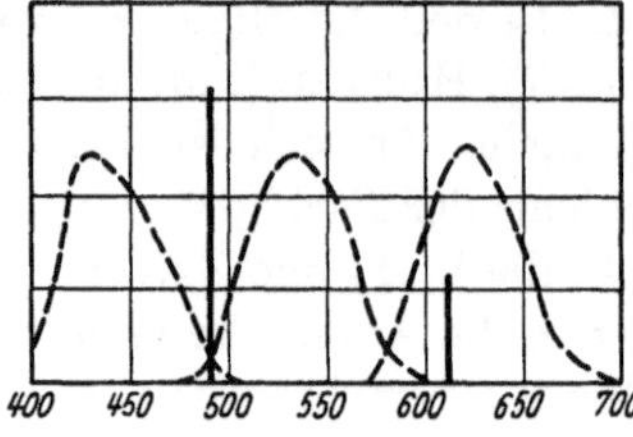

Abb. 95.

Abb. 94 u. 95. Wirkung von 2 spektralen Lichtquellen bedingt gleicher Valenz bei der Aufnahme. - - - Durchlässigkeit der 3 Aufnahmefilter. Die Lichtquelle der Abb. 94 wird als blaue Farbe wiedergegeben. Die Lichtquelle der Abb. 95 wird als rote Farbe wiedergegeben.

kurve. Man darf dann nicht mehr von der Farbtemperatur dieser Lichtquelle sprechen, sondern höchstens sagen, daß die Farbtemperatur X ihr am nächsten kommt.

Bei Verwendung der Farbtemperaturangaben sind die Zahlen insofern unpraktisch, als der Schwellenwert in den verschiedenen Bereichen sehr verschieden ist, z. B. einmal 50°, einmal 200° beträgt. Man verwendet in USA deshalb häufig einen reziproken Wert: 1 Mired $= \frac{10^6}{T}$. Vergleiche über die Farbtemperatur auch REEB und RICHTER (*227*) sowie MACBETH und NICKERSON (*183*).

3. Praktische Durchführung der Farbwiedergabeprüfung.

Eine Methode zur Farbwiedergabeprüfung sollte im Idealfall imstande sein, die Farbe aufzunehmender Objekte direkt an Ort und Stelle rasch und zuverlässig auszumessen und ebenso rasch und zuverlässig nach erfolgter Fertigstellung des Bildes die Wiedergabefarbe des gleichen Objektes zu bestimmen. Dem stehen noch verschiedene Schwierigkeiten entgegen. Vor allem gibt es noch kein geeignetes Instrument für die Messung einer Farbe an Ort und Stelle. Man könnte evtl. den Vergleich mit Farbmustern heranziehen, jedoch ist er, wie im vorhergehenden Teil auseinandergesetzt, ziemlich ungenau. Mit den Nachmischgeräten sowohl wie mit den Spektralapparaten kann man das Objekt nicht an dem Platz der Aufnahme messen, sondern man braucht kleine Proben zum

Einlegen in den Apparat. Gut geeignet wäre das Helligkeitsverfahren, wenn es schon genügend durchgebildet wäre.

Einstweilen muß man sich damit helfen, daß man nicht die Farben der gerade zur Aufnahme bestimmten Objekte ausmißt, sondern eine Reihe von *Testfarben* ein für allemal festlegt und diese vor oder nach der eigentlichen Aufnahme getrennt aufnimmt. Bei Kinefilmaufnahmen hat sich eine solche Prüfung von Testfarben schon weitgehend eingebürgert, allerdings pflegt man sie im allgemeinen rein subjektiv vorzunehmen. Zu der objektiven Messung haben sich bisher nur einzelne wissenschaftliche Laboratorien entschlossen, vgl. dazu die älteren Arbeiten von SCHÄFER und ACKERMANN (*233*) und BILTZ (*52*) am Kornrastermaterial, die auf mehr qualitativer Grundlage durchgeführten Arbeiten von SPENCER (*257*), LEIBER (*167*) und JOHN (*151*), ferner die mit quantitativen Unterlagen an subtraktivem Material durchgeführten Arbeiten von DRESLER (*86*), von HÖRMANN und SCHULTZE (*143*) von CLARKSON und VICKERSTAFF (*71*) sowie von DOTZEL (*295*). Für eine weite Verbreitung der Methode fehlt noch das geeignete Farbmeßverfahren. Besonders die Schwierigkeiten bei der Messung von *Aufsichts*farben sind sehr hemmend. Es wäre deshalb zweckmäßig, wenn eine bestimmte Zahl von Testfarben für die Farbenphotographie normgemäß festgelegt würde und deren Daten von einer neutralen Stelle ermittelt würden. Der interessierte Farbenphotograph oder Kameramann brauchte dann nur die jeweils bei seiner Aufnahme erzielten Bildfarben zu bestimmen. Die Zahl solcher Testfarben darf von vornherein nicht zu groß gewählt werden, da sonst die Auswertung zuviel Mühe bereitet. Zu empfehlen wären nach den Erfahrungen des Autors vor allem etwa vier bis sechs Farben der Graureihe und sechs bis zehn ziemlich gleichmäßig über den Farbenkreis verteilte hochgesättigte Farben[1]. Die Zufügung von weniger gesättigten Farben oder von weiteren gesättigten Farben ist nur für besondere wissenschaftliche Untersuchungen tragbar, welche einen größeren Zeitaufwand rechtfertigen. Eventuell ist für Schnellprüfungen die anfänglich genannte Zahl noch weiter zu beschränken auf ein helles, ein mittleres und ein dunkles Grau und vier gesättigte Farben, die dann zweckmäßig den Urfarben Blau, Grün, Gelb und Rot entsprechen, da diese am besten in der Erinnerung bleiben. Die drei Grauwerte kann man deshalb schlecht

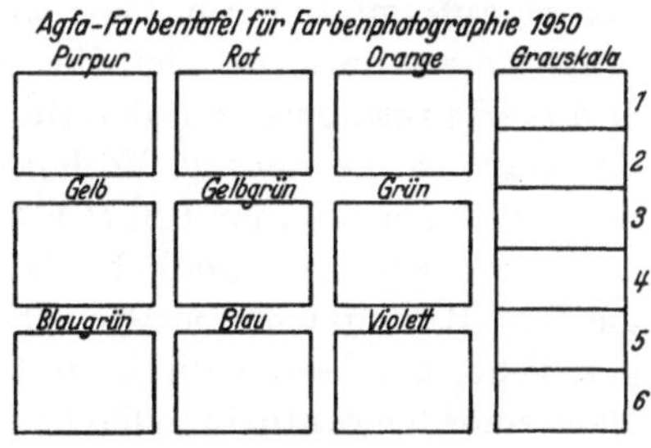

Abb. 96. Agfa-Farbentafel 1950.

[1] Siehe die Arbeit von SCHULTZE (*249*) über eine neue Farbentafel für Farbenphotographie und die daraus entnommene Abb. 96.

entbehren, weil die richtige Grauwiedergabe und die Gradation in dem farbigen Bild beurteilt werden müssen, denn sie sind auch für die Farbwiedergabe von großer Bedeutung. Man vereinigt die Testfarben am besten in einer Farbentafel, jedoch muß man, wenn eine objektive Messung der Bildfarben erfolgen soll, darauf achten, daß die Felder auf dem Film oder Papier für die Messung nicht zu klein werden. Man kann, um dieser Schwierigkeit zu begegnen, gegebenenfalls die Testfarben auch auf mehrere Farbentafeln verteilen und sie rasch hintereinander aufnehmen. Voraussetzung ist immer, daß die Beleuchtung während dieser Zeit konstant bleibt. Nimmt man bei Kineaufnahmen eine größere Szenerie auf, so ist darauf zu achten, daß die Farbentafel, die man meist vorher aufnimmt, ihren Platz an einer besonders bildwichtigen Stelle erhält, etwa dort, wo sich der Hauptdarsteller aufhält. Da mehrere Grauwerte zusammen mit den Buntfarben aufgenommen werden, hat man damit gleich die richtige Vorlage, nach der man die Kopie abstimmen kann, darüber wird im Teil D V 3 noch Näheres gesagt.

Es ist selbstverständlich, daß die Farbentafelaufnahme unter den gleichen Bedingungen entwickelt und kopiert wird, wie es üblicherweise geschieht, am besten direkt mit den übrigen Bildern zusammen. Im Falle einer Kineaufnahme bleibt die Farbentafelaufnahme am besten mit den anderen Aufnahmen verbunden und läuft mit ihnen gemeinsam durch Entwicklungsmaschine und Kopiermaschine.

Die fertige Farbentafelaufnahme kann man nun nach einer der im vorigen Teil beschriebenen Methoden ausmessen und in IBK-Koordinaten auswerten. Meistens wird sich dann noch eine empfindungsgemäße Bewertung anschließen.

Ein Beispiel soll das Verfahren erläutern:

Es wurde eine Farbentafel aufgenommen, die acht bunte und vier unbunte Farben enthält. Die valenzmetrischen Daten dieser Objektfarben wurden durch spektralphotometrische Messung und Auswertung mit 30 Auswahlordinaten ermittelt. Nur bei der dunkelsten Unbuntfarbe wurde auf die Auswertung verzichtet,

Tabelle 2.

Nr.		Objektfarben			Bildfarben		
		x	y	Y(%)	x	y	Y(%)
1	Rot	0,565	0,328	15,6	0,552	0,364	7,4
2	Orange	567	387	29,7	540	382	11,6
3	Gelb	436	460	67,1	438	428	31,3
4	Gelbgrün	397	476	43,0	404	423	23,1
5	Grün	287	453	28,1	298	378	16,3
6	Blaugrün	234	304	20,0	261	318	9,5
7	Blau	181	140	10,9	224	208	5,3
8	Purpur	369	216	15,1	443	315	8,7
9	Weiß	333	333	83,2	337	339	49,9
10	Hellgrau	333	333	31,6	338	340	19,4
11	Dunkelgrau	333	333	10,0	333	344	6,6

da die Messung nicht mehr sehr genau ist. Eine farbenphotographische Reproduktion dieser Tafel auf einem Mehrschichtenfilm wurde nach derselben Methode ausgemessen und ausgewertet. Die Daten für die Objektfarben und für die Bildfarben sind in der vorstehenden Tabelle 2 aufgeführt.

Wir tragen die Daten für die x- und y-Koordinaten der bunten Objektfarben sowohl wie diejenigen der entsprechenden Bildfarben gemeinsam in das Farbendreieck ein und können uns nun bereits ein ungefähres Bild über die Wiedergabe machen (Abb. 97).

Man kann den Farbton und die Sättigung, wie in Teil D I 1 beschrieben, durch die farbtongleiche Wellenlänge und die Sättigung noch näher umschreiben. In der folgenden Tabelle 3 werden diese Daten für Objekt- und Bildfarben gegenübergestellt und das qualitative Urteil über die Abweichung gefällt.

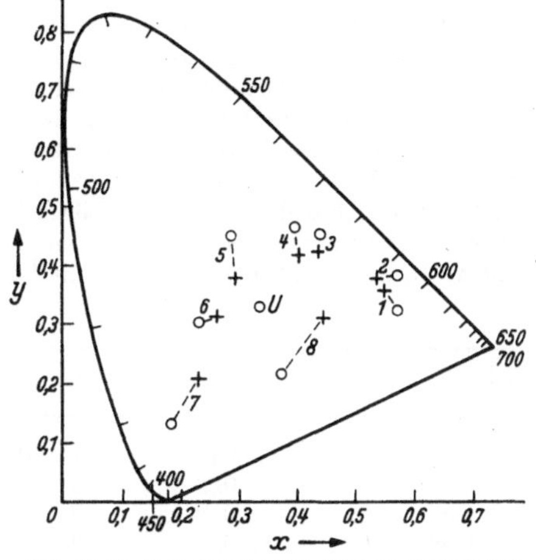

Abb. 97. Farbwiedergabe von 8 bunten Pigmenten.

Tabelle 3.

Nr.		Objektfarben		Bildfarben		Urteil
		Farbtongl. Wellenlänge in mμ	Sättigung	Farbtongl. Wellenlänge in mμ	Sättigung	
1	Rot	613	0,68	600	0,75	Verschiebg. n. Gelb, Sättig.-Zunahme
2	Orange	595	0,87	595	0,76	Farbton unveränd., Sättig.-Abnahme
3	Gelb	576	0,69	579	0,60	Verschiebg. n. Rot, Sättig.-Abnahme
4	Gelbgrün	569	0,63	575	0,49	Verschiebg. n. Gelb, Sättig.-Abnahme
5	Grün	528	0,25	509	0,12	Verschiebg. n. Blau, starke Sättigungs-Abnahme
6	Blaugrün	488	0,37	488	0,26	Farbton unveränd., Sättig.-Abnahme
7	Blau	470	0,70	473	0,49	Schwache Verschiebung n. Grün, starke Sättig.-Abnahme
8	Purpur	—536	0,52	—494	0,28	Starke Verschiebg. n. Rot, starke Sättigungs-Abnahme
9	Weiß	—	0	567	0,02	Geringe Verschiebg. n. Gelb
10	Hellgrau	—	0	567	0,03	Geringe Verschiebg. n. Gelb
11	Dunkelgrau	—	0	549	0,03	Verschiebg. n. Gelbgrün

Weiterhin ist zur besseren empfindungsgemäßen Bewertung die Umrechnung in eines der Empfindungssysteme möglich, Wir wählen als Beispiel das RUCS (s. S. 169). Ermittelt man jeweils für die Objektfarbe und die zugehörige Bildfarbe die RUCS-Daten und berechnet den Abstand, so erhält man bei den bunten Farben folgende Werte (s. Tab. 4).

Hat man eine Aufsichtsfarbe vor sich, so muß man sich damit abfinden, daß eine allgemeine recht beträchtliche Herabsetzung der Helligkeit bei allen Farben zu bemerken ist, was eine Verschwärzlichung der Farben bewirkt. Handelt es sich aber um ein Durchsichtsbild, das in der Projektion gezeigt werden soll, so fällt der Vergleich mit der Umgebung fort, die Bildfarben werden nur noch untereinander verglichen. Es ist infolgedessen sinnvoll, eine Farbe mittlerer Helligkeit, z. B. das Hellgrau, als Norm festzulegen. Man betrachtet dieses als richtig wiedergegeben, d.h. man

Tabelle 4.

Nr.		Abstand
1	Rot	0,044
2	Orange	022
3	Gelb	018
4	Gelbgrün	026
5	Grün	035
6	Blaugrün	022
7	Blau	070
8	Purpur	064
	Mittel	0,038

Tabelle 5.

Nr.		Y_{red} %	Empfindungsgem. Helligkeitsabst.
1	Rot	12,1	— 6,1
2	Orange	18,9	—11,6
3	Gelb	51,0	— 7,1
4	Gelbgrün	37,6	— 3,5
5	Grün	26,5	— 1,4
6	Blaugrün	15,5	— 6,6
7	Blau	8,6	— 4,3
8	Purpur	14,2	— 1,5
		Mittel	5,3

setzt für sie die Helligkeit der Bildfarbe gleich derjenigen der Objektfarbe und verwandelt alle übrigen Y-Werte der Bildfarben durch Multiplikation mit dem gleichen Faktor in abgeglichene Werte. Im obigen Beispiel beträgt der Faktor 31,6/19,4. (s. Tabelle 2, Nr. 10). Man erhält auf diese Weise die „reduzierten" Helligkeitswerte der Bildfarben Y_{red} der folgenden Tab. 5. Auch diese liegen bei allen bunten Farben noch unter denen der Objektfarben, aber die Abstände sind nur bei einigen noch erheblich. Wandelt man die Helligkeitswerte nach dem auf S. 169—170 erwähnten Empfindungssystem nach WEBER-FECHNER-KLUGHARDT um und bestimmt die Abstände, so erhält man Zahlen, die ein Maß für die empfundene Helligkeitsveränderung geben. Sie werden ebenfalls in Tab. 5 angeführt.

Der Wert solcher Farbwiedergabebestimmungen tritt noch mehr hervor, wenn man sie in größerer Zahl durchführt und dann vergleichen kann, wie die Abweichungen in dem einen und dem anderen Fall sind. Dann bekommen auch erst die Durchschnittswerte der RUCS-Abweichungen und der Helligkeitsabweichungen ihren richtigen Sinn.

Es wurde schon früher betont, daß die *valenzmetrische* Farbbewertung seit 1931 international genormt ist und daß man sich möglichst daran halten soll. Dagegen stehen die verschiedenen Empfindungssysteme vorläufig noch frei zur Wahl, und die vorstehend benutzten sind hier nur als Beispiel gewählt.

Die am obigen Beispiel gezeigte Farbwiedergabeprüfung kann nun in der verschiedensten Weise benutzt werden. Zunächst einmal kommt sie für die laufende Überwachung der Produktion und der Verarbeitung in Frage. Für diesen Zweck ist sie in der erwähnten Ausführung noch etwas umständlich. Erwünscht wären schneller arbeitende Meßgeräte, man könnte auch, wie schon angedeutet, die Zahl der Farben noch weiter beschränken. Dagegen ist sie mindestens in dem erwähnten Umfang und recht exakt durchzuführen, wenn es sich um grundsätzliche Fragen handelt. So kann man vor allem verschiedene Verfahren miteinander vergleichen oder auch einzelne Maßnahmen zur Abwandlung eines Verfahrens überprüfen. Gerade bei solchen Vergleichsversuchen muß man aber besonders sorgfältig darauf achten, daß wirklich gleichartige Bedingungen eingehalten werden. Durch die Anfertigung mehrerer Aufnahmen bei verschiedenen Blenden muß zunächst sichergestellt werden, daß die optimalen Belichtungsbedingungen eingehalten werden. Ebenso sorgfältig ist ferner darauf zu achten, daß die Gradation in den zu vergleichenden Bildern möglichst gleichartig ist. Endlich muß darauf gesehen werden, daß zumindest *ein* mittleres Grau in den Bildern wieder neutralgrau ist.

Hat man kein Gerät zur Messung der Farben, so ist eine ungefähre Beurteilung natürlich schon durch den visuellen Vergleich möglich. Er erfolge bei Aufsichtsbildern möglichst so, daß das aufgenommene Objekt sowohl wie das Bild auf einem neutralgrauen Hintergrund mittlerer Helligkeit nicht zu weit voneinander entfernt liegen. Am günstigsten ist es, wenn man jede Objektfarbe einzeln mit der Bildfarbe vergleichen kann oder wenn man bei mehreren verschiedenen Aufnahmen die Bildfarben um die zugehörige Objektfarbe gruppiert. Bei Durchsichtsbildern besteht eine gewisse Schwierigkeit darin, daß die Objektfarbe im Gegensatz zur Bildfarbe im allgemeinen eine Aufsichtsfarbe war. Man kann sich aber ohne Schwierigkeit eine kleine Vorrichtung bauen, bei welcher die Objektfarbe von dem Licht des Projektors beleuchtet wird und daneben die Bildfarbe in der Projektion erscheint. Hat man zwei Projektoren zur Verfügung, so ist darauf zu achten, daß die Lichtfarbe von beiden die gleiche ist. Man muß dabei die Helligkeit abgleichen, z. B. durch Zufügen von Graufolien, und zwar so, daß bei einem mittleren Grau Objektfarbe und Bildfarbe gleich hell erscheinen. Vergleicht man in dieser Weise direkt die Objektfarben mit den Bildfarben, so wird man zunächst erstaunt sein über die beträchtlichen Unterschiede und wird unter Umständen etwas mutlos werden über die Leistungen der Farbenphotographie. Wie in Teil D I 6 noch näher besprochen wird, fällt aber bei der endgültigen Beurteilung des Bildes das Urteil wesentlich günstiger aus, und zwar hauptsächlich deshalb, weil man das Aufnahmeobjekt selbst nicht mehr sieht und weil man im Bild kaum je kahle einfarbige Flächen vor sich hat, vielmehr der Inhalt des Bildes und beim Laufbild noch die Bewegung und die Handlung sehr stark von der Farbe ablenken.

Man kann nun gegen die eben skizzierte Methode der Prüfung von Testfarben den grundsätzlichen Einwand erheben, daß von der Wiedergabe der Testfarben nicht ohne weiteres auf die Art der Wiedergabe bei anderen Farben geschlossen werden darf. Dieser Einwand ist nicht ganz unberechtigt, aber doch übertrieben. Wir werden im folgenden Teil noch näher sehen, von welchen Faktoren die Farbwiedergabe im einzelnen abhängt. Es sei aber hier soviel vorweggenommen, daß besondere Überraschungen im allgemeinen nur dann zu erwarten sind, wenn die Spektralkurven ein ungewöhnliches Aussehen haben, z. B. ein sehr starkes Hin- und Herschwanken zwischen extremen Werten, sehr steilen Abfall in einem kleinen Wellenlängenbereich oder dgl. Besonders merkwürdige Verhältnisse können z. B. auftreten, wenn man Spektralfarben aufnehmen will, aber auch schon bei manchen leuchtenden Filterfarben und dgl. können Besonderheiten auftreten. Für den normalen Fall, daß die uns umgebenden natürlichen Objekte photographiert werden sollen, gilt dies aber nicht. Es konnte gezeigt werden (*143*), daß auch Blatt- und Blütenfarben sich kaum anders verhalten als ähnlich gefärbte Pigmente; auch die üblichen Dekorationsfarben, Textilfarben und Trickfarben haben keineswegs Eigenschaften, die sie von den mehr oder weniger lebhaft gefärbten Farbanstrichen unterscheiden. Die Abb. 98, 99 u. 100 zeigen dafür einige Beispiele.

So gibt also eine derartige Farbentafel einen ganz guten Durchschnitt von den Eigenschaften der Gesamtheit aller interessierenden Farben. Eines ist allerdings sehr zu beachten. In dem Beispiel der S. 184 (Tabelle 4 und 5) wurde zwar eine Mittelung über die Abweichungen bei allen neun bunten Farben vorgenommen, eine solche Mittelung ist aber mit einer gewissen Vorsicht zu betrachten. Einmal kann es zweifelhaft sein, ob eine arithmetische Mittelung die richtige ist, man kann auch für eine geometrische gewichtige Gründe anführen. Vor allem ist aber die Tatsache, daß die neun bunten Farben über den Farbenkreis einigermaßen gleichmäßig verteilt sind, noch kein Beweis dafür, daß sie auch bei praktischen Aufnahmen etwa gleich häufig vorkommen. Man kann im Gegenteil von vornherein sagen, daß Purpur und Violett verhältnismäßig selten sind und daß auch Rot zumindest bei Landschaftsaufnahmen stark zurücktritt[1]. Wenn man einen richtigen Durchschnitt bilden wollte, müßte man vor allem auch die weniger gesättigten Farben stark mit heranziehen. Alle diese Überlegungen sind gegenstandslos, wenn man vor allem die

[1] Über die in der Landschaft vorherrschenden Farben vgl. die Arbeiten von NICKERSON, KELLY und STULTZ (*215*), sowie von HENDLEY und HECHT (*133*). Nach der letzteren gehören die in der Landschaft liegenden Farben vorwiegend drei Bezirken an, einem gelblich-grünen (Grün der Pflanzen), einem gelben bis orangefarbenen (Erdfarben) und einem blauen (Himmel und Wasser). Die Sättigung ist nicht sehr hoch und nimmt bei entfernten Objekten noeh beträchtlich ab.

Farbwiedergabe jeder *einzelnen* Farbe in Betracht zieht und die Mittelung erst in zweiter Linie berücksichtigt.

Es ist schwer zu übersehen, in welchem Ausmaß eine Farbwiedergabeprüfung praktisch heute bereits laufend durchgeführt wird. Jedenfalls ist über die Ergebnisse noch verhältnismäßig wenig veröffentlicht worden. Sicher ist aber, daß bei weiterer Ausarbeitung der Farbenphotographie und Farbenkinematographie das Interesse für eine derartige Überprüfung der erzielten Leistungen wachsen wird.

In einer älteren Arbeit von SPENCER (*257*) wurden in praktischen Farbwiedergabeversuchen Vergleiche angestellt über die Anwendung verschiedener Aufnahmefilter bei der Herstellung von Teilauszügen. Allerdings erfolgte die Beurteilung der Bildfarben nur visuell ohne Messung, das Ergebnis ist aber doch recht interessant und deckt sich weitgehend mit den Schluß-

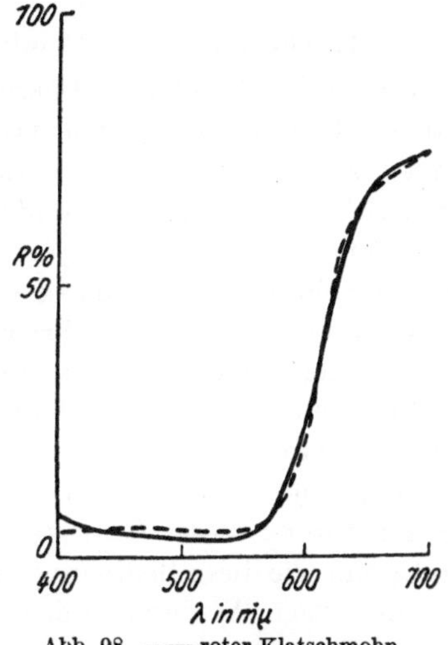

Abb. 98. —— roter Klatschmohn, ------ Baumann-Farbanstrich Nr. 264.

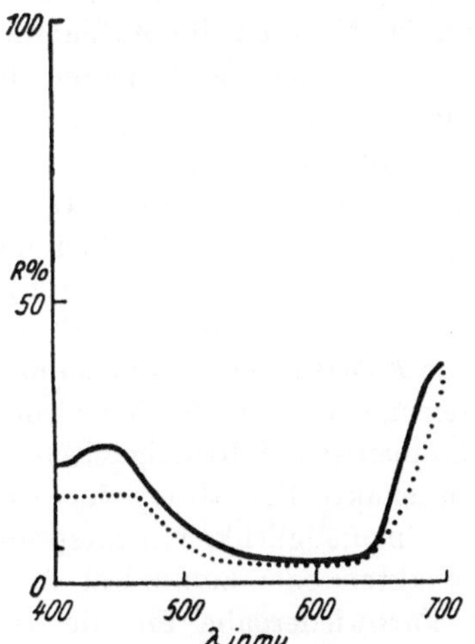

Abb. 99. —— dunkelblauer Rittersporn, ------ ähnlicher Farbanstrich.

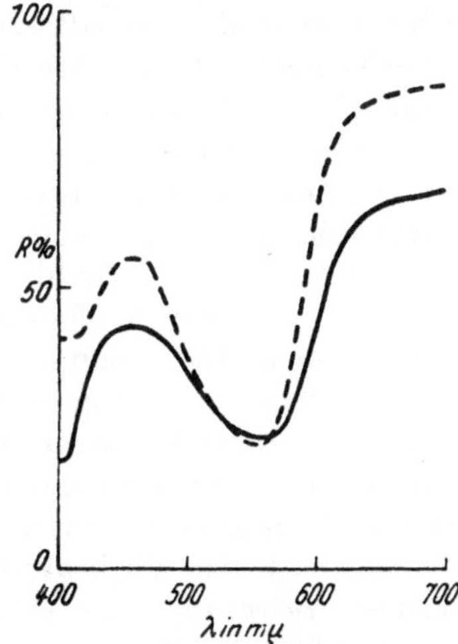

Abb. 100. —— lila Gladiole, ------ ähnlicher Farbanstrich.

Abb. 98, 99 u. 100. Remissionskurven von Blütenfarben und vergleichbaren Pigmenten.

folgerungen, zu denen man bei der im folgenden Teil zu beschreibenden theoretischen Behandlung der Farbwiedergabe kommt. Eine interessante Technik zur Bewertung der Farbwiedergabe entwickelt J.B. TAYLOR (*308*).

Um den Einfluß von bestimmten Abänderungen, z. B. die Verwendung von verschiedenartigen Farbstoffen, zu studieren, wird der Negativfilm in Einzelschichten aufgespalten und diese untersucht. Wegen Einzelheiten muß auf das Original verwiesen werden.

4. Theoretische Behandlung des Farbwiedergabeproblems.

Im vorigen Abschnitt ist gezeigt worden, daß eine exakte Prüfung der Farbwiedergabe bei jedem farbenphotographischen Verfahren stattfinden kann, wenn die notwendigen Apparate zur Verfügung stehen. Immerhin ist es nicht ganz einfach, zuverlässige Resultate zu gewinnen, vor allem wenn es sich darum handelt, mehrere verschiedene farbenphotographische Verfahren oder auch Verfahrensabänderungen vergleichend zu beurteilen. Zunächst muß dazu die Aufnahme der Testobjekte unter gleichartigen Bedingungen erfolgen, ferner muß das endgültige Bild eine einwandfreie Wiedergabe der Grauskala zeigen, und zwar soll nicht nur ein mittleres Grau als wirklich neutrales Grau wiedergegeben werden, sondern auch die helleren und dunkleren Grauwerte. Die Helligkeitsabstufung dieser Grauskala muß dabei ebenfalls einwandfrei sein. Erst wenn alle diese Bedingungen erfüllt sind, kann man wirklich die verschiedenartige Wiedergabe der einzelnen Objektfarben einem Vergleich unterziehen. Nun ist es aber heute so, daß die Verarbeitungsvorschriften der meisten farbenphotographischen Prozesse noch gar nicht bekanntgegeben worden sind, so daß, selbst wenn das Material für Aufnahmen zur Verfügung steht, die Entwicklung und evtl. auch das Kopieren der Allgemeinheit nicht zugänglich sind. Selbst wenn ein solcher Vergleich praktisch möglich wäre, hätte er aber kein allzu großes *grundsätzliches* Interesse. Denn aus den meisten Verfahren ist heute noch nicht das Letzte herausgeholt, man würde keinen prinzipiellen Vergleich zwischen den Verfahren A, B, C usw. durchführen, sondern nur einen Vergleich dieser Verfahren, wie sie von den Fabriken X, Y, Z usw. zur Zeit gerade durchgeführt werden. Auch wenn es sich für den *Fabrikanten* nur darum handelt, die Wirkung von irgendwelchen Änderungen durch die Farbwiedergabeprüfung einwandfrei zu beurteilen, können sich Schwierigkeiten ergeben. Denn Voraussetzung dafür ist die exakte Einhaltung der oben genannten Bedingungen. Aus allen diesen Unzulänglichkeiten entsprang die Frage nach der Möglichkeit einer exakten oder zumindest überschlägigen *Berechnung* der erzielbaren Farbwiedergabe für die verschiedenen farbenphotographischen Verfahren. Man könnte dann auch solche Prozesse in den Kreis der Untersuchungen einbeziehen, die aus irgendwelchen Gründen noch gar nicht fabrikationsreif sind, und evtl. sogar ergründen, zu welchen Leistungen die Farbenphotographie überhaupt im günstigsten Falle fähig ist und welche Voraussetzungen dabei zu erfüllen sind.

Als erster hat der bekannte Physiker SCHRÖDINGER (*247*) mathematische Betrachtungen über die Farbwiedergabe mit der Kornrasterplatte angestellt. Von den älteren Arbeiten ist ferner besonders die ausführliche Arbeit des bedeutenden photographischen Forschers LUTHER zu nennen (*176*), die sich allgemein mit der Farbvalenzmetrik befaßt und dabei auch auf die Fragen der Farbwiedergabe in farbenphotographischen Prozessen eingeht. Zehn Jahre später gaben HARDY und WURZBURG (*123*) eine besonders klare Formulierung der bis dahin erzielten theoretischen Kenntnisse. Kurz danach erschien die Arbeit von FRIESER und REUTHER (*104*), die zum ersten Male eingehender auf die besonderen Probleme der subtraktiven Farbenphotographie einging. Ferner ist aus dieser Zeit die Arbeit von MURRAY und SPENCER (*205*) zu erwähnen. Eine zusammenfassende Darstellung des 1941 erreichten Standes der Theorie gab NEUGEBAUER (*208*), der auch früher schon selbst Beiträge dazu geleistet hatte, in seiner Arbeit „Der heutige Stand der theoretischen Behandlung farbtreuer Reproduktionsverfahren". Darin ist die hier nur teilweise genannte ältere Literatur über dieses Gebiet ziemlich vollständig aufgeführt. Eine kürzere Zusammenfassung gibt NEUGEBAUER in einer anderen Arbeit (*210*). An neueren Arbeiten sind zu nennen: Über das additive Verfahren eine Arbeit von SCHULTZE und HÖRMANN (*251*), über die Theorie des subtraktiven Prozesses die Arbeiten von YULE (*279*), MACADAM (*182*), NEUGEBAUER (*211*), MARRIAGE (*185*), CLARKSON und VICKERSTAFF (*71*), HELLMIG (*132*) und SCHULTZE (*248*).

Die genannten Arbeiten behandeln das Problem der Farbwiedergabe in der additiven und in der subtraktiven Farbenphotographie naturgemäß von verschiedenen Seiten, sie haben aber dennoch in der Methode ihres Vorgehens viel Gemeinsames aufzuweisen. Alle stehen auf dem Boden der Farbvalenzmetrik, die als gesicherte Grundlage betrachtet wird und teilweise auch das mathematische Rüstzeug liefert. Allerdings erfolgt notgedrungen in mathematischer Hinsicht oft eine beträchtliche *Weiterentwicklung* über die sonst in der Farbvalenzmetrik üblichen Sätze und Formeln hinaus, so daß das ganze Gebiet nicht ganz leicht zu verstehen ist. Die Farbvalenzmetrik macht bekanntlich zuverlässige Aussagen über die Gleichheit von Farben. Es ist daher auch der Ausgangspunkt der meisten Arbeiten, daß die (bedingte) Gleichheit von Objekt- und Bildfarben gefordert wird und die daraus folgenden Bedingungen für die farbenphotographischen Prozesse abgeleitet werden. Andererseits kann diese Gleichheit in allgemeinen selbst unter den günstigsten Bedingungen nicht erreicht werden, und dann entsteht die Aufgabe, die unvermeidlichen Abweichungen zwischen Objekt- und Bildfarben irgendwie zu bewerten. Soll das nur qualitativ geschehen, soll z. B. nur die *Richtung* der Abweichungen in bezug auf Farbton, Sättigung und Helligkeit bewertet werden, so reicht das valenzmetrische System auch noch aus. Bei der *quantitativen* Beurteilung von Abweichungen muß dagegen die *Empfindungsmetrik* herangezogen werden, und hier treten Schwierigkeiten auf, auf die schon früher (S. 167) hingewiesen wurde. Zum Teil helfen sich die Autoren mit den vorhandenen Systemen, z. T. verzichten sie überhaupt auf diese empfindungsgemäße Bewertung, müssen damit aber gewisse Lücken in ihrer Beweisführung in Kauf nehmen. Hoffentlich wird dieser Mißstand recht bald durch die Schaffung und allgemeine Anerkennung eines guten Farbempfindungssystems behoben. Damit würden dann die schon sehr weitgehenden Lehren, die man aus der Theorie ziehen konnte, noch eine größere Sicherheit erlangen.

Es würde den Rahmen des vorliegenden Buches überschreiten, die mathematischen Ableitungen in voller Ausführlichkeit zu geben, dazu muß auf die Originalarbeiten verwiesen werden. Immerhin soll versucht werden, wenigstens die wichtigsten Zusammenhänge hier klarzulegen.

Zunächst sei auf die additive Farbenphotographie eingegangen, die leichter zu übersehen und mit geringerem mathematischen Aufwand zu behandeln ist als die subtraktive. Viele der dabei gewonnenen Erkenntnisse lassen sich dann für die Theorie der subtraktiven Farbenphotographie verwerten. Innerhalb dieser beiden Gruppen soll auf die technischen Besonderheiten der einzelnen Verfahren nicht näher eingegangen werden, da sie bisher noch kaum zum Gegenstand theoretischer Betrachtungen gemacht wurden. Eine gewisse Schematisierung ist zur Zeit also noch unerläßlich.

In der additiven Farbenphotographie soll als besonders übersichtlich allen folgenden Betrachtungen ein Verfahren zugrundeliegen, bei dem die Aufnahmen getrennt durch mehrere verschiedene Filter auf Schwarzweiß-Film erfolgen. Diese Schwarzweiß-Aufnahmen werden im Umkehrverfahren direkt zu Diapositiven entwickelt. Dann wird jedes Diapositiv durch ein besonderes Filter projiziert und zwar so, daß alle Bilder wieder Konturendeckung aufweisen. Für ein solches Verfahren ist es verhältnismäßig leicht, die Farbwiedergabe durch eine mathematische Beziehung zu ermitteln. Bevor dies geschieht, sei noch eine Überlegung eingeschaltet, die sich auf die *Zahl der Auszüge* bezieht:

Bei *einer einzigen* Aufnahme kann auch die Wiedergabe nur in einer einzigen Farbe erscheinen. Da der projizierte Film ein Silberfilm ist, besteht er aus echtgrauen Farben, d. h. solchen, die über das ganze Spektrum gleichmäßig absorbieren. Infolgedessen wird die Farbe des Projektionslichtes lediglich bestimmt durch die Farbe der Lichtquelle selbst und die Farbe des Filters. Die daraus resultierende Farbe des Projektionsbildes wird durch die verschiedenen Echtgraus des Bildes in der Farbart (Farbton und Sättigung) nicht beeinflußt, nur in der Helligkeit verschieden stark herabgesetzt. Es ändert sich also die Helligkeit Y, nicht aber die Koordinaten x und y im Farbdreieck. In *jedem* Farbdreieck, ganz gleich bei welcher Helligkeit man den Schnitt durch den Farbkörper führt, liegt also die Bildfarbe immer in dem gleichen Punkt. Nun kann man durch Veränderung des Filters die Farbe an einen anderen Punkt verlegen, sie bleibt aber dann für das ganze Bild auch wieder einheitlich bis auf die unterschiedliche Helligkeit.

Bei *zwei* verschiedenen *Auszügen* projiziert man die beiden erhaltenen Diapositive mit zwei verschiedenfarbigen Projektionslichtern, z. B. mit zwei gleichartigen Lichtquellen, denen verschiedenartige Filter

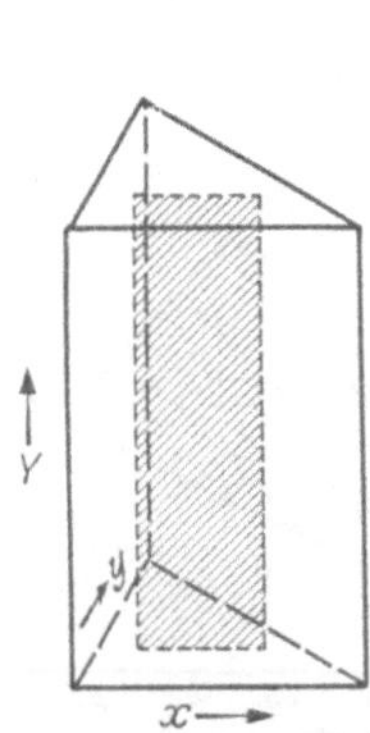

Abb. 101. Wiedergabefarben im Farbenraum bei einem additiven Zweifarbenverfahren.

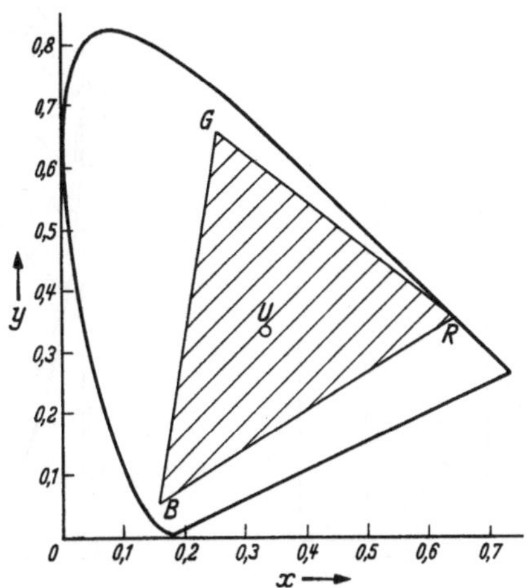

Abb. 102. Wiedergabefarben im Farbendreieck bei einem additiven Dreifarbenverfahren.

vorgeschaltet werden. Nach den Gesetzen der additiven Mischung, die in Teil D I 1 bereits auseinandergesetzt wurden, müssen die Mischfarben im Farbdreieck auf der Verbindungslinie zwischen den beiden Farbpunkten liegen. Da nun durch die verschiedenen Grauwerte in den beiden Diapositiven beide Projektionslichter in ihrer Helligkeit variiert werden, liegen die verschiedenen möglichen Farben nicht nur in *einer* Ebene gleicher Helligkeit, sondern senkrecht darüber und darunter im ganzen Farbraum, wie es die Abb. 101 zeigt.

Der Bereich der Bildfarben ist recht eng, denn selbst wenn das Verfahren sonst wunschgemäß arbeitet, können überhaupt nur die Farben, die im Farbdreieck auf der gekennzeichneten Linie bzw. im Farbraum auf der gekennzeichneten Ebene ihren Platz haben, richtig reproduziert werden.

Bei *drei Auszügen* projiziert man die drei Diapositive mit drei verschiedenfarbigen Projektionslichtern. Sie mögen entsprechend den verwendeten Farben Blau, Grün und Rot mit den Buchstaben B, G und R bezeichnet werden. Ihre Lage im Farbdreieck sei durch die Abb. 102 gegeben. Wenn nur die Projektionslichter B und G wirken, so liegen alle überhaupt möglichen Mischfarben dieser beiden auf der Verbindungslinie BG oder senkrecht darüber oder darunter im Farbraum. Das gleiche gilt für die zweifarbige Mischung von B und R, wo die Mischfarben auf der Verbindungslinie B R liegen, und für die zweifarbige Mischung von G und R, wo sie auf GR liegen. Alle Mischfarben, an denen alle drei Projektionslichter B, G und R beteiligt sind, liegen nun innerhalb des Dreiecks mit den Ecken B, G und R. Auch dabei liegen aber die Mischfarben nicht nur in der einen Helligkeitsebene,

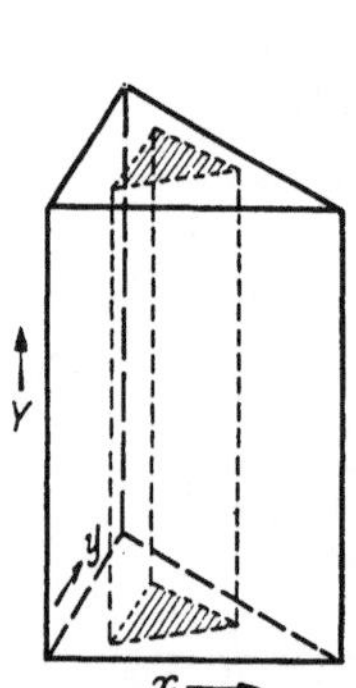

Abb. 103. Wiedergabefarben im Farbenraum bei einem additiven Dreifarbenverfahren.

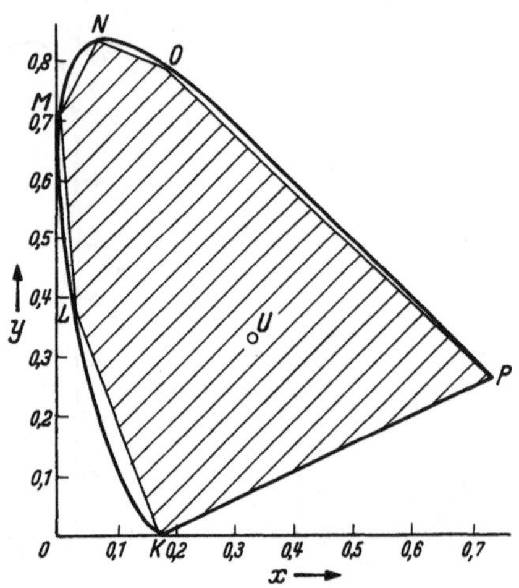

Abb. 104. Wiedergabefarben im Farbendreieck bei einem additiven Sechsfarbenverfahren.

sondern bei anderer Helligkeit auch darüber oder darunter (s. Abb. 103). Wie die vorhergehende Abb. 102 zeigt, wird durch das Dreieck BGR ein wesentlicher Teil aller natürlichen Farben abgegrenzt, die ja bekanntlich alle innerhalb der durch Spektrallinienzug und Purpurgerade umschlossenen Fläche liegen. Man kann also sagen, daß aus den drei Farben B, G und R alle innerhalb des Dreiecks BGR liegenden Farben additiv ermischt werden können. Die naturgetreue Reproduktion solcher Farben ist also grundsätzlich dann möglich, wenn man jeweils in den Schwarzweiß-Diapositiven zur Regelung der drei Lichter die nötigen Graudichten zur Verfügung hat. Auf diese Bedingung ist später noch genauer einzugehen. Um die Dreiecksfläche noch zu vergrößern und damit den Bereich der reproduzierbaren Farben zu erweitern, könnte man theoretisch noch Spektrallichter B′, G′, R′ für die Projektion wählen. Praktisch kommt diese Möglichkeit wegen der zu geringen Helligkeit dieser Spektrallichter kaum in Frage.

Man erkennt nun ohne weiteres, daß durch Vermehrung der Auszüge und damit der Diapositive noch eine weitere Vergrößerung des Bereichs der grundsätzlich reproduzierbaren Farben zu erreichen ist. Als Beispiel sei die additive Mischung von *sechs* passend gewählten Spektrallichtern angeführt (s. Abb. 104). Das Sechseck KLMNOP schmiegt sich dem Spektrallinienzug schon sehr weitgehend an, so daß nur noch kleine Bezirke mit sehr gesättigten Farben nicht eingeschlossen werden.

Wir wenden uns nun wieder der additiven *Dreifarbenphotographie* zu und kommen vor allem nochmals auf die Abb. 102 zurück. Wollte man nach den Flächen urteilen, so läge noch ein beträchtlicher Teil der Farben außerhalb des Dreiecks BGR. Indessen kommen diese Farben in der Natur kaum vor. Es handelt sich um die Spektrallinien selbst, deren naturgetreue Reproduktion nur für einige wissenschaftliche Untersuchungen von Interesse wäre, sowie um sehr gesättigte Farben, die man höchstens noch als Durchsichtsfarben antrifft, nicht aber bei den in der Natur üblichen Aufsichtfarben. Infolgedessen würde an sich der durch das Dreieck BGR umschriebene Farbbezirk vollkommen genügen. Wir erwähnten jedoch bereits, daß für die naturgetreue Reproduktion einer Farbe *zwei* Bedingungen zu erfüllen sind. Daß die Farbe durch die Projektionslichter überhaupt ermischbar sein muß, ist nur die eine Bedingung, wir können sie ohne weiteres als erfüllt betrachten, wenn die zu reproduzierende Farbe innerhalb des Dreiecks BGR liegt. Die zweite Bedingung besteht darin, daß die Graudichten in den drei Diapositiven die richtige Größe haben müssen, um die drei Projektionslichter in dem erforderlichen Ausmaß zu regeln. Natürlich soll diese Einstellung der Graudichte sich für jede wiederzugebende Farbe *automatisch* aus dem photographischen Prozeß ergeben, die Möglichkeit einer Korrektur durch Retusche soll ausgeschlossen bleiben. Um diese Verhältnisse zu übersehen, muß nun die bereits angekündigte Rechnung durchgeführt werden. Sie soll durch einige vereinfachende Annahmen von vornherein etwas übersichtlicher gestaltet werden.

Es sei eine Objektfarbe gegeben, deren Remission über das sichtbare Spektrum durch die Funktion ε gegeben ist (s. z. B. die Funktion des blauen Pigmentes auf S. 154). Da das Objekt mit äquienergetischem Licht beleuchtet werden soll, dessen Energie wir gleich 1 setzen können, so gibt ε gleichzeitig die von dem Objekt zurückgestrahlte Energie an. Dann sind die Farbwerte für die Objektfarbe:

$$X_O = \int_S \varepsilon \cdot \bar{x}_\lambda \, d\lambda \tag{2}$$

$$Y_O = \int_S \varepsilon \cdot \bar{y}_\lambda \, d\lambda$$

$$Z_O = \int_S \varepsilon \cdot \bar{z}_\lambda \, d\lambda$$

$\left(\int_S = \text{Integral über das sichtbare Spektrum}\right)$

Wir haben dabei die Funktion ε mit den spektralen Farbwerten $\bar{x}_\lambda$ bzw. $\bar{y}_\lambda$ bzw. $\bar{z}_\lambda$ Wellenlänge für Wellenlänge multipliziert und über das ganze sichtbare Spektrum integriert, eine Operation, die wir schon auf S. 158 auseinandergesetzt haben. Nun soll ermittelt werden, was für eine *Bildfarbe* das Objekt bei der Aufnahme unter den oben gekennzeichneten Bedingungen liefert. Dabei sollen für die drei Aufnahmen drei Aufnahmefilter mit den Transmissionsfunktionen τ_1 für das Blaufilter, τ_2 für das Grünfilter und τ_3 für das Rotfilter zur Verfügung stehen. Die Lichtverluste im Objektiv bleiben unberücksichtigt. Das photographische Material soll nach vereinfachenden Annahmen eine über das gesamte Spektrum gleichbleibende Empfindlichkeit 1 haben. Dann wirken auf die drei Auszüge die folgenden „aktinischen" Lichtmengen:

(3)
$$L_1 = \int_S \varepsilon \cdot \tau_1 \, d\lambda \text{ auf den Blauauszug}$$
$$L_2 = \int_S \varepsilon \cdot \tau_2 \, d\lambda \text{ auf den Grünauszug}$$
$$L_3 = \int_S \varepsilon \cdot \tau_3 \, d\lambda \text{ auf den Rotauszug.}$$

Nun soll die Dichtekurve der drei Diapositive in dem Remissionsbereich der aufgenommenen Objekte vollkommen geradlinig sein und eine Neigung von 45° haben ($\gamma = 1{,}0$). Unter diesen Umständen können wir die Durchlässigkeit der drei Diapositive gleich den aktinischen Lichtmengen setzen:

(4)
$$T_1 = L_1. \qquad T_2 = L_2. \qquad T_3 = L_3$$

Bei der Projektion werden diese Teilauszüge wieder mit äquienergetischem Licht und mit Wiedergabefiltern der Transmissionen t_1 für das Blaufilter, t_2 für das Grünfilter, t_3 für das Rotfilter übereinanderprojiziert.

Für das blaue Teilbild ergeben sich dann folgende Farbwerte:

(5)
$$X_1 = T_1 \cdot \int t_1 \cdot \bar{x}_\lambda \, d\lambda$$
$$Y_1 = T_1 \cdot \int t_1 \cdot \bar{y}_\lambda \, d\lambda$$
$$Z_1 = T_1 \cdot \int t_1 \cdot \bar{z}_\lambda \, d\lambda$$

Der schon früher berechnete Transmissionswert T_1 des aus dem Blaufilterauszug entstandenen Diapositivs wird mit einem Integral multipliziert, das seinerseits über das Wellenlänge für Wellenlänge gewonnene Produkt aus der Transmissionsfunktion des Wiedergabefilters und den spektralen Farbwerten gebildet wird.

Nach dem, was früher (s. S. 163) über die additive Mischung gesagt wurde, läßt sich die Mischfarbe durch einfache Addition der Farbwerte der Einzelfarben errechnen. Das wird hier getan, indem in vollkommen gleichartiger Weise die Farbwerte für das grüne und das rote Teilbild errechnet werden und die X-Werte, die Y-Werte und die Z-Werte jeweils addiert werden.

Die Reizbeträge für die Bildfarbe sind demnach

(6)
$$X_B = X_1 + X_2 + X_3$$
$$Y_B = Y_1 + Y_2 + Y_3$$
$$Z_B = Z_1 + Z_2 + Z_3$$

Das Ergebnis der bisherigen Betrachtungen ist folgendes: Nach Festlegung einiger vereinfachender Annahmen benötigt man für die Errechnung der Farbwerte X_O, Y_O und Z_O der Objektfarben und X_B, Y_B und Z_B der Bildfarben außer der Remissionsfunktion der Objektfarbe noch die Transmissionsfunktionen der Aufnahmefilter und der Wiedergabefilter. Aus den Farbwerten kann man in der üblichen Weise (s. S. 159) die Anteile und somit die Lage im Farbdreieck ermitteln.

Über die vereinfachenden Annahmen ist noch folgendes zu sagen. Weder die Annahme äquienergetischer Verteilung der Lichtquellen für Betrachtung, Aufnahme und Projektion noch die Annahme gleichbleibender Empfindlichkeit des photographischen Materials über das gesamte Spektrum noch das Beiseitelassen der Lichtschwächung durch das Objektiv sind notwendig. Wenn andere Verhältnisse vorliegen, können diese durchaus berücksichtigt werden, lediglich die Rechnungen werden etwas komplizierter. Es ist auch nicht notwendig, ein γ von 1,0 anzunehmen, in manchen Rechnungen sind auch schon andere γ-Werte berücksichtigt worden.

Man kann nun die Anwendung der oben wiedergegebenen mathematischen Beziehungen in verschiedener Weise vornehmen.

1. Man fordert allgemein eine vollkommen naturgetreue Farbwiedergabe, d. h. sämtliche Bildfarben müssen ihren Objektfarben valenzmetrisch gleich (bedingt gleich) werden. Eine vollkommene physikalische Übereinstimmung ist damit nicht notwendig verbunden (s. S. 164). Das ist nur möglich durch Gleichsetzung der Farbwerte von Objektfarbe und Bildfläche, also

$$(7) \qquad X_O = X_B \qquad Y_O = Y_B \qquad Z_O = Z_B$$

Daraus folgt auch die Gleichsetzung der rechten Seiten der Gleichungen (2) einerseits mit denen der Gleichungen (6) andererseits.

Man muß nun berücksichtigen, daß die Beziehung ja unabhängig von der betreffenden Objektfarbe gelten soll, infolgedessen auch Wellenlänge für Wellenlänge richtig sein muß. Ferner ist zu beachten, daß die Integrale $\int_S t_1 \cdot \bar{x}_\lambda d\lambda$ usw. in den Gleichungen (5) die Farbwerte der Wiedergabefilter sind und daß man diese selbst als X_{w1}, Y_{w1}, Z_{w1} für das Blaufilter, X_{w2}, Y_{w2}, Z_{w2} für das Grünfilter und X_{w3}, Y_{w3}, Z_{w3} für das Rotfilter einsetzen kann. Man erhält dann:

$$(8) \qquad \begin{aligned} \bar{x}_\lambda &= \tau_1 \cdot X_{w1} + \tau_2 \cdot X_{w2} + \tau_3 \cdot X_{w3} \\ \bar{y}_\lambda &= \tau_1 \cdot Y_{w1} + \tau_2 \cdot Y_{w2} + \tau_3 \cdot Y_{w3} \\ \bar{z}_\lambda &= \tau_1 \cdot Z_{w1} + \tau_2 \cdot Z_{w2} + \tau_3 \cdot Z_{w3} \end{aligned}$$

Der Sinn dieser Gleichungen ist folgender:

Bei jeder Wellenlänge des sichtbaren Spektrums bestehen Beziehungen zwischen den bekannten spektralen Farbwerten $\bar{x}_\lambda$, $\bar{y}_\lambda$ und $\bar{z}_\lambda$, den Transmissionswerten τ_1, τ_2, τ_3 der drei Aufnahmefilter bei der betreffenden Wellenlänge und den wellenlängenunabhängigen Farbwerten X_{w1} usw. der drei Wiedergabefilter. Legt man nun die Wiedergabefilter fest, so bleiben in den drei Gleichungen als Unbekannte nur die drei Größen τ_1, τ_2 und τ_3. Das heißt, man kann dann Wellenlänge für Wellenlänge die Transmissionswerte der drei Aufnahmefilter berechnen, und zwar sind sie durch eine lineare Funktion mit den spektralen Farbwerten verknüpft. Führt man diese Bestimmung beispielsweise für die auf S. 191 angeführten Wiedergabefilter B, G, R, durch, so erhält man folgende Funktionen der Aufnahmefilter (Abb. 105).

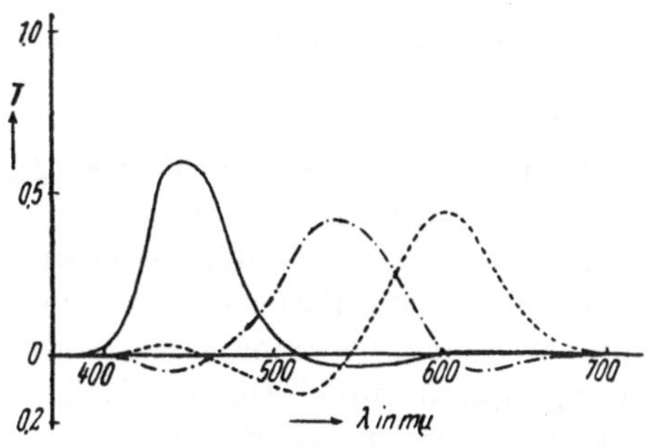

Abb. 105. Berechnete Aufnahmefilter für ein additives Verfahren.

Wie man sieht, haben alle drei Kurven Teilgebiete, in denen die Werte negativ werden. Ein negativer Transmissionswert ist aber physikalisch sinnlos. Bezieht man die Empfindlichkeit des photographischen Materials mit ein, so kann man bei Abwesenheit von Aufnahmefiltern die gleichen Kurven auch als Empfindlichkeitsfunktionen des photographischen Materials betrachten. Dabei bestände zumindest theoretisch die Möglichkeit, auf der Basis des Herschel-Effekts eine negative Empfindlichkeit in bestimmten Spektralgebieten zu verwirklichen, praktisch kommt das aber vorläufig nicht in Betracht. Die Verwendung des Herschel-Effekts, ferner die Realisierung der negativen Werte durch verzweigte Verfahren (Masken) oder die Kompensation auf elektrischem Wege wird in verschiedenen Arbeiten (123, 182) eingehend diskutiert. Wir können uns hier damit nicht beschäftigen. Die schlechte Realisierbarkeit kann übrigens von den Aufnahmefiltern auch auf die Wiedergabefilter verlagert werden. Nimmt man Wiedergabefilter an, die so weit außerhalb liegen, daß das durch sie gegebene Dreieck die durch Spektrallinienzug und Purpurgerade umschriebene Fläche einschließt, so werden die Aufnahmefilter realisierbar, ihre Transmissionskurven haben nur positive Teile. Dann sind aber die Wiedergabefilter nicht zu verwirklichen. Mathematisch besonders übersichtlich ist der Fall, daß die Wiedergabefilter in den Ecken des IBK-Dreiecks liegen, dann werden von den drei Farbwerten jeder Filterfarbe jeweils zwei gleich Null. Die Transmissionsfunktionen der Aufnahmefilter erhalten dadurch die Gestalt der spektralen Farbwertkurven. Aber auch dieser Fall ist rein hypothetisch, da ja die Farben in den Ecken des IBK-Dreiecks ebenfalls nicht zu verwirklichen sind. Wir erhalten also auf Grund der Gleichungen (7) und (8) immer wieder das Ergebnis, daß zumindest in einfachen, unverzweigten Dreifarbenverfahren die Forderung nach (bedingter) Gleichheit der Bildfarbe mit der Objektfarbe nicht zu erfüllen ist.

2. Man kann die Gleichungen (2), (5) und (6) in anderer Weise nutzbar machen, indem man die Forderung nach Übereinstimmung zwischen Objekt- und Bildfarben fallen läßt und mit Hilfe der Gleichungen errechnet, wie die Farbwiedergabe bei verschiedenen Objektfarben sich unter Annahme bestimmter realisierbarer Aufnahme- und Wiedergabefilter gestalten würde. Diesen Weg haben SCHULTZE und HÖRMANN (*251*) beschritten und haben die Rechnungen für verschiedene Objektfarben sowie für verschiedene Aufnahme- und Wiedergabefilter durchgeführt. Wie schon bei Besprechung der praktischen Farbwiedergabeversuche ausführlich dargelegt wurde, ergibt sich in solchen Fällen immer wieder das Problem, das die *Abweichung* zwischen zwei Farben, hier Objektfarbe und Bildfarbe, nicht nur valenzmetrisch, sondern möglichst auch empfindungsmetrisch zu werten ist. Ein ganz einwandfreies System ist

dafür noch nicht da, aber es gelingt eine ungefähre Abschätzung. Die Abb. 106 zeigt an einem Beispiel, wie die Farbwiedergabe von acht verschiedenen Farbpapieren sich nach dieser Rechnung gestalten würde, wenn die Wiedergabefilter wieder diejenigen der Abb. 102 sind und die Aufnahmefilter folgende Gestalt haben (Abb. 107). Dabei werden die Bedingungen immer so gewählt, daß echtgraue Farben vollkommen naturgetreu wiedergegeben werden. Die Farbwiedergabe ist bereits recht günstig, durch starke Verengung der Aufnahmefilter wird sie noch etwas günstiger, doch kommt eine zu starke Verengung für die Praxis kaum in Frage. Die wichtigsten Resultate der Rechnungen sind nach der erwähnten Arbeit und später gewonnenen Erfahrungen folgende:

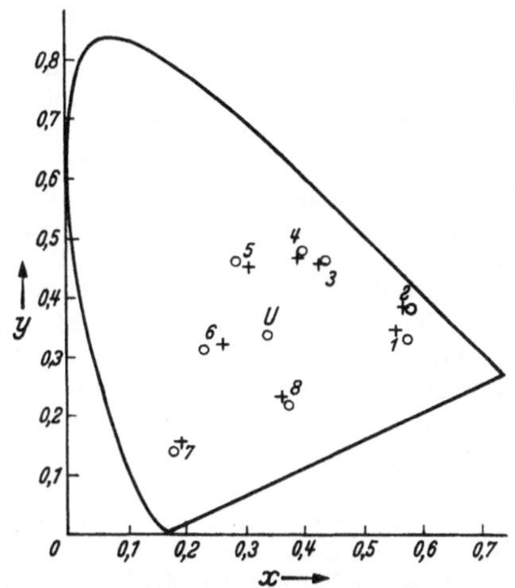

Abb. 106. Farbwiedergabe nach einem gerechneten additiven Verfahren. Nach der Arbeit (*251*) von SCHULTZE und HÖRMANN.

1. Die Farbwiedergabe ist immer recht schlecht bei Spektralfarben als Objektfarben, diese sind deshalb auch als Testfarben ungeeignet.

2. Die Wiedergabefilter sollen möglichst gesättigt sein, soweit es die Projektionshelligkeit gestattet. Ihre Koordinaten im IBK-Dreieck sollen so liegen, daß das dadurch bestimmte Dreieck einen möglichst großen Teil der Farbfläche einnimmt.

3. Die Aufnahmefilter kann man dem Schwerpunkt nach aus den Gleichungen (8) bestimmen, man nimmt sie dann so eng, wie es der Prozeß praktisch nur irgend gestattet.

4. Bei Einhaltung der Bedingungen 2. und 3. läßt sich zwar keine ideale, aber doch eine sehr gute Farbwiedergabe aller üblichen Farben erzielen.

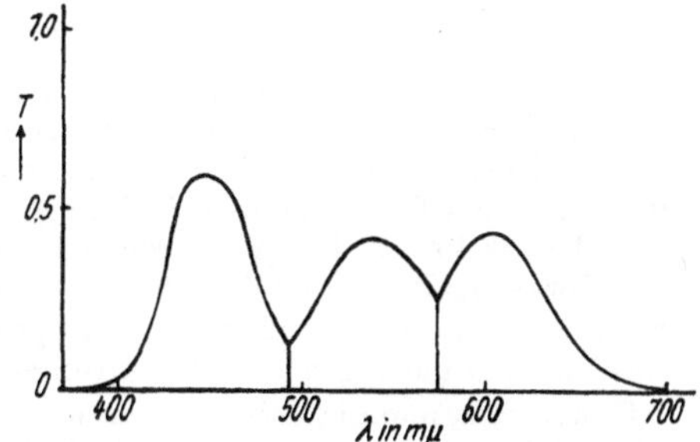

Abb. 107. Aufnahmefilter bei dem Verfahren von Abb. 106.

Bisher wurde für die Rechnungen nur der Fall zugrunde gelegt, daß die drei Auszüge getrennt aufgenommen und direkt zu den Diapositiven entwickelt werden, die dann durch Projektion zur Deckung gebracht werden. Es wird offenbar an dem Resultat nichts geändert, wenn statt dessen die drei Aufnahmefilme zu Negativen entwickelt werden und aus diesen durch Kopie die drei Diapositive gewonnen werden, sofern die Gradationen im Endeffekt dadurch nicht beeinflußt werden. Auch für die Rasterverfahren können die Rechnungen in der gleichen Weise durchgeführt werden.

Bei den fest mit dem Material verbundenen Farbrastern wie den Kornrastern und den meisten Linienrastern (z. B. Dufaycolor) gilt dann die Vereinfachung, daß Aufnahmefilter und Wiedergabefilter einander gleich sind, daher sind dann $\tau_1 = t_1$, $\tau_2 = t_2$, $\tau_3 = t_3$. Beim Linsenraster und den nicht fest verbundenen Linienrastern ist es nicht unbedingt notwendig, daß die Aufnahmefilter gleich den Wiedergabefiltern sind. Gerade bei den Rasterverfahren treten in der Praxis allerdings verschiedene Nebeneffekte auf, die in den Rechnungen noch nicht berücksichtigt wurden, so z. B. das Übergreifen des Silberbromid-Korns von einer Rasterfläche zur anderen, der Nachbareffekt bei der Entwicklung (Eberhard-Effekt), die Streuung des Lichtes, die besonders beim Linsenraster Störungen ergibt usw. Die Rasterverfahren dürften aber heute wohl kaum mehr von so großem praktischem Interesse sein, daß diese Dinge noch eingehender untersucht werden.

Analoge Rechnungen lassen sich natürlich auch durchführen, wenn mehr als drei Farbauszüge verwendet werden. Ohne hier auf die mathematischen Beziehungen näher eingehen zu können, soll dazu wenigstens eine allgemeine Überlegung durchgeführt werden. Wir sahen bereits oben (S. 192), daß bei Vermehrung der Farbauszüge der Bereich der überhaupt ermischbaren Farben größer wird. Damit war ja aber noch nicht sichergestellt, daß die innerhalb dieses Bereiches liegenden Objektfarben durch ein zwangsläufig arbeitendes photographisches Verfahren auch wirklich naturgetreu reproduziert werden können. Wir sahen, daß das bei der Dreifarbenphotographie tatsächlich nicht der Fall ist, vielmehr ist nur eine gewisse Näherung möglich. Wir wollen nun annehmen, daß Aufnahme- und Wiedergabefilter Optimalfarben sind, d. h. Farben mit voller Durchlässigkeit in einem und voller Undurchlässigkeit in einem anderen Spektralbereich, also z. B. die drei Optimalfarben mit Transparenz

1. bei 400 . . . 490 mμ,
2. bei 490 . . . 580 mμ,
3. bei 580 . . . 700 mμ.

Es ist ohne weiteres zu übersehen, daß z. B. sämtliche Farben, die nur zwischen 400 . . . 490 mμ remittieren, also auch sämtliche Spektralfarben dieses Bereiches, nur auf den ersten Auszug wirken; alle diese verschiedenen Lichter werden demnach mit der gleichen Farbe, nämlich derjenigen des zugehörigen Wiedergabefilters (des Optimalfilters 400 . . . 490 mμ) wiedergegeben. Erscheint so für die Spektralfarben die Farbwiedergabe sehr wenig differenziert, so kann dagegen bei der Wahl der richtigen Grenzen die Verwendung von drei Optimalfarben in der Wiedergabe von Pigmenten zu sehr günstigen Resultaten führen.

Erhöht man nun die Zahl der Auszüge über drei hinaus, nimmt man also eine größere Zahl von Optimalfiltern für die Aufnahme und für die Wiedergabe, so wird auch für die Spektralfarben die Annäherung an die Naturtreue eine immer bessere, und für alle anderen Farben gilt das in erhöhtem Maße. Würde man z. B. über das Spektrum von 400 bis 700 mμ 30 Optimalfilter so verteilen, daß jedes in einem Bereich von 10 mμ durchlässig ist, so würde eine derartige „Dreißigfarbenphotographie" auch jede Spektralfarbe schon mit recht guter Annäherung wiedergeben.

Das Resultat kann übrigens noch günstiger sein, wenn man nicht lauter gleichgroße Bezirke nimmt. Man wird nun selbst mit einer recht großen Zahl von

Auszügen noch keine vollkommene Naturtreue erzielen, — dazu müßte die Zahl der Auszüge unendlich werden — aber es würde genügen, die Unterschiede zwischen Objektfarben und Bildfarben so gering werden zu lassen, daß das Auge sie nicht mehr wahrnimmt. Denn es besteht ja wie bei allen Sinneseindrücken auch beim Farbensehen eine Schwelle für die Wahrnehmung von Unterschieden. Auf diese Weise könnte theoretisch ein Verfahren mit sehr vielen Auszügen tatsächlich zu einer vollkommen getreuen Wiedergabe sämtlicher Farben führen. Die praktischen Schwierigkeiten bei der Durchführung eines solchen Verfahrens wären aber enorm hoch, und das Interesse dafür ist gering, da kleinere Abweichungen von der Naturtreue gar nicht sehr störend wirken, auch wenn sie bei unmittelbarem Vergleich zwischen Objekt und Bild noch deutlich wahrnehmbar sind.

Die *theoretische Behandlung* des Farbwiedergabeproblems ist auch auf die *subtraktive Farbenphotographie* ausgedehnt worden. Wir wollen zunächst die gleichen allgemeinen Betrachtungen anstellen wie bei der additiven Farbenphotographie. Dazu legen wir erst wieder einen besonders übersichtlichen Prozeß zu Grunde. Die Aufnahmen sollen genau wie bei unseren additiven Beispielen durch getrennte Filter auf getrennte photographische Filme oder Platten erfolgen. Jede Aufnahme soll einem Verarbeitungsprozeß unterworfen werden, bei dem sie zu einem Diapositiv in einer bestimmten Farbe entwickelt wird. Die in den verschiedenen subtraktiven Farben eingefärbten Diapositive werden dann unter Konturendeckung übereinandergelegt und gegen einen hellen Hintergrund oder in der Projektion betrachtet.

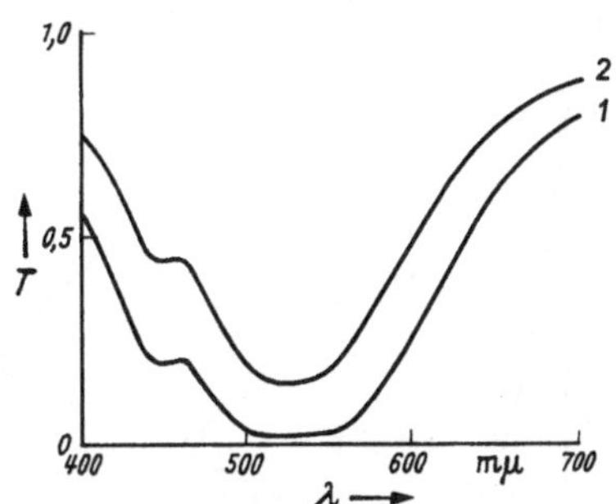

Abb. 108. Transmissionskurven einer Purpurfarbe mit verschiedenen Konzentrationen.

Bei *einer einzigen* Aufnahme liegt auch nur ein einziges Diapositiv vor, das in einer bestimmten Farbe eingefärbt wird. Ist diese Farbe Grau, so haben wir die übliche Schwarzweiß-Photographie vor uns. Ist die Farbe von Grau verschieden, so kann damit eine ganz bestimmte, allerdings ziemlich einseitige Farbstimmung erzeugt werden, ähnlich wie bei der Projektion eines Schwarzweiß-Films durch ein Farbfilter. Die Ähnlichkeit ist aber nur eine scheinbare. Wir sahen bei der additiven Farbenphotographie (S. 190), daß in letzterem Falle sämtliche projizierten Farben, ob hell oder dunkel, die gleiche Farbart haben. Im Farbendreieck liegen sie also immer in demselben Punkt, ganz gleich, um welche Helligkeitsebene es sich handelt. Das ist bei dem eingefärbten Diapositiv anders. Wir wählen als praktisches Beispiel eine Purpurfarbe mit folgender Transmissionskurve (Abb. 108, Kurve 1). Sie ergibt bei valenzmetrischer Auswertung folgende Daten: $x = 0{,}43$, $y = 0{,}21$, $Y = 11\%$. Im Farbendreieck liegt sie in dem Punkt P_1 (Abb. 109). Eine Stelle des Bildes sei in dieser Weise gefärbt. Eine andere Stelle soll nun mit der halben Konzentration des gleichen Farbstoffes eingefärbt sein. Dann ist nach dem BEERschen Gesetz, dessen Gültigkeit wir im allgemeinen voraussetzen können, in jedem Teil des Spektrums die Extinktion oder optische Dichte[1] halb so groß wie an der ersten Stelle. Verwandelt man die Transmissionskurve in die Kurve der optischen Dichte (Abb. 110, Kurve 1), halbiert diese Werte (Abb. 110, Kurve 2) und verwandelt sie wieder in Transmissionswerte, so erhält man die Kurve 2 der Abb. 108. Sie ergibt bei valenzmetrischer Auswertung die Daten $x = 0{,}39$, $y = 0{,}29$ und $Y = 27\%$, im Farbdreieck den

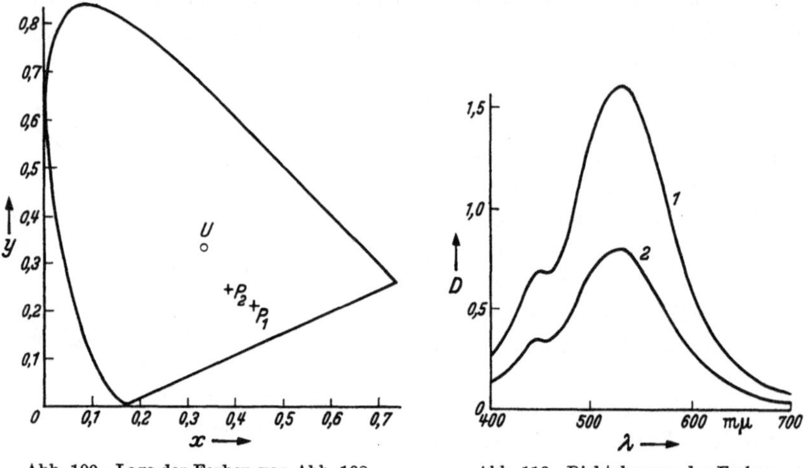

Abb. 109. Lage der Farben von Abb. 108 im Farbendreieck.

Abb. 110. Dichtekurven der Farben von Abb. 108.

Punkt P_2. Man erkennt, daß diese Farbe nicht nur heller ist als die erste (höheres Y), sondern auch erheblich weniger gesättigt und sogar im Farbton beträchtlich verschieden. Diese letztere Erscheinung ist gerade bei vielen Purpurfarben besonders auffallend, wird aber sehr oft falsch gedeutet, z. B. durch Ungültigkeit des BEERschen Gesetzes erklärt. Sie ist aber eine ganz normale Erscheinung, die nur nicht bei allen Farbstoffen so deutlich zum Ausdruck kommt. Für unsere „subtraktive Einfarbenphotographie" haben wir also das Resultat, daß jeder Helligkeitsstufe auch eine andere Farbe zukommt, wobei von Weiß ausgehend zunehmende Sättigung und teilweise Farbtonänderung zu verzeichnen ist, entsprechend z. B. der in Abb. 109 von U über P_2 und P_1 verlaufenden

[1] Die optische Dichte ist der Logarithmus des reziproken Transmissionswertes bei der betreffenden Wellenlänge: $D = \log \frac{1}{T_\lambda}$, so wie man bei echtgrauen Farben (in der Schwarzweiß-Photographie), wo die Transmission über das ganze Spektrum gleichartig ist, die Schwärzung S definiert als $S = \log \frac{1}{T}$.

Kurve. Da alle diese Farben aber verschiedene Helligkeit haben, handelt es sich in Wirklichkeit um eine im Raum verlaufende Kurve.

Während die eben skizzierte Einfarbenphotographie keine praktische Bedeutung hat, sondern uns nur grundsätzlich interessierte, ist die subtraktive *Zweifarbenphotographie* auch heute noch sehr verbreitet. Man erhält aus *zwei* verschiedenen Teilauszügen zwei Diapositive in verschiedenen Farben. Im allgemeinen wird man dazu Farben nehmen, von denen die eine in der kurzwelligen Hälfte des sichtbaren Spektrums transparent ist, die andere in der langwelligen. War schon bei einer Farbe die Sache etwas kompliziert, so ist die Ermittlung von subtraktiven Zweifarbenmischungen und noch mehr von subtraktiven Dreifarbenmischungen eine recht schwierige Aufgabe, auf die später noch näher einzugehen ist. Hier soll zunächst nur soviel vorweggenommen werden, daß bei der subtraktiven Mischung zweier Farben sämtliche Farben gleicher Helligkeit jeweils im Farbdreieck auch auf einer Linie liegen, die von der einen Farbe zur anderen geht. Diese Linie ist aber jetzt im Gegensatz zu der additiven Farbmischung im allgemeinen keine Gerade, sondern sie ist gekrümmt (Abb. 111). Nimmt man nun bei beiden subtraktiven Farben verschiedene Konzentrationen an und bildet alle überhaupt möglichen Mischungen, so ergibt sich eine gekrümmte Fläche innerhalb des Farbraumes. Jedenfalls ist wie bei der *additiven* Zweifarbenphotographie der Bereich der überhaupt ermischbaren Farben recht eng begrenzt.

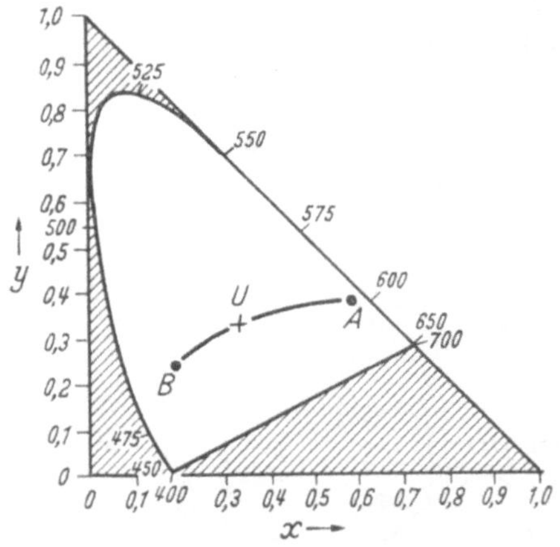

Abb. 111. Wiedergabefarben im Farbendreieck bei einem subtraktiven Zweifarbenverfahren.

Das wird auch bei der subtraktiven Farbenphotographie anders, wenn man zu *drei* Farbauszügen und damit zu *drei* verschieden gefärbten Diapositiven übergeht. Die drei Aufnahmefilter sind wie in der additiven Dreifarbenphotographie Blau, Grün und Rot, die zugehörigen subtraktiven Farben sind Gelb, Purpur und Blaugrün. Wir erhalten bei Anwendung verschiedener Konzentrationen für jede der drei einzelnen Farben vom Weißpunkt ausgehende gekrümmte Linien, so wie es für das Purpur oben bereits gezeigt wurde. Die Zweiermischungen Gelb-Purpur, Gelb-Blaugrün und Purpur-Blaugrün liegen, wie bereits gezeigt, auf gekrümmten Flächen. Daraus ergibt sich eine Art gekrümmte Dreieckspyramide. Innerhalb dieses Körpers liegen nun alle subtraktiven Mischfarben aus diesen drei Einzelfarben. Der Körper beginnt bei der höchsten Helligkeit ($Y = 100\%$) mit einer Spitze und verbreitert sich nach unten mehr und mehr, ohne natürlich je die von Spektralkurve und Purpurgerade umgrenzte Fläche überschreiten zu

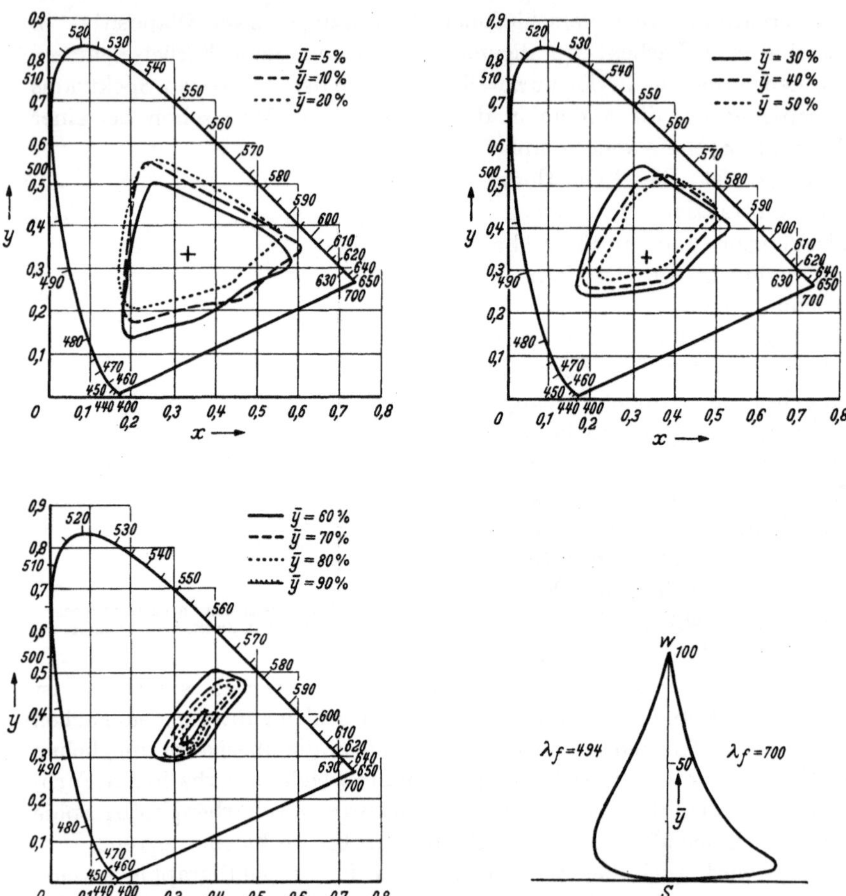

Abb. 112. Farbkörper der Agfacolor-Positiv-Farben.

können. Dabei war zunächst vorausgesetzt, daß die Konzentration der drei Farbstoffe unbegrenzt anwachsen könne. Das ist aber praktisch in den farbenphotographischen Prozessen nicht der Fall, und es ist vernünftig, von vornherein mit einer Höchstgrenze zu rechnen. In diesem Falle verengt sich der Farbkörper der ermischbaren Farben wieder nach unten. Die Abb. 112 zeigt ein durchgerechnetes Beispiel, das einer Arbeit von SCHULTZE und HÖRMANN entnommen ist (*252*).

Die rechnerische oder experimentelle Bestimmung derartiger Farbkörper ist ziemlich mühsam, lohnt aber dann, wenn man die drei gewählten Farbstoffe für einen Prozeß längere Zeit beibehält [s. auch FRIESER und REUTHER (*104*)]. Man kann feststellen, welche natürlichen Farben grundsätzlich ermischbar sind und welche nicht, man kann ferner die aus anderen Farbstoffen gebildeten Farbkörper damit vergleichen, wie es z. B. CLARKSON und VICKERSTAFF (*71*) tun. Es ist leicht einzusehen, daß bei Vermehrung der Auszüge auf vier und mehr die Farbkörper bei Auswahl von geeigneten Farbstoffen sich noch stärker verbreitern und der Bereich der ermischbaren Farben sich damit vergrößert. Derartige Farbkörper sind aber wohl noch nicht ermittelt worden.

Die erheblichen Unterschiede zwischen der additiven und der subtraktiven Farbenphotographie, die sich uns in der Form der Mischlinien und der Farbkörper zeigen, werden sich noch in anderer Beziehung kundtun. Die innere Ursache dieser Unterschiede wird wohl am deutlichsten, wenn man beachtet, daß in einem Grenzfall die subtraktive Farbenphotographie mit der additiven wirkungsgleich wird, wie NEUGEBAUER (*212*) sowie FRIESER und REUTHER (*104*) gezeigt haben. Und zwar ist das der Fall, wenn die subtraktiven Wiedergabefarben in einem Teil des Spektrums vollkommen transparent sind, in dem anderen Teil dagegen eine gleichmäßige Extinktion zeigen, die sich in ihrem Betrage mit der Konzentration des Farbstoffes ändert. Solche Farben haben also optimalfarbenartigen Charakter[1]. Es wurde bereits früher (B II, S. 21) gesagt, daß die Wirkung der additiven Wiedergabe deshalb gleicht, weil z. B. die gelbe Farbe nur den blauen Anteil an weißem Licht regelt, den sie mehr oder weniger stark absorbiert, genau wie bei der additiven Wiedergabe das dem Blaufilter zugeordnete Diapositiv diesen Anteil durch stärkere oder schwächere Absorption regelt. Diese Wirkung des Gelb ist aber nur dann der additiven Farbenphotographie vollkommen entsprechend, wenn das Gelb in den beiden anderen Dritteln des Spektrums, nämlich im grünen und roten Bereich, keinerlei Absorption aufweist, und das ist eben nur bei den erwähnten optimalfarbenartigen Farbstoffen der Fall. Wenn solche Farbstoffe häufig als „ideale" subtraktive Farbstoffe bezeichnet werden, so ist das nur so zu verstehen, daß die subtraktive Farbmischung und damit die subtraktive Farbenphotographie auf die additive zurückgeführt werden. Dagegen ist es ein Irrtum anzunehmen, daß damit auch die ideale Farbwiedergabe gewährleistet sei. Wir sahen oben, daß das additive Dreifarbenverfahren nur unter Bedingungen ideal arbeiten würde, deren Realisierung zur Zeit noch unmöglich erscheint und daß erst bei sehr vielen Farbauszügen

[1] Erst bei unendlicher Konzentration werden sie zu eigentlichen Optimalfarben denn diese haben bekanntlich in einem Teil des Spektrums die Transmission 1, in dem anderen die Transmission 0.

die Wiedergabe vollkommen naturgetreu wird. Dasselbe gilt also auch für die subtraktive Farbenphotographie mit den erwähnten optimalfarbenartigen Farbstoffen. Immerhin würde man gern zu solchen subtraktiven Farbstoffen greifen, leider stehen sie uns aber nicht zur Verfügung, und wir müssen daher mit den praktischen Gegebenheiten rechnen.

Wir wollen nun wie für die additive Dreifarbenphotographie auch für die subtraktive unter vereinfachten Bedingungen nach einem mathematischen Ausdruck suchen, der uns die Beziehungen zwischen den wichtigsten Größen klarlegt und uns die Möglichkeit gibt, die Güte der Farbwiedergabe unter verschiedenen Bedingungen zu beurteilen. Wir setzen wieder äquienergetisches Licht bei der Betrachtung der Objektfarben, bei ihrer photographischen Aufnahme und ebenso bei der Projektion der Bildfarben voraus.

Die valenzmetrischen Daten für die Objektfarbe sind die gleichen wie früher: (s. S. 193):

Die Aufnahmefilter seien auch wieder die gleichen, die Empfindlichkeit des Aufnahmematerials über das gesamte Spektrum sei wieder gleichbleibend = 1. Dann gelten auch wieder dieselben Gleichungen für die aktinischen Lichtmengen L_1, L_2 und L_3.

(3)
$$L_1 = \int_S \varepsilon \tau_1 \, d\lambda$$
$$L_2 = \int_S \varepsilon \tau_2 \, d\lambda$$
$$L_3 = \int_S \varepsilon \tau_3 \, d\lambda$$

Nehmen wir an, daß zunächst die drei Diapositive als Schwarzweiß-Bilder vorliegen, die wieder in dem interessierenden Bereich geradlinige Schwärzungskurven von $\gamma = 1{,}0$ haben, und daß aus dem Silberbild jeweils ein vollkommen gleichartig abgestuftes Farbstoffbild entsteht, so ergibt sich für die Konzentration des Farbstoffes im gelben Teilbild

(9)
$$c_1 = -k_1 \cdot \log L_1$$
ebenso für das purpurne $c_2 = -k_2 \cdot \log L_2$

und für das blaugrüne $c_3 = -k_3 \cdot \log L_3$

Die Konstanten k_1, k_2 und k_3 werden gleich 1, wenn die Einheitskonzentrationen der Farbstoffe so festgelegt werden, daß sie in subtraktiver Mischung neutrales Grau ergeben, dann sind

(10)
$$c_1 = -\log L_1$$
$$c_2 = -\log L_2$$
$$c_3 = -\log L_3$$

Weiter wird die Gültigkeit des Beerschen Gesetzes angenommen (s. S. 200). Dann sind die Farbwerte der Bildfarbe:

(11)
$$X_B = \int_S T_1^{c_1} \cdot T_2^{c_2} \cdot T_3^{c_3} \cdot \bar{x}_\lambda \, d\lambda$$
$$Y_B = \int_S T_1^{c_1} \cdot T_2^{c_2} \cdot T_3^{c_3} \cdot \bar{y}_\lambda \, d\lambda$$
$$Z_B = \int_S T_1^{c_1} \cdot T_2^{c_2} \cdot T_3^{c_3} \cdot \bar{z}_\lambda \, d\lambda$$

Dabei bedeuten T_1, T_2 und T_3 hier die Transmissionsfunktionen der drei Einzelfarben bei ihren Einheitskonzentrationen. T_1, T_2 und T_3 sind also von der Wellenlänge abhängig je nach Art der Farbstoffe. $\bar{x}_\lambda$, $\bar{y}_\lambda$ und $\bar{z}_\lambda$ sind wieder die spektralen

Farbwerte. Die Formeln erscheinen zunächst noch verwirrender als bei der additiven Farbenphotographie, es ist aber nicht allzu schwierig, ihren tieferen Sinn zu erfassen. Die ersten Gleichungen [Nr. (3)] besagen, daß die Lichtwirkungen L_1, L_2 und L_3 auf jedem Auszug bestimmt sind einmal von der Natur des Aufnahmeobjektes (ε ist seine Remissionsfunktion), zweitens vom jeweiligen Aufnahmefilter (τ_1 beim Blaufilter, τ_2 beim Grünfilter, τ_3 beim Rotfilter). Von den Lichtwirkungen hängen die Farbstoffkonzentrationen in den drei Diapositiven ab [Gleichungen (10)]. Kennt man die Konzentrationen c_1, c_2 und c_3, so lassen sich die Durchlässigkeitskurven der drei Farbstoffe für diese besonderen Konzentrationen berechnen, nachdem sie für die Einheitskonzentration gegeben sind. Da das Licht bei der Bildwiedergabe durch alle drei Diapositive durchgehen muß, müssen die drei Ausdrücke $T_1^{c_1}$, $T_2^{c_2}$, $T_3^{c_3}$ multipliziert werden, um die Durchlässigkeitskurve der gesamten Bildfarbe zu gewinnen. Diese wird nun mit Hilfe der drei spektralen Farbwerte ausgewertet, um die Farbwerte der Bildfarbe zu erhalten. Letzteres kann z. B. mit Auswahlordinaten geschehen (s. S. 177). Aus den Farbwerten können wie üblich die Anteile erhalten werden. Die aufgestellten Beziehungen sind also kompliziert, aber doch mathematisch einwandfrei zu beherrschen.

Wir können nun wie beim additiven Verfahren grundsätzlich zwei verschiedene Fragen stellen:

1. Welche Bedingungen muß ein subtraktives farbenphotographisches Verfahren erfüllen, um eine vollkommen naturgetreue Farbwiedergabe zu erreichen?

2. Wie ist die Farbwiedergabe bei einem bestimmten Verfahren?

Zur Beantwortung der ersten Frage kann man wieder die Farbwerte von Objektfarbe und Bildfarbe gleichsetzen. Die mathematische Form der subtraktiven Gleichungen ist nun besonders dadurch kompliziert, daß die Werte c_1, c_2, c_3, für die wieder nach den Gleichungen (10) und (3) die anderen Werte einzusetzen sind, als Exponenten erscheinen. Infolgedessen ist es nicht möglich, so einfache Beziehungen aufzufinden, wie es durch die Gleichungen (8) für die additive Farbenphotographie geschehen konnte. Die Beziehungen, welche dort zwischen Aufnahmefiltern und Wiedergabefiltern gefunden wurden, müßten hier sinngemäß zwischen Aufnahmefilter und subtraktiven Farbstoffen ermittelt werden. Da das nun nicht möglich ist, hat man mit verschiedenen Näherungsverfahren versucht, die subtraktive Farbmischung auf die additive zurückzuführen, s. dazu die Arbeiten von Frieser und Reuther (*104*), von MacAdam (*179*), von Neugebauer (*211*) und von Hellmig (*132*). Wie es im Wesen eines jeden Näherungsverfahrens begründet liegt, ist die Genauigkeit nicht sehr vollkommen und hält auch bei allen diesen Methoden strengen Anforderungen nicht stand. Immerhin würde sie, besonders bei der Methode von Hellmig, für viele Zwecke ausreichend sein. Ermittelt man aber nun auf der Grundlage einer solchen Näherungsmethode praktisch die Beziehungen zwischen Aufnahmefiltern und subtraktiven Farbstoffen, so sieht man, daß sich Bedingungen ergeben, die noch schlechter realisierbar sind als bei der additiven Dreifarbenphotographie. Von den genannten Autoren ist übrigens nur MacAdam darauf näher eingegangen.

Die zweite Frage: „Wie ist die Farbwiedergabe bei einem bestimmten Verfahren?" läßt sich grundsätzlich ohne Verwendung von irgendwelchen Näherungsmethoden beantworten. Über die Berechnung der aktinischen Lichtmengen aus den Daten der Objektfarben und der Aufnahmefilter wurde schon bei der additiven Methode gesprochen. Die Konzentrationen c_1, c_2, c_3 sind daraus leicht zu bestimmen.

Die Schwierigkeiten liegen wieder bei der Auflösung der Gleichungen (11). Diese ist grundsätzlich möglich, nur recht mühsam. Man muß Wellenlänge für Wellenlänge die drei Potenzen ausrechnen und sie miteinander multiplizieren. Aus den so erhaltenen Kurven bestimmt man mit Hilfe der Auswahlordinaten-Methode die Farbwerte. Um die direkte Potenzierung zu vermeiden, geht man über die Logarithmen, wobei an die Stelle der Potenzierungen Multiplikationen, an die Stelle der Multiplikationen Additionen treten. Führt man das alles mit Rechenschieber oder Rechenmaschine durch und erleichtert sich die Schreibarbeit durch vorgedruckte Formulare, so ist die Arbeit durchaus zu bewältigen. Näheres darüber findet sich in einer Arbeit des Autors (*248*) auf S. 84. Will man indessen eine größere Zahl von Fällen für die gleichen subtraktiven Farbstoffe durchrechnen, wie es auch in der zitierten Arbeit am Beispiel der Agfacolor-Farbstoffe geschieht, so ist es in diesem Fall aus Gründen der Zeitersparnis doch zweckmäßig, eine Näherungsmethode zu benutzen. Im Prinzip kommen alle oben erwähnten Methoden in Frage, doch dürfte die von Hellmig wohl die genaueste sein. Allerdings ist bei all diesen Methoden immer eine beträchtliche Vorarbeit zu leisten, so daß sich erst bei der Durchrechnung einer größeren Zahl von subtraktiven Mischungen der Zeitaufwand lohnt. Es ist nun wieder so wie bei der additiven Farbenphotographie, daß auf diese Weise zu jeder Objektfarbe die zugehörige Bildfarbe zunächst in valenzmetrischen Daten berechnet wird. Genau wie dort und bei den Farbmessungen gelten wieder dieselben Überlegungen, daß man die Abweichungen nach diesen Daten wohl qualitativ beurteilen kann, daß aber zur zahlenmäßigen Bewertung und vor allem zur Errechnung der *durchschnittlichen* Abweichung bei einer Reihe von Testfarben eine empfindungsgemäße Bewertung herangezogen werden muß.

Die Abb. 113 bringt ein Beispiel aus der Arbeit (*248*). Die Testfarben sind die gleichen wie in dem auf S. 197 gebrachten Beispiel. Die Aufnahmefilter sind zur Vereinfachung der Rechnung treppenförmig angenommen worden. Als Farbstoffe sind die 1944 für den Agfacolor-Positiv-Film benutzten zugrunde gelegt. Man sieht, daß bei der Gradation 1,0 die Bildfarben vor allem wesentlich weniger gesättigt sind als die Objektfarben, es kommen z. T. aber auch größere Farbtonabweichungen vor. Durch Erhöhung der Gradation (Beispiele für $\gamma = 1{,}2$ und $\gamma = 1{,}4$)

kann man die Sättigung beträchtlich erhöhen. In der erwähnten Arbeit sind außer der Gradationsveränderung noch andere Maßnahmen berücksichtigt worden. So wurden Lage und Form der Aufnahmefilter verändert, verschiedenartige Masken erprobt, die Kopie von einem subtraktiven Material auf ein zweites wurde geprüft, ferner wurden verschiedene Arten von subtraktiven Farbstoffen angewendet. Dadurch konnten über viele Dinge zahlenmäßige Belege erhalten werden, die man aus der experimentellen Praxis zum großen Teil nur qualitativ beurteilen konnte oder von denen überhaupt noch keine klare Vorstellung vorhanden war.

Die wichtigsten *Schlußfolgerungen* über das Wesen des subtraktiven Prozesses sind folgende: Durch die Verwendung subtraktiver Farb-

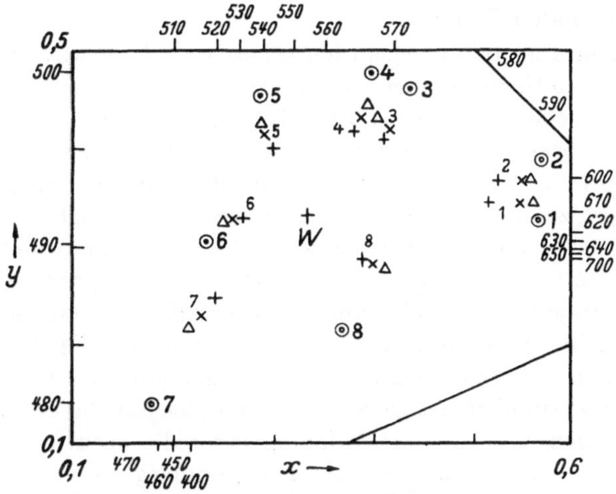

Abb. 113. Farbwiedergabe bei verschiedenen Gradationen.
⊙ Objektfarben, + Bildfarben für $\gamma = 1{,}0$, × Bildfarben für $\gamma = 1{,}2$, △ Bildfarben für $\gamma = 1{,}4$.

stoffe, die von dem Idealtyp der optimalfarbenartigen Farben notgedrungen erheblich abweichen, erhält man gegenüber dem ideal arbeitenden additiven Verfahren Verschlechterungen der Farbwiedergabe, vor allem eine verminderte Sättigung der Farben. Man kann dem durch verschiedene Maßnahmen entgegenwirken:

1. Auswahl von *Farbstoffen*, die dem Optimalfarbentyp möglichst nahekommen, sofern man nicht durch die chemischen Eigenarten des Prozesses zu sehr gebunden ist.

2. Die *Aufnahmefilter* sollen möglichst enge Bereiche haben. Die engsten sind grundsätzlich die besten, aber die Herabsetzung der photographischen Empfindlichkeit setzt im allgemeinen eine Grenze. Außerdem bringt die sehr starke Einengung auch keine übertriebenen Vorteile mehr, nur sollen stärkere Überlappungen der Filter möglichst vermieden werden. Der richtige Schwerpunkt der Filter ist auch von Bedeutung, er kann verhältnismäßig leicht rechnerisch bestimmt werden.

3. Eine maßvolle *Gradationserhöhung* ist für die Farbwiedergabe beim subtraktiven Verfahren immer günstig, da sie eine Sättigungserhöhung der Farben bewirkt. Eine Grenze ist, wie vom Schwarzweiß-Verfahren bekannt, gegeben durch die falsche Helligkeitsabstufung bei zu steiler Gradation.

4. Die Anwendung von *Masken* kann große Vorteile bringen.

5. *Kopierungen* von einem subtraktiven Material auf ein anderes geben zusätzliche Farbverfälschungen, am besten nimmt man dazu enge Kopierfilter, deren günstigste spektrale Lage zu berechnen ist. Sie liegen meist nicht weit vom Absorptionsmaximum der Farbstoffe in dem zu kopierenden Film.

Wir greifen aber damit eigentlich schon vor, denn wir sind bei der Ableitung der mathematischen Formeln zunächst nur von einem besonders übersichtlichen Fall der subtraktiven Farbenphotographie ausgegangen. Man braucht sich jedoch keineswegs darauf zu beschränken. Zunächst ist es nicht notwendig, daß die drei aufgenommenen Farbauszüge selbst zu den drei gefärbten Diapositiven verarbeitet werden. Sie können statt dessen zu Schwarzweiß-Negativen entwickelt werden, aus denen dann durch Kopie erst die gefärbten Diapositive erhalten werden. Da diese Kopien vollkommen unabhängig voneinander erfolgen, sind auch keine gegenseitigen Beeinflussungen der Farbauszüge zu berücksichtigen. Ferner wurde bisher angenommen, daß die drei Aufnahmen auf ein über das ganze Spektrum gleichmäßig empfindliches Material erfolgen und daß die Aufnahmefilter die spektrale Empfindlichkeit allein regeln. Diese Annahme ist unnötig, es kann auch der Fall vorliegen, daß man ohne Filter arbeitet und das Aufnahmematerial jeweils für den gewünschten Spektralbereich empfindlich ist oder daß die Empfindlichkeit durch Filter und besondere Sensibilisierung gemeinsam bestimmt wird. So ist also die Transmissionsfunktion des Aufnahmefilters in den obigen Rechnungen im allgemeineren Falle zu ersetzen durch das Produkt aus der Transmissionsfunktion des Aufnahmefilters und der Spektralempfindlichkeit der photographischen Schicht. Damit sind sofort auch alle Zweipack- und Dreipackverfahren erfaßt. Bei der Wiedergabe haben wir immer angenommen, daß die Teilbilder unabhängig voneinander angefertigt und dann unter Konturendeckung übereinandergelegt wurden. Statt dessen können sie auch in einem Mehrschichtenmaterial übereinanderliegen, sofern nur dafür gesorgt wird, daß die Teilbilder sich in keiner Weise bei ihrer Entstehung gegenseitig beeinflussen, daß z. B. keine Diffusion der Farbstoffe oder der Sensibilisatoren stattfindet. Diese Forderung kann bei den besten Verfahren praktisch erfüllt werden. Damit werden die direkt zum Positiv entwickelten Mehrschichtenfilme erfaßt. Besondere Verhältnisse liegen bei den zu kopierenden Mehrschichtenfilmen vor.

Das im Aufnahmeverfahren gewonnene subtraktive Bild läßt sich nur dann *ohne gegenseitige Beeinflussung* der Farbauszüge kopieren, wenn in den Spektralgebieten der Kopierlichter jeweils nur der eine Farbstoff absorbiert, während die beiden anderen vollkommen transparent sind. Wir erwähnten schon früher (S. 131), daß man durch gegenseitige Entfernung der Hauptabsorptionsgebiete der Farbstoffe versucht, diesem Zustand näherzukommen, aber vollständig gelingt es nicht. Man muß also bei der Berechnung das erste subtraktive Bild wieder als Vorlage für das zweite endgültige subtraktive Bild betrachten und dieses Verfahren bei der Herstellung von Duplikaten gegebenenfalls noch weiter fortsetzen. Die erwähnte Arbeit (*248*) gibt darüber Einzelheiten. So sind also alle wichtigen subtraktiven Verfahren prinzipiell durchaus den Rechnungen zugänglich. Allerdings ist eine gewisse Schematisierung unumgänglich.

Das *Maskenproblem* (s. Teil C III 2) hat in der neueren Entwicklung der subtraktiven Farbenphotographie eine besondere Bedeutung erlangt. Gerade auf diesem Gebiet ist die rein experimentelle Behandlung recht schwierig, da verschiedene Masken mit verschiedenen Gradationen in Frage kommen, die alle ausprobiert werden müßten unter exakter Bestimmung der damit erzielten Farbwiedergabe. Offenbar sind innerhalb der einzelnen Herstellerfirmen ausführliche Rechnungen auf rein theoretischer oder halbempirischer Grundlage schon in ziemlich großem Ausmaß durchgeführt worden, ohne daß bisher alle Einzelheiten veröffentlicht wurden. Es liegen aber immerhin einige Arbeiten vor, die einen Einblick in diese Methoden gewähren. Die frühesten derartigen Arbeiten sind wohl die von Yule (*279*). Da eine allgemeine Lösung des Problems der idealen Farbwiedergabe, wie wir oben sahen, nicht möglich ist, beschränkt sich Yule auf die Erfüllung einer anderen Forderung: Er stellt aus den Farbstoffen, die er zur subtraktiven Wiedergabe verwendet, mehrere Objektfarben her und fordert, daß wenigstens diese bei dem Prozeß naturgetreu wiedergegeben werden sollen in der plausiblen Annahme, daß dann auch andere Objektfarben wohl nicht sehr falsch wiedergegeben werden. Wie man ohne weiteres übersieht, kann die experimentelle wie die rechnerische Prüfung der Farbwiedergabe dadurch sehr erleichtert werden, denn es ist für die Feststellung der idealen Übereinstimmung nicht notwendig, die valenzmetrischen Daten zu gewinnen, es genügt vielmehr, die Konzentration der drei einzelnen Farbstoffe in den Objektfarben wie in den Bildfarben zu bestimmen. Yule stellt nun fest, wie man durch die Anwendung verschiedener Masken dem Idealzustand näher kommt. Allerdings ist doch wohl gegen diese Methode der Einwand zu erheben, daß man das Ideal nie vollständig erreicht und daß die Bewertung der *Differenzen* besser im valenzmetrischen oder noch besser in einem Empfindungssystem erfolgen sollte als durch bloße Feststellung der Konzentrations-Differenzen. Die Arbeit von MILLER (*199*) gibt rechnerische Beiträge zum Masken-Problem in einem ähnlichen Sinne wie die Arbeit von YULE. MARRIAGE (*186*) hat einen anderen Weg eingeschlagen als YULE. Er wählt nicht Objektfarben, die aus den subtraktiven Wiedergabefarbstoffen stammen, sondern er nimmt praktisch wichtige Naturfarben. Er stellt die Forderung der idealen Farbwiedergabe, beschränkt sie aber auf ganz wenige Objektfarben. In dem von ihm gebrachten Beispiel nimmt er nur drei, nämlich ein neutrales Grau, eine Blattfarbe und eine Hautfarbe. Für diesen Fall kann er dann aber die erforderlichen Masken *genau* berechnen. In dem berechneten Beispiel sind von sechs theoretisch möglichen Masken nur drei von nennenswerter Bedeutung. Die Methode ist zweifellos sehr elegant, allerdings hält der Autor des Buches es für möglich, daß die Beschränkung auf nur drei Objektfarben ein etwas einseitiges Resultat ergibt. Auch die oben mehrfach erwähnte eigene Arbeit des Autors (*248*) bringt die Berechnung von Masken, allerdings wird nur die Unbunt-Maske genauer behandelt, für die Bunt-Maske wird nur ein Beispiel gegeben, das noch keineswegs das Optimum des Erreichbaren darstellt.

Alles in allem sehen wir gerade bei der Bestimmung der Masken, daß die rechnerischen Methoden der Praxis sehr große Anregungen geben und ihr sogar einen großen Teil der Arbeit abnehmen können, indem eine erhebliche Zahl aussichtsloser Versuche vermieden wird.

5. Lehren für die Weiterentwicklung der Farbenphotographie.

In den ersten vier Abschnitten des Teiles D wurde gezeigt, wie auf der Grundlage der modernen Farbenlehre sowohl experimentelle wie theoretische Methoden für die Behandlung des Farbwiedergabeproblems ausgearbeitet worden sind. Zweifellos sind in beiden Richtungen noch Verbesserungen und Verfeinerungen anzubringen, so daß weitere neue Erkenntnisse zu erwarten sind. Aber es erscheint schon bei dem heutigen Stand der Erfahrungen reizvoll, einmal abzuschätzen, was für Verbesserungen in der Farbwiedergabe bei weiterer Vervollkommnung der Farbenphotographie noch möglich erscheinen.

Auf Grund der theoretischen Betrachtungen soll die additive Farbenphotographie die besten Resultate der Farbwiedergabe liefern. Wie weit das praktisch je erreicht worden ist, läßt sich leider nicht einwandfrei beurteilen. Sicher ist aber, daß die additive Farbenphotographie durch folgende Dinge sehr stark behindert wurde: Die Hauptschwierigkeit bei allen additiven Verfahren ist immer der große Lichtbedarf bei der Aufnahme und der große Lichtbedarf bei der Wiedergabe. Zur teilweisen Behebung dieser Schwierigkeit besteht die Neigung, die Farben der Aufnahmefilter und der Wiedergabefilter oder — was auf das gleiche hinaus kommt — die Rasterfarben aufzuhellen. Dadurch wird aber die Sättigung der Bildfarben herabgesetzt, und der wesentlichste Vorteil der additiven Wiedergabe geht verloren. Im gleichen Sinne einer Verweißlichung wirken viele Nebeneffekte, besonders die Lichtstreuung, die bei den Rasterverfahren eine erhebliche Rolle spielen kann. Man ist von der additiven Farbenphotographie z. T. wegen des erwähnten Mangels an Empfindlichkeit bei der Aufnahme und an Helligkeit bei der Wiedergabe abgegangen. Es kamen aber auch noch andere Nachteile hinzu, von denen nur die technischen Schwierigkeiten bei der Rasterherstellung genannt seien. Infolgedessen ist es sehr zweifelhaft, ob man je wieder in größerem Maße auf die additive Farbenphotographie oder -kinematographie zurückkommen wird. Sicher ist jedenfalls, daß bei Verwendung von hinreichend strengen Filtern und bei Vermeidung sekundärer Mängel eine gute Farbwiedergabe zu erwarten wäre. Besondere Hilfsmaßnahmen dürften dabei überflüssig sein, und auch der Übergang zu mehr als drei Farben würde sich im allgemeinen nicht lohnen.

Viel einschneidender ist das Farbwiedergabeproblem bei den subtraktiven Verfahren. Diese sind zur Zeit bereits technisch so gut durchgebildet, daß die Herstellung des Materials und die Handhabung in der Praxis mit keinen übertriebenen Schwierigkeiten mehr verbunden sind. Auch die photographischen Nachteile gegenüber dem Schwarzweiß-Material sind nicht mehr allzu schwerwiegend. Um so bedauerlicher ist es, daß die Farbwiedergabe *prinzipiell* auf größere Schwierigkeiten stößt als bei dem additiven Verfahren. Das gilt auch für das Dreifarbenverfahren, denn das Zweifarbenverfahren ist sowieso unzulänglich und wird sich auf die Dauer kaum halten. Welche Maßnahmen kommen nun zur Verbesserung der Farbwiedergabe beim subtraktiven Prozess vor allem in Frage? Besonders wichtig ist die Auswahl der Farbstoffe für die subtraktive Wiedergabe. Clarkson und Vickerstaff (*71*) sowohl wie Schultze (*248*) haben darauf hingewiesen, daß man bei freier Wahl der Farbstoffe lediglich nach ihren optischen Eigenschaften erstaunlich gute Ergebnisse erzielen könnte, die zweite Arbeit bringt dafür auch zahlenmäßige Belege. Nimmt man dazu noch eine mäßige Erhöhung der Gradation, so ist der Abstand gegenüber dem additiven Verfahren nicht mehr groß. Leider ist man aber in der Wahl der Farbstoffe bei keinem Verfahren frei. Je nach den chemischen Eigenarten des Prozesses kann man nur Farbstoffe bestimmter Gruppen wählen und muß dann noch sehr viele wegen sonstiger unerwünschter Eigenschaften wie mangelnder Haltbarkeit, mangelnder Lichtechtheit, unerwünschter Einflüsse auf die photographischen Schichten usw. ausschließen. Es ist aber zu hoffen, daß durch weitere eifrige Arbeit der Chemiker noch mancher neue und bessere Farbstoff gefunden wird, wodurch dann weitere Fortschritte zu erzielen sind. Das Problem der Farbstoffe stellt sich doppelt, wenn von einem subtraktiven Material auf ein zweites kopiert wird, wie es bei mehreren modernen Mehrschichtenverfahren der Fall ist. Nur sind für Farbstoffe des Aufnahmefilms die optischen Anforderungen insofern etwas leichter zu erfüllen als für die eigentlichen Wiedergabefarbstoffe, als ihre Absorptionsbereiche voneinander entfernt und die Überschneidungen damit verringert werden können. Die Lage der Empfindlichkeitsgebiete der drei Auszüge (bedingt durch die Aufnahmefilter bzw. die Lichtempfindlichkeit der einzelnen Schichten) spielt ebenfalls für die Farbwiedergabe eine Rolle, jedoch wird sie wohl für die meisten Verfahren schon erprobt sein. Eine Verengung des Empfindlichkeitsbereichs könnte in den meisten Fällen noch einige Vorteile bringen, doch kommt sie nur dann in Frage, wenn noch die Allgemeinempfindlichkeit der photographischen Schichten oder die Beleuchtungstechnik entscheidend verbessert werden sollten. Projektionslichtquellen, die nur an den drei üblichen Schwerpunkten der additiven Farben Licht aussenden, könnten auch die subtraktive Farbwiedergabe noch etwas verbessern. Von den erwähnten Möglichkeiten würde nur die entscheidende Verbesserung der Farbstoffe noch einen *wesentlichen* Gewinn bringen.

Als *Hilfsmaßnahme* zur Verbesserung der Farbwiedergabe kommt noch das Maskenverfahren in Betracht. Bei richtiger Anwendung dieses Mittels ist eine beträchtliche Verbesserung der Farbwiedergabe zu erwarten, die Schwierigkeit ist nur, daß der ganze Prozeß notgedrungen komplizierter wird. Die technische Entwicklung ist auf diesem Gebiet noch in vollem Gang, beim Auffinden der besten Maßnahmen wird sich wieder einmal der Scharfsinn der Photochemiker bewähren müssen.

Auf dieser Basis ist zu erwarten, daß die Farbwiedergabe der subtraktiven Prozesse gegenüber den additiven nicht mehr nennenswert zurückstehen wird. Wie aber schon in den einleitenden Betrachtungen betont wurde, ist immer zu beachten, daß die Güte der Farbwiedergabe durchaus nicht das einzige Kriterium für die Güte eines farbenphotographischen Verfahrens ist. Die sonstigen photographischen Eigenschaften des Materials sowie die Einfachheit und die Zuverlässigkeit seiner Herstellung und Verarbeitung sind mindestens ebenso wichtige Faktoren.

6. Psychologische Probleme bei der Beurteilung der Farbwiedergabe.

Bei der bisherigen ausführlichen Behandlung des Farbwiedergabe-Problems wurden die dabei mitsprechenden psychologischen Faktoren zu einem erheblichen Teil nicht berücksichtigt. Die empfindungsgemäße Beurteilung der Farbabweichungen unter klar definierten Verhältnissen der Beleuchtung und der Umgebung wurde allerdings zur Bewertung der Farbwiedergabe schon mit herangezogen (s. S. 184). Für die „Empfindungssysteme“ mußte aber schon der Vorbehalt gemacht werden, daß sie nicht genau genug sind und daß sie noch nicht ihre endgültige Form haben. Viele andere psychologische Momente wurden jedoch mit voller Absicht überhaupt nicht berührt, nicht etwa, weil ihre Bedeutung unterschätzt wurde, sondern weil diese Effekte noch nicht angenähert zahlenmäßig zu fassen sind. In der Praxis wird man sich aber in vielen Fällen diesen psychologischen Anforderungen anpassen müssen, und es soll deshalb auf diese Probleme zumindest hingewiesen werden.

Wir haben in den vorherigen Abschnitten öfter den Begriff der naturgetreuen Wiedergabe einer Farbe gebraucht. Wir sahen bei der Beschäftigung mit der Farbenlehre bereits, daß dieser Begriff zwei ganz verschiedene Definitionen haben kann. Zwei Farben heißen *unbedingt gleich*, wenn sie physikalisch vollkommen gleichartig sind, wenn also ihre Emissions- bzw. Transmissions- oder Remissions-Funktionen Wellenlänge für Wellenlänge übereinstimmen. Zwei Farben können aber auch *bedingt gleich* sein. In diesem Fall stimmen die genannten spektralen Funktionen nicht überein; unserem Sehapparat, der nur auf drei verschiedene Reizarten anspricht, erscheinen sie aber trotzdem vollkommen gleich. Dabei ist zu berücksichtigen, was manchmal nicht genügend beachtet wird, daß die Farbe eines Gegenstandes von der Beleuchtung *und* der Zurückwerfung durch den Gegenstand abhängt und daß infolgedessen zwei Objekte, die bei einer bestimmten Beleuchtung bedingt gleiche Farbe haben, diese bei einer anderen Beleuchtung nicht mehr zeigen.

Die (unbedingte oder bedingte) Gleichheit zweier Farben erscheint damit klar und eindeutig definiert. Es wird aber dabei die Voraussetzung gemacht, daß unser ganzer Sehapparat sowohl nach der physiologischen wie nach der psychologischen Seite immer gleichmäßig arbeitet und in sich keinen Veränderungen unterworfen ist. Das ist nun aber nicht immer der Fall. Man kann diese Wandlungen durch Einhalten ganz bestimmter Anweisungen ausschalten, aber bei der Beurteilung einer farbenphotographischen Reproduktion können diese Vorschriften praktisch nicht immer eingehalten werden. Während also bisher die naturgetreue Farbwiedergabe immer als Ideal behandelt wurde, dem die Farbenphotographie selbstverständlich zustreben muß, können sich nunmehr bei Beachtung der psychologischen Momente die folgenden abweichenden Fälle ergeben:

I. Eine tatsächlich vorhandene naturgetreue Farbwiedergabe wird als solche nicht erkannt, weil der Beschauer durch irgendwelche Umstände von seinem normalen, farbvalenzmetrisch klar definierten Urteil abweicht. Er lehnt daher diese Farbwiedergabe als angeblich „unnatürlich" ab.

II. Umgekehrt wird eine tatsächlich nicht naturgetreue Farbwiedergabe vom Beschauer für eine naturgetreue gehalten und gebilligt.

III. Eine naturgetreue Farbwiedergabe wird als solche zwar anerkannt, es wird aber eine Abänderung verlangt, die dem ästhetischen Bedürfnis des Betrachtenden entspricht.

IV. Das Gegenstück zu III: Eine nicht naturgetreue Farbwiedergabe wird als solche erkannt, es wird aber gewünscht, daß man sie beibehält.

V. Wenn Abweichungen von der naturgetreuen Farbwiedergabe aus technischen Gründen nicht zu vermeiden sind, ergibt sich die schwierige, aber besonders wichtige Frage, in welcher Richtung solche Abweichungen am ehesten tragbar sind.

Die beiden ersten Fälle haben z. T. gleichartige Ursachen. Als solche kommt z. B. der *Simultankontrast* in Frage. Folgende einfache Versuche zeigen seine Wirkung:

1. Man schneide einen Bogen graues Papier in zwei gleichgroße Teile und lege das eine Stück auf einen größeren Bogen weißes Papier, das

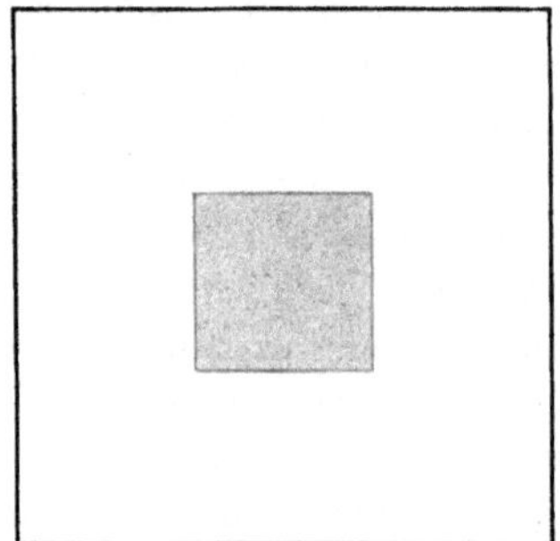

Abb. 114. Grau in weißer bzw. schwarzer Umgebung.

andere auf einen größeren Bogen schwarzes Papier, wie es die Abb. 114 zeigt. Man betrachte beide bei gleichartiger Beleuchtung aus gleicher Entfernung. Das von Weiß umrahmte Grau erscheint erheblich dunkler als das von Schwarz umrahmte.

2. Die beiden gleichen Stücke graues Papier werden auf größere Bogen *farbiges* Papier gelegt, z. B. der eine auf grünes, der andere auf rotes. Das von Grün umrahmte Grau wird uns etwas rötlich erscheinen, das von Rot umrahmte etwas grünlich.

In ähnlicher Richtung wirken die Helligkeitsadaptation und die Farbumstimmung des Auges. Beide zusammen geben Erscheinungen, die wir als *Successivkontrast* bezeichnen. Zwei den obigen analoge Versuche zeigen uns die Wirkung dieser Erscheinung.

1. Eine unbunte Farbe mittlerer Helligkeit soll einmal betrachtet werden nach Gewöhnung an eine sehr helle Umgebung, z. B. indem man erst die Leuchtfläche eines Projektionsapparates auf einem Schirm längere Zeit betrachtet und danach plötzlich ein Graufilter einschaltet. Ein anderes Mal soll das gleiche Grau betrachtet werden nach Gewöhnung an eine sehr dunkle Umgebung, z. B. indem man sich eine

Zeitlang an den verdunkelten Raum gewöhnt und dann das durch Graufilter abgedeckte Projektionslicht einschaltet. Im ersteren Falle wird die gleiche unbunte Farbe mittlerer Helligkeit (durch Graufilter gedämpftes Projektionslicht) wesentlich dunkler erscheinen als im zweiten Falle.

2. Man betrachtet einige Minuten lang eine grüne Farbe, z. B. durch Vorschalten eines Grünfilters vor eine Projektionslampe, unmittelbar danach betrachtet man eine neutrale Farbe, sie erscheint rötlich. Ein andermal betrachtet man einige Minuten lang eine rote Farbe und danach dieselbe neutrale Farbe, sie erscheint nunmehr grünlich.

In zwei Arbeiten von MacAdam (*179*, *300*) werden Successivkontrast und Simultankontrast quantitativ bestimmt. Für die erwähnten

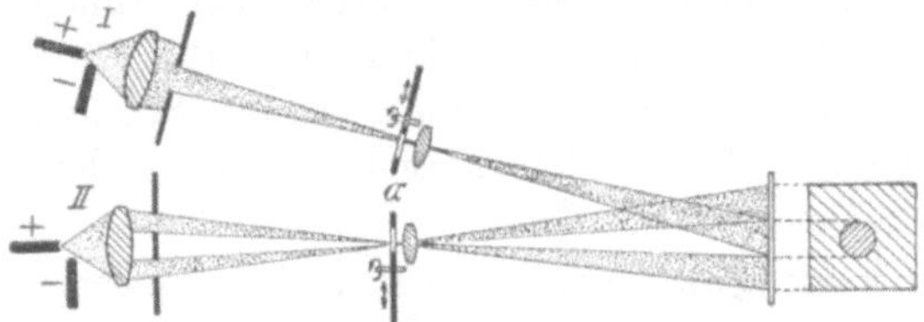

Abb. 115. Demonstration einer bunten Farbe mit hellem oder dunklem Umfeld nach Pohl.

Erscheinungen ließen sich zahlreiche Beispiele aus der Praxis anführen. Hier seien nur zwei besonders wichtige Fälle erwähnt:

a) Das Licht unserer üblichen Glühlampen hat im Vergleich zum Tageslicht eine recht gelbe Farbe. Bei längerer Gewöhnung erscheint uns dieses Licht aber fast weiß, ebenso halten wir ein von diesem Licht beleuchtetes Blatt Papier für weiß. Erst ein Vergleich mit dem Tageslicht zeigt uns, daß unser Auge umgestimmt war. Genau so geht es uns mit den verschiedenen Farben des Tageslichts. Das schon sehr gelbliche Licht, das etwa eine Stunde vor Sonnenuntergang herrscht, empfinden wir noch nahezu als weiß.

b) Eine bunte Farbe, die nicht allzu hell ist und die von helleren, bunten oder unbunten Farben umgeben ist, bezeichnen wir als verschwärzlicht oder schwarzverhüllt, sie hat ein „schmutziges" Aussehen. Verdunkeln wir ihre Umgebung, ohne die Farbe selber zu ändern, so tritt ihre Buntheit immer leuchtender hervor, vor allem bei voller Verdunklung der Umgebung tritt sie in einer Farbenpracht hervor, die immer wieder überrascht.

Man kann sich davon z. B. durch folgendes Experiment überzeugen (s. Abb. 115): Ein Projektor wird zur Beleuchtung einer gedeckten Farbe, z. B. eines braunen Papiers, benutzt. Das Licht eines zweiten Projektors wird auf die gleiche Stelle gerichtet, aber eine Maske deckt beim zweiten Projektor die von dem ersten Projektor beleuchtete Fläche ab. Der zweite Projektor beleuchtet also nur einen Rahmen, der aus weißem Papier bestehen soll. Das Papier, das wir in unserem vom Tageslicht erhellten Zimmer als braun bezeichnen, wird auch in dem weißen Rahmen noch als braun erscheinen. Dunkeln wir nun den zweiten Projektor allmählich und schließlich ganz ab, so verliert die braune Farbe mehr und mehr ihr schmutziges Ansehen und erscheint schließlich als leuchtendes Orange, vgl. dazu POHL, Optik, 7. und 8. Auflage 1948, S. 332.

Die durch Simultankontrast und Successivkontrast bedingten Erscheinungen spielen nun in der Farbenphotographie und besonders auch in der Farbenkinematographie eine erhebliche Rolle, und zwar können Wirkungen nach Fall I und nach Fall II auftreten. Es kann also (Fall I) eine naturgetreue Wiedergabe *verfälscht erscheinen*. So wird z. B. ein richtig wiedergegebenes Grau grünlich erscheinen, wenn der Betrachter durch gleichzeitig vorhandene rote Farben oder durch kurz vorher einwirkende rote Farben beeinflußt ist. Das ist ein unerwünschter Effekt. Ebenso ist es unerwünscht, wenn wir unsere eine Stunde vor Sonnenuntergang gemachte Aufnahme betrachten und dabei feststellen müssen, wie gelb das ganze Bild ist. Tatsächlich war das Sonnenlicht in dieser Tageszeit schon so gelb, wir haben es aber infolge der *Umstimmung unseres Auges* nicht so empfunden.

Umgekehrt kann (Fall II) z. B. ein zu rötlich wiedergegebenes Grau infolge eines Kontrasteffekts gerade *richtig erscheinen*, was erwünscht ist. Von dieser zweiten Möglichkeit macht man oft Gebrauch, um eine durch psychologische Faktoren bedingte Abweichung auszugleichen. Zum Beispiel kann bei einem Kinefilm durch eine stark in Rot gehaltene Szene das Auge so umgestimmt sein, daß es bei einer unmittelbar folgenden Szene die an sich richtig wiedergegebenen Farben zu grün sieht. Man kann dann durch etwas andere Kopierung dieser zweiten Szene zumindest am Anfang einen Rotstich geben, der der psychologischen Verfälschung die Waage hält.

Ein anderes Beispiel: Wir haben ein farbenphotographisches Verfahren, bei dem sämtliche Farben in etwa gleichem Maße mit zu geringer Helligkeit, also verschwärzlicht wiedergegeben werden. Eine Betrachtung in normaler Umgebung zeigt das in recht unangenehmer Weise. Projiziert man aber ein nach diesem Verfahren hergestelltes Diapositiv, so tritt infolge der verdunkelten Umgebung die Verschwärzlichung zurück, und wir können uns an der Buntheit der wiedergegebenen Farben erfreuen. Der gleiche Effekt kann unter Umständen sogar dazu führen, daß die *Schwarzverhüllung* der Bildfarben geringer erscheint als die der betreffenden Objektfarben. Damit würde das Bild übertrieben bunt erscheinen, wenn man dem nicht durch eine *Weißverhüllung*, also etwas geringere Sättigung der Bildfarben entgegentritt. Das scheint zumindest *ein* Grund dafür zu sein, daß eine etwas geringere Sättigung der Farben bei projizierten Bildern sogar erwünscht scheint. Aufschlußreiche Beobachtungen über den Einfluß eines hellen oder dunklen Umfeldes beschreibt EGGERT (*296*).

Bei Fall II allein spielt noch eine weitere Erscheinung mit: Es besteht eine gewisse Schwelle für die Unterscheidbarkeit von Farben. Man wird also eine valenzmetrisch sehr benachbarte Bildfarbe von der zugehörigen Objektfarbe unter Umständen gar nicht mehr unterscheiden können. Nun ist dieser Schwellenwert allerdings ziemlich gering, wenn man die Farben unmittelbar nebeneinander sieht. Ein räumlicher Abstand vergrößert bereits den Schwellenwert, viel mehr tut das aber ein zeitlicher Abstand. Vergeht eine größere Zeitspanne, so hat man die Objektfarbe nicht mehr sehr genau in Erinnerung, und es wird deshalb häufig angenommen, daß die Farben naturgetreu wiedergegeben sind, nur weil die Erinnerung an das aufgenommene Objekt verschwommen ist. Sehr kritisch ist man dagegen beim unmittelbaren Vergleich mit dem Objekt, z. B. bei der Reproduktion eines Gemäldes, das man zum Vergleich direkt neben die Reproduktion stellen kann.

Als Fall III wurde oben die Möglichkeit gekennzeichnet, daß die naturgetreue Wiedergabe abgelehnt wird, auch wenn sie als solche klar erkannt ist. Umgekehrt kann gewünscht werden (Fall IV), daß eine nicht naturgetreue Wiedergabe beibehalten wird. Es handelt sich also hier um ästhetische und künstlerische Forderungen. Eigentlich überschreitet die Erfüllung solcher Forderungen das Aufgabengebiet der Photographie, die schließlich keine Malerei ist, aber in einem gewissen Rahmen kann man zweifellos solche künstlerischen Effekte erzielen. So lassen sich durch geeignete Filter bei der Aufnahme oder bei der Kopie Farbstimmungen, z. B. Abend- oder Nachtstimmungen, vortäuschen, die bei den Aufnahmeobjekten nicht gegeben waren. Hier ruhen für die Farbenphotographie große Möglichkeiten, aber auch große Gefahren des Mißbrauchs.

Nun zum besonders wichtigen Fall V, den man als die „Kunst des Möglichen" bezeichnen kann. Wir müssen heute bei allen farbenphotographischen Verfahren noch mit erheblichen Abweichungen von der Naturtreue rechnen, und es ist wichtig zu wissen, welche Abweichungen sich psychologisch am wenigsten störend bemerkbar machen. Hier ist nach Ansicht des Autors noch sehr viel Neuland zu erschließen. Feste Grundsätze lassen sich z. Z. noch keineswegs aufstellen. Es kann höchstens als wahrscheinlich gelten, daß die Abweichungen von den verschiedenen Objektfarben möglichst etwa in gleichem Sinne erfolgen mögen. So wird eine *allgemeine* Verschiebung des Farbtons sämtlicher Farben nach Rot nicht so unangenehm sein wie eine Verschiebung einzelner Farben nach Rot und anderer nach Blau. Auch eine allgemeine Verweißlichung, die ja gerade bei den subtraktiven Verfahren ziemlich zwangsläufig erfolgt, wird sicher leichter hingenommen als die Verweißlichung einiger Farben und Sättigungszunahme anderer Farben. Irgendwie wird bei der gleichmäßigen Verzerrung die Harmonie besser gewahrt als bei der einseitigen. So fordert HUNT (*298*) eine gute Wiedergabe des Farbtons bei gleichmäßiger Verringerung der Sättigung. Wie schon oben erwähnt, hat man in vielen Fällen den Vorteil, daß der unmittelbare Vergleich mit dem Aufnahmeobjekt wegfällt. Besonders gilt das für den Kinefilm. Dabei muß man dann besonderen Wert darauf legen, daß wenigstens diejenigen Farben einigermaßen naturgetreu wiedergegeben werden, die dem Zuschauer bekannt sind, wie z. B. das Himmelsblau, das Grün der Pflanzen, die Hautfarbe der Menschen, bekannte Fahnen oder Uniformen u. dgl. Über solche allgemeine Regeln hinaus läßt sich aber noch nicht viel sagen, und quantitative Grundlagen fehlen noch vollständig. Sie werden wohl auch nur auf sehr breiter Grundlage erarbeitet werden können, da in Geschmacksfragen die Meinungen oft ziemlich auseinandergehen und daher größere statistische Unterlagen geschaffen werden müssen.

Ein Hilfsmittel, das — bewußt oder unbewußt — in der Farbenphotographie und vor allem im Farbenfilm schon viel angewendet wird, um die technisch bedingten Farbverfälschungen psychologisch wenigstens teilweise auszugleichen, besteht in der geschickten Auswahl der Aufnahmeobjekte. Ich erwähne hier nur die Möglichkeit, der Sättigungsverminderung der Farben von vornherein dadurch Rechnung zu tragen, daß bei der Aufnahme sehr gesättigte Farben für Kostüme, Dekorationen usw. gewählt werden, die wir bei naturgetreuer Wiedergabe als zu kitschig ablehnen würden. In südlichen Ländern und bei primitiven Menschen ist allerdings die Vorliebe für sehr bunte Farben größer als bei uns. Schließlich muß noch beachtet werden, daß die psychologische Bewertung der Farben nicht von der psychologischen Beurteilung anderer Dinge unabhängig ist. Bei der Betrachtung eines Aufsichtsbildes oder eines Diapositivs z. B. wird zunächst vor allem die Art des Objektes das Urteil maßgebend beeinflussen; weiterhin werden die Gestaltung des Bildes, der richtige Ausschnitt, die mehr oder weniger feine Zeichnung der einzelnen Partien, die richtige Verteilung von Licht und Schatten und noch vieles andere auch bei der Farbenphotographie sehr stark mitsprechen. Die gute Farbwiedergabe ist nur *ein* Moment, allerdings ein sehr wichtiges. Während das unbewegte Bild aber doch zumindest in Ruhe betrachtet und beurteilt wird, tritt die künstlerische Beurteilung sehr zurück beim Laufbild. Dort übernimmt das Interesse an der Handlung die wichtigste Rolle. Man soll aber damit keineswegs den Einfluß des Bildaufbaus unterschätzen. Die gute Photographie hinterläßt schon beim Schwarzweiß-Film und noch mehr beim Farbenfilm einen nachhaltigen Eindruck, der manchmal stärker nachwirkt als die Handlung. Außerdem scheint es dem Autor möglich, daß gerade die Einführung des Farbenfilms eine lyrische Richtung im Kinefilm begünstigen wird, die im Schwarzweiß-Film stark vernachlässigt blieb. Die beiden Filme „Immensee“ und „Opfergang“ z. B., die im Kriege erschienen, deuten eine derartige Richtung an. Sie enthalten lyrische Szenen, vor allem in der Verbindung mit Landschaftsaufnahmen, in größerem Ausmaß als es in Schwarzweiß-Filmen üblich ist.

Beim Vergleich der Farbenphotographie mit der Schwarzweiß-Photographie unter psychologischen Gesichtspunkten ist der Umstand sehr merkwürdig, daß wir in der Schwarzweiß-Photographie in *jeder Beziehung* den Vergleich mit dem natürlichen Objekt weniger kritisch beurteilen als in der Farbenphotographie, auch wenn es sich nur um die Frage der richtigen Helligkeitswiedergabe handelt. Offenbar steigert die größere Ähnlichkeit mit dem natürlichen Objekt, welche uns die Farbenphotographie bietet, auch die Genauigkeitsansprüche. Man könnte es mit der vollkommen verschiedenen Einstellung vergleichen, die wir einem Märchen, einem Roman oder einem Geschichtswerk gegenüber haben, wobei unsere Ansprüche an Wirklichkeitstreue und Logik ganz verschieden sind.

Das Schrifttum über farbenpsychologische Probleme ist ziemlich umfangreich und auch sehr verstreut, hier seien nur erwähnt die Bücher von v. Bezold-Seitz (*29*) und Katz (*33*), ferner die Arbeiten von Weil (*269*) und von Evans (*31*), die besonders auf die Farbenphotographie eingehen. Eine Arbeit von MacAdam (*178*) diskutiert die Schwierigkeiten, die bei der Beurteilung von farbigen Reproduktionen aus psychologischen Gründen auftreten.

II. Die Sensitometrie des Farbenfilms.

1. Empfindlichkeit und Gradation des Gesamtbildes und der einzelnen Teilbilder.

Jedem, der mit der Schwarzweiß-Photographie etwas vertraut ist, sind die Begriffe Empfindlichkeit und Kontrast geläufig. Möglichst hohe Lichtempfindlichkeit ist zumindest bei jedem Aufnahmematerial erwünscht. Man geht damit so weit, wie es der Stand der photochemischen Technik erlaubt, und übt nur dann Zurückhaltung, wenn mit allzu hoher Empfindlichkeit andere Nachteile, z. B. Grobkörnigkeit oder mangelnde Haltbarkeit des Materials verbunden sind. Man hat jederzeit die Möglichkeit, durch Abblenden oder Zeitverkürzung bei der Aufnahme die Lichteinwirkung zu vermindern. Kontrast bedeutet wörtlich Gegensatz, hier ist der Gegensatz zwischen Hell und Dunkel gemeint. Hat ein Bild große Kontraste, so heißt das, es enthält sehr helle und sehr dunkle Stellen. Hat ein Bild geringe Kontraste, so ist es im ganzen ziemlich hell oder im ganzen ziemlich dunkel. Bedingt ist die Helligkeit der Bildstellen einmal durch das Objekt selbst, zum anderen durch das Ergebnis des photographischen Prozesses. Ein Objekt mit kräftigen Kontrasten gebe bei einer bestimmten Durchführung des photographischen Prozesses ein Bild mit kräftigen, aber nicht übertriebenen Kontrasten. Dann wird ein Objekt mit geringen Kontrasten bei gleicher Durchführung des photographischen Prozesses ein Bild mit geringen Kontrasten ergeben. Es kann nun sein, daß man dieses Bild aus ästhetischen Gründen kontrastreicher haben will, man muß dann den photographischen Prozeß anders leiten, damit sich größere Kontraste im Bild ergeben. Man nimmt dazu für das Negativ oder für das Positiv oder auch für beide ein photographisches Material, welches unter den betreffenden Entwicklungsbedingungen „kontrastreicher", „steiler", „härter" arbeitet. Wir sehen an diesem Beispiel, daß die Art, wie die Kontrastwiedergabe bei einem photographischen Material sein soll, von verschiedenartigen Umständen abhängt, und je nach den Anforderungen können die Aufnahmematerialien und auch Wiedergabematerialien verschiedene *Gradation* haben (das Wort Gradation bedeutet Abstufung)

Wie jedem Schwarzweiß-Photographen bekannt, wird die Empfindlichkeit eines Materials in irgendeinem der genormten Systeme angegeben, z. B. in °DIN. Für die Gradation werden nur allgemeine Angaben gemacht wie extra hart, hart, mittel, weich, sehr weich. Dabei ist immer zu beachten, daß die Empfindlichkeit, ganz besonders aber auch die Gradation, nicht nur von dem Material selbst, sondern auch von der Art der Entwicklung abhängt.

Zur genaueren Kenntnis eines lichtempfindlichen Materials genügen die allgemeinen Gradationsbezeichnungen nicht, man muß dazu durch Messungen das Material genauer charakterisieren und bezeichnet diese Kontrollmessungen und ihre Bewertung als *Sensitometrie*. Wörtlich heißt das Empfindlichkeitsmessung, man will dabei aber nicht nur die Empfindlichkeit, sondern auch die Gradation des Materials kennen lernen.

Die Lichtmenge E, welche an irgendeiner Stelle auf ein photographisches Material wirkt, kann man als Produkt aus Lichtintensität (I) und Zeit (t) auffassen, also $E = I \cdot t$. Nun kann man wenigstens in erster Annäherung annehmen, daß bei einem bestimmten Material und einer bestimmten Entwicklungsart nur die Licht*menge* für die Menge des abgeschiedenen Silbers und damit für die „Schwärzung" maßgebend ist[1]. Dazu läßt man diese Lichtmenge in verschiedenen Abstufungen einwirken, für jede Stufe wird dann die erzielte Schwärzung gemessen und schließlich alles in einem Diagramm aufgetragen. Abb. 116 zeigt das Diagramm eines Negativmaterials, in dem das Produkt $I \cdot t$ in

[1] In Wirklichkeit wirkt hohe Lichtintensität über kurze Zeit etwas anders als geringe Lichtintensität über lange Zeit trotz zahlenmäßiger Gleichheit des Produkts. Das ist der sog. Schwarzschild-Effekt.

logarithmischem Maß auf der Abszisse aufgetragen ist, die Schwärzung S auf der Ordinate. Es sei an folgende Zusammenhänge erinnert: Die Transparenz T gibt an, welcher Bruchteil des auffallenden Lichtes durchgelassen wird. Die Opazität O ist der reziproke Wert der Transparenz, also $O = \frac{1}{T}$, und die Schwärzung S ist der Logarithmus der Opazität, $S = \log O = \log \frac{1}{T}$. Läßt also eine Stufe unseres Sensitometerstreifens 1% des auffallenden Lichtes durch, so ist $T = 0{,}01$, $O = \frac{1}{T} = 100$ und $S = \log 100 = 2$. Man spricht dann von der Schwärzung 2.

Besonders vorteilhaft ist die Schwärzung S als logarithmische Größe schon aus dem Grunde, weil sich beim Übereinanderlegen mehrerer Filme die Gesamtschwärzung einfach als Summe der Einzelschwärzungen ergibt.

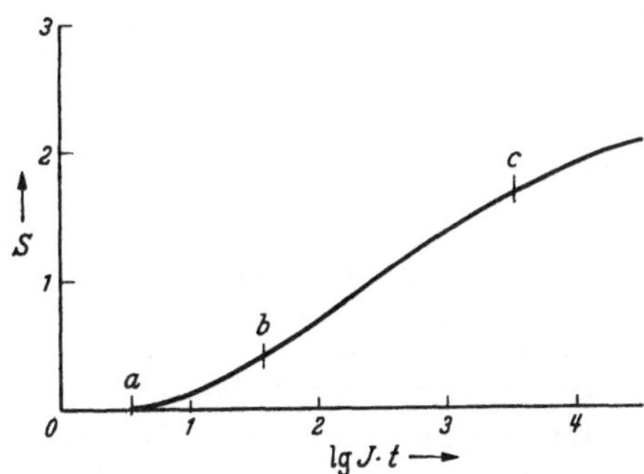

Abb. 116. Schwärzungskurve eines Negativ-Materials.

Bei Betrachtung der Schwärzungskurve in der Abb. 116 sehen wir, daß der Verlauf der Kurve ziemlich kompliziert ist. Man kann sie aber in folgender Weise aufgliedern: Das Stück des langsamen Anstieges (a ... b) bezeichnet man als Durchhang, der Teil (b ... c) ist nahezu geradlinig. Schließlich folgt (jenseits von c) ein Gebiet, in dem die Schwärzung S nicht mehr so stark zunimmt wie die aufgestrahlte Lichtmenge. Der weitere Verlauf ist bei verschiedenen Materialien verschieden, interessiert praktisch aber auch wenig. In dem wichtigsten Gebiet, dem geradlinigen, ist der Winkel gegen die Abszisse oder besser der Tangens dieses Winkels ein direktes Maß für die Gradation. Man bezeichnet diesen Tangens durchweg mit dem griechischen Buchstaben γ (Gamma).

$$\gamma = \operatorname{tg} \alpha = \frac{AB}{AC}.$$

Spielt sich der photographische Prozeß nur in dem geradlinigen Teil ab, so ist die Sensitometrie verhältnismäßig einfach. Insbesondere gilt dann folgendes: Um zu ermitteln, welcher Kontrast sich bei dem Negativ-Positiv-Prozeß ergibt, braucht man nur das Gamma des Negativ-Materials mit dem des Positiv-Materials zu multiplizieren, um das Gamma der Kopie zu erhalten:— $\gamma_{Kop} = \gamma_{Neg} \cdot \gamma_{Pos}$. GOLDBERG stellte die Forderung auf, daß dieses resultierende Gamma möglichst $= 1{,}0$ sein soll.

Soweit eine kurze Wiederholung der Schwarzweiß-Sensitometrie, die zum Verständnis der Farbensensitometrie notwendig erscheint. Genaueres findet der Leser z. B. in dem Buch von ANGERER (*13*), ferner in einem Artikel von EGGERT und RAHTS (*18*).

Es erhebt sich nun die Frage, ob wir mit dem aus der Schwarzweiß-Photographie gelieferten Rüstzeug auch in der Farbenphotographie zurechtkommen.

Zunächst sei eine ganz kurze Betrachtung der *additiven Farbenphotographie* gewidmet. Eine bestimmte Menge blauen Lichtes E_b, eine bestimmte Menge grünen Lichtes E_g und eine bestimmte Menge roten Lichtes E_r sollen zusammen weißes Licht ergeben. Nimmt man nun von jeder Menge einen bestimmten Bruchteil α, so geben nach den Gesetzen der additiven Farbmischung die Mengen $\alpha \cdot E_b$, $\alpha \cdot E_g$ und $\alpha \cdot E_r$ zusammen ein weniger helles, aber wieder weißes Licht, das neben dem ersten als neutralgrau erscheint. Wenn also bei voller Transparenz der Teilbilder die Abstimmung der drei Farben auf Weiß richtig ist, so muß weiterhin gefordert werden, daß bei der Wiedergabe eines Grau jedes der drei Teilbilder eine gleichartige Schwärzung aufweist, denn dann wird der Faktor α bei allen dreien der gleiche. Da das für jedes Grau gelten soll, muß also verlangt werden, daß die Schwärzungskurven der drei Teilbilder vollkommen gleichartig verlaufen, damit eine Grauskala neutralgrau wiedergegeben werden kann, und das ist ja, wie wir früher schon oft gesehen haben, eine der wichtigsten allgemeinen Forderungen an die Farbenphotographie. Für die Rasterverfahren, welche die praktisch wichtigste Anwendung der additiven Farbenphotographie darstellen, ist diese Forderung nicht allzu schwer zu erfüllen, weil die (Schwarzweiß-) Entwicklung der ineinandergeschachtelten Teilbilder gemeinsam erfolgt.

In der *subtraktiven Farbenphotographie* liegen die Dinge komplizierter und müssen genauer besprochen werden. Wir wollen zunächst voraussetzen, was aber leider durchaus nicht immer zutrifft, daß die Gradation des gelben, des purpurnen und des blaugrünen Teilbildes so sei, daß die ganze Grauskala einwandfrei neutralgrau wiedergegeben wird. Für einen solchen subtraktiven Film ergeben sich zumindest bei der Helligkeitswiedergabe der Grauwerte grundsätzlich die gleichen Probleme wie bei einem Schwarzweiß-Film. Man wird daher Erfüllung der Goldberg-Bedingung verlangen, man wird möglichst lange geradlinige Teile der Kurven, vor allem für den Negativfilm, anstreben und sich bemühen, bei der Aufnahme möglichst weitgehend in diesem geradlinigen Teil zu bleiben. Ferner muß wie beim Schwarzweiß-Prozeß das Negativ etwas flacher sein (Gamma unter 1,0), um einen größeren Belichtungsumfang zu haben, zum Ausgleich wird das Positiv steiler gelegt. Eine Anpassungsmöglichkeit des Entwicklungsprozesses ist ebenfalls sehr erwünscht, um verschiedene Gradationen zu erzielen. Auch das Umkehrmaterial soll eine möglichst geradlinige Gradation aufweisen.

Nun gibt es einige unangenehme Tatsachen, die zumindest bei dem jetzigen Stand der Farbenphotographie zu verschiedenen Einschränkungen dieser Forderungen zwingen. Zunächst ist die Empfindlichkeit nicht so hoch wie beim Schwarzweiß-Film. Infolgedessen ist das Licht oft knapp, und es ist beim Negativ- wie beim Umkehrverfahren nicht immer möglich, bei der Aufnahme aus dem Durchhang der Schwärzungskurve ganz herauszukommen. Allerdings wird auch oft unnötig knapp belichtet, man sollte sich immer vor Augen halten, daß dadurch die Qualität des Farbbildes beeinträchtigt wird. Ferner ist der geradlinige Teil nicht immer so lang wie beim Schwarzweiß-Film, besonders gilt das für das Umkehrmaterial. Das Negativmaterial hat den Vorteil eines größeren Belichtungsumfanges. Durch Änderung der Entwicklungszeit ist z. B. beim Agfacolor-Negativ-Positiv-Verfahren eine beträchtliche Veränderung der Gradation möglich, aber so gewaltige Unterschiede wie beim Schwarzweiß-Material sind durch Änderung der Entwicklung nicht herauszuholen. Sehr bedeutungsvoll ist die Tatsache, daß ein resultierendes Gamma von 1,0 für die subtraktive Farbenphotographie unbefriedigend ist, und zwar aus einem Grund, der mit der Wiedergabe der Helligkeitswerte an sich nicht zusammenhängt. Vielmehr geht aus den Ausführungen des vorigen Kapitels hervor (s. S. 207), daß beim subtraktiven Prozeß ein höheres Gamma auch eine höhere Sättigung der Wiedergabefarben bedingt, und auf diese Verbesserung der immer zu wenig gesättigten Farben kann man nicht verzichten. Man wählt daher praktisch im allgemeinen ein Gamma der Kopie von 1,2—1,4, eine noch steilere Gradation wäre für die Farbwiedergabe oft noch erwünscht, wirkt sich aber durch die falsche Wiedergabe der Helligkeitswerte doch wieder nachteilig aus. Bei der direkten Gewinnung von Positiven nach dem Umkehrverfahren (Diapositive, Schmalfilm) würde eine kräftige Gradation zwar auch die Farbwiedergabe verbessern, aber zugleich auch den Belichtungsumfang in unangenehmen Maße einschränken (s. Abb. 117). Man muß sich daher mit einer etwas flacheren Gradation begnügen. Daher kommt es auch, daß die Farben des Umkehrverfahrens trotz an sich besserer Farbwiedergabe nicht viel leuchtender sind als die des Negativ-Positiv-Verfahrens. Mit dem geringeren Belichtungsumfang gegenüber dem Schwarzweiß-Film hängt auch die Regel zusammen, daß man für Farbaufnahmen möglichst eine weiche Beleuchtung vorziehen soll, eine Regel, die indessen nicht allgemein gültig ist, denn es lassen sich mit dem Farbfilm auch gute Effekt- und Gegenlichtaufnahmen machen. Auf die photographischen Schlußfolgerungen

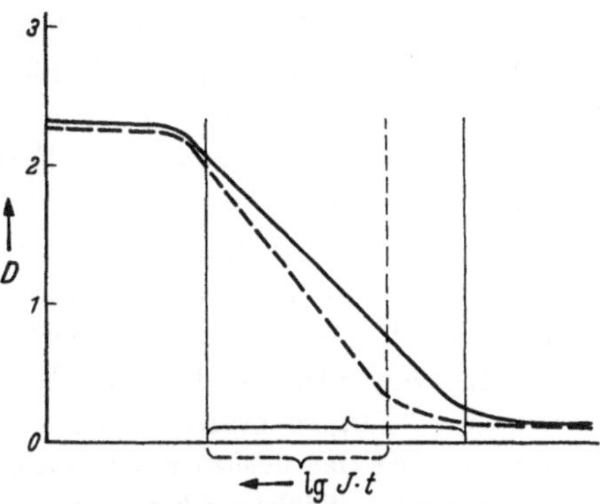

Abb. 117. Belichtungsumfang bei verschiedener Gradation (Umkehrverfahren).

aus den eben besprochenen Dingen wird im Teil D V noch näher eingegangen.

Diesen Betrachtungen ist zu entnehmen, daß mit den modernen subtraktiven Farbenverfahren durchaus alle photographischen Forderungen zu erfüllen sind, daß aber dazu mit ungleich mehr Sorgfalt bei der Aufnahme wie bei der Verarbeitung ganz bestimmte Bedingungen einzuhalten sind.

Es muß nun näher geprüft werden, unter welchen Bedingungen beim subtraktiven Verfahren die einwandfreie Wiedergabe einer Grauskala überhaupt zustande kommt. Wir haben schon mehrmals erwähnt, daß optimalfarbenartige Farbstoffe mit aneinanderstoßenden Absorptionskanten (Abb. 54) als subtraktive Farbstoffe besonders günstig wären, daß es indessen solche Farbstoffe nicht gibt. Wir wollen indessen aus didaktischen Gründen kurz bei ihnen verweilen. Die „optische Dichte" oder „Extinktion" eines solchen Farbstoffs ist in dem betreffenden Teil des Spektrums (beim gelben z. B. zwischen 400 und 490 mμ) über alle Wellenlängen gleichmäßig. Sie ist daher auch die gleiche, ob sie nun in einem schmalen oder breiteren Bereich dieses Spektralgebietes gemessen wird, sofern man nur innerhalb dieses Gebietes bleibt. Wählen wir die Konzentrationen der drei Farbstoffe so, daß die Dichten gleich sind, z. B. = 1,0, so ergibt sich zusammen eine graue Farbe von der Dichte 1,0 über das gesamte sichtbare Spektrum, wir können dann bei gleichbleibender Dichte über das gesamte Spektrum auch von der Schwärzung 1,0 sprechen.

Nehmen wir an, daß für das gelbe Teilbild eine bestimmte Dichtekurve gilt, wobei nunmehr immer Dichten statt Schwärzungen aufzutragen sind, so ist ohne weiteres verständlich, daß bei gleichartigen Dichtekurven für das purpurne und das blaugrüne Teilbild die Dichten bei gleicher Lichteinwirkung immer die gleichen sind. Gleiche Dichten geben aber im Falle dieser optimalfarbenartigen Farbstoffe auch immer neutrales Grau. Wir müssen in diesem Fall genau wie beim additiven Verfahren (s. oben) die Forderung aufstellen, daß die Dichtekurven der drei Teilbilder vollkommen gleich sind.

Die Voraussetzung, daß die subtraktiven Farben optimalfarbenartig sein sollen, wird nun fallen gelassen. Statt dessen sei aber immer noch gefordert, daß die subtraktiven Farben sich zu „Echtgrau" ergänzen, d. h. bei richtig gewählten Konzentrationen der Farbstoffe soll die Summe der Dichtewerte über das gesamte sichtbare Spektrum den gleichen Wert haben, im Fall der Abb. 118 z. B. den Dichtewert von 1,0. Erhöht oder erniedrigt man die Konzentration der Farbstoffe gleichbleibend, d. h. durch Multiplikation mit dem gleichen Faktor α, so erhöht bzw. erniedrigt sich auch der Gesamtdichtewert für das gesamte Spektrum gleichbleibend auf den Wert α, einfach weil für jede Wellenlänge gilt: $\alpha \cdot d_1 + \alpha \cdot d_2 + \alpha \cdot d_3 = \alpha \cdot (d_1 + d_2 + d_3)$ und weil $d_1 + d_2 + d_3$ ja $= 1{,}0$ sein sollte. (Voraussetzung ist die Gültigkeit des BEERschen Gesetzes. Abweichungen davon gibt es aber meist nur bei hohen Farbstoff-Konzentrationen.)

Bei jedem *einzelnen* der drei Farbstoffe ist nun die optische Dichte von Wellenlänge zu Wellenlänge verschieden, die Messung soll aber für jeden Farbstoff jeweils nur in einem ziemlich schmalen Spektralbereich erfolgen, in dem man die Dichte ohne zu großen Fehler als gleichbleibend ansehen kann. Ferner ist es zweckmäßig, denjenigen Spektralbereich zu wählen, in dem der betreffende Farbstoff die höchste Dichte hat, das wäre also, wie die Abb. 118 zeigt, für den gelben Farbstoff bei 400, für den purpurnen bei 550 und für den blaugrünen bei 675 mμ. Für den in dieser Abbildung dargestellten Fall, daß die Graudichte der subtraktiven Farbmischung 1,0 ist, lesen wir die folgenden Dichtewerte in diesen Bereichen ab: für Gelb: 0,62, für Purpur: 0,80 und für Blaugrün: 0,85. Wir nennen diese Werte die der Graudichte 1,0 zugeordneten Farbdichten, auch grauäquivalente Farbdichten oder kurz Äquivalentdichten. Nehmen wir nun an, wir hätten getrennt eine Gelbschicht, eine Purpurschicht und eine Blaugrünschicht und ermittelten für die Gelbschicht folgende Dichtekurve (Abb. 119), wobei wir in dem Spektralbereich 400 mμ messen. Wie müssen dann die Dichtekurven der beiden anderen Schichten aussehen, um bei jedem $I \cdot t$. ein neutrales Grau zu ergeben? Der Punkt mit der Farbdichte 0,62 in der Gelbkurve entspricht offenbar der Äquivalentdichte 1,0, in der Purpur-Dichtekurve muß der entsprechende Punkt bei der Dichte 0,80 liegen (Messung bei 550 mμ) und in der Blaugrünkurve bei 0,85 (Messung bei 675 mμ). Im Verhältnis $\frac{0{,}80}{0{,}62}$ muß nun auch jeder andere Punkt der

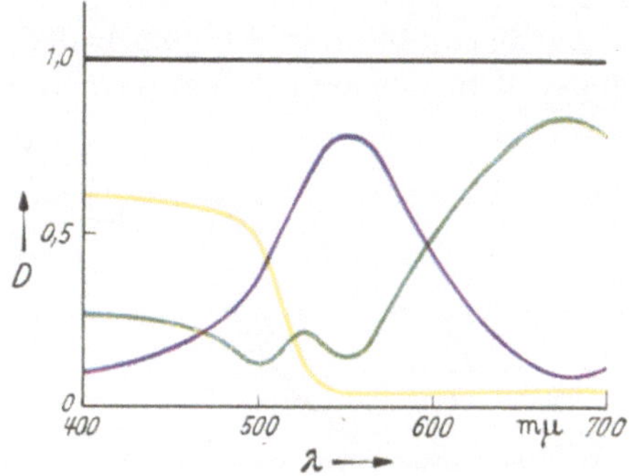

Abb. 118. Subtraktive Farben, die sich zu Echtgrau ergänzen.

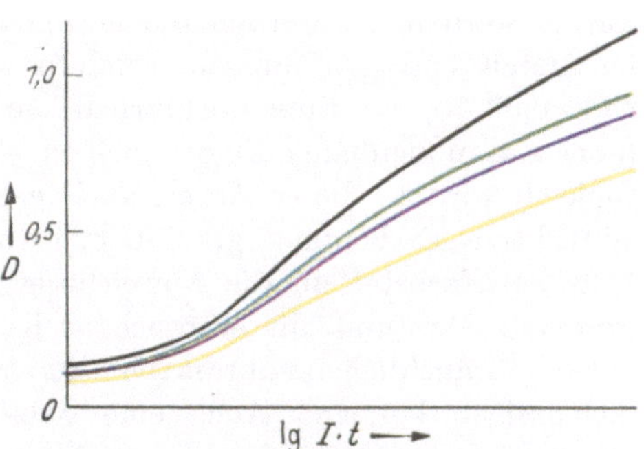

Abb. 119. Dichtekurven bei grauäquivalenten Farbdichten.

Purpurkurve zu dem entsprechenden Punkt der Gelbkurve stehen, und andererseits ist das Verhältnis $\frac{0,85}{0,62}$ für die Dichtewerte der Blaugrünkurve zu denen der Gelbkurve notwendig. Schließlich erhält man aus dem Verhältnis $\frac{\text{Graudichte}}{\text{Farbdichte des Gelb}} = \frac{1,0}{0,62}$ die Dichtekurve für das ermischte Grau. Wir werden daraus später noch weitere Folgerungen ziehen.

Zunächst soll aber jetzt noch der allgemeine und praktisch bedeutungsvollste Fall besprochen werden, daß die drei Farben bei der subtraktiven Mischung *Unechtgrau* ergeben (Abb. 120)[1]. In diesem Fall ist also die Dichte der subtraktiven Mischung nicht mehr über das sichtbare Spektrum gleichbleibend. Eine nähere Betrachtung, die hier zu weit führen würde, zeigt, daß auch in diesem Fall die Mischung der drei Farben auf andere Graudichten abgeglichen werden kann (experimentell oder rechnerisch), daß aber dann die neuen Farbstoffkonzentrationen zu den ersten nicht mehr alle im gleichen Zahlenverhältnis stehen. Soll also die (durchschnittliche) Dichte des Grau beispielsweise von 1,0 auf 0,5 herabgesetzt werden, so werden die einzelnen Farbdichten nicht alle 0,5 der ersten betragen müssen, sondern z. B. (in willkürlichen Zahlen) 0,48, 0,53, 0,51. Eine ausführliche und übersichtliche Besprechung dieser Zusammenhänge findet sich in einer Arbeit von Hellmig (*132*). Zugleich wird in dieser Arbeit auch gezeigt, daß bei manchen für die subtraktive Farbenphotographie typischen Farbstoffen, wie z. B. den Agfacolor-Farbstoffen, die Abweichungen für die Faktoren nicht sehr groß sind. Man muß die besprochene Komplikation beachten, aber bei vielen gebräuchlichen subtraktiven Farbenverfahren wird man sie vernachlässigen können. Auch eine Arbeit von MacAdam (*178*) betrifft den gleichen Gegenstand.

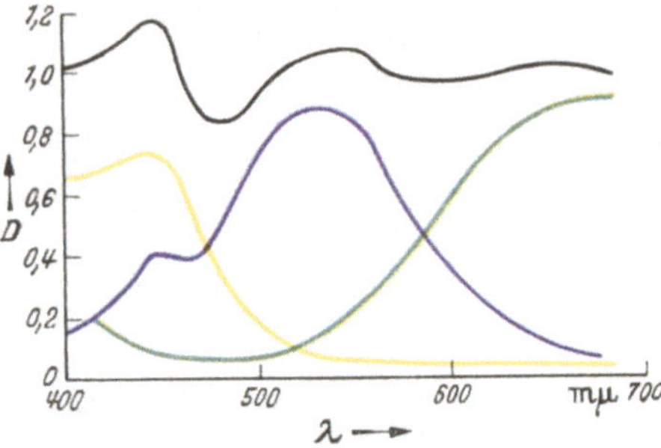

Abb. 120. Subtraktive Farben, die sich zu Unechtgrau ergänzen.

Für die folgenden Betrachtungen kann deshalb, ohne große Fehler zu begehen, wieder auf den zweiten Fall zurückgegriffen werden, daß die Farben zwar keinen optimalfarbenartigen Charakter haben, daß sie sich aber zu Echtgrau ergänzen. Es war gezeigt worden, daß — zunächst

[1] Es sei hier an die Ausführungen im Teil D I 1 erinnert, daß bedingt gleiche Farben bei andersartiger spektraler Transmissionskurve gleiche Wirkung auf unser Auge haben. Echtgrau und die Unechtgraus gleicher Helligkeit sind solche bedingt gleichen Farben.

bei getrennten Einzelschichten — der Graudichte 1,0 bestimmte Farbdichten (z. B. 0,62; 0,80; 0,85) der drei subtraktiven Farben zugeordnet sind. Von HEYMER und SUNDHOFF (*139*), die sich als erste eingehender mit diesem Problem befaßt haben, ist nun ein sehr zweckmäßiger Kunstgriff eingeführt worden: Multipliziert man die sämtlichen Dichtewerte der Gelbkurve von vornherein mit dem Faktor $\frac{d_{Grau}}{d_{Gelb}}$, entsprechend die der Purpurkurve mit $\frac{d_{Grau}}{d_{Purpur}}$ und die der Blaugrünkurve mit $\frac{d_{Grau}}{d_{Blaugrün}}$, so werden die drei Gradationskurven der Einzelfarben gleich denen des Grau. Mit einem schon oben eingeführten Ausdruck kann man sagen, wir benutzen nicht mehr die Farbdichten, sondern die Äquivalentdichten. Man geht also folgendermaßen vor: Das Verhältnis der drei Farbdichten von Gelb, Purpur, Blaugrün zur Graudichte wird für die verwendeten Farbstoffe einmalig experimentell oder rechnerisch ermittelt. Alle an dem Sensitometerstreifen der Einzelfarbstoffe ermittelten Farbdichten werden dann mit dem jeweiligen Faktor $\frac{d_{Grau}}{d_{Einzelfarbe}}$ multipliziert. Die mit diesen Werten aufgetragenen Dichtekurven der Einzelfarben sind nun unmittelbar miteinander vergleichbar. Im Idealfalle, also für eine vollkommen neutrale Wiedergabe der Grauskala, müssen sie ganz zusammenfallen. Sind Abweichungen unter den drei Kurven vorhanden, so lassen sich schon durch einfache Betrachtung der Kurven weitgehende Schlüsse über Natur und Tragweite dieser Abweichungen ziehen.

Bisher war immer angenommen worden, daß die drei Einzelschichten getrennt vorliegen. Für die Bestimmung der Umrechnungsfaktoren von Farbdichten in Äquivalentdichten müssen sie auf jeden Fall einmalig zur Verfügung stehen. Bei den *laufenden* Messungen zur Bestimmung der Einzelgradationen ist das aber nicht mehr unbedingt nötig. Für die modernen subtraktiven Mehrschichtenfilme, bei denen man ja die Schichten nicht trennen kann, ist das von besonderer Bedeutung. Wie die wechselseitige Wirkung der einzelnen Farben dabei zu berücksichtigen ist, wird im nächsten Abschnitt über die Meßmethoden näher besprochen.

An Arbeiten, die sich von einem allgemeinen Standpunkt aus mit der Sensitometrie in der Farbenphotographie befassen, sind folgende zu nennen: Die bereits erwähnte von HEYMER und SUNDHOFF (*139*), eine Arbeit von EVANS (*94*) und neuerdings Arbeiten von WILLIAMS (*271*) und von BEHRENDT (*47*). Schließlich gibt der Bericht des US-amerikanischen *Color Sensitometry Subcommittee* (*73*) einen umfassenden Überblick über die gesamte Farbensensitometrie nach dem neuesten Stand der Wissenschaft und Technik. Darin ist auch eine umfassende Literaturübersicht über die früheren Arbeiten auf diesem Gebiet enthalten.

2. Methoden der Messung.

Echtgrau hat das wesentliche Kennzeichen, daß die Transmission (oder Remission) und damit auch die optische Dichte über das gesamte sichtbare Spektrum gleichbleibt. Ist das von vornherein gesichert, so erübrigt sich die Bestimmung der Farbwertanteile x, y und z, und es genügt die Bestimmung der Helligkeit Y und daraus der Schwärzung S ($S = \log \frac{1}{Y}$). So liegen die Verhältnisse wenigstens angenähert beim Schwarzweiß-Film. Bei Messung der Grauskala in einem subtraktiven Farbenfilm ist aber zweierlei zu beachten: 1. Häufig ist die Grauabstimmung gar nicht richtig gelungen, es handelt sich in Wirklichkeit also um bunte Farben, wenn sie auch nicht allzu weit vom Unbuntpunkt entfernt sind. 2. Eine als Neutralgrau auf unser Auge wirkende Farbe ist oft nicht ein Echtgrau, sondern ein Unechtgrau.

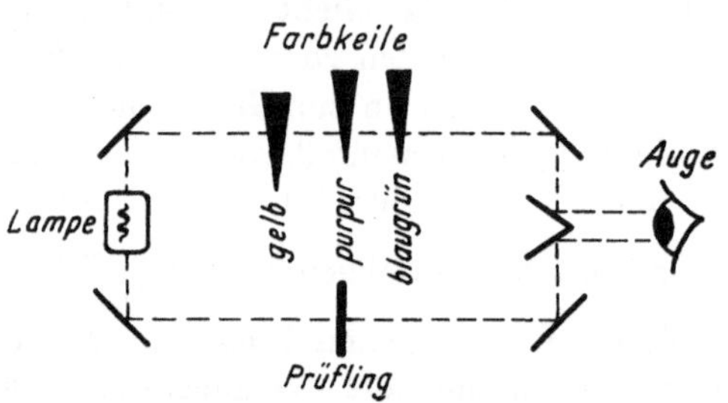

Abb. 121. Farbmessung durch subtraktive Mischung der Einzelfarben. Aus der Arbeit (*47*) von BEHRENDT.

Wir sahen schon oben, daß der zweite Fehler bei vielen Farbenverfahren nicht sehr stark ins Gewicht fällt. Ist auch der erste Fehler gering, d. h. liegt eine befriedigend neutrale Wiedergabe der Grauskala auf dem Farbenfilm vor, so kann man zur Bestimmung der *Gesamtgradation* auch die gleichen Methoden benutzen wie beim Schwarzweiß-Film, also die Messung an den *üblichen Photometern* oder *Densitometern* vornehmen. Vollkommen exakt ist das allerdings aus den angeführten Gründen nicht. Man könnte nun jede Stufe der Grauskala als *Farbe* exakt bestimmen, z. B. nach dem *Spektralverfahren*. Man erhält damit außer den Farbwertanteilen x, y und z auch die Helligkeit Y. An Hand eines Konzentrations- und eines Helligkeitsdiagramms [s. S. 205 u. 206 und die Arbeit von HELLMIG (*132*)] ließe sich dann auch der Anteil der drei subtraktiven Farben an der Mischung recht genau feststellen. Das Verfahren ist aber viel zu umständlich. Praktisch in Frage kommt dagegen ein Verfahren, das im Sinne der Farbmessung ein *Gleichheitsverfahren* ist. Dabei wird die zu bestimmende Farbprobe visuell unmittelbar verglichen mit einer Mischfarbe, welche man solange verändert, bis sie der zu prüfenden Farbe gleichkommt. Das Mischungsverhältnis wird dann abgelesen, und da die zur additiven oder subtraktiven Mischung benutzten Einzelfarben bekannt sind, lassen sich aus dem Mischungsverhältnis auch die farbmetrischen Daten x, y, z und Y bestimmen. Für den vorliegenden Zweck wird meist die subtraktive

Mischung benutzt und als Farben möglichst die gleichen wie sie in dem subtraktiven Film selbst vorliegen. In diesem Fall wird der Aufbau der Farbprobe direkt nachgeahmt, die optischen Dichten der drei Farbstoffe im Film und in der eingestellten Farbe entsprechen sich vollkommen. Das Prinzip der Messung zeigt die Abb. 121. Ein Instrument, welches nach diesem Prinzip arbeitet, haben SCHNEIDER und BERGER (*241*) angegeben (Abb. 122).

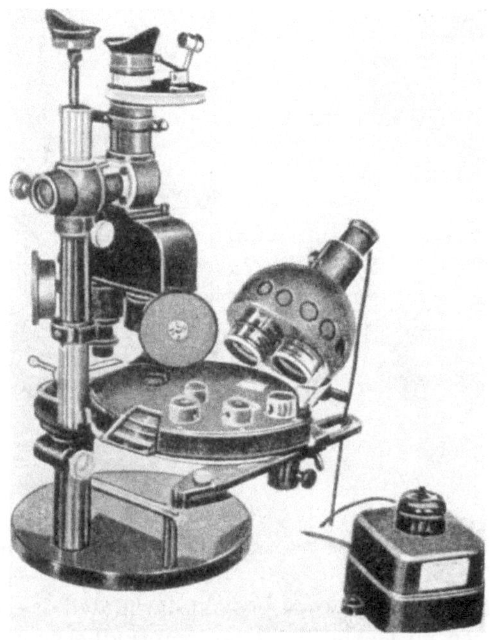

Abb. 122. Ausführung der Farbmessung mit umgebautem Pulfrich-Photometer. Aus der Arbeit (*47*) von BEHRENDT.

Es ist ein umgebautes Pulfrich-Photometer, bei dem der Prüfling in dem einen Strahlengang liegt, während in dem anderen drei verlaufende Drehkeile (d. h. solche mit allmählich ansteigender Dichte) mit den einzelnen Farben Gelb, Purpur und Blaugrün eingeschaltet werden. Bei jedem der drei Keile kann durch Drehen jede beliebige Dichte eingestellt werden. Durch vorhergehende Eichung der Drehkeile kann festgestellt werden, bei welcher Stellung der drei Keile bestimmte Graudichten ermischt werden. Die z. B. für ein Grau von der Dichte 0,7 benötigten Dichten der Einzelfarben haben an diesen Stellen die Äquivalentdichte 0,7. Diese Meßmethode hat sich in den Laboratorien der Agfa gut bewährt. Wie bei allen Gleichheitsverfahren ist aber die Einstellung der Farbmischung nicht ganz leicht und kann nur von wenigen geeigneten Personen zuverlässig ausgeführt werden, und auch diese können wegen Ermüdung der Augen nicht zu lange messen. VAN BRIESSEN hat deshalb dieses Instrument zu einem objektiv messenden umgestaltet. Einzelheiten über die Anordnung, welche mit Photozelle, Verstärker und Oszillograph arbeitet, sind der erwähnten Arbeit von SCHNEIDER und BERGER zu entnehmen. Auch dieses Instrument hat sich bewährt (Abb. 123).

Eine Anwendung der Messung nach dem Gleichheitsverfahren mit subtraktiver Mischung auf die Farbensensitometrie ist schon einige Jahre früher von EVANS (*94*) beschrieben worden. Dieses Instrument unterscheidet sich prinzipiell von dem vorigen dadurch, daß zu dem Prüfling die fehlenden Farben und noch Grau zugefügt werden, bis ein Grau ziemlich hoher Dichte erreicht wird (3,4), das dem Vergleichsfeld entspricht. Der

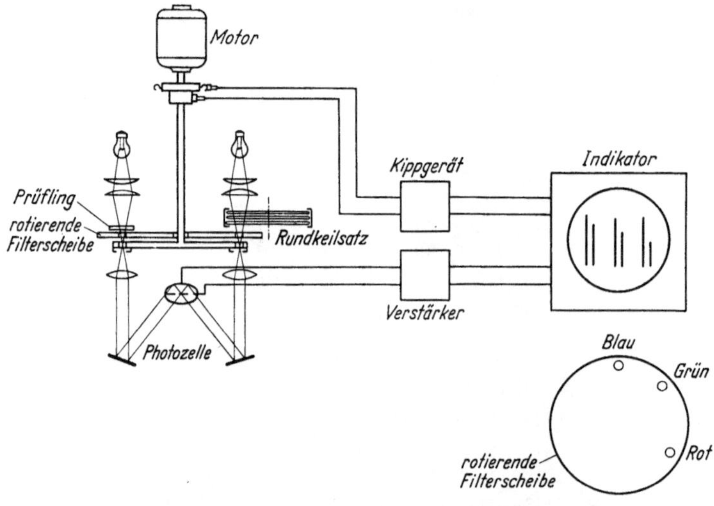

Abb. 123. Elektrische Messung mit dem Pulfrich-Photometer.

Vorteil einer solchen Arbeitsweise besteht darin, daß das Auge für kleine Farbabweichungen im Gebiet des Grau empfindlicher ist als im Gebiet großer Farbsättigung, der Nachteil besteht in der verhältnismäßig hohen Dichte, bei welcher gemessen wird. Außer dem EVANSschen Instrument ist bei Kodak in neuerer Zeit ein vollautomatisch arbeitendes Farbdensitometer gebaut worden, das die drei Dichtekurven der Einzelfarben automatisch registriert (Abb. 124). Es wird in einer Arbeit von MEES (*192*) kurz erwähnt und abgebildet. Näheres ist daraus nicht zu entnehmen. Eine prinzipiell andere Methode der farbsensitometrischen Messung ist folgende:

Die Betrachtung der spektralen Extinktionskurven der drei Einzelfarben (Abb. 118) zeigt, daß an der Stelle des Dichtemaximums jeder Kurve jeweils das Verhältnis der Hauptfarbdichte des einen Farbstoffs zu den Nebenfarbdichten der beiden anderen Farbstoffe besonders hoch ist. Will man die optische Dichte der drei Farben bestimmen, so sind diese drei Stellen des Spektrums dafür besonders günstig, und es ist zweckmäßig, die Messung an diesen Stellen in einem sehr engen Spektralbereich vorzunehmen. Eine solche Meßmethode empfiehlt KEILICH *(156)*, der

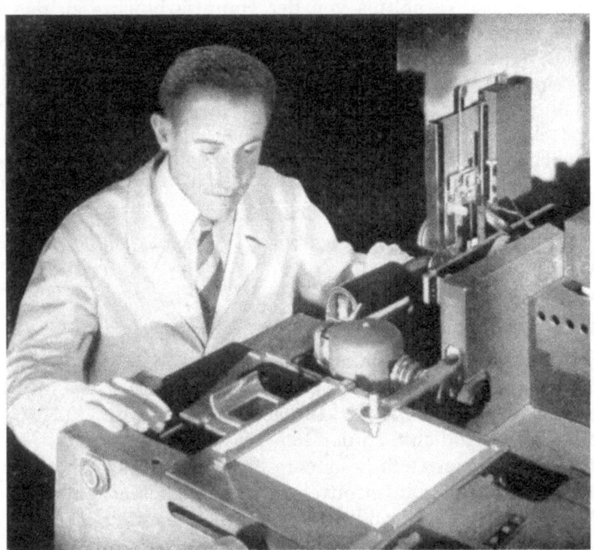

Abb. 124. Kodak-Farbdensitometer.

durch Kombination eines Zeiß-Ikon-Spektralphotometers mit einem Densographen erreicht, daß in den wichtigsten Spektralgebieten jeweils die vollständige Dichtekurve ausgemessen wird. Die spektrale Zerlegung ließe sich vermeiden, wenn für die wichtigen Spektralgebiete Filter mit ganz engen Durchlässigkeitsbereichen zur Verfügung ständen. Praktisch ist das nicht der Fall, man wird aber wenigstens bestrebt sein, Filter mit möglichst engem spektralen Durchlaßbereich zu benutzen. Ein geeignetes Meßinstrument, das auf dieser Grundlage arbeitet, ist der objektive Farbdichtemesser der Agfa (Abb. 125), der in einer Arbeit von BEHRENDT (*48*) näher beschrieben wird.

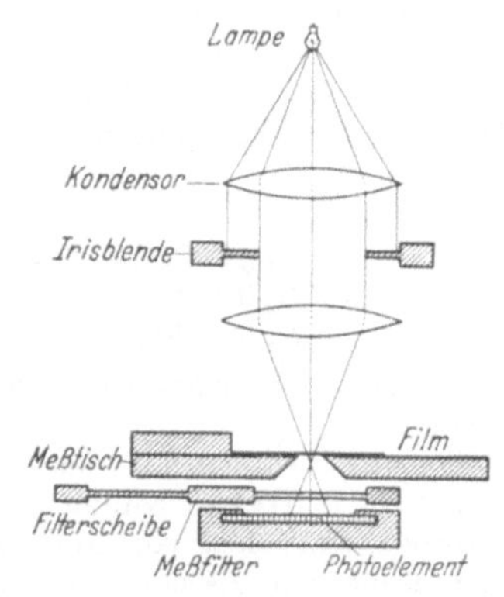

Abb. 125. Objektiver Farbdichtemesser der Agfa.

Das Licht einer kleinen hellen Glühlampe wird auf den Filmtisch konzentriert. Nach Passieren des Films geht das Licht durch ein Filter, und zwar kann ein blaues, ein grünes oder ein rotes Filter eingeschaltet werden. Dann trifft das Licht auf eine Photozelle, deren Strom an einem empfindlichen Lichtmarken-Galvanometer gemessen wird. Das Galvanometer ist direkt auf optische Dichten geeicht. Wären die Farben optimalfarbenartig (s. S. 203), so würden die Nebenfarbdichten wegfallen, in Wirklichkeit spielen sie immer eine Rolle. Will man daher aus Messungen am Mehrschichtenfilm die Farbdichten in den einzelnen Schichten ermitteln, so genügt die Messung mit den drei Filtern nicht, man muß vorher einmalig an den drei Einzelschichten das Verhältnis von der Hauptfarbdichte zu den Nebenfarbdichten für jede Farbe ermitteln. Man kann entweder bei verschiedenen Konzentrationen messen, oder aber man kann für jede Farbe nur bei einer einzigen Konzentration messen und die Werte für die anderen Konzentrationen ausrechnen. Es ist zweckmäßig und gilt jetzt als allgemeine Norm, daß die drei Farben auf ein Grau von der Helligkeit 10% entsprechend einer Dichte 1,0 abgeglichen werden. Aus einer ausführlichen Arbeit von BEHRENDT über die Farbfilmsensitometrie (*47*) sind für die Agfacolor-Positivfarben bei Abgleichung auf die Graudichte 1,0 folgende Werte für die Farbdichten zu entnehmen[1]:

	Gelb	*Purpur*	*Blaugrün*
Messung im Blau	<u>0,48</u>	0,39	0,13
Messung im Grün	0,06	<u>0,75</u>	0,19
Messung im Rot	0,01	0,13	<u>0.86</u>

Die Hauptfarbdichten sind unterstrichen.

Die drei Meßwerte im Blau ergeben zusammen 1,0, ebenso die im Grün und die im Rot. Beim Purpurfarbstoff gibt z. B. das Zahlenverhältnis 0,75:0,39 das Verhältnis von der Hauptfarbdichte zu der Nebenfarbdichte im Blau. Man sieht, daß diese Verhältniszahlen beim Gelb besonders hoch sind entsprechend den geringen Nebenfarbendichten. Will man ermitteln, wie für beliebige Farbkonzentrationen die Gesamtdichten aus den Einzeldichten zu errechnen sind, so gelten, wie ohne weiteres verständlich ist, folgende Gleichungen:

Gelb Purpur Blaugrün

(12) Dichte im Blau . . $d_1 = 0{,}48\, D_1 + 0{,}39\, D_2 + 0{,}13\, D_3$

Dichte im Grün . $d_2 = 0{,}06\, D_1 + 0{,}75\, D_2 + 0{,}19\, D_3$

Dichte im Rot . . $d_3 = 0{,}01\, D_1 + 0{,}13\, D_2 + 0{,}86\, D_3$

Dabei ist D_1 die Dichte des Gelb, D_2 die Dichte des Purpur, D_3 die Dichte des Blaugrün, bezogen auf die Grauabgleichung 1,0. Es sind also diejenigen Werte, die wir schon oben (S. 225) als Äquivalentdichten kennengelernt haben. Man kann auf diese Weise d_1, d_2, d_3 leicht aus D_1, D_2, D_3 errechnen. Im allgemeinen will man aber umgekehrt aus den Werten d_1, d_2, d_3 (Messungen im Blau, Grün, Rot am Gesamtfilm) die Äquivalentdichten D_1, D_2, D_3 ermitteln. Eine entsprechende Transformation ergibt:

Blau Grün Rot

(13) D_1 (fürGelb) $= 2{,}21\, d_1 - 1{,}14\, d_2 - 0{,}07\, d_3$

D_2 (für Purpur) $= 0{,}18\, d_1 + 1{,}48\, d_2 - 0{,}30\, d_3$

D_3 (für Blaugrün) $= 0{,}00\, d_1 - 0{,}21\, d_2 + 1{,}21\, d_3$

Solche Transformationen erfolgen zweckmäßig mit Hilfe der Determinantenrechnung.

So errechnet man aus den im Farbdichtemesser gemessenen Werten d_1, d_2, d_3 die D_1, D_2, D_3-Werte. Nimmt man die Messung für die verschiedenen Felder eines Sensitometerstreifens vor, so erhält man nach der Umrechnung die Dichtekurven der Einzelfarben. Es ist in der Praxis im allgemeinen nicht üblich, die Messungen am Farbdichtemesser in dieser Weise auszuwerten. Denn für die Beurteilung der Materialien muß man nicht unbedingt die Gradation der Einzelschichten kennen. Die *Abweichung* in der Empfindlichkeit und die *Abweichung* in der Gradation der

[1] Es ist zu beachten, daß diese Zahlen nur als Beispiel zu betrachten sind. Bei anderen Farbstoffen gelten selbstverständlich andere Zahlen.

Teilschichten gegenüber einem Typ des gleichen Materials, die hauptsächlich interessieren, kann man auch beurteilen, wenn man unmittelbar die gemessenen Werte d_1, d_2 und d_3 in Abhängigkeit von $\log I \cdot t$ aufträgt. BEHRENDT bezeichnet die Größen d_1, d_2 und d_3 als Absolutdichten im Gegensatz zu den Einzelschichtdichten D_1, D_2 und D_3.

Die Messung an drei Stellen des Spektrums ist auch in dem Instrument von SWEET (*261*) vorgesehen (Abb. 126). Eine kräftige Verstärkung mit einem Elektronen-Vervielfacher erhöht die Empfindlichkeit und ermöglicht einerseits Messungen bis zu sehr hohen Dichten, andererseits erlaubt sie die Benutzung von ziemlich strengen Blau-, Grün- und Rotfiltern für die Messungen bis zur Dichte 3. Die höchste Durchlässigkeit haben diese Filter bei den Wellenlängen 436, 546 und 644 mμ. Diese Wellenlängen (zwei Quecksilber- und eine Cadmiumlinie) sind in den USA als Norm-Wellenlängen für die Messung von Mehrschichten-Farbfilmen vorgeschlagen worden. Ferner befindet sich in dem Instrument ein Filter, das der Helligkeits-Empfindung des Auges angepaßt ist. Remissions-Messungen sind mit dem Instrument von SWEET ebenfalls möglich. Ferner kann auch eine Vorrichtung zur automatischen Registrierung angeschlossen werden.

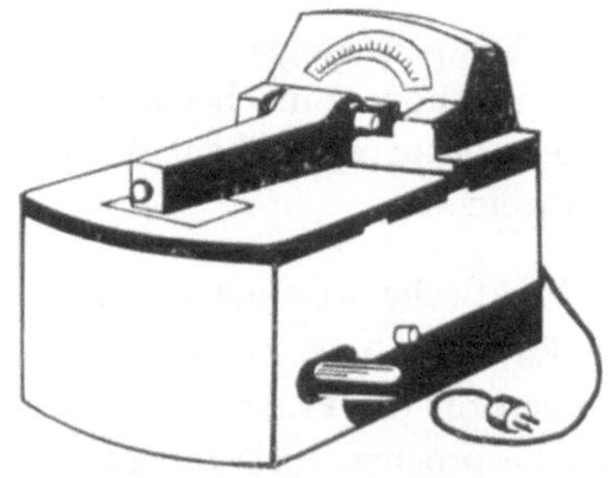

Abb. 126. Schematische Ansicht des Ansco-Sensitometers.

Bei einem von THIELS (*264*) beschriebenen Instrument wird der Mehrschichtenfilm ebenfalls durch Filter gemessen. Durch eine elektrische Kompensation ist es aber gelungen, ohne erst die d_1-, d_2- und die d_3-Werte zu gewinnen, gleich die Äquivalentdichten D_1, D_2 und D_3 abzulesen, so daß sich eine Umrechnung erübrigt.

Dazu sind auf einer schnell rotierenden Scheibe konzentrisch drei Ringe angebracht. Der äußere ist für die Messung der Gelbdichte, der mittlere für die der Purpurdichte, der innere für die der Blaugründichte bestimmt. Diese Ringe enthalten je drei Filter, z. B. zur Messung der Gelbdichte in großer Ausdehnung ein Blaufilter, in geringeren, genau festgelegten Größen ein Grünfilter und ein Rotfilter. Bei der Messung der Gelbdichte mit diesem Filterring wird der durch das Blaufilter tretende Lichtimpuls positiv, die durch das Grünfilter und das Rotfilter tretenden negativ gewertet. Der durch das Blaufilter tretende Impuls wird ja nicht nur von der Dichte des Gelb (Hauptfarbdichte), sondern auch von den Dichten des Purpur und des Blaugrün (Nebenfarbdichten) bestimmt. Diese beiden werden durch die Impulse kompensiert, die durch das Grünfilter und das Rotfilter treten. Entsprechendes gilt für die beiden anderen Ringe, die zur Messung der Purpurdichte und der Blaugründichte dienen. Bezüglich weiterer Einzelheiten muß auf die Originalarbeit verwiesen werden.

Eine eingehende Beschreibung der farbsensitometrischen Praxis in den Kodak-Laboratorien gibt WILLIAMS (*272*). Zur Bewältigung der sehr großen Zahl von täglich anfallenden Proben ist die Verarbeitung dort weitgehend mechanisiert. Die Behandlungsbäder werden nicht ständig ergänzt, sondern aus getesteten Substanzen oder Lösungen neu gemischt. Die Messung und Bewertung ist automatisiert.

LAPSLEY und WEISS (*166*) beschreiben ein Universaldensitometer für Farbfilm, das in den Dupont-Laboratorien angewendet wird.

Aus Farbdichtemessungen können die farbvalenzmetrischen Daten einer Farbe auf direktem Wege nicht erhalten werden. Dafür sind die im Kapitel D I 2 beschriebenen Methoden der Farbmessung anzuwenden. Wird indessen ein farbenphotographisches Material ohne Abänderung der Farbstoffe längere Zeit gebraucht, so kann es, wie SWEET (*307*) gezeigt hat, lohnend sein, für eine größere Zahl von verschiedenen Farbproben dieses Materials sowohl Farbmessungen als auch Farbdichtemessungen durchzuführen und auf dieser Grundlage eine Umrechnung von Farbdichtewerten in farbvalenzmetrische Daten und daraus weiter in farbempfindungsmetrische Daten zu ermöglichen. SWEET verwendet diese Methode zunächst hauptsächlich dazu, die Abweichungen bei der farbenphotographischen Wiedergabe einer Grauskala farbmetrisch zu kennzeichnen.

3. Praktische Anwendung der Farbsensitometrie im Umkehrverfahren.

Es sollen nun die Folgerungen aus den farbsensitometrischen Messungen für die Praxis gezogen werden. Das Umkehrverfahren wird zuerst besprochen, weil dabei ohne Kopie direkt ein positives Bild erhalten wird. Die Belichtung des Sensitometerstreifens soll immer mit tageslichtähnlichem Licht erfolgen, das uns als rein weiß erscheint, international normiert ist und auch in den DIN-Geräten verwendet wird. Das DIN-Gerät gibt allerdings ein zu schwaches Licht, um sensitometrische Belichtungen auf Farbfilm herzustellen. Um auf einem Umkehrfilm die vollständige Farbdichtekurve zu erhalten, muß man im DIN-Gerät 10 sec belichten. Die erhaltenen Resultate weichen dabei schon ziemlich stark von denen ab, die man bei $^1/_{20}$ sec Belichtungszeit bekommt (Schwarzschild-Effekt). Mit einer 1000 Watt-Kinoprojektionslampe und Davis-Gibson-Filter (Lampe auf 2850° K = Normalbeleuchtung A geeicht) erhält man eine genügend intensive Belichtung, um mit $^1/_{20}$ sec arbeiten zu können.

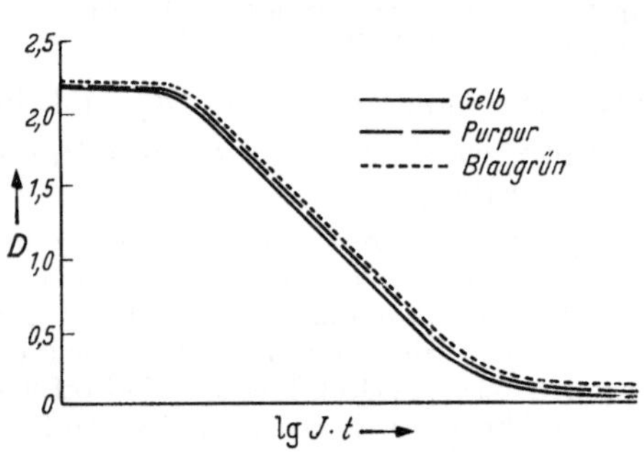

Abb. 127. Normale Dichtekurven der Einzelfarben beim Umkehrfilm.

Voraussetzung für die Umrechnung der Farbdichten in Äquivalentdichten ist ferner immer die Abgleichung auf ein neutrales Grau bei rein weißer Beleuchtung. Wir nehmen zunächst drei Dichtekurven der Einzelfarben an, wie sie in der Abb. 127 verzeichnet sind. Sie fallen in diesem

Fall vollkommen zusammen, d. h. bei Aufnahme mit dem gleichen Licht, wie es in der DIN-Apparatur herrscht, und bei Betrachtung unter der gleichen Beleuchtung müssen ebenfalls bei allen aufgenommenen Graufeldern in der Wiedergabe die einzelnen Farbdichten vollkommen zusammenfallen und neutral grau erscheinen. Wird zur Aufnahme anderes Licht verwendet, z. B. Glühlampenlicht, so ergibt sich folgendes (siehe Abb. 128): Die Intensität des grünen und noch mehr die des roten Lichtes wird im Verhältnis zum blauen höher, die Kurven verschieben sich in horizontaler Richtung. Bei Betrachtung unter Tageslichtbeleuchtung erscheinen alle Felder zu orange, da vor allem vom Gelb, z. T. auch vom Purpur, mehr erhalten bleibt als vom Blaugrün. Ein richtiger Ausgleich dieses Fehlers ist einmal dadurch möglich, daß bei der Aufnahme ein Korrekturfilter eingesetzt wird, welches das Glühlampenlicht in Tageslicht verwandelt. Oder es wird die Empfindlichkeit der Teilschichten anders abgeglichen, und zwar so, daß die Empfindlichkeit der gelben Schicht und in schwächerem Maße der purpurnen gegenüber der blaugrünen erhöht wird. Dadurch wird eine Verschiebung der Dichtekurven in horizontaler Richtung zunächst in umgekehrtem Sinne vorgenommen, die dann durch die Glühlampenbeleuchtung gerade wieder ausgeglichen wird; die in Abb. 127 gekennzeichneten Verhältnisse sind wieder hergestellt. Diese Maßnahme wird bei den Kunstlichtmaterialien angewendet.

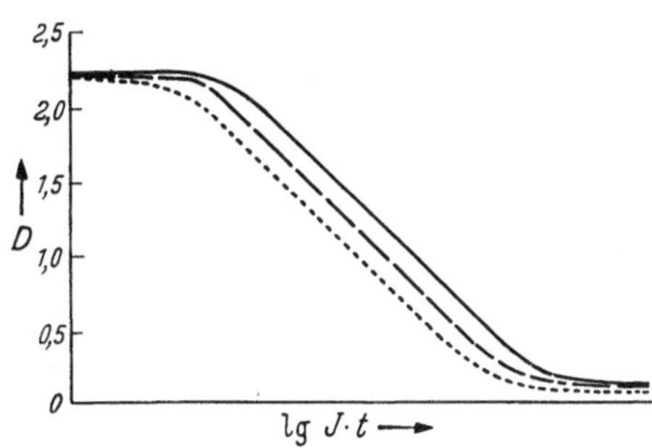

Abb. 128. Aufnahme des Umkehrfilms mit falscher Aufnahmebeleuchtung.

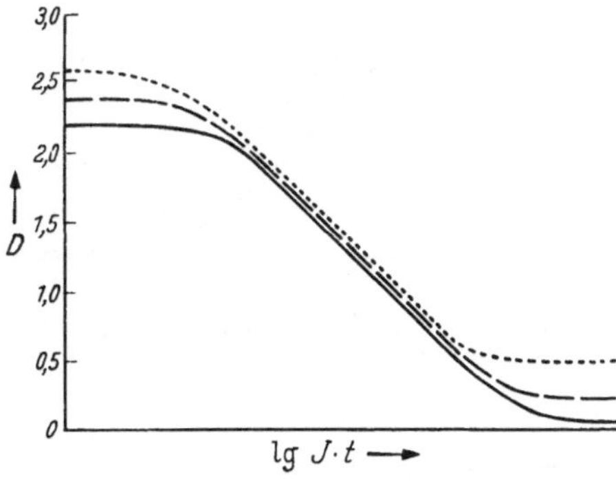

Abb. 129. Korrekturfilter bei der Betrachtung des Umkehrfilms von Abb. 128.

Eine behelfsmäßige Maßnahme ist dagegen die Korrektur bei der Betrachtung durch ein vorgeschaltetes Filter. Ihre Wirkung zeigt Abb. 129. Wir erhöhen dadurch die Farbdichte von einer Farbe stark, von der zweiten schwächer, während die dritte bleibt. Die Folge ist, daß in den mittleren Teilen die Dichtekurven der einzelnen Farben wieder zusammenfallen, nicht aber in den Lichtern und Schatten. Vor allem der Farbstich in den Lichtern muß auffallen.

Wird mit dem durch Abb. 127 gekennzeichneten Material bei dem richtigen Licht aufgenommen, wird das Bild aber bei dem dafür nicht vorgesehenen Licht betrachtet, so gibt es wieder einen allgemeinen Farbstich (Abb. 130). In diesen und ähnlichen Fällen wird übrigens der Fehler immer dann weniger auffällig, wenn das Auge sich an das andere Licht bereits gewöhnt hat. Hier sprechen psychologische Vorgänge mit, die an sich mit der Farbensensitometrie nichts zu tun haben und die bereits in dem Teil D I 6 erwähnt wurden.

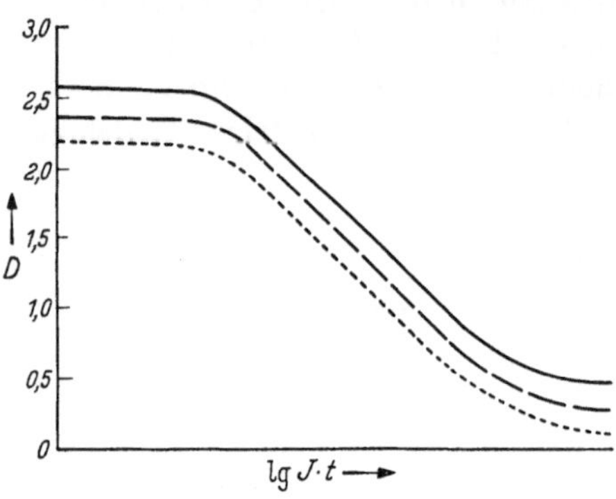

Abb. 130. Betrachtung des Umkehrfilms der Abb. 127 bei falschem Licht.

Während bei den bisherigen Beispielen ein einwandfreies Material vorlag, das evtl. nur falsch verarbeitet worden ist, sollen jetzt Fälle behandelt werden, bei denen das Material nicht einwandfrei ist. Durch zu hohe Empfindlichkeit einer Schicht, nämlich der Purpurschicht, ist eine Parallelverschiebung der Kurven erfolgt (Abb. 131). Alle Felder werden zu grün. Abhilfe läßt sich an sich leicht schaffen durch Vorsatz eines Purpurfilters geeigneter Dichte bei der Aufnahme. Nur müßte dem Kunden ein solches Korrekturfilter mitgeliefert werden, was gern vermieden wird. Noch unangenehmer ist es, wenn ein Film solche Fehler im Anfang nicht hat, aber bei längerem Lagern bekommt. Ein grundlegend anderer Fehler besteht in folgendem: Durch zu dünnen Beguß der blaugrünen Schicht sei diese zu flach geraten (Abb. 132). Erfolgen Belichtung und Betrachtung bei der verlangten Lichtart, so erscheinen alle Felder einer aufgenommenen Grauskala zu rot, nur das Weiß ist

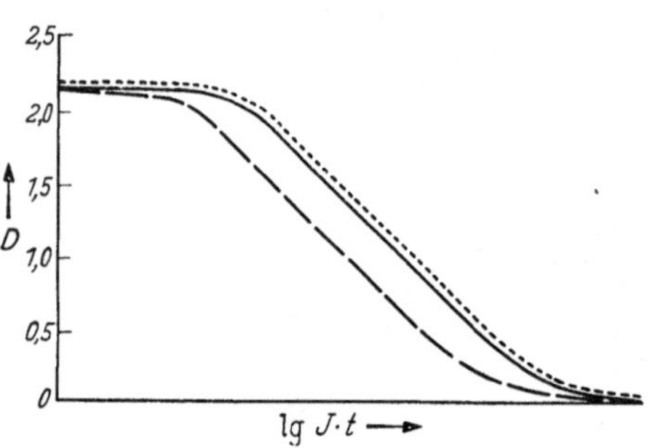

Abb. 131. Empfindlichkeits-Differenzen der Einzelschichten beim Umkehrfilm.

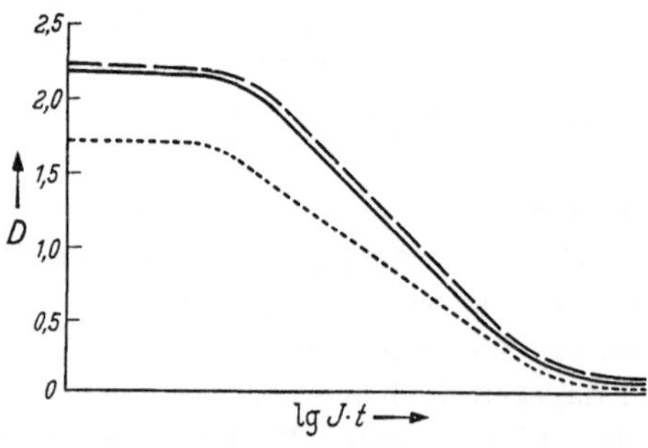

Abb. 132. Gradationsverschiedenheiten der Einzelschichten beim Umkehrfilm.

richtig. Grundlegende Abhilfe ist in diesem Falle, wo die drei Einzelschichtkurven verschiedene *Neigung* haben, nicht möglich. Man kann nur versuchen, den Fehler etwas weniger auffällig zu machen und erreicht das dadurch, daß man durch Vorschalten eines geeigneten Filters bei der Aufnahme ein mittleres Grau, etwa von der Dichte 0,7, neutralgrau wiedergibt (Abb. 133). Dann werden die helleren Grauwerte zu blaugrün, die dunkleren zu rot wiedergegeben. Man nennt das auch „Kippen" der Grauskala von blaugrünen Lichtern nach roten Schatten.

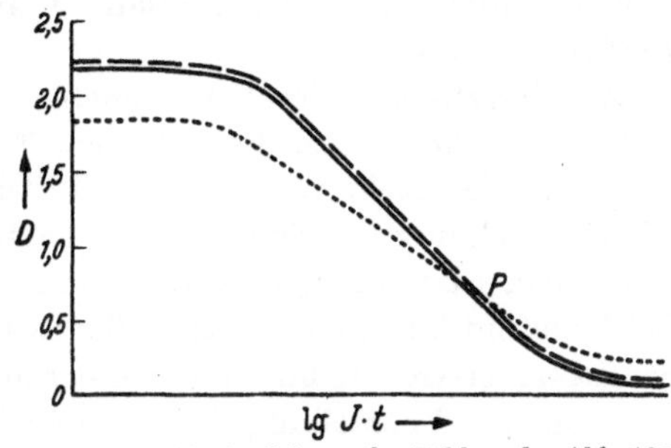

Abb. 133. Abschwächung des Fehlers der Abb. 132 durch Korrekturfilter bei der Aufnahme.

THOMSON (*310*) untersucht die Kontrolle und Korrektur des Farbgleichgewichts in Farbdiapositiven.

4. Praktische Anwendung der Farbsensitometrie im Kopierverfahren.

Als subtraktive Kopierverfahren kommen die verschiedenartigsten Prozesse in Frage. Die farbsensitometrischen Probleme sind aber so gleichartig, daß es nicht notwendig ist, sie für alle einzelnen Verfahren gesondert zu besprechen. Allgemein ist zu sagen, daß bei den Verfahren mit getrennten Auszügen die Überwachung und Korrektur der Teilgradationen leichter ist. So ist es z. B. bei der Herstellung von Teilauszügen in einer Strahlenteilungskamera nur notwendig, die drei schwarzweißen Teilauszüge sensitometrisch zu prüfen wie beim Schwarzweiß-Film üblich. Etwaige unerwünschte Verschiedenheiten in der Gradation können mit den üblichen Mitteln, besonders mit verschiedenartigen Entwicklern oder Entwicklungszeiten, ausgeglichen werden. Bei unabhängigen subtraktiven Teilbildern, wie sie z. B. beim Duxochromverfahren oder Carbroverfahren vorliegen, muß die Gradation dieser Teilbilder durch Ausmessen unter möglichst strengen Komplementärfiltern festgestellt werden. Wie bei allen subtraktiven Mischungen ist außerdem für den verwendeten Satz von Farben einmalig die Äquivalentdichte dieser Farben festzustellen. Hat man die Umrechnung von Farbdichten in Äquivalentdichten vorgenommen, so müssen die Teilgradationen vollkommen zusammenfallen, wenn sich eine neutrale Grauskala ergeben soll. Über die Beurteilung etwaiger Abweichungen wird später an dem Beispiel des Agfacolor-Negativ-Positiv-Verfahrens noch Näheres gesagt werden.

Die Kopie von Mehrschichtenfilmen auf andere Mehrschichtenfilme umfaßt zwei grundsätzlich verschiedene Möglichkeiten:

1. Die Verwendung des Umkehrverfahrens für Aufnahme und Wiedergabe,

2. die Negativ-Entwicklung für beide Materialien.

Die Probleme der Farbsensitometrie liegen für beide Verfahren ganz gleichartig, es genügt daher, sie an einem Beispiel zu erörtern, und wir wählen dafür das in Deutschland weit verbreitete *Agfacolor-Negativ-Positiv-Verfahren.*

Zur Herstellung der Sensitometerstreifen ist die Belichtungsart zu verwenden, die für den betreffenden Film in Frage kommt, also tageslichtähnliches Licht für den Typ T, Glühlampenlicht für den Typ K. Die Entwicklung der Sensitometerstreifen muß selbstverständlich unter den gleichen Bedingungen vorgenommen werden wie die der Aufnahmen. Bei Kinefilm läßt man zweckmäßig in bestimmten Zeitabständen einen Sensitometerstreifen mit durch die Entwicklungsmaschine laufen. Bei der visuellen Beurteilung der Streifen ist vor allem eine grundlegende Tatsache zu beachten: Wenn die Farbstoffe so ausgesucht wären, wie es für die subtraktive *Wiedergabe* günstig ist, so müßte man eine neutralgraue Farbe in allen Feldern des Sensitometerstreifens anstreben. Es wurde indessen auf S. 131 näher gezeigt, daß aus Gründen der besseren Farbtrennung in dem *Negativ*film bewußt von der Wahl solcher Farbstoffe abgegangen wird, vor allem wird ein Blaugrün genommen, dessen maximale Extinktion mehr als üblich nach dem langwelligen Rot verschoben ist. Andererseits hat auch der Kopierfilm dementsprechend eine andere Sensibilisierung als der Negativfilm. Der Kopierfilm hat also in seinen drei Schichten nicht die gleiche spektrale Verteilung der Lichtempfindlichkeit, wie sie die drei Farbreizzentren des Auges aufweisen, er „sieht" anders als das Auge. Um diese Zusammenhänge noch besser zu verdeutlichen, sei der extreme Fall angenommen, daß statt eines Blaugrün im Negativ ein „Farbstoff" vorhanden wäre, der im sichtbaren Gebiet vollkommen durchsichtig ist und erst im Infrarot absorbiert. Eine infrarot sensibilisierte Schicht des Positivfilms würde dieses „Bild" im Negativ abkopieren, das Auge dagegen würde im Negativ nichts davon sehen, nur die anderen Farbstoffe Gelb und Purpur blieben sichtbar und würden eine rein rote Skala ergeben. Es ist darum nicht verwunderlich, daß auch die Sensitometerstreifen des Agfacolor-Negativ-Films dann, wenn sie für den Positivfilm neutral sind, dem Auge etwas rötlich erscheinen. Bei der Messung und Auswertung des Negativfilms ist auf diese Dinge Rücksicht zu nehmen. Während die Bestimmung der Äquivalentdichten sonst so geschehen kann, daß man das Grau mit dem Auge ermischt, muß jetzt ein „künstliches Auge" herangezogen werden. Am besten wird die Messung in einem objektiven Farbdichtemesser (S. 231) mit drei Filtern vorgenommen, die der spektralen Empfindlichkeit der Positivschichten entsprechen.

Wir betrachten nun die wichtigsten Erscheinungen an den Sensitogrammen des Negativfilms. Abb. 134 zeigt den Fall, daß alle drei Kurven zusammenfallen. Empfindlichkeit und Gradation der drei Schichten stimmen also vollkommen überein, wie es angestrebt wird. Wenn der Positivfilm ebenfalls in Ordnung ist, ist eine neutrale Wiedergabe aller Grauwerte zu erwarten. Einen anderen typischen Fall zeigt Abb. 135. Die Empfindlichkeit der rotsensibilisierten Teilschicht, welche die Blaugrünfärbung erhält, ist niedriger als die der beiden anderen, das Negativ ist infolgedessen rotstichiger als normal. Die Ursache kann in einer Schwankung der Fabrikation liegen. Entsprechende Abweichungen zwischen den drei Kurven entstehen aber auch dadurch, daß mit anders gefärbtem Licht aufgenommen wird, als der Vorschrift entspricht. Diese Art von Fehlern läßt sich *vollständig* beseitigen durch Verwendung geeigneter Filter bei der *Aufnahme*, jedoch ist das nur möglich, wenn man den Fehler genauer kennt. Ein weitgehender Ausgleich ist auch möglich durch Verwendung von farbigen *Kopierfiltern*. In dem Fall der Abb. 135 wird man ein Blaugrünfilter einschalten und auf diese Weise die Blaugrünkurve „anheben“ (Abb. 136). Ein großer Bezirk der Kurven fällt dadurch zusammen, in den Lichtern und in den Schatten ergeben sich allerdings Abweichungen. Siehe zum Vergleich Abb. 129 des Umkehrverfahrens. Infolge des längeren geradlinigen Teils der Dichtekurve beim Negativfilm wird es bei nicht zu starkem

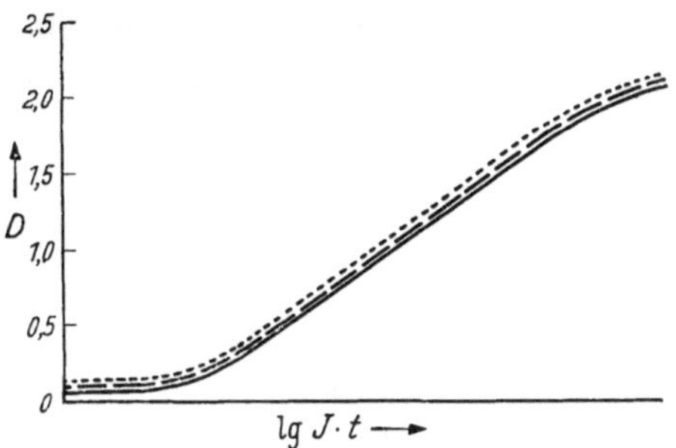

Abb. 134. Normale Dichtekurven beim Negativfilm.

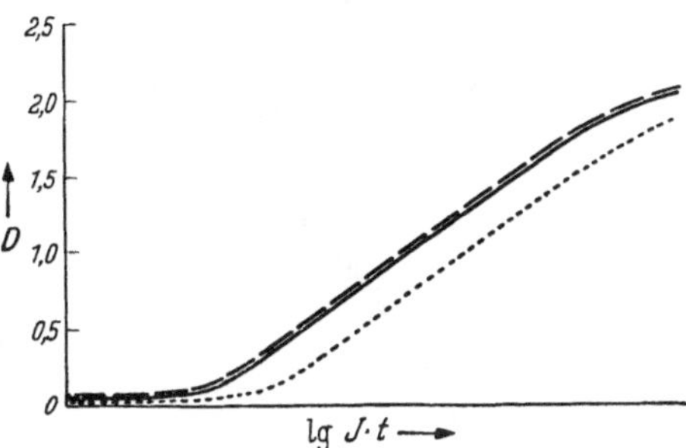

Abb. 135. Empfindlichkeits-Differenz der Einzelschichten beim Negativfilm.

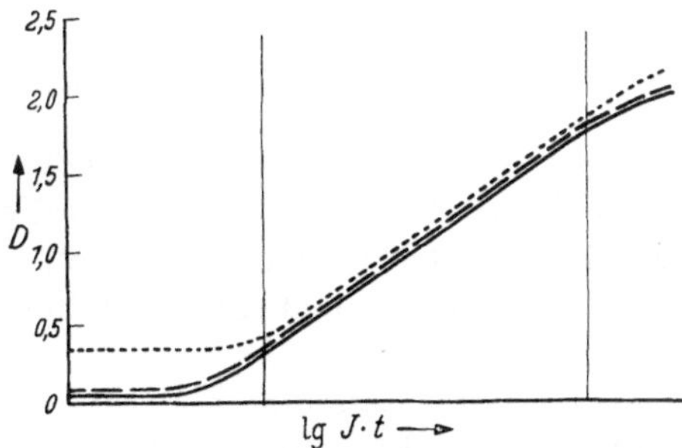

Abb. 136. Korrektur des Negativfilms der Abb. 135 durch Kopierfilter.

Auseinandergehen der Kurven bei richtiger Belichtung noch gelingen, alle bildwichtigen Teile in diesem Kurventeil aufzunehmen und bei der Kopie zu berücksichtigen (s. die Kennzeichnung des für die Kopie verwerteten Bezirks in Abb. 136). Ein wesentlich unangenehmerer Fehler liegt vor, wenn die Kurven der Einzelfarben verschiedene Neigung haben (Abb. 137). Hier ist weder durch andere Belichtung bei der Aufnahme noch durch Vorsatz eines Kopierfilters etwas zu machen, denn dadurch erfolgen ja nur Verschiebungen der einzelnen Kurven in horizontaler oder vertikaler Richtung. Beim Schwarzweißfilm läßt sich durch längere Entwicklung oder Benutzung eines härter arbeitenden Entwicklers eine Erhöhung der Gradation erzielen. Für den Farbfilm erreicht man durch solche Maßnahmen aber im wesentlichen nur eine gemeinsame Erhöhung aller Teilgradationen. Allerdings gilt das nicht streng, bei längerer Entwicklung wird die Gradation der untersten (Blaugrün-) Teilschicht etwas stärker erhöht, jedoch reicht dieser Effekt zur Korrektur des erwähnten Fehlers im allgemeinen nicht aus. Dagegen wäre eine Korrektur möglich durch Verwendung eines Positivfilms, der gerade den entgegengesetzten Fehler hat (z. B. zu flaches Blaugrün im Negativ, zu steiles Blaugrün im Positiv). Praktisch kommt das kaum in Frage, weil der Fabrikant Filme, die mit diesem Fehler behaftet sind, gar nicht in den Handel bringen wird.

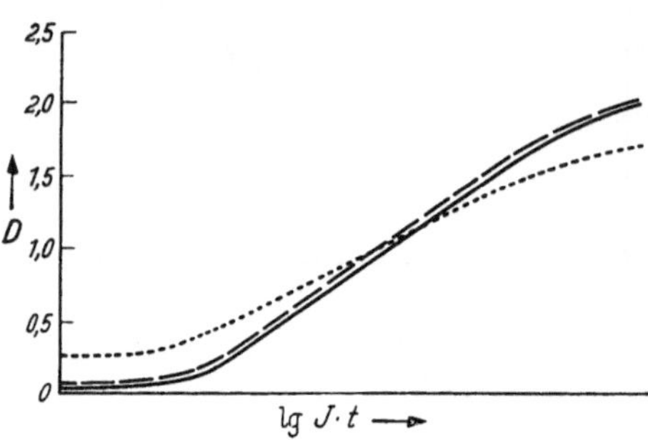

Abb. 137. Gradationsverschiedenheit der Einzelschichten beim Negativfilm.

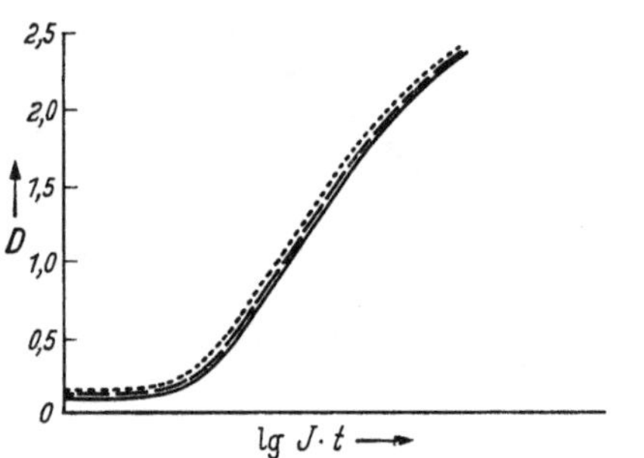

Abb. 138. Normale Dichtekurven beim Positivfilm.

Beim *Farb-Positivfilm* muß für die Belichtung des Sensitometerstreifens eine dem Kopierlicht entsprechende Lichtquelle gewählt werden, im allgemeinen also Glühlampenlicht. Die Abgleichung der drei Farben auf Grau ist beim Positivfilm wieder die normale, da er für die Betrachtung durch das menschliche Auge bestimmt ist. So kann man auch schon durch visuelle Prüfung ungefähr feststellen, ob der Film neutral arbeitet. Die idealen Verhältnisse zeigt Abb. 138, entsprechend einer neutralen Wiedergabe aller Grauwerte. Da das Kopierlicht in seiner Farbtemperatur kaum schwankt, sind horizontale Verschiebungen von Einzelkurven durch andersfarbige Lichtquellen kaum zu befürchten. Sind solche Verschiebungen schon in der Fabrikation oder durch längeres Lagern entstanden (s. Abb. 139), so läßt sich durch Wahl geeigneter Kopierfilter einwandfrei Abhilfe schaffen, so wie die Pfeile in dieser Abbildung es andeuten. Oben hatten wir gesehen, daß auch zur Korrektur entsprechender Fehler im Negativfilm farbige Kopierfilter notwendig sind, z. B. kann eine andersfarbige Beleuchtung bei der Aufnahme daran schuld sein. Wir müssen wegen ihrer großen praktischen Bedeutung auf den Gebrauch der Kopierfilter noch etwas näher eingehen. Grundsätzlich könnte man aus den Sensitogrammen des Negativ- und des Positivfilms die notwendigen Korrekturfilter zur „Neutralstellung" des einen wie des anderen Materials ablesen und sie dann zusammenziehen, praktisch zieht man es jedoch vor, durch Probekopien das endgültig benötigte Kopierfilter zu ermitteln.

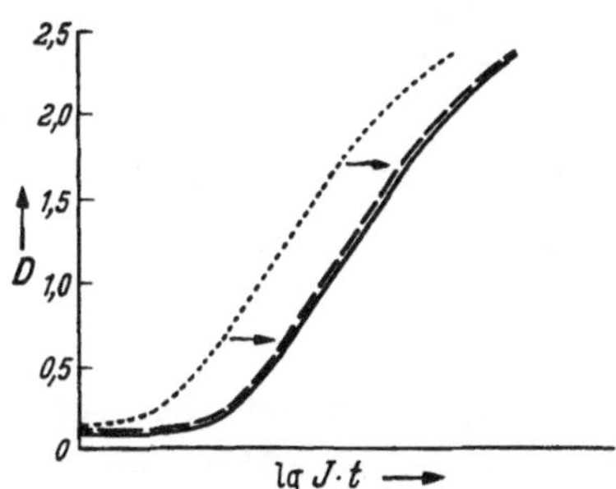

Abb. 139. Empfindlichkeits-Differenz der Einzelschichten beim Positivfilm.

Da die drei Teilschichten des Positivfilms in ihrer Empfindlichkeit beeinflußt werden sollen, muß eine mindestens dreifache Möglichkeit bestehen, das Kopierlicht zu beeinflussen. Man kann das einmal durch drei verschiedenartige additiv zu mischende Lichter bewirken, z. B. ein blaues, ein grünes und ein rotes Licht, von denen jedes unabhängig von dem anderen in seiner Intensität geregelt wird. Man kann aber auch, und das ist der praktisch übliche Weg, eine konstant bleibende Lichtquelle durch vorgeschaltete Filter subtraktiv in Farbe und Intensität beeinflussen. Dazu sind zweckmäßig zur Regelung des blauen Spektralanteils eine Reihe von gelben, zur Regelung des grünen Anteils eine Reihe von purpurnen und zur Regelung des roten Anteils eine Reihe von blaugrünen Filtern notwendig. Muß beispielsweise die Belichtung der blauempfindlichen Schicht des Positivfilms herabgesetzt werden, so wird nur ein Gelbfilter passender Dichte eingeschaltet. Soll außerdem noch die der grünempfindlichen Schicht herabgesetzt werden, so kommt zu dem Gelbfilter noch ein Purpurfilter hinzu. Eine solche Maßnahme ist notwendig, wenn die erste Kopie zu rotstichig war. Durch die Korrektur mit Gelbfilter und Purpurfilter (zusammen also mit Rotfilter) wird infolge geringerer Lichteinwirkung auf die blauempfindliche Schicht der Gelbgehalt, infolge geringerer Lichteinwirkung auf die grünempfindliche Schicht der Purpurgehalt der Kopie vermindert, d. h. der Rotstich verschwindet. Wir können für das Negativ-Positiv-Verfahren die Regel aufstellen: Hat eine Kopie einen bestimmten Farbstich, so muß zur Korrektur das Kopierfilter gerade diese Farbe erhalten. Die Agfa und andere Firmen liefern derartige Kopierfiltersätze. Derjenige der Agfa ist nach dem Prinzip aufgebaut, daß Gelb von der Zahl 100, Purpur 100 und Blaugrün 100 *zusammen* gerade so wirken wie es ein Echtgrau von der Dichte 1,0 tun würde, d. h. sie setzen die Lichtintensität auf den zehnten Teil herab. Nehmen wir ein praktisches Beispiel für eine Kopierprobe:

Bei der Kopie ohne Filter wird eine ziemlich stark rotstichige Kopie erhalten, man wählt demnach für die nächste Kopie Gelb und Purpur als Kopierfilter und zwar nach Schätzung Gelb 50 und Purpur 50. Die zweite Kopie hat nunmehr einen leichten Grünstich, fügt man noch Gelb 10 und Blaugrün 10 hinzu, so erhält man die befriedigende Kopie. Man kann die Zahlen einfach addieren. Hat man also das

erste Mal	Gelb 50	Purpur 50	Blaugrün 0
und fügt hinzu	Gelb 10	Purpur 0	Blaugrün 10
so kann man stattdessen	Gelb 60	Purpur 50	Blaugrün 10 nehmen.

Man kann aber auch davon noch je 10 „abspalten“ und erhält Gelb 50, Purpur 40, Blaugrün 0. Die Abspaltung bedeutet, daß man statt der Farbfilter mit je 10 ein Graufilter 10 (d. h. eins von der Dichte 0,1) zufügen muß.

Hat man von den Kopierfiltern keinen oder nur ungenügenden Gebrauch gemacht und erhält somit ein Positiv mit nicht zusammenfallenden Farbdichten (Abb. 139), so besteht auch noch die Möglichkeit, die bereits beim Umkehrverfahren erwähnt wurde (S. 235), daß durch nachträglichen Zusatz eines Filters bei der Betrachtung die Farben ausgeglichen werden. Im allgemeinen wird man es allerdings vorziehen, die richtige Abstimmung durch Anwendung von Kopierfiltern vorzunehmen. Nur wenn man die für eine bestimmte Projektionslichtquelle gedachte Kopie mit einer anders gefärbten projizieren muß, kommt die nachträgliche Korrektur in Betracht.

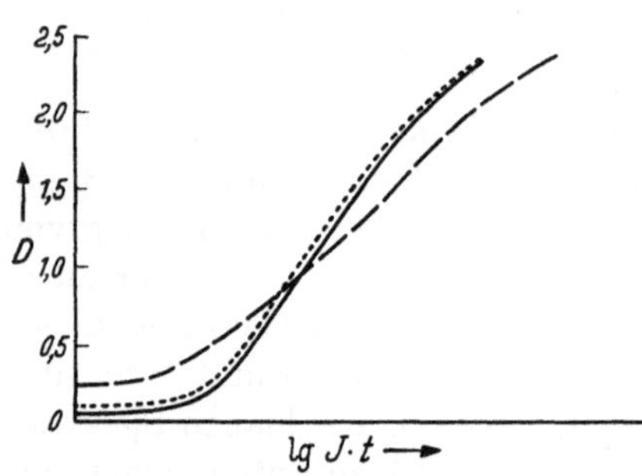

Abb. 140. Gradationsverschiedenheit der Einzelschichten beim Positivfilm.

Schließlich besteht auch im Positivfilm die Möglichkeit, daß die Teilgradationen verschieden sind (Abb. 140). Hier gilt das schon früher Gesagte, daß dieser Fehler durch andere Filterabstimmung nicht zu beseitigen ist. Man kann nur versuchen, ihn weniger auffällig zu machen, indem man auf ein mittleres Grau abstimmt, d. h. das mittlere Grau wird neutral wiedergegeben, die helleren Grautöne haben dann den Stich nach der einen Seite, die dunkleren nach der anderen. Wie schon erwähnt, besteht theoretisch die Möglichkeit, durch Verwendung eines Negativfilms mit den umgekehrten Fehlern den Fehler auszugleichen, doch wird praktisch davon kaum Gebrauch gemacht. Größere Fehler des besprochenen Typs werden dem Verarbeiter wenig bekannt sein, weil solche Materialien gar nicht in den Handel kommen. Kleinere Fehler dagegen sind meist nicht so tragisch zu nehmen, weil sie in einem Bild niemals so auffallen wie bei der Wiedergabe einer Grauskala. Diese vermittelt eine ungewöhnlich kritische Prüfung der sensitometrischen Eigenschaften eines Farbfilms. Andererseits ermöglicht sie auch die gleichzeitige Beurteilung vieler wichtiger Eigenschaften, nämlich Empfindlichkeit und Gradation des Gesamtmaterials, Abweichungen von Empfindlichkeit und Gradation der Einzelschichten untereinander.

Dagegen kann natürlich die Wiedergabe der Grauskala keine Auskunft geben über die Farbwiedergabe der bunten Farben, dazu muß die Reproduktion von möglichst gesättigten Farben geprüft werden. Infolgedessen empfiehlt es sich, in einer Farbtafel für Farbenphotographie sehr gesättigte Farben verschiedenen Farbtons mit einer Grauskala zu vereinigen.

Einen Überblick über die Auswirkung verschiedener farbsensitometrischer Fehlerquellen auf den Agfacolor-Prozeß gibt eine Arbeit von BEHRENDT und KÖLLNER (*50*). BEHRENDT (*49*) untersucht den Einfluß des sog. „vertikalen Eberhard-Effekts“ und des Schwarzschild-Effekts auf die Farbfilmgradation beim Agfacolorfilm.

Eine Arbeit von GROSSMANN (*116*) verschafft einen allgemeinen Überblick über die praktischen Probleme, die sich bei der Farbfilmsensitometrie ergeben.

5. Praktische Anwendung der Farbsensitometrie im Maskenverfahren.

Für das Maskenverfahren, dessen praktische Anwendung im Teil CIII2 besprochen worden ist, spielt die Sensitometrie in doppelter Hinsicht eine wichtige Rolle. Einmal gilt es, für die zu verwendenden Masken diejenigen Gradationen zu ermitteln und dann in der Praxis einzuhalten, welche die gewünschte Verbesserung der Farbwiedergabe ergeben. Andererseits ist es notwendig, die Gradationen der durch Masken korrigierten Teilauszüge entsprechend einzustellen, damit im endgültigen Bild sich wieder eine normale und ausgeglichene Gradation ergibt, was wie üblich am besten an der Wiedergabe einer Grauskala festzustellen ist.

Die Wirkung einer Maske auf Farbwiedergabe und Gradation soll zunächst an einem Beispiel gezeigt werden:

Auf einem Agfacolor-Negativ-Film wurde eine Aufnahme gemacht von drei gesättigten Farben einer gleichen mittleren Helligkeit, nämlich einem Blau, einem Grün und einem Rot, sowie von drei unbunten Farben, nämlich einem Weiß, einem mittleren und einem dunkleren Grau. Von den bunten Farben wirkt jede auf eine andere Schicht des Negativ-Materials. Das Blau gibt ein Gelb, das Grün ein Purpur, das Rot ein Blaugrün. Weiß gibt ein Dunkelgrau, mittleres Grau gibt mittleres

Grau, Dunkelgrau gibt Weiß (Abb. 141a). Bei einer Kopie auf Agfacolor-Positivfilm ergeben sich nahezu wieder die Farben des Objekts. Das γ der beiden Filme soll 1,0 sein, infolgedessen wird bei richtiger Abstimmung der Teilgradationen die Skala Weiß-Mittelgrau-Dunkelgrau genau so wiedergegeben wie im Objekt. Weiterhin soll eine Aufnahme der gleichen sechs Farben auf einem Schwarzweißfilm erfolgen, der tonwertrichtig aufzeichnet, d. h. verschiedene Farben gleicher Helligkeit gleichartig registriert. Sein γ soll ebenfalls 1,0 sein. In diesem Fall sind die Schwärzungen für Blau, Grün und Rot untereinander gleich, bei der Grauskala sind die Schwärzungen die gleichen wie im Farbnegativ. Von diesem Schwarzweiß-Negativ wird auf Schwarzweiß-Positivfilm eine Kopie gezogen, für die ebenfalls γ-1,0 sein soll. Die drei bunten Farben erscheinen wieder mit gleichartiger

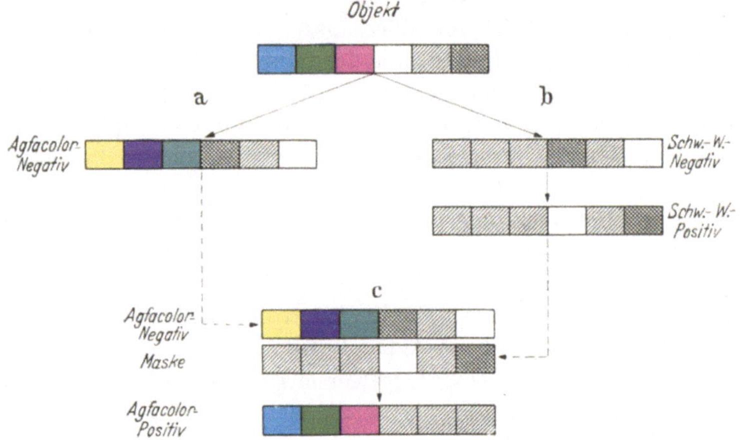

Abb. 141. Wirkung der Maske auf Farbwiedergabe und Helligkeitswiedergabe.

Schwärzung, die drei unbunten jetzt mit natürlicher Helligkeit (Abb. 141b). Dieses Schwarzweiß-Positiv soll nun als *Maske* für das Farbnegativ dienen. Legt man beide Filme übereinander und kopiert sie auf Agfacolor-Positiv, so erhält man folgendes: Die Skala Weiß—mittleres Grau—dunkles Grau hatte im Farbnegativ genau die entgegengesetzte Gradation wie im Schwarzweiß-Positiv. Bei der Kopie erhält man also diese drei Felder in einem einheitlichen mittleren Grau, ohne Helligkeits- oder Farbunterschiede. Bei den bunten Farben zeigen sich dagegen Unterschiede. Der blauen Objektfarbe entspricht ja im Farbnegativ ein Gelb, im Schwarzweiß-Positiv ein mittleres Grau, bei der Kopie gibt es wieder Blau. Entsprechend gibt es bei den beiden anderen Farben Grün bzw. Rot. Die Wiedergabe der bunten Farben ist also bei der Kopie mit Maske dieselbe wie bei der Kopie ohne Maske, die Grauskala wird dagegen gleichförmig grau wiedergegeben. Man hat die Helligkeitsunterschiede beseitigt, die Farbunterschiede beibehalten (Abb. 141c). Nun ist selbstverständlich eine solche Wirkung unerwünscht, man wird daher das γ der Maske *unter* dem des Farbnegativs halten, z. B. für die Maske ein γ von 0,5, für das Farbnegativ ein solches von 1,0 und für das Farb-Positiv ein γ von 2,0 wählen. Dann ist das γ des maskierten Negativs 1,0—0,5 = 0,5. Das Produkt aus diesem und dem Positiv ist $0{,}5 \times 2{,}0 = 1{,}0$, d. h. die Goldberg-Bedingung ist wieder erfüllt. Infolgedessen wird die Grauskala nun wieder normal wiedergegeben wie bei dem Negativ-Positiv-Prozeß ohne Maske. Die bunten Farben sind im Negativ wie immer wiedergegeben, die Schwarzweiß-Maske mit dem $\gamma = 0{,}5$ überlagert die Felder wiederum gleichförmig mit Grau, das steilere Positiv bewirkt aber diesmal eine wesentlich gesättigtere Wiedergabe der Farben. Siehe dazu die Beispiele auf S. 207. Würden wir das Farbnegativ ohne Maske auf ein Positiv mit dem γ 2,0 kopieren, so erhielten wir die bunten Farben auch in derselben erhöhten Sättigung, diesmal aber die Grauskala mit dem erhöhten und unerwünschten γ 2,0. Wir stellen die Fälle nochmals nebeneinander (Tab. 6).

Tabelle 6.

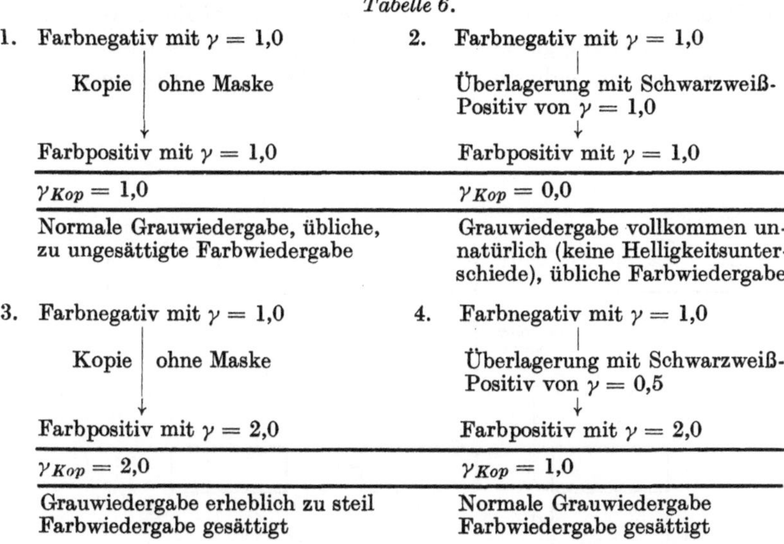

1. Farbnegativ mit $\gamma = 1{,}0$	2. Farbnegativ mit $\gamma = 1{,}0$
Kopie ohne Maske ↓	Überlagerung mit Schwarzweiß-Positiv von $\gamma = 1{,}0$ ↓
Farbpositiv mit $\gamma = 1{,}0$	Farbpositiv mit $\gamma = 1{,}0$
$\gamma_{Kop} = 1{,}0$	$\gamma_{Kop} = 0{,}0$
Normale Grauwiedergabe, übliche, zu ungesättigte Farbwiedergabe	Grauwiedergabe vollkommen unnatürlich (keine Helligkeitsunterschiede), übliche Farbwiedergabe
3. Farbnegativ mit $\gamma = 1{,}0$	4. Farbnegativ mit $\gamma = 1{,}0$
Kopie ohne Maske ↓	Überlagerung mit Schwarzweiß-Positiv von $\gamma = 0{,}5$ ↓
Farbpositiv mit $\gamma = 2{,}0$	Farbpositiv mit $\gamma = 2{,}0$
$\gamma_{Kop} = 2{,}0$	$\gamma_{Kop} = 1{,}0$
Grauwiedergabe erheblich zu steil Farbwiedergabe gesättigt	Normale Grauwiedergabe Farbwiedergabe gesättigt

Da bei 2. und 3. die Grauwiedergabe unmöglich ist, kommen nur 1. und 4. praktisch in Frage. Dabei gibt 4. gegenüber 1. eine erheblich gesättigtere Farbwiedergabe als Wirkung der Maske.

Die verwendete Maske ist eine echte Unbuntmaske, die bekanntlich nur die Sättigung der Farben erhöht ohne Farbtonänderung. Wir können sie übrigens außer durch Neuaufnahme auch durch Kopie von dem Farbnegativ auf tonwertrichtig registrierendem Schwarzweißfilm herstellen. Wir können uns weiterhin auch das Farbnegativ in die einzelnen drei Teilschichten zerlegt denken und erhalten auch die gleiche Maskenwirkung, wenn wir dann jedes einzelne Teilnegativ bei der Kopie mit der Maske versehen.

Es ist nun auch möglich, nur einem oder zwei Teilnegativen Masken zu überlagern.

Diese Masken brauchen auch nicht auf die gleiche Weise gewonnen zu werden wie die bisherigen, sondern die Maske kann jeweils nur einem Auszug oder zweien entsprechen (s. die Übersicht über sämtliche möglichen Masken in der Tabelle S. 145). Immer aber muß dafür gesorgt werden, daß die Gradationen aller Auszüge, ob maskiert oder unmaskiert, im Endergebnis wieder gleich werden.

Dafür sei noch ein Beispiel gegeben. Es werde dem Blaufilterauszug eine Maske überlagert, die aus dem Grünfilterauszug gewonnen wird, die beiden anderen

Auszüge sollen unmaskiert bleiben. Die Verhältnisse werden durch die Abb. 142 dargestellt. Die unmaskierten Auszüge, also Grünfilterauszug und Rotfilterauszug, sollen ein γ von 0,6 erhalten. der Blaufilterauszug dagegen ein γ von 1,0, die Maske habe 0,4, so daß das resultierende γ des Blaufilterauszuges ebenfalls 1,0—0,4 = 0,6 wird. Durch einen Farb-Positivfilm mit dem γ 1,8 wird das γ-Produkt für alle drei Auszüge auf 0,6 × 1,8 = 1,08 gebracht.

Die Rechnung in dieser einfachen Form ist nur möglich, wenn ausschließlich der geradlinige Teil der Dichtekurven berücksichtigt wird. Mit einer gewissen Annäherung ist das zulässig, andernfalls müssen die

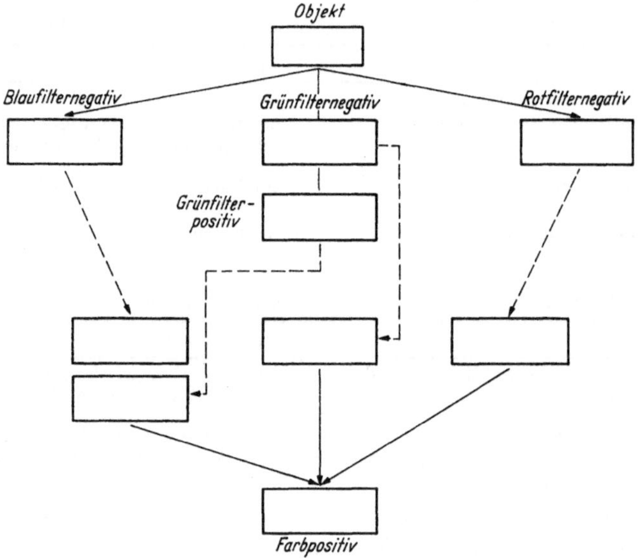

Abb. 142. Anwendung einer Maske für ein Einzelnegativ.

wirklichen Dichtekurven herangezogen werden. In einer Arbeit von Speck (*256*) wird gezeigt, wie bei nichtlinearer Gradation durch eine „Hilfsmaske“ eine Sonderkorrektur angebracht wird. Die Addition der Dichten von Teilauszug und Maske ist auch graphisch ohne Schwierigkeit auszuführen, ebenso die Wirkung auf den Kopierfilm in der bekannten Goldbergschen Darstellung zu ermitteln (Abb. 143). Damit ist eine einwandfreie Kontrolle der Grauwiedergabe möglich.

Schwieriger ist nun die Frage nach der *Auswirkung* der Masken *auf die Farbwiedergabe in quantitativer Hinsicht* zu beantworten. Damit hängt die andere Frage zusammen, welche Masken benutzt werden müssen, um die Farbwiedergabe vollständig oder wenigstens annähernd naturgetreu zu gestalten. Es gibt dazu grundsätzlich drei verschiedene Wege. Der eine ist rein empirisch, er besteht darin, daß man das farbenphotographische Verfahren mit Maske durchführt und dann durch objektive Prüfung die Farbwiedergabe bei jedem Versuch neu kontrolliert. Genaueres über diese objektive Prüfung ist dem Teil D I 3 zu entnehmen. Diese Methode hat den Vorzug, daß sie unmittelbar die praktischen Ergebnisse bewertet, ohne irgendwelche besonderen Voraussetzungen über die Arbeitsweise des Verfahrens zu machen. Indessen ist eine wirklich zuverlässige praktische Prüfung der Farbwiedergabe mit den vorhandenen Mitteln vor allem beim Maskenverfahren recht schwierig. Abgesehen davon, daß die Ausmessung und Auswertung der Farben nicht ganz einfach sind, müssen hier zwei weitere grundlegende Schwierigkeiten überwunden werden: Erstens muß der oft technisch schwer zu leitende Maskenprozeß richtig funktionieren, ehe man sich überhaupt ein Bild von seiner Wirksamkeit machen kann. Zweitens muß die Abgleichung der Gradationen dabei so einwandfrei gelingen, daß eine vollkommen neutrale Wiedergabe der Grauskala bei der gewünschten Endgradation erzielt wird. Es wird in der Praxis oft viel zu wenig beachtet, daß zwei verschiedene farbenphotographische Verfahren überhaupt nur dann richtig miteinander verglichen werden können, wenn in beiden Fällen eine neutrale Wiedergabe der Grauskala mit gleicher Gesamtgradation vorliegt. Deshalb werden noch zwei andere Wege eingeschlagen, um unter Verhältnissen, die der Praxis nahekommen, die Wirkung verschiedener Masken mit Hilfe *mathematischer* Methoden voraus zu berechnen. Die eine dieser beiden Methoden ist in Teil D I 4 bereits näher beschrieben worden. Sie arbeitet auf farbvalenzmetrischer Grundlage, ist ziemlich mühsam, aber genau. Unter Annahme bestimmter plausibler Gegebenheiten bezüglich der Art der Farbstoffe, bezüglich Empfindlichkeit und Gradation wird die Farbwiedergabe exakt berechnet, und zwar von der Objektfarbe über den Aufnahmefilm bis zum Kopierfilm, wobei sämtliche Masken berücksichtigt werden können, s. eine Arbeit von Schultze (*248*). Bei den anglo-amerikanischen farbenphotographischen Theoretikern wird eine andere Methode bevorzugt, die auf Yule (*279*) zurückgeht und in den Arbeiten von Marriage (*185*), Miller (*199*), Brewer, Hanson und Horton (*59*) sowie von Hanson (*120*) fortgesetzt wird. Sie

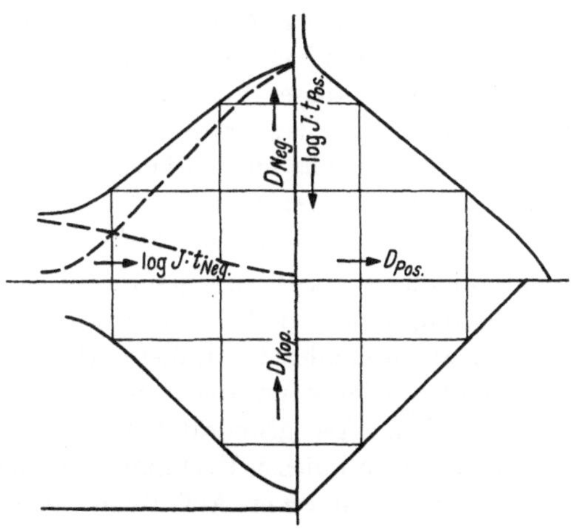

Abb. 143. Darstellung der Maskenwirkung im Goldberg-Diagramm.

arbeitet auf sensitometrischer Grundlage und soll daher an dieser Stelle im Prinzip besprochen werden.

Da die Annahme irgendwelcher fremder Objekte mehr Komplikationen verursachen würde, hat YULE den Kunstgriff benutzt, Objekte anzunehmen, welche selbst aus den Wiedergabefarbstoffen zusammengesetzt sind. Für jede andere Objektfarbe, die überhaupt innerhalb des durch die Wiedergabefarbstoffe gebildeten Farbkörpers liegt, läßt sich eine bedingt gleiche Farbe[1] aus den Wiedergabefarbstoffen ermischen. Wie YULE selbst ausdrücklich betont, braucht allerdings die Wiedergabe solcher bedingt gleicher Farben keineswegs vollkommen gleichartig zu sein, jedoch sind die Verschiedenheiten nicht allzu groß. Das Problem besteht nun unter dieser Voraussetzung allein darin, die Objektfarben genau zu duplizieren, dazu müssen die Objektfarben sowie die Bildfarben in gleicher Weise aus den Wiedergabefarbstoffen ermischt sein, es handelt sich also nur darum, mit den Konzentrationen oder mit den optischen Dichten dieser Wiedergabefarbstoffe zu rechnen.

Die auf dieser Basis durchgeführten Rechnungen sind für den an dem Maskenproblem näher interessierten Forscher sehr lehrreich. Besonders zu empfehlen ist in dieser Hinsicht die erwähnte Arbeit von MILLER (*200*). Hier kann aus Raummangel nicht näher darauf eingegangen werden. Als grundsätzliches Bedenken ist aber dagegen zu erheben, daß bei all diesen Rechnungen immer nur das möglichst naturgetreue Duplizieren einer Aufnahme behandelt wird, während doch diese Aufnahme selbst schon von der Naturtreue abweicht und an sich durch die ideale Maske *beide* Fehler beseitigt werden müßten. Man sollte den Prozeß Aufnahme-Kopie lieber als ein Ganzes betrachten. Im Teil C III 2, S. 139, wurde darauf schon hingewiesen.

Der Sinn dieser ganzen Rechnungen besteht darin, bei der Ausarbeitung neuer Verfahren die besten Möglichkeiten aufzuzeigen. Dabei kann zunächst das Ziel sein, die absolut beste Lösung zu finden. Dann werden aber je nach dem Stand der praktischen Forschung gewisse Beschränkungen eingehalten werden müssen in bezug auf die Zahl der Masken, die Höhe der Gradation usw. Ein anpassungsfähiger Theoretiker kann unter Beachtung dieser Einschränkungen durch weitere Rechnungen wieder das Günstigste herausfinden, damit ist dann die Grundlage für die endgültige Gestaltung des Verfahrens gegeben.

Das Ganze vollzieht sich aber sozusagen unter dem Ausschluß der Öffentlichkeit in den Fabrikationsstätten. Der *Verbraucher* von farbenphotographischem Material wird die etwas schwierige Theorie des Maskenverfahrens keineswegs zu beherrschen brauchen. Es genügt für

[1] Wie früher näher auseinandergesetzt, sind Farben bedingt gleich, welche trotz verschiedenartiger spektraler Zusammensetzung dem Auge gleich erscheinen.

ihn, sich an die Anweisungen bezüglich der Gradation zu halten und an der Wiedergabe der Grauskala zu kontrollieren, ob die Abgleichung der einzelnen Gradationen wirklich gelungen ist.

III. Die Konturenschärfe in der Farbenphotographie.

Es war schon in den einleitenden Betrachtungen des Buches gesagt worden, daß die Wiedergabe der bunten Farben zwar eine ungeheuere Bereicherung der Photographie darstellt, daß sie aber nur dann richtig zur Geltung kommt, wenn damit nicht irgendwelche grundsätzlichen Nachteile in anderer Richtung verbunden sind. So sind zahlreiche farbenphotographische Verfahren trotz ihrer guten Farbwiedergabe daran gescheitert, daß sie in anderer Beziehung den Vergleich mit der Schwarzweiß-Photographie nicht auszuhalten vermochten. Ein derartiger sehr wesentlicher Punkt ist bei allen photographischen Aufnahmen die Scharfzeichnung. Eine gelegentlich aus künstlerischen Gründen gewollte Unschärfe läßt sich immer verhältnismäßig leicht erzielen, z. B. durch Weichzeichnerobjektive, unscharfes Einstellen bei der Aufnahme oder Kopie u. dgl., dagegen ist die in den meisten Fällen erwünschte gestochene Schärfe auch in der Schwarzweiß-Photographie nur zu erzielen, wenn die Optik, das photographische Material sowie die Aufnahme und Verarbeitungstechnik einwandfrei sind. Wir wollen nun betrachten, in welchen Fällen in der Farbenphotographie hauptsächlich Schwierigkeiten und Verschlechterungen gegenüber der Schwarzweiß-Photographie auftreten können. Dabei gibt es vor allem drei Fehlerquellen:

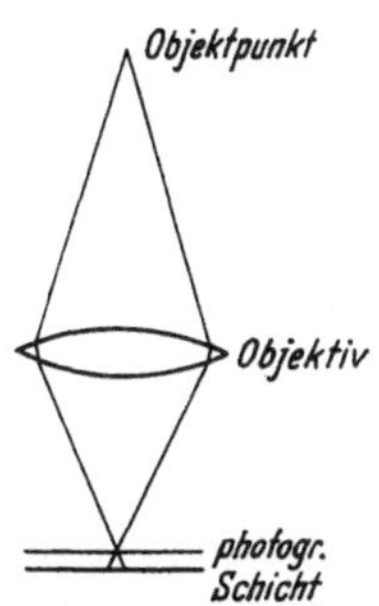

Abb. 144. Abbildungsschärfe innerhalb der photographischen Schicht.

1. Es kann sein, daß bei der Belichtung, sei es bei der Aufnahme oder der Kopie, die Abbildung unscharf erfolgt.

2. Im Verlauf der Entwicklung oder der sonstigen Behandlung kann eine Verunschärfung auftreten.

3. Durch unvollkommenes Zusammenpassen der verschiedenen farbenphotographischen Teilbilder können Unschärfen verursacht werden.

Zu 1) Wenn das Objektiv gut korrigiert ist, so wird bei der Schwarzweiß-Aufnahme die Abbildung eines Gegenstandes, auf welchen scharf eingestellt ist, auf der Oberfläche des Films oder der Platte einwandfrei erfolgen (Abb. 144). Die Dicke der photographischen Schicht ist zwar nicht sehr groß (etwa 12—20 μ), trotzdem können beim weiteren Eindringen des Lichtes in die photographische Schicht zwei Faktoren die Schärfe beeinträchtigen.

Einmal liegt, wie es die Abb. 144 in übertriebener Darstellung gleichzeitig zeigt, die volle Schärfe nur in der einen Ebene, wenig dahinter ist sie bereits etwas unvollkommen. Dieser Effekt spielt nur bei größerer Öffnung des Objektivs eine gewisse Rolle, bei geringer Öffnung und entsprechend größerer Tiefenschärfe ist er sehr gering. Weit unangenehmer ist dagegen die *Streuung* des Lichts in der photographischen Schicht an den Silberbromid-Körnern (Abb. 145). Die Wirkung ist ähnlich wie bei einer Mattscheibe. Ein dritter Effekt, die Spiegelung des Lichtes an der Rückseite des Films, wird durch einen guten Lichthofschutz weitgehend unterdrückt. Besonders die Streuung des Lichtes in der Schicht gibt eine gewisse Beeinträchtigung der Schärfe, jedoch ist sie in der Schwarzweiß-Photographie unter normalen Verhältnissen nicht allzu störend.

In der Farbenphotographie können zusätzliche Fehlerquellen auftreten, die je nach der Art des Verfahrens verschieden sind. Bei den Rasterverfahren muß das Licht bekanntlich erst das Raster durchdringen, ehe es auf die lichtempfindliche Schicht trifft, und zwar befindet sich das Raster auf der einen Seite des Schichtträgers (Abb. 17) die photographische Schicht auf der andern Seite. Die Scharfeinstellung muß naturgemäß auf die lichtempfindliche Schicht erfolgen. Beim Durchgang durch das Raster treten aber nun Streuungen vor allem an den Randzonen der Rastertröpfchen, Rasterlinien oder Rasterlinsen auf. Wir hatten diese Streuungen schon als Ursache für eine Verweißlichung der Farben kennengelernt (s. S. 198), sie bewirken aber auch eine Herabsetzung der Schärfe.

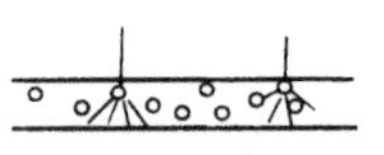

Abb. 145. Lichtstreuung an den Silberbromid-Körnern.

Beim Zweipack und beim Dreipack sind die Streuungen an den Silberbromid-Körnern besonders störend, wie es die Abb. 42 zeigte. Beim Zweipack, der ja praktisch sehr viel verwendet worden ist und auch jetzt noch verwendet wird, ist diese Störung dann erträglich, wenn die Dicke der photographischen Schicht des Frontfilms nicht zu groß ist und wenn durch genügenden Andruck dafür gesorgt wird, daß kein größerer Zwischenraum zwischen Frontfilm und Rückfilm vorhanden ist, weil sonst der Streukreis größer wird. Beim Dreipack liegen die Verhältnisse viel ungünstiger, weil immer eine Filmunterlage zwischen den drei photographischen Schichten liegen muß und dadurch die Scharfzeichnung in der vom Licht zuletzt betroffenen Schicht schlecht wird. Dieser Nachteil ist so schwerwiegend, daß daran die Einführung des Dreipacks gescheitert ist.

Im Dreischichtenfilm, der auch *integraler* Dreipack heißt, muß das Licht ebenfalls drei lichtempfindliche Schichten durchdringen, aber die Zwischenräume fallen fort. Außerdem ist man bestrebt, die einzelnen Schichten möglichst dünn zu gießen (etwa 5—8 μ), so daß dann das ganze Material nicht oder nicht nennenswert dicker ist als ein vergleichbares Schwarzweiß-Material. Zu beachten ist die Tatsache, daß das für die Gesamtschärfe erfahrungsgemäß am wenigsten maßgebliche gelbe Teilbild bei normaler Zuordnung von Empfindlichkeit und Farbe aus der Belichtung mit blauem Licht entsteht und infolgedessen wegen der Eigenempfindlichkeit des Silberbromids für blaues Licht in der zuerst vom Licht getroffenen besonders scharf zeichnenden Schicht liegen muß, während die in der zweiten und dritten Schicht liegenden Purpur- und Blaugrün-Teilbilder etwas unschärfer werden. Beim Kopierverfahren mit getrennten Aufnahme- und Kopiermaterialien kann man allerdings die normale Zuordnung verlassen und entsprechende Vorteile daraus ziehen.

Zu 2) Wenn ein Punkt des Aufnahmeobjekts sich zunächst auf der photographischen Schicht scharf abbildet, so kann doch noch im Verlaufe der Verarbeitung eine Verunschärfung stattfinden. Bei der Schwarzweiß-Aufnahme spielt vor allem die Größe des Silberbromid-Korns eine gewisse Rolle. Die Belichtung an einer Stelle des Korns gibt bei der Entwicklung zur Schwärzung des ganzen Korns Anlaß. Dadurch tritt eine gewisse Verunschärfung ein, diese ist aber verhältnismäßig geringfügig und nicht so störend wie eine durch die Kornstruktur hervorgerufene allgemeine Unruhe. Je nach der durchschnittlichen Größe des Korns spricht man von grobkörnigen und feinkörnigen Materialien. Diese Verhältnisse spielen nun bei farbenphotographischen Verfahren, die auf Schwarzweiß-Entwicklung beruhen (z. B. beim Technicolor-Strahlenteilungs-Negativ) selbstverständlich dieselbe Rolle wie bei den Schwarzweiß-Materialien, darüber hinaus gibt es neue Erscheinungen bei eigentlichen Farbstoffbildern.

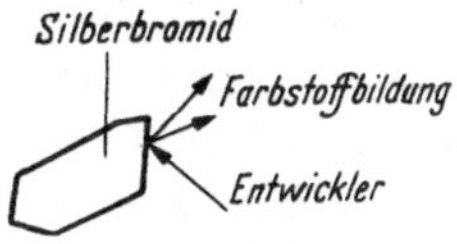

Abb. 146. Korn-„Verschmierung" bei der Farbentwicklung.

Bei dem besonders wichtigen Prozeß der farbbildenden Entwicklung findet eine Oxydation der Entwicklungssubstanz am Silberbromid-Korn statt, und diese oxydierte Entwicklungssubstanz reagiert weiter mit dem Farbbildner (Kupplungskomponente), der je nach der Art des Verfahrens im Entwickler oder in der Schicht enthalten ist. Da die oxydierte Entwicklungssubstanz noch beweglich ist, kann diese zweite Reaktion je nach den besonderen Umständen in unmittelbarer Nähe des Silberbromid-Korns oder auch in einiger Entfernung davon stattfinden (Abb. 146). Auf jeden Fall findet eine gewisse „Verschmierung" des Korns statt. Das hat den Vorteil, daß die eigentliche Kornstruktur nicht mehr allzu sehr in Erscheinung tritt, andererseits den Nachteil einer etwas größeren Verunschärfung, denn die Farbstoffbildung erfolgt in einer gewissen Entfernung von der Stelle der eigentlichen Lichteinwirkung. Hat der Farbbildner im Entwickler bzw. in der Schicht hinreichende Konzentration, so hält sich diese Verunschärfung in tragbaren Grenzen, nur bei sehr starken Vergrößerungen, z. B. beim 8 mm-Schmalfilm, kann sie störend wirken.

Ähnlich wie bei der farbbildenden Entwicklung liegen die Verhältnisse auch beim Silberfarbbleichverfahren, dort wird der Farbstoffabbau von dem bereits entwickelten Silber beeinflußt, und es findet ebenfalls eine gewisse „Fernwirkung" statt.

Bei den Prozessen mit Einfärbung können zwei Phänomene zu einer Verschmierung des an sich scharfen Bildes führen. Einmal kann es sein, daß die Härtung der Gelatine eine gewisse Herabsetzung der Konturenschärfe mit sich bringt, ferner kann bei der Übertragung des Farbstoffes auf eine andere Unterlage ein „Ausbluten" desselben erfolgen. Durch Zusatz von geeigneten Fällmitteln zu der neuen Unterlage wird dieses Ausbluten weitgehend verhindert. Das Fällmittel gibt mit dem Farbstoff eine genügend diffusionsfeste Verbindung. Bei der Besprechung der einzelnen Verfahren in dem Abschnitt C II 3 ist bereits mehrmals darauf hingewiesen worden.

Zu 3) Eine besondere Schwierigkeit bedeutete in der Farbenphotographie von jeher das „Passen" oder die „Konturendeckung" der Teilbilder. Paßfehler können bei additiven wie bei subtraktiven Verfahren auftreten, wenn die zwei, drei oder mehr Teilbilder nicht durch den ganzen Prozeß hindurch unlöslich miteinander verbunden sind. Grundsätzlich frei von Paßfehlern sind daher die Rasterverfahren, bei denen die Teilbilder ineinandergeschachtelt sind, und die subtraktiven Mehrschichtenfilme, bei denen sie festverbunden übereinander liegen. Natürlich kann auch bei solchen Verfahren das Problem noch nachträglich auftreten, wenn aus irgendeinem Grund aus diesen Materialien die Teilauszüge einzeln herausgeholt und weiterverarbeitet werden. Bei dem additiven Verfahren ohne Raster tritt das Problem an einer besonders unangenehmen Stelle auf, nämlich bei der Projektion. Die getrennt vorliegenden Teilbilder müssen gleichzeitig oder in kurzer zeitlicher Folge genau übereinander projiziert werden. Tritt hier durch irgendeine kleine Verschiebung in der Projektionsapparatur ein Fehler auf, so ist er dem Zuschauer unmittelbar sichtbar. Das ist ein sehr wesentlicher Grund dafür gewesen, daß die additiven Verfahren ohne Raster sich nirgends auf längere Zeit durchsetzen konnten, obwohl sie sonst manche Vorzüge hatten. Bei den subtraktiven Verfahren, bei denen man von getrennten Teilauszügen ausgeht (z. B. Zweipack oder Strahlenteilungskamera) oder bei denen im Verlaufe der Verarbeitung getrennte Teilauszüge auftreten (z. B. Technicolor-Monopack), besteht die Aufgabe darin, auf das für die Betrachtung oder Projektion bestimmte subtraktive Material die Teilbilder mit richtiger Konturendeckung aufzukopieren oder aufzudrucken. Das kann ebenfalls schwierig und mühevoll sein, zumindest kann man sich aber davon überzeugen, ob es gelungen ist, ehe man es dem Kunden oder Publikum zeigt oder vorführt.

Man muß drei verschiedenartige Fehler bei der Konturendeckung der Teilauszüge unterscheiden:

a) Die Teilbilder stimmen in ihrer Größe vollständig überein, sind aber gegeneinander verschoben (Abb. 147).

b) Die Teilbilder haben sich in ihrer Größe verschiedenartig verändert (Abb. 148).

c) Bewegte Teile des Aufnahmegegenstands haben in den Teilbildern verschiedene Lage (Abb. 149).

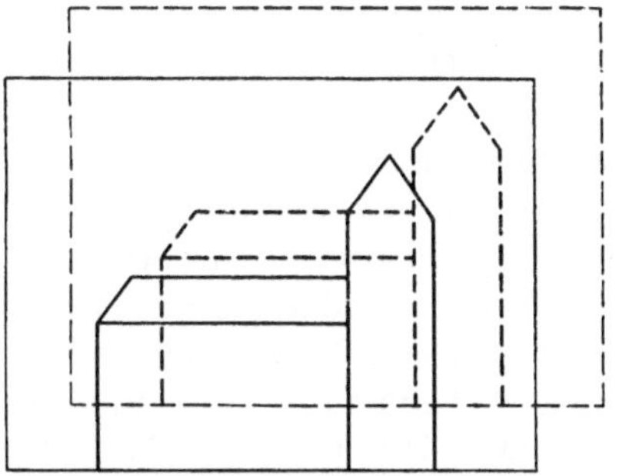

Abb. 147. Gegenseitige Verschiebung der Teilbilder.

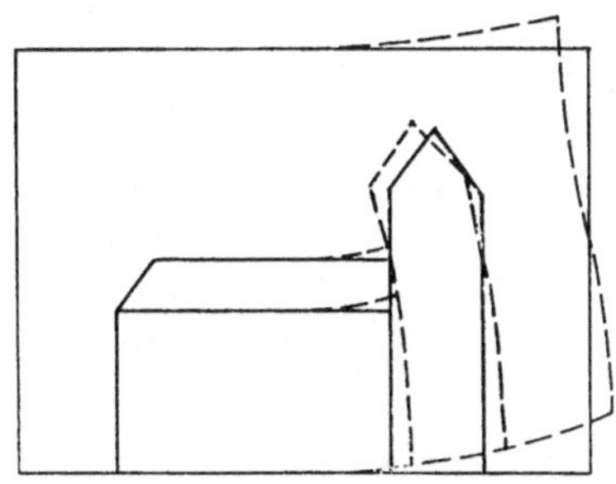

Abb. 148. Größenveränderung eines Teilbildes.

Die Fehler a) und b) sind besonders häufig. Bei der Verarbeitung von Einzelaufnahmen ist bei sorgfältigem Arbeiten der Fehler a) im allgemeinen zu vermeiden. Es muß beim Übereinanderlegen bzw. Übereinanderdrucken sorgfältig auf das Passen der Teilauszüge geachtet werden, entweder mit Hilfe von Paßkreuzen oder durch Beachten besonders charakteristischer Linien des Bildes. Schwieriger ist es, den Fehler a) bei Laufbildern zu vermeiden. Das Passen muß dabei von der Perforation aus geschehen. Sperrgreifer, welche die Perforationslöcher voll ausfüllen, ohne sie anzuschlagen oder gar aufzureißen, müssen in der Kamera wie in der Kopiermaschine oder gegebenenfalls in der Druckmaschine (Technicolor) die Bilder genau in die richtige Lage zueinander bringen.

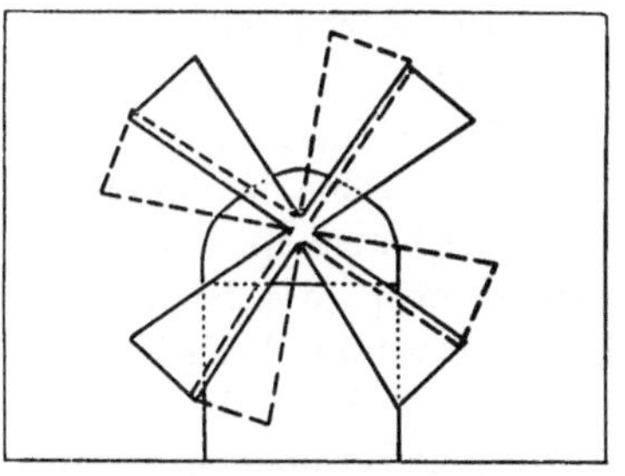

Abb. 149. Lageveränderung der Teilbilder durch Bewegung.

Ursache für den Fehler b) ist im allgemeinen die ungleichmäßige Schrumpfung der Filme. Man bekämpft ihn einmal durch Verwendung einer kräftigen und wenig schrumpfenden Filmunterlage, zum anderen durch Verarbeitung aller Teilbilder unter gleichartigen Bedingungen, besonders kommt es dabei auf gleichmäßige Temperatur- und Feuchtigkeitsbedingungen beim Trocknen an. Platten zeigen selbstverständlich keine Schrumpfung.

Der Fehler c) tritt nur dann auf, wenn als Aufnahmeverfahren ein Folgeverfahren gewählt wird und das Objekt oder ein Teil desselben während des Wechsels von einem Teilbild zum nächsten seinen Standort merklich verändert.

Selbstverständlich ist im Falle des Dreifarbenverfahrens die genaue Konturendeckung aller drei Teilbilder erwünscht. Am wenigsten stört indessen eine schwache Verschiebung des Gelbbildes gegen die beiden andern Teilbilder, während die gegenseitige Verschiebung von Purpur- und Blaugrünbild immer sehr stark stört.

Abb. 150. Siemensstern.

Das gesamte Problem der Konturenschärfe ist für die Farbenphotographie bei weitem noch nicht so eingehend untersucht worden wie für die Schwarzweiß-Photographie. Für eine weitere Erforschung werden die in der Schwarzweiß-Photographie gewonnenen Erfahrungen benutzt werden müssen [vergl. z. B. die SS. 147—161 des Kapitels „Abbildungstreue" in dem Buch von ANGERER (*13*)], andererseits werden die Besonderheiten der Farbenphotographie, wie sie in den vorausgehenden Seiten geschildert wurden, zu beachten sein. Der wichtigste praktische Test für die Beurteilung der Konturenschärfe in der photographischen Schicht ist ihr *Auflösungsvermögen.* Es wird definiert als die Anzahl Rasterstriche pro Millimeter, die noch getrennt wiedergegeben werden. Beim Schwarzweiß-Film spielen dabei nach ANGERER folgende Faktoren eine Rolle:

1. die Körnigkeit,
2. der Diffusionslichthof,
3. der Gammawert,
4. die Größe der im Objekt vorhandenen Kontraste.

Diese Dinge spielen beim Farbenfilm alle ebenfalls eine Rolle, dazu kommt aber, wie bereits auseinandergesetzt, die Verunschärfung des Bildpunktes durch Diffusion bei der Entwicklung, ferner die mangelnde Konturendeckung der Teilauszüge. Als Testobjekt für die Prüfung des Auflösungsvermögens kommt z. B. ein „Siemensstern" in Frage [vgl. STRÖBLE (*260*)] (Abb. 150). Angaben über das Auflösungsvermögen farbenphotographischer Schichten finden sich neuerdings verschiedentlich in der Literatur. BEHRENDT (*47*) sagt über den Agfacolorfilm folgendes: „Das Auflösungsvermögen vom Agfacolor-Negativfilm liegt bei etwa 55 Strichen/mm, also nur wenig schlechter als (Agfa-) Superpan mit 65 Strichen/mm. Agfacolor-Positivfilm löst etwa 77 Striche/mm auf, Schwarzweiß-Positiv 90 Striche/mm."

Schadlich (*232*) untersucht näher das Auflösungsvermögen der Ansco Color-Filme, indem er ein progressiv verengtes Strichraster aufkopiert. Er kommt zu ganz ähnlichen Resultaten wie Behrendt.

Nach Grandall und Lavalle (*112*) beträgt das Auflösungsvermögen für Ektachrom-Film 45 Striche/mm, für Kodachrom-Film 55 Striche/mm.

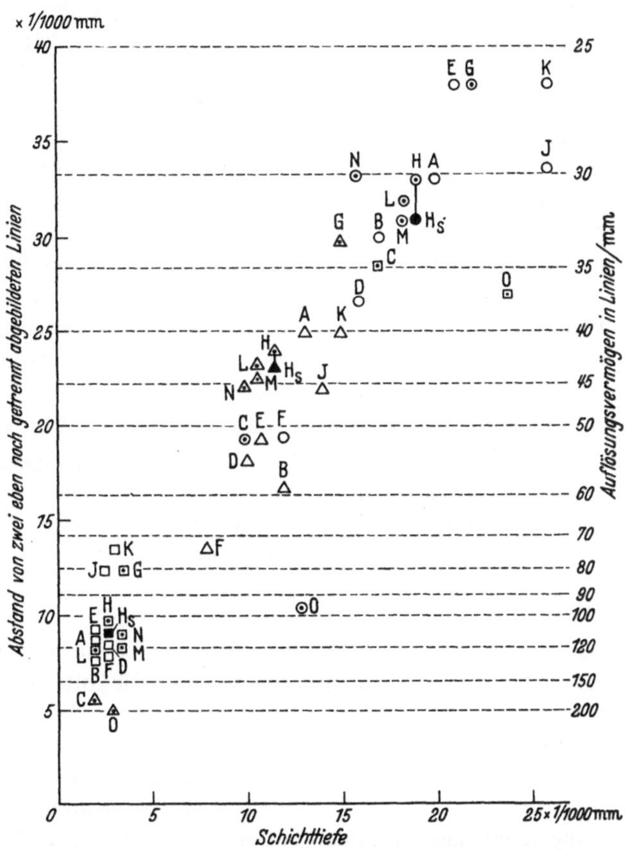

Abb. 151. Das Auflösungsvermögen von 14 verschiedenen photographischen Schichten des Handels unter Verwendung der vorgeschriebenen Farbentwicklungsverfahren. — Das Auflösungsvermögen der Einzelschichten (nach zwei Maßstäben) als Funktion der „Schichttiefe" (= Abstand *e* von der Oberfläche der ersten Silberhalogenidschicht bis zu $^1/_3$ Tiefe d. untersuchten Schicht). □ Gelbschicht; △ Purpurschicht; ○ Blaugrünschicht. Die einen Punkt enthaltenden Zeichen weisen auf direkte, diejenigen ohne Punkt auf Umkehr-Farbentwicklung hin. *A* Gevacolor Umk.; *B* Ansco-Color Umk.; *C* DuPont-Color Positive; *D* Agfacolor Umk.; *E* Ilford-Color Film; *F* Kodachrom; *G* Agfacolor Neg.; *H* Agfacolor Pos.; H_S Agfacolor Pos. Schwarz-Weiß; *J* Ektachrom B; *K* Ektachrom T; *L* Telcolor Neg.; *M* Ferraniacolor Neg.; *N* Eastmancolor Neg.; *O* Eastmancolor Pos.

In einer Arbeit von Eggert und Grossmann (*90*) wird zum ersten Mal eine vergleichende Untersuchung aller wichtigen Mehrschichtenmaterialien mit farbgebender Entwicklung durchgeführt. Dabei ergibt sich folgendes:

1. Das Auflösungsvermögen ist im wesentlichen unabhängig von der Art der Farbenentwicklung. Es wird nicht davon beeinflußt, ob das Verfahren den Farbbildner im Entwickler hat oder in der Schicht, ob die Verankerung in der Schicht durch diffusionsfeste Farbbildner erfolgt oder durch geschützte (Tröpfchen), ob die Schichten aus Gelatine oder aus Polyvinylacetal bestehen.

2. Es besteht eine starke Abhängigkeit von der Schichttiefe (s. oben) in dem Sinne, daß die oberste Schicht das weitaus beste Auflösungs-

vermögen zeigt, die unterste das schlechteste. Es besteht kein Unterschied, wenn das gleiche Material einer Schwarzweiß-Entwicklung statt einer Farbentwicklung unterworfen wird.

Daraus ist also zu folgern, daß das geringere Auflösungsvermögen dieser Farbfilme gegenüber dem Schwarzweiß-Film wahrscheinlich nur damit zu erklären ist, daß wesentliche Teile des Bildes in größerem Abstand von der Oberfläche vorliegen (s. Abb. 151)[1].

Nach COOTE (*77*) soll im Zweipack das Auflösungsvermögen des Rückfilms leicht auf 20 Striche/mm, schwieriger auf 25—30 Striche/mm zu bringen sein.

Im ganzen läßt sich sagen, daß die besten farbenphotographischen Verfahren auch das Problem der Konturenschärfe soweit gelöst haben, daß alle praktisch wichtigen Anforderungen erfüllt werden. Für Spezialfälle, wo es auf besonders hohes Auflösungsvermögen ankommt, insbesondere für alle Messungen, Dokumentationen usw., wird man allerdings immer noch auf die Schwarzweiß-Photographie zurückgreifen müssen, welche einige Fehlerquellen weniger hat und daher mit größerer Präzision arbeitet.

IV. Tonaufzeichnung und Tonwiedergabe im Farbenfilm.

Die im vorangehenden Kapitel berührten Fragen sind von unmittelbarer Bedeutung für die Tonaufzeichnung im Farbenfilm. Die Aufnahme und Wiedergabe von Musik, Sprache und Geräuschen durch den Film ist nur für die Kinematographie von Interesse, spielt aber dort eine sehr wesentliche Rolle, denn der stumme Film hat ja zumindest in den Kulturländern aufgehört zu existieren, und die Güte der akustischen Wiedergabe ist ein wesentliches Moment für die Gesamtwirkung eines Filmstreifens.

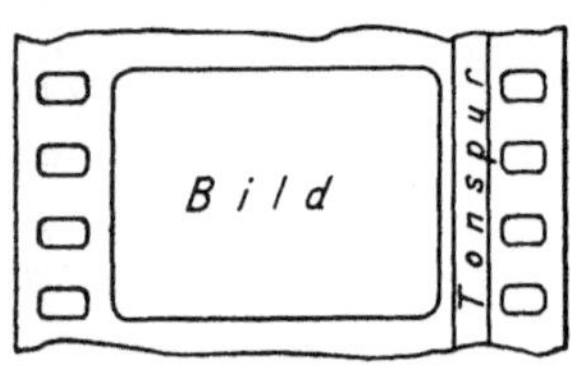

Abb. 152. Tonspur im Kinefilm.

Es kann nicht Aufgabe dieses Buches sein, auf die Grundlagen der Tonaufzeichnungen einzugehen, dafür sei auf die Bücher von EGGERT und SCHMIDT (*26*) sowie von LICHTE und NARATH (*27*) hingewiesen. Die allerwichtigsten Prinzipien sind neuerdings in ganz kurzer, aber gut verständlicher Form in einem Artikel von HAGEMANN (*118*) gegeben worden. Hier können nur die Sonderprobleme berührt werden, die sich beim Farbenfilm ergeben.

Auf dem Vorführfilm befindet sich neben der Bildfolge die Tonspur (Abb. 152), die in der Vorführapparatur mittels einer kleinen, aber hellen Tonlampe durchleuchtet wird, das Licht fällt auf eine Photozelle,

[1] *Anm. b. d. Korrektur:* Eine Arbeit von RÖSCH Optik 8, 444 (1951), beschäftigt sich ebenfalls näher mit dem Auflösungsvermögen von Farbfilmen, außerdem auch mit dem Problem der Farbwiedergabe.

die entstehenden schwachen Ströme werden verstärkt und wirken auf den Lautsprecher, der hinter der Bildwand im Kino angebracht ist und die Musik und Sprache ertönen läßt (Abb. 153). Die Aufnahme des Tons erfolgt gleichzeitig mit der Aufnahme der Szene, soweit es sich

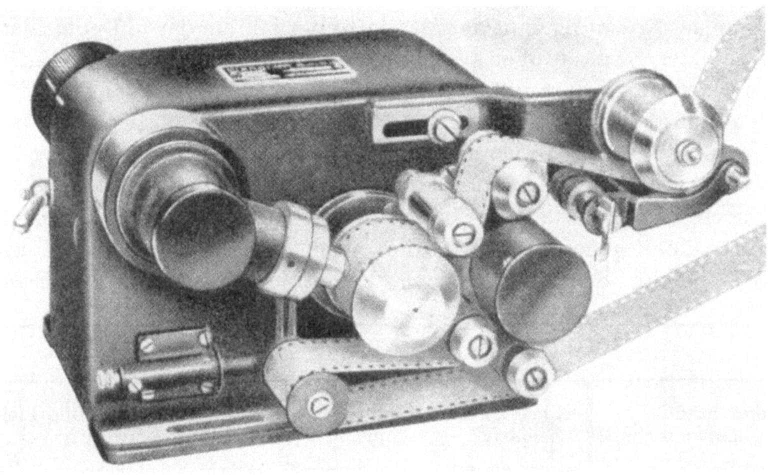

Abb. 153. Klangfilm-Lichttongerät. Aus der Arbeit (*118*) von HAGEMANN.

um Sprechszenen handelt. Musik und Geräusche können unabhängig davon aufgenommen werden. Auch bei der gleichzeitigen Aufnahme von Bild und Ton nimmt man aber nicht, wie es zuweilen früher versucht wurde, auf dem gleichen Filmmaterial auf, sondern man verwendet heute durchweg einen gesonderten Tonfilm, weil man an diesen besondere Anforderungen bezüglich Feinkörnigkeit und Gradation stellt. Die Abb. 154 zeigt ein Schema der Aufnahme. Von dem Original-Tonfilm wird nicht gleich die endgültige Kopie auf den Vorführfilm gezogen, sondern wegen der ganzen Operationen, die für die Zusammenstellung von Sprache, Musik und Geräuschen mit den zugehörigen Bildteilen notwendig sind, erfolgt noch einmal oder mehrmals ein Zwischenkopieren des Tonstreifens. Es ist nun selbstverständlich, daß die Tonaufnahme und die Tonzwischenkopie, die ja getrennt vom Bild sich auf gesondertem

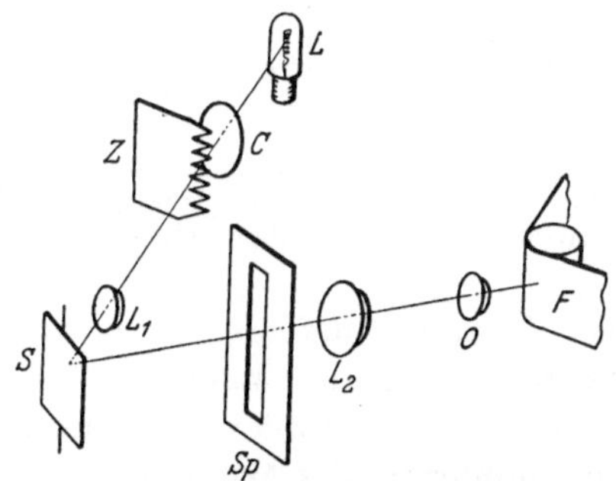

Abb. 154. Schema der Tonaufnahme. Aus der Arbeit (*118*) von HAGEMANN. Der Spiegel *S* wird durch die Mikrophonströme in Schwingungen versetzt. Dadurch wird das durch die Lampe *L* erzeugte Bild der Zackenblende auf dem Spalt *Sp* bewegt und auf dem Film *F* abgebildet.

Material befinden, in jedem Fall auf Schwarzweiß-Film erfolgen können, gleichgültig ob es sich um Schwarzweiß- oder um Farbenaufnahmen handelt. Im Vorführfilm muß dagegen der Ton mit dem Bild zusammen auf dem gleichen Streifen untergebracht werden, hier ergeben sich demnach erst die besonderen Tonprobleme des Farbenfilms.

In neuester Zeit beginnt das Magnettonverfahren, das in Deutschland während des Zweiten Weltkrieges zunächst für den Rundfunk eingeführt wurde und dort die Schallplatte weitgehend verdrängt hat, in die Tonfilmateliers einzudringen [s. ULNER (*266*)]. In den USA hat man das Verfahren erst 1945 kennengelernt, ist aber jetzt schon sehr weit in seiner Verwendung, in Europa kommt man erst langsam nach. Es ist nun noch fraglich, wie weit der Ersatz des Tonfilms durch den in der Qualität überlegenen Magnettonfilm erfolgen wird. ULNER gibt dazu untenstehendes Schema. Danach kommt vorerst nur der Ersatz

	Original-aufnahme	Muster- und Arbeitskopie	Misch-bänder	Gemischtes Tonband	Theaterkopie
1. Früherer Stand: reine Lichttontechnik	Lichtton-negativ	Lichtton-kopie	Lichtton-kopie	Lichtton-negativ	Bild-Lichtton-kopie
2. Heutiger Stand: Magnetophon für die Originalaufnahmen	Magnetophon band 6,5 mm	Lichtton-kopie	Lichtton-kopie	Lichtton-negativ	Bild-Lichtton-kopie
3. Zukunft I: Magnetfilm bis zum Mischband	Magnetband 6,5 mm oder Magnetfilm	Magnet-film	Magnet-film	Lichtton-negativ	Bild-Lichtton-kopie
4. Zukunft II: Magnetton bis zur Kopiermaschine	Magnetband 6,5 mm oder Magnetfilm	Magnet-film	Magnet-film	Magnet-film	Bild-Lichtton-kopie
5. Zukunft III: Magnetton auf der Theaterkopie	Magnetband 6,5 mm oder Magnetfilm	Magnet-film	Magnet-film	Magnet-film	Bild-Magnet-tonkopie

des Tonaufnahmefilms durch Magnettonfilm in Frage, später evtl. die Benutzung des Magnettons auch in allen Zwischenstadien. Den Farbfilmtechniker interessiert indessen am meisten, ob eines Tages auch die Einführung des Magnettons für die Vorführkopie in Frage kommt. Denn damit würden die besonderen Tonspurprobleme des Farbenfilms in Wegfall kommen, auf Schwarzweiß-Film wie auf Farbenfilm würde in gleicher Weise eine gesonderte Magnettonschicht aufgebracht werden. Indessen ist noch kein geeignetes Filmmaterial dieser Art auf dem Markt, und eine Umstellung aller Kinotheater auf die geänderte Vorführapparatur würde auch auf ziemlich erheblichen Widerstand stoßen.

Es sollte durch die vorausgehenden Betrachtungen ganz kurz die Gesamtlage auf dem Gebiet der Tonfilmtechnik umrissen werden. Das wesentliche Problem bleibt für den Farbenfilm zunächst nach wie vor, von einem guten Schwarzweiß-Tonfilm eine möglichst ebenso gute Kopie der Tonspur auf dem Farbenfilm zu erzielen. Dazu können zwei grundsätzlich verschiedene Wege beschritten werden: Entweder wird auch im Farbenfilm eine Silbertonspur angefertigt, oder aber eine bzw. mehrere der Bildfarben werden für die Tonspur benutzt.

Die Verwendung der *Silbertonspur* ist z. B. in besonders einfacher Weise im Technicolor-Verfahren dadurch möglich, daß das Aufdrucken der Farben auf den Bildteil beschränkt wird. Man geht praktisch so vor, daß man einen einfachen Schwarzweiß-Positivfilm nimmt und auf diesen die Tonspur aufkopiert, gegebenenfalls auch noch ein zartes Bild zur Verstärkung der Schatten nach dem Vorbild des Vierfarbendruckes, und diesen Film in der üblichen Weise schwarzweiß entwickelt. Darauf erfolgt dann erst der Druck der drei farbigen Teilbilder in den Farben Gelb, Purpur und Blaugrün, ohne daß die Tonspur davon überhaupt noch berührt wird. Nach einer Übersicht des *S.M.P.T.E.-Color Committee USA* (*255*) haben auch die 35 mm-Filme Dufaychrome, Dufaycolor und Polacolor sowie der 16 mm-Dufaychrome-Film eine reine Silbertonspur, das gleiche galt für das Gasparcolor-Verfahren. Mehrere andere Verfahren sehen die Umwandlung der zunächst in Silber entwickelten Tonspur in *Eisenblau* vor, sofern das Eisenblau ohnehin als Farbe in dem betreffenden Zwei- oder Dreifarbenprozeß verwendet wird. So arbeiteten in Deutschland früher das Ufacolor-Verfahren (Zweifarbenprozeß) und das Pantachrom-Verfahren (Dreifarbenprozeß). Im Ausland arbeitet das Cinecolor-Zweifarben-Verfahren und das Magnacolor-Zweifarben-Verfahren sowie das Cinecolor-Dreifarben-Verfahren in dieser Weise, Cinecolor auch als Schmalfilm-Verfahren. Im Fall der Eisenblautonung sind keinerlei besondere Maßnahmen für die Tonspur notwendig. Die erwähnten subtraktiven Verfahren legen alle das Blaugrünbild auf die eine Seite eines doppelseitig begossenen Kopierfilms, wobei das zunächst durch normale Entwicklung entstandene Silberbild durch einseitige Behandlung (Schwimmen in Kufen) in Eisenblau umgewandelt wird. Das geschieht dann gleich für die Tonspur mit.

Nach einer Mitteilung von Coote (*78*) soll sich auch Technicolor neuerdings um die Verwendung von Eisenblau für die Tonspur bemühen, wobei aber dieses Eisenblau nicht über die Tonung von Silber, sondern direkt erzeugt wird.

Die Verwendung von *Silbersulfid* für die Tonspur sieht das Ansco Color-Verfahren vor, und zwar zunächst nur bei Schmalfilm.

Die Entwicklung erfolgt bei diesen Materialien nach dem Farb-Umkehrprozeß, d. h. man beginnt mit einer Schwarzweiß-Entwicklung, es folgt die diffuse Nachbelichtung und dann die Farbentwicklung. Vor dieser letzten Stufe wird nun nach FORREST (*102*) die Sonderbehandlung für die Tonspur eingeschaltet, und zwar wird erst innerhalb 50 sec oberflächlich getrocknet und dann eine 2 %ige Lösung von Natriumsulfid mit einem Verdickungsmittel wie Hydroxyäthylcellulose versehen und auf den Film im Bereich der Tonspur aufgetragen. Eine Behandlung von 15 sec soll bereits genügen, um die Umwandlung des noch vorhandenen Silberbromids in Silbersulfid zu bewirken. Das Auftragen der Sulfidpaste erfolgt mit einem Rädchen mit leicht konkaver Peripherie. Dieses Rädchen dreht sich in der gleichen Richtung wie der Film, aber etwas langsamer. Durch scharfes Aufsprühen von Wasser wird der Überschuß der Sulfidlösung schnell entfernt. Während das Negativsilber des Bildes bei der auf die Farbentwicklung folgenden Schlußbehandlung herausgelöst wird, widersteht das Silbersulfid den dabei verwendeten Bleich- und Fixierbädern.

Das Silbersulfid hat eine braunschwarze Färbung. Es soll sich als Tonspur ganz ähnlich wie Silber verhalten. Die aus Silber bestehende Filterschicht wird ebenfalls in Silbersulfid umgewandelt, dadurch geht die Klarheit verloren. Auch im Kodachrom-Schmalfilm soll nahezu reines Silbersulfid für die Tonspur verwendet werden. Genaueres über das dazu benutzte Verfahren bringt eine Arbeit von McKIE (*189*). Danach erfolgt zunächst die übliche Schwarzweiß-Entwicklung, das verbleibende positive Silberbromid-Bild wird dann im Bereich der Tonspur in Silbersulfid verwandelt, und dieses bleibt nach Ende des gesamten Prozesses zurück.

Die meisten Mehrschichten-Verfahren mit Farbbildner in der Schicht, so die Normalfilme Agfacolor, Ansco Color-Negativ-Positiv, Eastman Color, Dupont Release 225 und Trucolor, bevorzugen die Verwendung von *Silber mit Farbstoff* in der Tonspur. Dieses Gemisch ergibt sich automatisch bei der Farbentwicklung dieser Filme. Während aber beim Bild darauf gesehen werden muß, daß das Silber später herausgelöst wird, um ein reines Farbstoffbild zu erhalten, wird beim Ton gerade darauf geachtet, daß das Silber erhalten bleibt.

Beim Agfacolor-Verfahren wurde dazu lange Jahre hindurch die Farbentwicklung und anschließende Wässerung in der üblichen Weise für den ganzen Film durchgeführt, darauf folgte eine Sonderbehandlung des Bildes mit dem Bleichbad, bestehend aus einer Mischlösung von Alkaliferricyanid und Alkalihalogenid, die durch einen „Schleim“ verdickt wurde. Der „Bleichschleim“ trat aus einer Düse aus und bedeckte den Film nur im Bereich des Bildes, die Tonspur wurde nicht gebleicht. Bei der anschließenden Fixage, die wieder für den ganzen Filmstreifen gemeinsam war, wurde nur das „gebleichte“, d. h. in Halogenid umgewandelte Silber fixiert, das Silber der Tonspur dagegen blieb erhalten [s. SCHILLING (*234*)].

Dieses Verfahren ist neuerdings in Westdeutschland bei der Verarbeitung des Agfacolorfilms wieder aufgenommen worden, während in der Sowjetzone sowohl wie in Moskau und Prag ein anderes Verfahren eingeführt wurde, bei dem Bild und Ton gemeinsam mit einem stark verdünnten Bleichbad behandelt werden. Dadurch wird das Silber des Bildes zum größten Teil, aber nicht vollständig entfernt, während in der Tonspur genügend Silber erhalten bleibt. Näheres darüber bringt BEHRENDT in einer Arbeit (*293*), die auch auf die anderen Verfahren eingeht.

Das gesonderte Bleichen des Bildsilbers wird auch beim Gevacolor-Film angewendet. Die Firma Gevaert empfiehlt, auch im Bereich der Tonspur durch Benutzung eines schwachen Bleichbades das Silber aus der Filterschicht herauszulösen, während die Hauptmenge des Silbers dadurch nicht angegriffen wird.

Beim Ansco Color-Verfahren und beim Eastman Color-Verfahren wird die Tonspur ebenfalls lokal behandelt, aber insofern anders, als nach dem Bleichen und oberflächlichen Trocknen das Silber im Bereich der Tonspur wieder entwickelt wird. Der Entwickler wird dazu mit viscositätserhöhenden Mitteln verdickt und an der Tonspur angetragen. Einzelheiten darüber bringt eine Arbeit von EVANS und FINKLE (*317*).

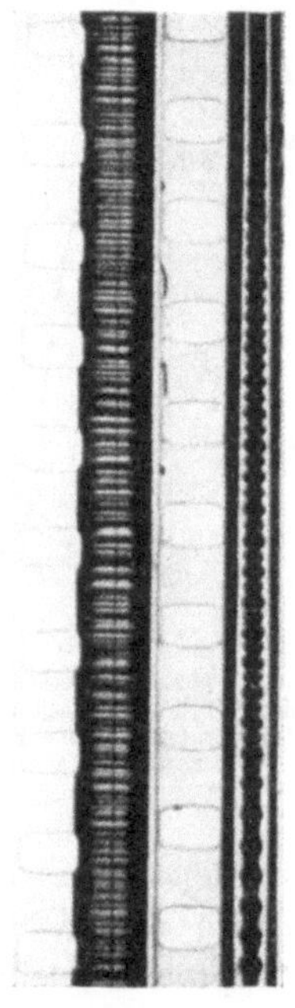

Abb. 155. Sprossenschrift (links) und Zackenschrift (rechts). Aus der Arbeit (*118*) von HAGEMANN.

Zwei Eigenschaften der Tonspur sind von entscheidender Bedeutung für die Qualität des Tons:

1. Das Licht soll in bestimmten Bezirken voll durchgelassen, in anderen möglichst vollkommen absorbiert werden.

2. Die Tonspur soll möglichst scharfe Konturenzeichnung aufweisen.

Zu 1) Eine Tonaufzeichnung kann prinzipiell in Sprossenschrift oder in Zackenschrift (Abb. 155) erfolgen. Im ersteren Falle wird die ganze Schwärzungsreihe von Weiß über die Graustufen bis zu hohen Dichten benötigt, im zweiten Fall braucht man nur möglichst transparente und möglichst wenig transparente Bezirke, die Abstufung erfolgt durch die verschiedene Flächenbedeckung. In beiden Fällen ist es aber wichtig, daß der *Transparenz-Umfang* möglichst hoch ist, dadurch wird eine hohe Tonmodulation erreicht. Die Silbertonspur hat nun die günstige Eigenschaft, daß sie in dem ganzen sichtbaren und auch noch im infraroten Teil des Spektrums etwa gleichartig kräftig absorbiert. Infolgedessen können auch verschiedenartige Photozellen benutzt werden, obwohl jeder Typ von Photozellen ein charakteristisches spektrales Empfindlichkeitsgebiet hat. Besonders haben sich die sog. Cäsium-Zellen (eigentlich Silber-Cäsiumoxyd) eingebürgert, die eine hohe Empfindlichkeit im Infrarot haben. Diese wird durch den hohen Gehalt der Tonlampen an infraroten Strahlen besonders gut ausgenutzt. Dagegen hat z. B. die Zeiß-Ikon-Cäsium-Antimon-Zelle eine hohe Empfindlichkeit im blauen bis grünen Gebiet. Näheres darüber bringen die Arbeiten von GÖRLICH (*110*), von GÖRISCH und GÖRLICH (*109*) und von KÜSTER (*163*). Der letzteren Arbeit entnehmen wir die nachstehende Abb. 156, welche die Unterschiede der beiden

Zellentypen zeigt. Das Silbersulfid hat ähnlich wie das Silber auch noch einen einigermaßen gleichmäßigen Absorptionsbereich. Das Eisenblau hat, wie seine Farbe bereits verrät, eine geringe Absorption im blauen und zum Teil noch im grünen Bereich des Spektrums, absorbiert dagegen gut im Rot und auch im Infrarot. Es ist daher bei der zur Zeit durchweg üblichen Benutzung von Cäsium-Zellen für die Abtastung der Tonspur gut zu brauchen. Die organischen Farbstoffe dagegen, welche für die Farbentwicklungs-, Farbbleich- und Einfärbungsprozesse gebraucht werden, haben außer der Durchlässigkeit in den verschiedenen Teilen des sichtbaren Spektrums, die sie je nach ihrem Farbcharakter haben müssen, auch durchweg eine starke Durchlässigkeit im Infrarot. Deshalb gibt auch eine Tonspur, die sich aus den drei Farbstoffen Gelb, Purpur und Blaugrün zusammensetzt, wohl hinreichende Absorption im sichtbaren Gebiet, nicht dagegen im Infrarot. Mit der Cäsium-Zelle ist eine reine Farbstofftonspur daher nicht zu brauchen, der Transparenz-Umfang und damit die Tonmodulation sind dann zu gering. Dagegen wurde gerade in den beiden erwähnten Arbeiten von GÖRISCH und GÖRLICH (*109*) sowie von KÜSTER (*163*) im Jahre 1942 ausführlich die Möglichkeit besprochen, eine solche Farbstofftonspur in Verbindung mit einer Cäsium-Antimon-Zelle zu benutzen. Unter den in Deutschland herrschenden Verhältnissen wäre diese Lösung zweifellos schon damals die günstigste gewesen, und auch für heute gilt das noch teilweise. Der Agfacolor-Film könnte dann eine Farbstoff-Tonspur erhalten und damit leichter verarbeitet werden, die Schwarzweiß-Filme dagegen und die Technicolor-Filme mit ihrer Silbertonspur könnten ihrerseits mit dieser Zelle genau so gut abgehört werden wie z. Z. mit der Cäsium-Zelle. Durch die Kriegs- und Nachkriegsverhältnisse ist aber die erforderliche Umstellung sämtlicher Lichtspieltheater auf die andere Zelle nicht möglich gewesen. Auch in USA ist 1945 nach erfolgtem Studium der deutschen Erfahrungen vom *S.M.P.E.-Committee of Color* die Einführung der Cäsium-Antimon-Zelle zur Debatte gestellt worden (*254*), indessen ergibt sich dort die Schwierigkeit, daß dann wieder für die mit Eisenblau-Tonspur versehenen Filme (Zweifarbenfilme und Cinecolor-Dreifarbenfilme) die blauempfindliche Zelle ungeeignet ist,

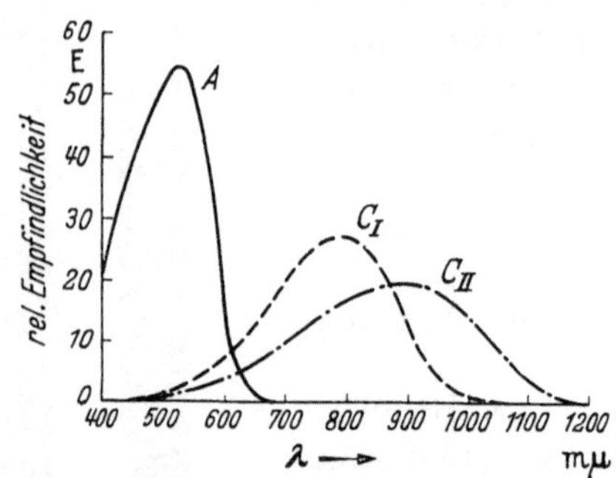

Abb. 156. Spektralempfindlichkeit verschiedener Photozellen, bezogen auf eine Lampe der Farbtemperatur 2700° K. A: Cäsium-Antimon-Zelle von Zeiß-Ikon; C_I u. C_{II}: Cäsiumzellen verschiedener Herkunft.

denn das Eisenblau hat gerade im blauen Gebiet eine recht hohe Transparenz.

Zu 2) Für die zweite Anforderung an eine gute Tonspur, daß sie möglichst scharfe Konturenzeichnung aufweisen soll, sind mehrere Faktoren von Wichtigkeit, die wir alle im vorigen Kapitel über die Konturenschärfe im Bild bereits kennengelernt haben. Für die Tonspur sind insbesondere die folgenden Gesichtspunkte von Bedeutung: Vorausgesetzt daß bei der Tonaufnahme und beim Umkopieren die Konturenschärfe so gut wie möglich erhalten worden ist, so besteht bei der Kopie auf den Vorführfilm zunächst die Gefahr, daß Lichtstreuung eintritt. Es ist auch vom Schwarzweiß-Film bekannt, daß es für die Konturenschärfe am günstigsten ist, wenn die Belichtung nur möglichst nahe der Oberfläche einwirkt. In den tieferen Bezirken des Kopierfilms wird das Licht stärker gestreut, und die Aufzeichnung wird unscharf (s. Abb. 145). Dieselben Gesichtspunkte gelten beim Farbenfilm. Allerdings besteht andererseits die Schwierigkeit, daß bei zu schwachem Eindringen des Lichts die Dichte der Tonspur nicht ausreicht, was wiederum den Transparenzumfang zu sehr herabsetzt. Beim Mehrschichtenfilm muß besonders berücksichtigt werden, in welchen Schichten die Tonspur hauptsächlich auftreten soll. KÜSTER (*163*) hat in seiner mehrfach erwähnten Arbeit diese Verhältnisse für den Agfacolor-Film genauer besprochen. Er empfiehlt für die z. Z. übliche Farbsilber-Tonspur eine möglichst weitgehende Durchschwärzung der obersten gelben Schicht und eine geringere Schwärzung der mittleren purpurnen sowie der unteren blaugrünen Schicht. Man erzielt diese Wirkung durch Benutzung des Agfa-Filters 65, eines hellen Blaufilters, beim Kopieren. Auf diese Weise wird zwischen den Forderungen größter Schärfe und hohen Transparenzumfanges ein Kompromiß erzielt. Wird eine reine Farbstoff-Tonspur genommen, so muß diese im Falle der Verwendung einer Cäsium-Zelle hauptsächlich in der untersten blaugrünen Schicht liegen, diese Lösung hatten wir jedoch wegen der hohen Infrarot-Empfindlichkeit der Zelle als ungünstig kennen gelernt. Im Falle der Verwendung einer Cäsium-Antimon-Zelle ist es zweckmäßig, die Tonspur möglichst weitgehend in die oberste gelbe Schicht zu legen, sie hat dann die beste Schärfe, und der gelbe Farbstoff absorbiert auch am besten im Blau, dem Hauptempfindlichkeitsgebiet der Zelle. Weiterhin ist es wichtig, daß die Schärfe nicht durch die Entwicklung oder sonstige Behandlungen leidet. Die Körnigkeit des Silberbromids ist auch auf den Ton von Einfluß, beim Kopierfilm wählt man infolgedessen durchweg feinkörnige Filmsorten. Die „Verschmierung" der Konturenschärfe durch Farbentwicklung, Silberfarbbleichprozeß und Einfärbungsprozesse kann die Tonspur auch beeinträchtigen, sie darf ein gewisses Maß keinesfalls überschreiten.

Zusammenfassend kann gesagt werden, daß die Herstellung einer geeigneten Tonspur dem Farbfilm besondere Aufgaben gestellt hat, daß aber jedes Farbenfilmverfahren irgendeine geeignete Lösung gefunden hat. Die feinen Qualitätsunterschiede, die in der Zukunft sicher noch mehr beachtet werden als jetzt, können allerdings nur dann eine wesentliche Rolle spielen, wenn auch alle übrigen Voraussetzungen für eine einwandfreie Wiedergabe des Tons gegeben sind. Für die Aufnahmetechnik ist die Einführung des Magnettonverfahrens in dieser Richtung wahrscheinlich von großer Bedeutung. Ziemlich schlecht steht es in Deutschland in der Nachkriegszeit noch teilweise um die Qualität der Vorführapparaturen in den Lichtspieltheatern, hoffentlich tritt auch in dieser Hinsicht bald eine allgemeine Hebung des Niveaus ein.

V. Photographische Besonderheiten der Farbenphotographie.

Es ist bereits in der Einleitung betont worden, daß dieses Buch sich an alle diejenigen wendet, die mit den Grundlagen der Schwarzweiß-Photographie bereits vertraut sind und sich speziell über die Farbenphotographie informieren wollen. So sollen auch die eigentlichen photographischen Operationen nur insoweit besprochen werden, als sie für die Farbenphotographie Besonderheiten mit sich bringen. Allerdings sind diese Besonderheiten z. T. von sehr wesentlicher Bedeutung und müssen deshalb eingehend dargestellt werden. Es mag auch verwunderlich erscheinen, daß dieses Kapitel, das gerade eine erhebliche praktische Bedeutung hat, fast an das Ende des Buches gesetzt worden ist. Das ist aber mit vollem Bedacht aus folgendem Grunde geschehen: Die Ausführungen über die Farbwiedergabe, die Farbsensitometrie und die Konturenschärfe, die z. T. einen recht wissenschaftlichen Charakter haben mußten, sind zwar nicht notwendige Voraussetzung für das vorliegende Kapitel über die photographischen Besonderheiten, derjenige Leser indessen, der diese vorausgehenden Kapitel durchgearbeitet hat, wird den Vorzug haben, daß er die *Ursachen* vieler zu schildernder Maßnahmen wesentlich besser versteht.

Bevor nun auf die Besonderheiten bei der Aufnahme, Entwicklung, Kopie und Wiedergabe eingegangen wird, sei ganz allgemein nachdrücklich darauf verwiesen, daß für *alle* photographischen Maßnahmen auf dem Gebiet der Farbenphotographie eine viel sorgfältigere Arbeitsweise notwendig ist als auf dem Gebiet der Schwarzweiß-Photographie. Ein sehr erheblicher Teil aller Mißerfolge beruht darauf, daß man es von der Schwarzweiß-Photographie — abgesehen von manchen speziellen Aufgaben — vielfach gewohnt ist, etwas „genial“ zu verfahren und Vorschriften nicht allzu wörtlich zu nehmen. Das braucht nicht Schlendrian zu sein, im Interesse der ökonomischen Ausnutzung der Arbeitskraft kann es durchaus angebracht sein, die Genauigkeit nicht zu übertreiben. Aber bei der Farbenphotographie ist der zur Verfügung stehende Spielraum wesentlich geringer, und man tut gut, im Anfang lieber die Genauigkeit zu übertreiben und erst später ganz allmählich die zulässigen Toleranzen abzutasten.

1. Die Aufnahme.

Bei der farbenphotographischen oder farbenkinematographischen Aufnahme ist besonders viel zu beachten. Werden hier die Eigenarten des Farbenmaterials nicht genügend berücksichtigt, so sind die Mißerfolge durch die weitere Verarbeitung im allgemeinen nicht mehr auszugleichen.

a) Die Kamera.

Die meisten farbenphotographischen Verfahren benötigen keine spezielle Kamera, sondern man kann grundsätzlich mit jeder für das Schwarzweiß-Verfahren gebräuchlichen Kamera arbeiten. Leider ist es aber heute in Europa noch nicht immer möglich, das Farbenfilmmaterial in allen Formaten zu erhalten. Dadurch hat bedauerlicherweise mancher keine Möglichkeit, seine Kamera mit größerem Format für solche Farbaufnahmen einzusetzen, während das auf der anderen Seite ein wesentlicher Grund war, beim Neuerwerb die Kleinbildkameras zu bevorzugen. Sehr bedeutungsvoll für die Farbenphotographie ist ein gutes *Objektiv.* Die geringere Lichtempfindlichkeit des Farbenmaterials bringt es mit sich, daß mit Objektiven kleiner Öffnung Momentaufnahmen nur bei sehr guten Beleuchtungsverhältnissen gemacht werden können. Auch bei Verwendung eines Objektivs größerer Öffnung wird diese beim Farbmaterial viel häufiger voll ausgenutzt, und es zeigt sich dann besonders deutlich, ob das Objektiv eine gute Schärfezeichnung gibt und ob alle optischen Fehler gut korrigiert sind. Besonders wichtig ist es für die Farbenphotographie, daß das Objektiv für alle Farben in gleicher Weise gut korrigiert ist. Ferner sind stärkere Farbstiche der Objektive störend (man spricht von „wärmeren“ und „kälteren“ Objektiven). Recht unangenehm wirkt sich in der Farbenphotographie eine starke Vignettierung des Objektivs aus, das ist die Abnahme der Lichtdurchlässigkeit nach den Randgebieten. Bei Schwarzweiß-Aufnahmen stört diese Erscheinung nicht allzu sehr, eine leichte Abdunklung des Bildes am Rand lenkt manchmal sogar noch mehr die Aufmerksamkeit auf den in der Mitte befindlichen Hauptgegenstand. Bei Farbaufnahmen gibt es aber oft zu schwere Schatten, und unter Umständen sind diese Schatten sogar farbig, was dann erheblich stört. Die Vignettierung eines Objektivs läßt sich übrigens leicht prüfen, indem man eine gleichmäßig helle Fläche so aufnimmt, daß sie das ganze Bild einnimmt. Man kann dann schon im Negativ die geringere Belichtung an den Rändern gut erkennen. Sehr erwünscht für den Farbenfilm ist die Oberflächenvergütung des Objektivs (T-Optik), die jetzt bei allen Qualitätsobjektiven zu finden ist. Dadurch wird bekanntlich die Reflexion an der Oberfläche der Linsen weitgehend herabgesetzt. Man gewinnt nicht nur Licht, was für den Farbfilm immer besonders erwünscht ist, sondern vor allem wird die Lichtdiffusion vermindert. Diese sozusagen vagabundierenden Strahlen wirken etwa wie eine zusätzliche diffuse Belichtung des lichtempfindlichen Materials. Das bewirkt in der Farbenphotographie eine allgemeine Verweißlichung der Farben, die immer sehr unerwünscht ist, denn alle unsere farbenphotographischen Verfahren leiden ja an unzureichender Sättigung der Bildfarben im Vergleich zu den Objektfarben. Die Oberflächenvergütung der Objektive ist an den irisierenden farbigen Reflexen der Oberfläche des Objektivs leicht zu erkennen. Man braucht nicht zu befürchten, daß damit eine Färbung des durchtretenden Lichtes verbunden ist, die natürlich unerwünscht wäre.

Von den *übrigen Teilen der Kamera* sind vor allem der Verschluß und die Blende zu erwähnen. Bei Farbaufnahmen sind an die Präzision dieser Teile höhere Anforderungen zu stellen. Der Belichtungsspielraum ist beim Farbenfilm durchweg niedriger als beim Schwarzweiß-Film, infolgedessen muß man sich auf die genaue Einhaltung der Verschlußzeiten und der Blendenöffnung voll und ganz verlassen können. Eine Sonnenschutzblende ist bei Farbaufnahmen oft zu empfehlen, um die Verweißlichung der Farben durch diffuses Licht zu vermindern. Der Gebrauch von Filtern bei Farbaufnahmen wird weiter unten noch eingehender besprochen.

Ein zuverlässiger Sucher ist ebenfalls wichtig. Besonders bei der Herstellung von Farbdiapositiven ist eine nachträgliche Korrektur des Ausschnittes nicht möglich, es sei denn, daß man das Format verkleinert.

Während für die meisten gebräuchlichen Farbmaterialien, besonders für die Mehrschichtenfilme, aber auch für die Rasterfilme, normale Kameras zu benutzen sind, benötigen manche Verfahren noch *Spezialkameras*. Erinnert sei vor allem an die Strahlenteilungskameras, die im Teil C II 3d, S. 118, genauer besprochen worden sind. Es muß darauf hingewiesen werden, daß derartige Kameras eine besonders präzise Einstellung der halbdurchlässigen Spiegel erfordern, damit in allen Bildern scharfe Einstellung und genau gleiche Bildgröße erzielt werden. Diese Justierung erfolgt durch die Herstellerfirma der Kamera, der Benutzer muß indessen darauf bedacht sein, mit einer derartigen Kamera sehr sorgfältig umzugehen, um die Einstellung nicht zu stören. Für Kineaufnahmen benutzt vor allem das Technicolor-Dreistreifen-Verfahren (s. S. 112 ff.) eine Strahlenteilungskamera. Bei ihr ist eine sehr präzise Einstellung ebenfalls Voraussetzung für das weitere Gelingen des Prozesses, bei dem gerade das Passen der drei Teilbilder besonders sorgfältige Überwachung erfordert. Die Zweipack-Verfahren, die in USA noch ziemlich viel in Gebrauch sind, erfordern dagegen keine spezielle Kamera, wohl aber besondere Kassetten (s. S. 104), ferner spezielle Sperrgreifer und eine Andruckplatte, die einen festen Kontakt der beiden Filme während der Aufnahme gewährleistet.

b) Das Aufnahmematerial.

Es braucht nicht betont zu werden, daß das Aufnahmematerial für das betreffende farbenphotographische oder farbenkinematographische Verfahren besonders charakteristisch ist. Wie im Teil C ausführlich dargelegt worden ist, erfordern sowohl die Rasterverfahren wie auch die heute vor allem üblichen Mehrschichtenverfahren ganz spezielles Aufnahmematerial. Nur bei den Strahlenteilungsprozessen und bei der mit zeitlichem Abstand erfolgenden Aufnahme von Teilauszügen (Folgeverfahren) lassen sich grundsätzlich auch Filme oder Platten benutzen, die im Schwarzweiß-Prozeß üblich sind. Gerade bei diesen Verfahren ist aber besonders auf das Passen der Teilbilder achtzugeben. Bei Platten gibt es keine Schrumpfung, bei Film ist indessen starke Schrumpfung eine ernste Schwierigkeit beim Passen. Es darf schon aus diesem Grunde nicht wahllos jeder für den Schwarzweiß-Prozeß übliche Film genommen werden, man bevorzugt vielmehr Filme mit starker und möglichst schrumpfungsfreier Unterlage.

Bei Mehrschichtenfilmen ist eine möglichst trockene und kühle Aufbewahrung noch wichtiger als beim Schwarzweiß-Material, weil durch die beigemengten Farbbildner die Haltbarkeit etwas geringer ist und weil vor allem auch der Rückgang nicht in allen Schichten gleichartig ist. Ungleichmäßige Empfindlichkeit und noch mehr ungleichmäßige Gradation der Teilschichten führen aber zu ernsthaften Störungen. Beim Einlegen in die Kamera ist immer zu beachten, daß es sich um panchromatisches Material handelt, das gegen alle Arten von sichtbarem Licht sehr empfindlich ist. Beim Einlegen von Rasterfilmen ist besonders darauf zu sehen, daß nicht die Emulsionsseite, sondern die Rasterseite dem Objektiv zugewendet wird.

Die *Gesamtempfindlichkeit* des farbenphotographischen Materials ist bisher noch in keines der sensitometrischen Normsysteme aufgenommen worden, wir können daher auch keine Angabe in DIN-Graden erwarten. Um dem Benutzer aber einen Anhaltspunkt zu geben, machen die Rohfilm-Hersteller ungefähre Angaben, etwa: „Belichten wie 13/10° DIN.“

Die *spektrale Empfindlichkeit* des farbenphotographischen Materials ist nicht ganz einfach zu bestimmen, vor allem wenn es sich um Absolutmessungen handeln soll. Für praktische Zwecke genügt es im allgemeinen, die Empfindlichkeit für das blaue, das grüne und das rote Spektralgebiet miteinander zu vergleichen, ohne daß innerhalb dieser Gebiete die

Empfindlichkeitsverteilung bekannt zu sein braucht. Für eine solche Relativbestimmung nimmt man mit einer konstanten Lichtquelle, z. B. einer der Normalbeleuchtungen des Normblattes 5033 (Ausgabe Mai 1944, S. 3 und 4) nacheinander mit einem Blaufilter, einem Grünfilter und einem Rotfilter Belichtungen eines Graukeiles auf das Aufnahmematerial vor und entwickelt nach der Vorschrift. Man kann dann an den drei Sensitometerstreifen feststellen, wie bei einem bewährten Material die Schwellenwerte der drei Farbbelichtungen zueinander liegen, und bei jedem neuen Material auf die gleiche Weise prüfen, ob die Abstände gleich geblieben sind oder sich verändert haben. In den meisten Fällen wird dem Farbenphotographen auch diese Nachprüfung zu umständlich sein, man muß aber dann zumindest die Angabe der Herstellerfirma beachten, ob Tageslichtmaterial oder Kunstlichtmaterial vorliegt, denn im allgemeinen werden nur diese beiden Typen hergestellt.

c) Die Beleuchtung.

Die Frage, mit welchem Licht das aufzunehmende Objekt beleuchtet werden soll, ist auch für die Schwarzweiß-Photographie von großer Bedeutung, für die Farbenphotographie ist sie aber noch viel wichtiger.

Es kommt dabei auf zwei Dinge an: Einmal muß die Gesamthelligkeit der Lichtquelle ausreichend sein und richtig bewertet werden, zum anderen muß die Lichtquelle alle Strahlungsarten des sichtbaren Spektrums in der richtigen Verteilung enthalten.

Die Forderung nach ausreichender *Gesamthelligkeit* ist deshalb schwieriger zu erfüllen als bei Schwarzweiß-Aufnahmen, weil der Farbenfilm unempfindlicher ist. Bei Außenaufnahmen bietet die Aufnahme im direkten Sonnenlicht die günstigste Möglichkeit, noch besser ist es allerdings vielfach, wenn das Sonnenlicht etwas verschleiert ist und infolgedessen die Beleuchtung etwas weicher wird. Bei bedecktem Himmel muß man für photographische Momentaufnahmen oder für kinematographische Aufnahmen schon mit ziemlich weit geöffneter Blende arbeiten. Mit großer Öffnung ist aber notgedrungen geringere Tiefenschärfe verbunden, ein unscharfer Hintergrund kann jedoch gerade bei Farbaufnahmen sehr unerfreulich wirken, es sei denn, daß größere farbige Flächen da sind. Im Atelier ist es noch schwieriger, für ausreichende Beleuchtung zu sorgen. Die Verwendung von Glühlampen kommt meist nur für die Aufnahme eines kleineren Ausschnitts in Frage, für große Szenen, wie sie vor allem in Spielfilmen gebraucht werden, kommt im allgemeinen nur Bogenlicht in Betracht. Die Ausleuchtung dieser großen Szenen erfordert einen erheblichen Aufwand an Lampen und ist verhältnismäßig teuer. Die Verwendung von Hochleistungs-Bogenlampen mit Wasserkühlung des positiven Kraters empfiehlt Finkelnburg (*98*, *99*), auch Jones und Bowditch (*153*) haben darüber veröffentlicht. Auch bei kleineren Szenen, wo man mit weniger Lampen auskommt, oder bei Aufnahmen einzelner Personen ist die Belästigung durch Wärme und Blendung bei sehr kräftigen Lichtquellen unangenehm. Man ist deshalb bestrebt, Lichtquellen zu benutzen, die bei gleicher Intensität weniger Wärme ausstrahlen. Die Leuchtröhren, welche die Glühlampen bei der Beleuchtung größerer Räume heute weitgehend verdrängen, sind für Aufnahmezwecke im allgemeinen nicht sehr geeignet, weil ihr Licht nicht hinreichend zu konzentrieren ist. Dagegen kann man sie nach LAGORIO (*164*) in der Farbfilmpraxis zum Aussuchen von Stoffen, Dekorationen und Schminken, ferner zur Aufhellung von dunklen Hintergründen bei der Aufnahme verwenden. Die Gasbogenlampen, die eines der Edelgase Argon, Krypton oder Xenon, meist das letztere, enthalten, sind geeigneter, näheres darüber s. unten. Schließlich kommen Blitzlicht und Elektroblitze für Momentaufnahmen in Frage. Vor allem der Pressephotograph muß sich ihrer bedienen. Ihre Intensität ist auch für Farbaufnahmen ausreichend. Auch darüber wird später noch mehr gesagt. Einen sehr guten Überblick über die neueren, in der Photographie verwendbaren Lichtquellen gibt PFISTER (*303*).

Die Bewertung der Lichtintensität kann wie in der Schwarzweiß-Photographie nach den verschiedensten Methoden erfolgen. Es kommt aber in der Farbenphotographie auf größere Genauigkeit an, weil der Belichtungsspielraum des Materials geringer ist. Deshalb sollte man möglichst die zuverlässigste Bewertung, nämlich die mit dem elektrischen Belichtungsmesser, bevorzugen. Über diese wird noch Näheres gesagt.

Als zweites wichtiges Kennzeichen für die Eignung einer Lichtquelle war angegeben worden, daß sie *alle Strahlungsarten des sichtbaren Spektrums in der richtigen Verteilung* enthalten soll. In den Ausführungen über Farbsensitometrie ist sehr ausführlich auf diesen Punkt eingegangen worden. Hier sei nur nochmals betont, daß spektrale Verteilung der Lichtquelle und spektrale Empfindlichkeit des Aufnahmematerials aufeinander abgestimmt sein müssen. Vom Aufnahmematerial ist schon gesprochen worden. Die exakte Messung der spektralen Verteilung der Lichtquelle erfordert größeren Aufwand. Neuerdings stehen aber Meßinstrumente für die Bestimmung der Farbe der Lichtquelle zur Verfügung, die einen ungefähren und für die Praxis meist ausreichenden Anhalt für ihre Beurteilung vermitteln. Sie werden weiter unten (S. 280 u. 281) noch näher besprochen. Im allgemeinen wird zur Charakteristik der Lichtquellenfarbe die *Farbtemperatur* angegeben (Näheres s. S. 179 u. 180). Es ist nachdrücklich darauf hinzuweisen, daß eine solche Angabe nicht immer sinnvoll ist, vor allem bei Entladungslampen. Bei den wichtigsten Lichtquellen, dem Sonnenlicht, dem diffusen Tageslicht, den verschiedenen Glühlampen und dem Bogenlicht, treffen diese Angaben aber ganz oder angenähert zu. Die Strahlung einer normalen Glühlampe etwa von der Farbtemperatur $T = 2850°$ (die Grade werden vom absoluten Nullpunkt an gerechnet) soll demnach den gleichen Farbeindruck hervorrufen wie die Strahlung eines schwarzen Körpers von der Temperatur 2850°. Das bei dieser Farbtemperatur ausgesendete Licht hat einen ziemlich starken Farbstich nach Gelbrot. Nitraphot-Lampen haben

Tabelle 7.

Lichtquelle	Farbtemperatur
Vakuum-Glühlampe	2360° K
Gasgefüllte Glühlampe 40/220	2665° K
Gasgefüllte Glühlampe 200/220	2790° K
Nitraphot B	3000° K
Nitraphot K	3200° K
Nitraphot S	3400° K
Krater der Reinkohle-Bogenlampe . .	4200° K
Blitzlichtpulver	3350° K
Vakublitz	3500° K
Magnesiumband	3700° K

bereits eine höhere Farbtemperatur, etwa 3200°—3400°, und sind dementsprechend schon etwas weniger farbstichig. Für Sonnenlicht kann man eine durchschnittliche Farbtemperatur von 4500° annehmen, für diffuses Tageslicht eine noch viel höhere, mindestens 7000°. Während Sonnenlicht noch als etwas gelblich bezeichnet werden muß, ist das diffuse Tageslicht schon bläulich. Der Weißpunkt des Farbendreiecks entspricht einer Farbtemperatur von 5500°. Bei Bogenlampen ist besonders zu beachten, ob es sich um Niederleistungslampen mit etwa 3500°—3900° oder um Hochleistungslampen mit 4500°—6500° handelt.

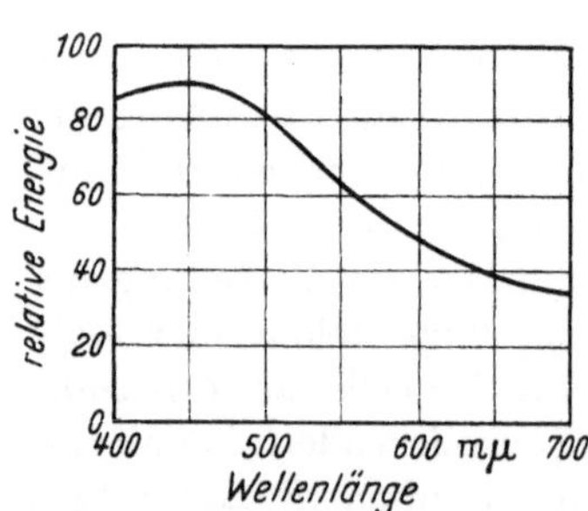

Abb. 157. Energieverteilung von blauem Himmelslicht.

Die einer Arbeit von Eggert und Küster (*92*) entnommene Tabelle 7 gibt eine gute Übersicht über die Farbtemperaturen verschiedener für den Photographen wichtigen künstlichen Lichtquellen.

Die Energieverteilung von drei typischen Lichtquellen, nämlich von blauem Himmel, von direktem Sonnenlicht zur Mittagszeit und von einer 500 Watt-Lampe, geben die drei Abb. 157, 158 u. 159, welche dem Buch von Spencer (*9*) entnommen sind. Weitere Angaben sind auch einer Arbeit von Taylor u. Kerr (*263*) zu entnehmen.

Eine sehr übersichtliche Tabelle über den Blau-, Grün- und Rotanteil der üblichen Lichtquellen gegenüber weißem Wolkenhimmel geben Bloch u. Clerc (*56*) (s. Tab. 8).

Bei den *Tageslichtquellen* ist folgendes zu beachten: Die beste Konstanz hat noch das Sonnenlicht, sofern man den Stand der Sonne berücksichtigt, denn wie allgemein bekannt, wird das Sonnenlicht um so gelblicher und rötlicher, je tiefer der Sonnenstand ist. Einzelheiten über seine Bestimmung in Abhängigkeit von der geographischen Breite, der Jahreszeit und der Tagesstunde bringt eine Arbeit von ELVEGARD und

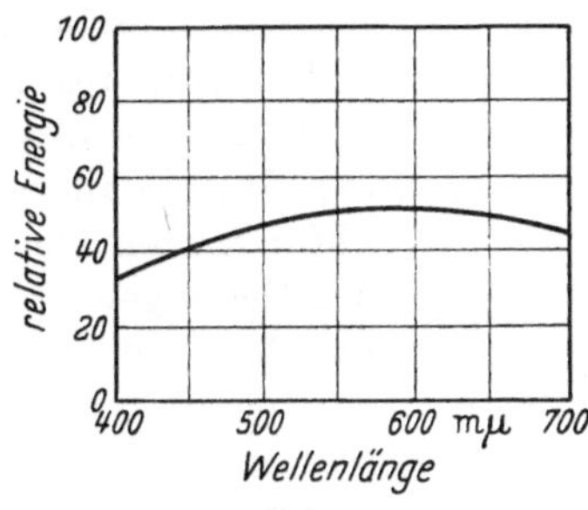

Abb. 158. Energieverteilung von Sonnenlicht.

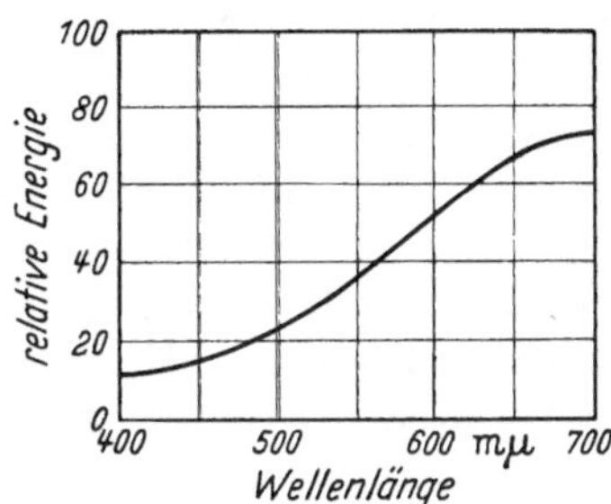

Abb. 159. Energieverteilung einer 500 W-Lampe.

SJÖSTEDT (*93*), die auch sonst interessante Ausführungen über den Einfluß der verschiedenen atmosphärischen und meteorologischen Bedingungen enthält. In einer Arbeit von BINGHAM u. HOERLIN (*53*) wird mit Hilfe von Aufnahmen einer Grauskala auf Farbenfilm festgestellt, daß die Farbe des Sonnenlichts nicht von Besonderheiten der geographischen Lage oder der Jahreszeit abhängt, sondern nur von dem Sonnenstand. Am günstigsten ist es danach für USA-Verhältnisse, einen mittleren Sonnenstand von 50° über dem Horizont als Mittel zugrunde zu legen. Man kann dann im allgemeinen innerhalb eines Bereiches von 20° bis zu 70° Aufnahmen machen, ohne besondere Korrekturen vornehmen zu müssen.

Tabelle 8.

	Blau in %	Grün in %	Rot in %
Tageslicht, weißes Wolkenlicht	33,3	33,3	33,3
Blauer Himmel	39,1	33,7	27,2
Sonnenlicht	29,8	32,5	37,7
Stearin-Normalkerze	5,7	16,7	77,6
Metallfaden-Glühlampe	7,0	32,0	61,0
Halbwattlampe	20	30	50
Acetylenlampe	11,8	24,3	63,9
Gasglühlicht	8	38	54
Quecksilberdampflampe	23,0	70,6	6,4
Bogenlampe m. gewöhnl. Kohle	18	32	50
Bogenlampe perlweiß	20,8	36,9	42,3
Bogenlampe gelb	12,7	43,9	43,4
Bogenlampe rot	8,9	14,1	77,0

Nach einer Arbeit von GORDON (*108*) kann man für Tageslicht, das aus dircktem Sonnenlicht und Himmelslicht gemischt ist, eine Farbtemperatur von etwa 5800° annehmen. MILLER (*201*) weist aber darauf hin, daß bei einer Mischung von Sonnenlicht und blauem Himmelslicht, die ja praktisch besonders wichtig ist, nicht eigentlich von einer bestimmten Farbtemperatur gesprochen werden kann. Für bedeckten Himmel ist es sehr schwierig, eine bestimmte Farbtemperatur zugrunde zu legen, sie hängt sowohl von dem Stand der Sonne wie von dem Grad der Bewölkung ab, und letzterer wechselt außerdem ständig. Man kann also nur Mittelwerte zugrunde legen. Blauer Himmel liegt, wie aus der obigen Tabelle ersichtlich, noch höher in der Farbtemperatur. Wenn daher ein einheitlicher „Tageslichtfilm" für alle diese Beleuchtungsarten gleichzeitig dienen soll, so ist das an sich ein unmögliches Verlangen. Man kommt aber zurecht, wenn man die Extreme wie Sonnenlicht am Morgen oder Abend als zu gelbrot, das Licht des blauen Himmels im Schatten als zu blau vermeidet. Andernfalls muß man mit schwach gefärbten Korrekturfiltern arbeiten, sofern man Unikate aufnimmt. Bei Kopierverfahren läßt sich die Korrektur noch später beim Kopieren vornhemen. Besonders schwierig sind Hochgebirgsaufnahmen. Schattenaufnahmen werden durch den tiefblauen Himmel zu blau, eine Korrektur ist durch hellrosa Filter zu erzielen. Dazu kommt z. T. noch die Wirkung des Ultraviolett, das in größeren Höhenlagen stärker zur Geltung kommt und im Licht *und* im Schatten wirkt. Man hält das Ultraviolett zweckmäßig durch Sperrfilter ab, die nur den ultravioletten Teil des Spektrums absorbieren und infolgedessen fast farblos erscheinen.

Das *Bogenlicht* kommt dem Tageslicht ziemlich nahe, man nimmt infolgedessen auch für Bogenlichtaufnahmen dieselbe Filmsorte wie für Tageslicht. Zu beachten ist aber der Unterschied zwischen Reinkohlebogenlampen mit verhältnismäßig niedriger und Hochintensitäts-Kohlebogenlampen mit recht hoher Farbtemperatur. Auch hier ist es wieder so, daß solche Unterschiede nur für Aufnahmen eine Rolle spielen, die direkt zu fertigen Bildern verarbeitet werden (Unikate), während man bei Kopierverfahren durch die Möglichkeit der späteren Korrektur etwas mehr Spielraum hat. Schwankungen treten beim Bogenlicht auch durch unterschiedlichen Kohlenabstand und die verschiedene Lage des Kraters auf. Ein neuer Typ von Bogenlampen ist die Zirkon-Bogenlampe mit einer Farbtemperatur von 3200°K, jedoch muß man ihre Eignung noch abwarten.

Die Verwendung von *Glühlampen* ist für die Farbenphotographie nicht sehr günstig, weil die Farbtemperatur ziemlich niedrig ist, man rechnet mit einem Durchschnitt von 3200°. Man muß dann zumindest — selbst bei Kopierverfahren — ein besonderes Aufnahmematerial wählen, das auch bei den meisten neueren Verfahren als Kunstlichtmaterial geliefert wird. (Der Ausdruck ist nicht glücklich gewählt, weil Bogenlicht auch Kunstlicht ist, in der Farbe aber dem Tageslicht nahekommt.) Farbtemperaturschwankungen sind bei Glühlampenlicht im allgemeinen nicht so stark wie bei Tageslicht oder Bogenlicht, sie sind aber doch zu beachten. Einmal sind sie bedingt durch Spannungsschwankungen, die durch Regulierwiderstände oder für besondere Genauigkeit durch automatische Spannungsregler ausgeglichen werden können. Nach FORSYTHE (*103*) gibt z. B. bei gasgefüllten 115 Volt-Lampen eine Herabsetzung der Spannung um 5 Volt eine Verminderung der Lichtausbeute um 15% und eine Herabsetzung der Farbtemperatur um 50°. Ferner ändern sich Intensität und Farbtemperatur bei längerem Gebrauch der

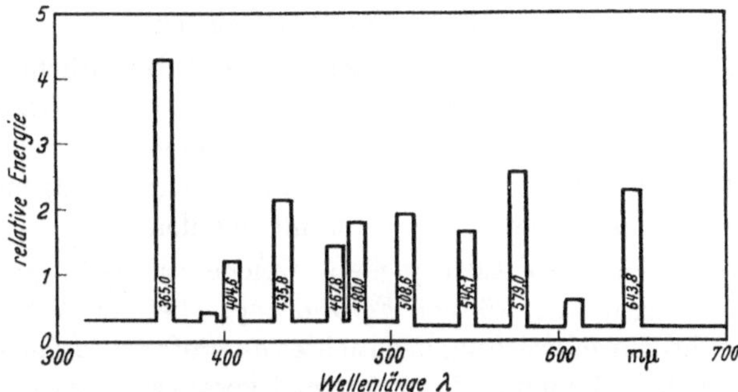

Abb. 160. Energieverteilung der Quecksilber-Cadmium-Lampe.

Lampe, hauptsächlich durch Verdampfen des Metalls vom Draht und Niederschlagen auf dem Glas. In einer Arbeit von MACBETH und NICKERSON (*183*) wird erwähnt, daß man in den USA 10000 Watt-Glühlampen mit einer Farbtemperatur von 3350° benutzt.

Bei den *Entladungslampen* ist es im allgemeinen verfehlt, von einer bestimmten Farbtemperatur zu sprechen, weil ihr Licht entweder nur aus einzelnen Spektrallinien besteht oder zumindest einem kontinuierlichen Spektrum einzelne Linien überlagert sind. Während gewöhnliche Quecksilberlampen wegen des Mangels an rotem Licht für Farbaufnahmen ausscheiden und auch Quecksilberhochdrucklampen noch zu wenig Rot enthalten, hat die Quecksilber-Cadmium-Lampe eine bessere Verteilung der Linien über das gesamte Spektrum (s. die aus der Arbeit von MACBETH und NICKERSON entnommene Abb. 160.) Dieser Lampentyp wurde in England während des Krieges entwickelt, seine Benutzung für farbenphotographische Aufnahmen ist noch umstritten.

Nach einer Arbeit von ALDINGTON (*39*) sind die *Gasbogenlampen* mit Argon, Krypton und vor allem mit Xenon für farbenphotographische Zwecke sehr geeignet, da ihr Licht dem Sonnenlicht sehr ähnlich und auch die Lichtausbeute günstig ist (25 ... 30 lm/W bei einer 5 kW-Lampe). Der Druck in der Lampe beträgt etwa 5 Atm. Sie sind jetzt auch in Deutschland zu erhalten. Einzelheiten bringt auch eine Arbeit von ANDERSON (*40*).

Röhrenblitze sind ohne gelblichen Lacküberzug zu blau für Kunstlichtfilme und zu gelblich für Tageslichtfilme. Angaben für Korrekturfilter sind den Gebrauchsanweisungen zu entnehmen. Für Tageslichtfilme existieren Blitze mit blauem Lacküberzug.

Für Momentaufnahmen bei unzureichender Allgemeinbeleuchtung stehen außer den Röhrenblitzen die seit einigen Jahren eingebürgerten *Elektro-Blitze* zur Wahl. Die Elektro-Blitze haben im allgemeinen die richtige spektrale Zusammensetzung, um eine ähnliche Farbwirkung wie Tageslicht zu erzielen, obwohl bei diesem Licht dem kontinuierlichen Spektrum ein Linien-Spektrum überlagert ist.

Streng zu vermeiden ist immer Mischlicht, z. B. Bogenlicht einerseits, Glühlampenlicht andererseits, während dagegen bei der Schwarzweiß-Aufnahme keine Bedenken bestehen. Das Nebeneinander der verschiedenen Lichtfarben wirkt in Farbbildern meist sehr unangenehm, nur selten lassen sich besondere Effekte damit erzielen.

Selbst bei geeigneten Lichtquellen, welche die richtige spektrale Zusammensetzung haben, können *Farbstörungen* bei der Aufnahme eintreten durch die Zurückwerfung des Lichtes *an größeren farbigen Flächen*. Man hat zwar diese Fehlerquelle manchmal verantwortlich gemacht für Farbverfälschungen, die in Wirklichkeit vom Material oder der Verarbeitung herrührten, aber in ungünstigen Fällen können solche Einflüsse durchaus eine Rolle spielen. Farbige Tapeten oder das Grün von Bäumen können z. B. in dieser Weise wirken. Besonders auffällig ist es, wenn nur ein Teil des Objekts eine solche Farbverfälschung zeigt.

Während bei der normalen Farbaufnahme, wo alle Teilbilder gemeinsam entstehen, weiße Beleuchtung verwendet wird, kann man bei Reproduktionsaufnahmen die Einzelherstellung der Teilauszüge abwechselnd bei den entsprechenden farbigen Beleuchtungen vornehmen. In einer Arbeit von STONE (*259*) wird diese Arbeitsweise empfohlen.

d) Die Aufnahmefilter.

In unmittelbarem Zusammenhang mit der Wahl der Lichtquelle steht die Verwendung von Filtern bei der Aufnahme. Bei der *Herstellung getrennter Teilauszüge* ist jeder von ihnen durch ein anderes Filter aufzunehmen. Für die meist angewendete Dreifarbenphotographie kommen ein blaues, ein grünes und ein rotes Filter zur Verwendung. Zum Beispiel kann man für normale Teilauszüge den Agfa-Filtersatz 40, 41, 42 verwenden, für besonders strenge Farbtrennung wählt man z. B. die Agfa-Filter 43, 544 und 45. Die Verlängerungsfaktoren der Filter lassen sich nicht in absolutem Maß angeben, sie richten sich nach der Art der Lichtquelle und der Sorte des Films. Nur Zahlenangaben, die sich ausdrücklich darauf beziehen, können als zuverlässig betrachtet werden. Bei den Strahlenteilungskameras werden die Filter von der Herstellerfirma der Kamera mitgeliefert.

Die Aufnahmen für die Mehrschichtenfilme, für Zweipack und Rasterfilme, erfolgen in den meisten Fällen ohne Filter. Es sind nur dann *Korrekturfilter* notwendig, wenn die spektrale Empfindlichkeit des Aufnahmematerials und die spektrale Verteilung der Lichtquelle nicht hinreichend aufeinander abgestimmt sind. Beim Zweipack ist ein Ausgleich durch Filter meist überflüssig, da hier der große Belichtungsspielraum des Schwarzweiß-Materials zur Verfügung steht und der Ausgleich später bei der Kopie erfolgen kann. Bei den Mehrschichten-Negativfilmen, z. B. dem Agfacolor-Negativfilm, ist der Belichtungsspielraum auch noch leidlich groß, man kann ferner bei der Kopie noch durch Kopierfilter ausgleichen. Trotzdem empfiehlt es sich, wenigstens die beiden Hauptsorten Tageslichtfilm und Kunstlichtfilm auseinanderzuhalten und nicht zu verwechseln. Kritischer ist es schon bei der Anwendung von Umkehrfilmen, weil deren Belichtungsspielraum wesentlich geringer ist, und am vorsichtigsten muß man sein, wenn, wie es meistenteils der Fall ist, dieser Umkehrfilm direkt ohne Kopie betrachtet werden soll. Trotzdem wird durch Filter oft mehr verdorben als gewonnen. Streng zu beachten ist hauptsächlich, daß man bei Tageslicht, Bogenlicht und Elektro-Blitz den Tageslicht-Typ, bei Nitraphotlampen den Glühlampentyp wählt. Die vertauschte Verwendung, z. B. Glühlampenlicht-Film für Tageslicht erfordert unbedingt Filter. Sie sollte aber nur dann vorgenommen werden, wenn es unumgänglich notwendig ist, z. B. wenn die Kamera gerade mit der anderen Filmsorte geladen ist oder zufällig kein anderes Material da ist, denn der Lichtverlust durch die Filter ist immer beträchtlich. Wie schon erwähnt, sind auch bei Hochgebirgsaufnahmen Korrekturfilter angebracht. Folgende Filter werden z. B. nach einer Zusammenstellung von NAGEL (*207*) empfohlen (s. S. 276).

Ergänzend ist noch zu erwähnen, daß von *Kodak* für die Benutzung von Kodachrome Commercial Film bei Tageslicht Wratten Filter Nr. 83 empfohlen wird, ferner als Ausgleichsfilter die Gelbfilter Nr. 81 A—81 H und die Blaufilter Nr. 82 A—82 C.

ANSCO empfiehlt für die Absorption des Ultraviolett die Filter uv-15—uv-18, ferner die Filter Nr. 10 für Kunstlichtaufnahmen auf Tageslichtfilm (Verlängerungsfaktor 4) und Nr. 11 für Tageslichtaufnahmen auf Kunstlichtfilm (ohne Verlängerung).

Entsprechende GEVAERT-Filter sind UV-1 und Uv-2 zum Fernhalten der Ultraviolettstrahlung, die Orangefilter CTO-1, -2, -4, -8, -12, -16, und - 20, wenn die Farbtemperatur der Lichtquelle zu hoch ist, und die Blaufilter CTB-1, -2, -4, -8, -12 und -16, wenn sie zu niedrig ist.

Eine Übersicht über den Gebrauch von Lichtfiltern beim Farbenfilm gibt ferner GORDON (*108*).

Tabelle 9.

Bezeichnung	Farbe	Verwendungszweck	Belichtungs-faktor	Bemerkung
I. Hersteller: Agfa				
K 19	rötlich	Tageslichtaufnahmen auf Kunstlichtfilm. Aufnahmen mit Osram-Leuchtröhren und Magnesiumbandlicht auf Kunstlichtfilm	4fach	
K 28	schwach blau	Beseitigung rötlich-gelber Farbstiche (schräge Sonne)	1,3—1,5fach	
K 29 C	farblos	Ultraviolettabsorption. Aufnahmen in großen Höhen, seltener an der See, blaue Fernen, Schnee in großen Höhen	1,3—1,5fach 1,5—2fach. Bei rotem oder nicht UV-haltigem Licht wie ohne Filter belichten	entspricht Kodak- u. Lifacolor-Dunstfilter. Bei Höhenaufnahmen wird Vordergrund überkorrigiert
K 31	schwach gelb	Spezialfilter für Agfa-Kapselblitz in Verbindung mit Kunstlichtfilm	unwesentliche Verlängerung	
K 32	schwach gelb	Spezialfilter für Osram-Vacublitz-Aufnahmen auf Kunstlichtfilm. Aufnahmen mit Nitraphot S oder K	siehe Agfa-Belichtungstabelle	
K 33	schwach purpur	gegen Blaugrünstich, Tageslichtaufnahmen in Innenräumen (Farbverfälschung infolge der Farbe des Fensterglases), auch bei schönem Wetter	2—3fach, 1—5fach, 2fach	nicht mehr im Handel
K 33 A	schwach purpur	wie K 33	1,3—1,5fach 1,5fach	
K 34	schwach rot	gegen bläuliche Stiche. Aufnahmen bei trübem Wetter. Kalte Reflexlichter unter Bäumen. Bei *starker* Bewölkung. Von stark farbigen Hauswänden, Personen mit stark farbigen Hüten oder Kleidern, auf Wiesen	1,5—2fach	
K 69	blau	Kunstlichtaufnahmen auf Tageslichtfilm	6—8fach, 5fach	
II. Hersteller: Lifa				
Lifa-color I	schwach rötlich	Spezialfilter für Außenaufnahmen zur Erzielung reinen Himmelblaues. Gegen Blaustich bei Aufnahmen bei sehr hohem Sonnenstand	wie ohne Filter	nur geringe Blaudämpfung, daher nicht für Innenaufnahmen

Tabelle 9. (Fortsetzung.)

Bezeichnung	Farbe	Verwendungszweck	Belichtungsfaktor	Bemerkung
Lifacolor II	schwach rötlich	Spezialfilter für Innenaufnahmen. Blaustichbeseitigung in warmgetönten Innenräumen. Außenaufnahmen bei grauem, bewölktem Himmel. Bei Sonne im Schatten	2,5fach, bei Verwendung als Tageslichtfilter 4fach	
Lifacolor III	rötlich	wie II, für kälter getönte Innenräume, bei weißer, grauer oder blauer Gesamtstimmung	2fach	
Lifacolor-Kunstlichtfilter	blau	Kunstlichtaufnahmen auf Agfa-Tageslichtfilm	ohne Verlängerung (?)	Tageslichtergänzungsfilter
Lifacolor-Dunstfilter	farblos	Fernaufnahmen	ohne Verlängerung (?)	
Lifacolor-Tageslichtfilter	rötlich	Tageslichtaufnahmen auf Agfa-Kunstlichtfilm		noch nicht im Handel
Lifacolor-Blitzlichtfilter	schwach gelb	Blitzlicht- oder Vacublitz-Aufnahmen auf Agfacolor-Kunstlichtfilm	ohne Verlängerung (?)	
III. Hersteller: Kodak				
Kodak-Dunstfilter (Wratten Nr. 1A)	farblos	Blaudämpfung bei Fernaufnahmen	1,5—2fach, falls stark blau- oder UV-haltiges Licht herrscht. Sonst wie ohne Filter	entspricht Agfa K 29 C, speziell für Kodachrom-Film
Kodak-Kunstlichtfilter (Wratten Nr. 80)	blau	Kunstlichtaufnahmen auf Tageslichtfilm mit Nitraphotlampe B oder S	s. Kodak-Kunstlichttabelle Nr. 2	speziell für Kodachrom-Film
Kodak-Tageslichtfilter (Wratten Nr. 85)	orange	Tageslichtaufnahmen auf Kunstlichtfilm Type A	wie Tageslichtfilm ohne Filter	speziell für Kodachrom-Film

Tabelle 9. (Fortsetzung.)

Bezeichnung	Farbe	Verwendungszweck	Belichtungsfaktor	Bemerkung
IV. Hersteller: Auer				
Neophan-Filter	schwach purpur	Farbkontrasthebung. Rotkräftigung. Gelbdämpfung. Reproduktion von Gemälden und farbigen Zeichnungen. Verbesserung von Bildweißen. Gegen Emulsions-Gelbgrünstich. Aufnahmen von braun getäfelten oder rot tapezierten Innenräumen. Reproduktion insbesondere von Röteldrucken, jedoch nicht von grünflächigen Objekten. Verbesserung blasser (nicht roter oder stark gebräunter) Hauttöne	gewöhnlich 1,5fach, mit Filterdicke und -dichte veränderlich	in der Masse gefärbtes Filter. Vor allem in Verbindung mit Kunstlichtfilm

e) Das Objekt.

Grundsätzlich möchte der Farbenphotograph natürlich alle Objekte aufnehmen, die ihm künstlerisch wertvoll, als Andenken teuer oder aus irgendeinem wissenschaftlichen oder technischen Grunde interessant erscheinen. Er hat dabei gegenüber dem Schwarzweiß-Photographen einen wichtigen Vorteil und einen wichtigen Nachteil. Der Vorteil liegt darin, daß die Farbe wesentlich mehr Unterscheidungsmöglichkeiten gibt als die für die Schwarzweiß-Aufnahme allein maßgebende Abstufung der Helligkeit. Das ist ein im Wesen der Sache begründeter Unterschied. Der Nachteil ist nicht prinzipiell, er ist aber durch den Stand der Technik bedingt. Es handelt sich um den schon mehrfach erwähnten geringeren Belichtungsspielraum des farbenphotographischen Materials. Das wirkt sich dahin aus, daß größere Helligkeitskontraste durch das Farbfilmmaterial nicht mehr eingefangen werden, es müssen entweder in den Lichtern oder in den Schatten Abstufungen verlorengehen. Man kann nun den Nachteil in gewissem Maße durch den Vorteil ausgleichen, indem man Objekte mit schwächeren Helligkeits-Kontrasten wählt, bei denen dafür durch die Farbkontraste für Belebung gesorgt ist. Daher auch die immer wieder empfohlene „weiche" Beleuchtung für Farbaufnahmen oder der Spruch „Hab Sonne im Rücken". Das ist nicht zu wörtlich zu nehmen. Andere Aufnahmen sind nicht unmöglich, sie erfordern aber mehr Erfahrung und Geschick als in der Schwarzweiß-Photographie. Oft bewirkt eine Aufhellung der Schattenpartien eine bedeutende Verbesserung. Allzu schreiende Farbkontraste sind natürlich auch zu vermeiden, man muß aber im Auge behalten, daß alle Farbenverfahren, abgesehen von einigen Maskenverfahren, die Farben weniger gesättigt wiedergeben als in der Natur und daß infolgedessen die Farbgegensätze im Bild nicht so extrem sind, wie sie zunächst im Objekt erscheinen. Überhaupt kann der Photograph oder Kameramann auf dem Farbengebiet erst sein volles Können entfalten, wenn er durch längere Gewohnheit das natürliche Objekt in die farbige Reproduktion umzudenken lernt. Einen anderen Umdenkungsprozeß muß ja der Schwarzweiß-Photograph vornehmen, wenn er von seinem Objekt die Farben abstrahiert und es nur in Helligkeitsstufen zu sehen lernt. Schwierig ist aber gerade wieder die Umstellung von Schwarzweiß auf Farbe. Späteren Generationen, die nur noch mit Farbe arbeiten, wird sie vielleicht erspart bleiben. Besonders ist darauf zu achten, daß nicht zu viel „farbige Unruhe" im Bild entsteht, vor allem als Hintergrund wirken größere bunte oder unbunte Flächen besser als ein Mosaik von vielen kleinen Farbflächen.

f) Hilfsinstrumente.

Als solche kommen für farbenphotographische Aufnahmen vor allem Belichtungsmesser und Farbtemperaturmesser in Frage.

Als *Belichtungsmesser* nimmt man grundsätzlich dieselben wie in der Schwarzweiß-Photographie, und es soll hier deshalb auch nicht auf alle in Frage kommenden Methoden und Geräte eingegangen werden. Aus dem, was weiter oben über den geringeren Belichtungsspielraum des Farbenfilms gesagt wurde, folgt unmittelbar, daß alles daran gesetzt werden muß, diesen Spielraum wenigstens richtig auszunutzen, und dazu ist eine recht genaue Kenntnis der Beleuchtungswerte Voraussetzung. Deshalb ist für die Messung auch die genaueste Methode, nämlich die mit dem elektrischen Belichtungsmesser, zu empfehlen. Es ist hier überflüssig, im einzelnen auf die große Zahl von Typen einzugehen, die im Handel sind. Im allgemeinen mißt man die Helligkeit des Objekts, indem man den Belichtungsmesser darauf richtet, man kann aber auch die Helligkeit der Lichtquelle messen, dazu nimmt man sog. „Luxmeter", die aber prinzipiell genau so aufgebaut sind. Mißt man das Objekt, so sind die dunklen und die hellen Teile zu berücksichtigen, z. B. kann man beide aus großer Nähe messen und einen Mittelwert wählen. Im allgemeinen sind sogar die Schattenpartien mehr zu berücksichtigen. Man darf z. B. keinesfalls nur die Helligkeit des Himmels messen, auch wenn er mit in das Bild einbezogen wird. Für eine genauere Messung empfiehlt SPENCER in seinem Buch (S. 77) folgendes Verfahren: Entweder man setzt eine weiße Fläche an die Stelle des Objekts, mißt sie und rechnet nur $^1/_5$ der Helligkeit, oder man setzt ein mittleres Grau an die Stelle des Objekts und braucht dann den gemessenen Wert nicht mehr durch einen Faktor zu korrigieren. Bei sehr knapper Beleuchtung wird die Messung unzuverlässig, man wird Probebelichtungen nicht umgehen können. Der Autor hat mit der Verwendung eines Grau von der Dichte 0,7 als mittleres Helligkeitsmaß ebenfalls sehr gute Erfahrungen gemacht. Bei dunkel gefärbten Objekten muß die Belichtungszeit doch noch verlängert werden. Für Kine-Aufnahmen sehr geeignet erscheint ein teleskopartig gebauter Belichtungsmesser der New Salford Electrical Instruments Ltd., der in (*288*) beschrieben wird.

Eine Arbeit von KUBITZEK (*162*) unterstreicht die Bedeutung einer zuverlässigen Belichtungsmessung für die Farbenphotographie und stellt hauptsächlich drei Forderungen, die hier wörtlich zitiert werden:

1. Die wirksame Spektralempfindlichkeit des Photoelements muß in genügender Weise mit der des verwendeten Aufnahmematerials übereinstimmen (spektralphotometrische Bedingung).

2. Es soll möglichst nur das für die bildmäßige Wirkung wichtige Licht des Aufnahmeobjektes auf das Photoelement wirken (geometrisch-photometrische Bedingung).

3. Die Anzeigetoleranz darf innerhalb des praktischen Meßbereichs das für das Verfahren unschädliche Maß nicht überschreiten (Toleranzbedingung).

Unabhängig von der Intensität des Lichtes kann man mit neuerdings entwickelten Instrumenten auch seine Farbe bestimmen. Eine *exakte* Messung der Lichtfarbe müßte nun die Koordinaten im Farbendreieck ergeben. Diese Forderung wird von den zur Zeit angebotenen Instrumenten im allgemeinen nicht erfüllt. Man begnügt sich vielmehr damit, das Verhältnis zwischen kurzwelliger und langwelliger Strahlung, also zwischen dem blauen und dem roten Anteil, zu messen. Setzt man voraus, daß die Lichtquelle sich wie ein „schwarzer Strahler" verhält, so kann man einfach von ihrer Farbtemperatur sprechen und nennt die Meßinstrumente daher auch *Farbtemperaturmesser*. MILLER (*201*) diskutiert ausführlich die Bedenken, welche gegen die zu allgemeine Verwendung von Farbtemperaturmessern erhoben werden müssen, und zwar immer dann, wenn größere Abweichungen von der schwarzen Strahlung vorliegen, insbesondere bei Entladungslampen. Die Farbtemperaturmesser beruhen meistens auf dem Prinzip, daß ein Teil des Lichtes durch ein Blaufilter auf eine Photozelle wirkt, ein anderer durch ein Rotfilter auf eine zweite. Ein Regulierwiderstand kann nun so verstellt werden, daß beide Photoströme sich gerade kompensieren. Die betreffende Einstellung zeigt dann unmittelbar die Farbtemperatur an. Solche Instrumente bauen z. B. in Deutschland GOSSEN (Sixticolor) sowie STRASSER und DELTSCHAFT (Collux III). Ein amerikanisches Instrument dieser Art wird von MOEN (*202*) beschrieben, ein Schweizer Instrument stammt von REBIKOFF. JONES (*152*) weist auf ein von MORRIS konstruiertes Instrument hin, bei dem jeder der beiden Photozellenströme den Ausschlag eines gesonderten Zeigers bewirkt, die im

Winkel zueinander angebracht sind. Die Lage des Schnittpunktes zeigt die gemessene Farbtemperatur an. LENNARTZ (*168*) bespricht die Möglichkeit einer Steuerung der Lichtfarbe von Bogenlampen mit Hilfe des eben erwähnten Prinzips der photoelektrischen Blau-Rot-Messung, was vor allem für Scheinwerfer in Kinoateliers von Bedeutung wäre.

Ein neuer *Spectra Color Temperature Meter* wird in einer Arbeit von CRANDELL, FREUND und MOEN (*83*) erwähnt. Er erlaubt im Gegensatz zu dem ersten Instrument dieses Namens nicht nur die übliche Messung mit Blau- und Rotfilter, sondern ermöglicht durch einen weiteren Vergleich von Blaufilter gegen Grünfilter noch eine Kontrolle, ob die Lichtquelle als grauer Strahler zu betrachten ist. Weiterhin wird in dieser Arbeit ein neues Index-System zur Charakterisierung der Lichtquelle wie der Filmsorte vorgeschlagen, um damit eine Grundlage für die Wahl der Filter zu erhalten.

Das gleiche Prinzip der Blau : Grün- und Blau : Rot-Messung schlägt NEUGEBAUER (*213*) in einer Arbeit vor, in der zugleich auch ein Gerät zur Bestimmung des Objektumfangs beschrieben wird. Auch beim Collux IV wird mit 3 Farben gemessen [s. LENNARTZ (*299*)].

Ein Instrument der *General Electric*, das gleichzeitig Belichtungsmesser und Farbtemperaturmesser ist, beschreiben HARRISON und HARRISON (*126*). Als Belichtungsmesser wird es an die Stelle des Aufnahmeobjekts gebracht und gegen die Kamera gerichtet. Ein besonderer Ansatz dient der Farbtemperaturmessung nach dem Blau-Rotfilter-Prinzip. Es ist anzunehmen, daß mit der Verbesserung und Verbilligung derartiger Instrumente bei der farbenphotographischen Aufnahme Willkür und Zufall mehr und mehr ausgeschaltet werden und damit die Ausbeute erheblich verbessert wird.

2. Die Entwicklung.

Vor dem Entwicklungsprozeß kann zur Erhöhung der Lichtempfindlichkeit der Filme noch eine „*Latensifikation*" stattfinden, d. h. eine verhältnismäßig schwache diffuse Nachbelichtung. Nach Wissen des Autors findet bisher diese Latensifikation in verschiedenen Kinefilm-Entwicklungsanstalten statt, um die Filme bei der Aufnahme knapper belichten zu können. Eine allgemeine Anwendung wäre gerade für den Farbenfilm zu wünschen, da dieser weniger lichtempfindlich ist als der Schwarzweiß-Film.

Die *Entwicklung* der farbenphotographischen Materialien gestaltet sich sehr verschiedenartig je nach der Art des in Betracht kommenden Prozesses. In einigen Fällen, wie z. B. bei dem Zweipack-Verfahren und den Strahlenteilungs-Prozessen, sind normale *Schwarzweiß-Negativ-Entwicklungen* notwendig. Sie verlaufen demgemäß in dem vom

Schwarzweiß-Prozeß bekannten Sinne. Indessen ist besonders sorgfältig auf Einhaltung der erforderlichen Gradation zu achten. Während beim Schwarzweiß-Film kleinere Schwankungen in der Gradation nicht ins Gewicht fallen, manchmal auch gar nicht bemerkt werden, treten bei den Farbprozessen Komplikationen auf, sobald im endgültigen Bild die Gradation der Teilbilder unterschiedlich ist. Wie im Kapitel D II näher erläutert wurde, wird dadurch ein „Kippen" der Farben hervorgerufen, z. B. blaugrüne Lichter und rote Schatten. Infolgedessen müssen möglichst schon die drei Teilnegative eine recht gut übereinstimmende Gradation aufweisen.

Bei den Rasterverfahren muß eine *Schwarzweiß-Umkehrentwicklung* erfolgen, wie sie z. B. auch beim Schwarzweiß-Amateurschmalfilm meistens durchgeführt wird. Eine Arbeit von RAHTS und SCHULZ (*226*) gibt einen guten Einblick in die Besonderheiten des Schwarzweiß-Umkehrprozesses. Die Verfahren der farbbildenden Entwicklung können Negativ-oder Umkehrverfahren sein. Bei ersteren wird nur eine *Farbentwicklung* vorgenommen. Sie hat gegenüber der Schwarzweiß-Entwicklung zwei Besonderheiten: Einmal ist das die Verwendung von Entwicklungs-Substanzen wie den Derivaten des p-Phenylendiamins, welche in der Schwarzweiß-Photographie wegen der sehr zarten Silber-Entwicklung kein praktisches Interesse gefunden haben. Das vom Licht getroffene Silberbromid pflegt nach einer solchen Behandlung noch keineswegs ausentwickelt zu sein, dagegen entstehen neben den zarten Silberbildern kräftige Farbbilder. Infolge dieser Eigentümlichkeit sind die Schichten in bezug auf das Silberbromid nie ganz ausentwickelt, durch Verknappung des Farbbildners kann aber trotzdem bei längerer Entwicklung eine Grenze der Farbstoffbildung erreicht werden. Die andere Besonderheit der Farbentwickler ist die Tatsache, daß sie gar kein Sulfit oder nur sehr wenig davon enthalten. Diese sehr vorsichtige Dosierung des Sulfits ist notwendig, weil sonst die Bildung der Farbstoffe stark beeinträchtigt wird oder ganz unterbleibt. Leider entfällt dadurch die starke Schutzwirkung des Sulfits gegen die Einwirkung des Luftsauerstoffs, was die Handhabung der Farbentwickler stark erschwert und ihre häufigere Erneuerung erforderlich macht. Überhaupt haben die Farbentwickler einen ziemlich labilen Charakter im Vergleich zu den gebräuchlichen Schwarzweiß-Entwicklern, ihr jeweiliger Zustand muß deshalb auch häufig nachgeprüft werden.

JACOBS (*147*) empfiehlt zur Prüfung des Gehaltes an Farbentwicklungs-Substanz ihre Extraktion mit Äther oder Äthylacetat, dann die Titration mit Cerisulfat unter Verwendung von Kalomel- und Platin-Elektroden. Als zweite Methode kommt eine colorimetrische in Frage: Es wird angesäuert, das Schwefeldioxyd vertrieben, wieder alkalisch gemacht, mit einem Farbbildner und Alkaliferricyanid im Überschuß versetzt. Der Farbstoff wird dann extrahiert und colorimetrisch bestimmt. Daneben wird die übliche p_H-Messung zur Kontrolle des Entwicklers vorgenommen. In der Arbeit von JACOBS finden sich auch noch Angaben über die Nachprüfung der anderen Bäder.

Die bei Schwarzweiß-Material recht beliebte Schalenentwicklung ist für Farbfilme unzweckmäßig, weil der Entwickler dabei zu stark mit der Luft in Berührung kommt. Zu empfehlen ist dagegen Tankentwicklung. Bei der Aufbewahrung ist die Berührung mit Luft tunlichst zu vermeiden, die schon beim Schwarzweiß-Entwickler gebotene Vorsicht ist beim Farbentwickler erheblich zu verstärken. Zu beachten ist die Tatsache, daß manche Farbentwickler bei besonders empfindlichen Personen Hautekzeme verursachen können.

Bei der Negativ-Entwicklung von Mehrschichtenfilmen besteht kaum die vom Schwarzweiß-Film her gewohnte Möglichkeit, durch verschiedenartige Entwicklungszeiten und verschiedenartige Entwickler bei nicht ganz korrekten Belichtungen einen Ausgleich zu finden. Bei verlängerter Entwicklung z. B. besteht die Gefahr, daß die unterste Schicht wesentlich kräftiger entwickelt wird als üblich, während die oberen schon ausentwickelt waren. Dadurch gibt es dann unterschiedliche Gradationen. Die Vorschriften sind also möglichst genau einzuhalten.

Bei der Farbumkehrentwicklung ist der erste ein Schwarzweiß-Entwickler, der zweite ein Farbentwickler. Die erste Entwicklung muß besonders sorgfältig geregelt werden, da von ihr der Charakter des Bildes stark beeinflußt wird, und zwar gelten ähnliche Gesichtspunkte wie bei der Schwarzweiß-Umkehrentwicklung. Bei der Verwendung des Farbentwicklers sind grundsätzlich die gleichen Gesichtspunkte maßgebend wie bei der Farb-Negativentwicklung. Über die Zugabe der Farbbildner zum Farbentwickler, wie sie beim Kodachrom-Prozeß erfolgt, sind keine Einzelheiten bekannt geworden. Jedenfalls sind solche Lösungen noch mehr oxydationsempfindlich, es empfiehlt sich, sie erst vor Gebrauch zu mischen. Besonders sorgfältig sind bei den Farbentwicklungen die Wässerungs-Operationen vorzunehmen. SCHNEIDER und SENGER (*244*) empfehlen daher bei Agfacolor-Kinofilm Sprühwässerung. Über die Entwicklung des Agfacolor-Materials macht HEYMER (*138*) nähere Angaben. Zu beachten ist ferner in diesem Zusammenhang der *Fiat Report 943*.

Einzelheiten über die Maschinenentwicklung von Ansco Color-Material nach dem Umkehrverfahren finden sich in den Arbeiten von BATES und RUNYAN (*44*), BRUNNER, MEANS und ZAPPERT (*63*) sowie HARSH und SCHADLICH (*130*). Diese Arbeiten enthalten viele Angaben über die Zusammensetzung und Ergänzung der Entwicklungsbäder, über ihre analytische Überwachung auf chemischem, physikalisch-chemischem und photographischem Wege sowie über apparative Anordnungen. Empfohlen wird die Sprühbehandlung vor allem bei den beiden Entwicklungsbädern.

Sehr zu empfehlen ist die farbsensitometrische Überwachung des Farbentwicklungs-Prozesses. Diesbezüglich muß auf das Kapitel Farbsensitometrie verwiesen werden.

Über die für Agfacolor-Material zweckmäßige Dunkelkammerbeleuchtung berichten SCHNEIDER und SEEBODE (*243*).

3. Die Kopie.

Je nach der Art des farbenphotographischen Prozesses werden beim Kopieren besondere Probleme aufgeworfen. Werden von vornherein *getrennte Teilauszüge* aufgenommen oder werden solche im Verlaufe der Verarbeitung gewonnen, so ist bekanntlich immer größte Aufmerksamkeit dem Passen der Bilder zuzuwenden. Beim Kopieren von Kinofilmen nach diesen Verfahren ist besonderer Wert darauf zu legen, daß in der Kopiermaschine durch präzise Sperrgreifer für die richtige Lage des Bildes in Original und Kopie gesorgt wird. Durch gleichmäßige Klimatisierung der Räume ist auch dafür zu sorgen, daß die Schrumpfung der Filme nicht zu hoch wird. Daß beim Kopieren von Zweipack häufig doppelseitig wirkende Kopiermaschinen zur Verwendung kommen, wurde bereits bei der Besprechung des Zweipacks (S. 103) erwähnt.

Zur Herstellung des Farbgleichgewichts im endgültigen Bild muß eine Regelung der Lichtintensität bei der Kopie der einzelnen Auszüge erfolgen. Die Einzelheiten sind für die verschiedenen Verfahren unterschiedlich und können hier nicht nochmals besprochen werden.

Beim Kopieren von *Mehrschichtenfilm* auf Mehrschichtenfilm fällt das Problem des Passens fort. Die Farbabstimmung erfolgt durch Korrekturfilter. Es wurde in früheren Abschnitten des Buches mehrfach darauf hingewiesen, daß die neutrale Wiedergabe einer Grautafel durch die Farbenphotographie besonders schwierig ist, daß sie aber auch die schärfste Prüfung für das Material und die Verarbeitung bedeutet. Es wurde auch in dem Kapitel „Farbsensitometrie“ ausführlich auseinandergesetzt, daß eine falsche Abstimmung des Positivfilms vollständig und eine falsche Abstimmung des Negativs in gewissem Maße durch Verwendung von Korrekturfiltern bei der Kopie ausgeglichen werden kann. Am besten ist es, ein im Bilde etwa vorhandenes Grau mittlerer Helligkeit neutral zu stellen, andernfalls sucht man sich eine besonders bildwichtige Farbe aus. Beim Kinefilm ist es zweckmäßig, als Vorspann jeder Szene, die mit einer bestimmten Beleuchtung gedreht wurde, eine Grautafel aufzunehmen und diese zur Abstimmung zu benutzen, um sie später selbstverständlich wieder herauszuschneiden. Man kann, ohne Vorproben zu machen, die Wahl des Filters zu schätzen versuchen. Das ist im allgemeinen ziemlich schwierig und gelingt selbst bei großer Übung meist nur ungefähr. Der grundsätzlich bessere Weg ist die

Durchführung von Probekopien, hier stört aber auch die große Zahl der Möglichkeiten. Man bedenke, daß zu einer feinen Abstimmung beispielsweise 20 Stufen von Gelb, 20 Stufen von Purpur und 20 Stufen von Blaugrün zur Verfügung stehen sollten. Nun nimmt man aber nicht nur reines Gelb, reines Purpur oder reines Blaugrün, sondern man muß in den meisten Fällen zwei Farben kombinieren, dann gibt es schon für jede Kombination $20 \times 20 = 400$ Möglichkeiten, d. h. für die drei Kombinationen Gelb-Purpur, Gelb-Blaugrün und Purpur-Blaugrün im ganzen 1200. Am besten ist es infolgedessen, erst einmal ganz grobe Stufen zu nehmen und dann feinere. Wenn man aber einige Erfahrungen hat, kann man evtl. auch die ungefähre Einstellung abschätzen und um diese herum eine Feinabstufung legen. Um bei Einzelbildern recht viele Probekopien in einer einzigen zu vereinigen, empfiehlt die Agfa z. B. die Verwendung von Mosaikfiltern (s. S. 135) mit jeweils 25 verschiedenartigen kleinen Filtern. WATTER (*313*) schlägt nach einer Diskussion verschiedener anderer Methoden vor, eine Graufläche aufzunehmen, ihre Bildfarbe im Aufnahmefilm mit Hilfe des Farbdichtemessers auszumessen und daraus die Abstimmungsfilter zu errechnen. Beim Kinefilm ist es zweckmäßig, von der Grautafelaufnahme eine größere Reihe von Probekopien mit den verschiedenen Korrekturfiltern vorzunehmen, indem man automatisch von Bild zu Bild einen Filterwechsel vornehmen läßt, siehe dazu die Arbeit von HEYMER (*138*). Hat man nach diesen Proben die vorteilhafteste Kombination herausgesucht, so sollte eigentlich die Abstimmung schon richtig sein, eine weitere Korrektur ist aber oft für die gegenseitige Abgleichung der Szenen aus künstlerisch-äthetischen Gründen notwendig.

Außer der Regelung der Licht*farbe* muß bei der Farbkopie genau wie bei der Schwarzweiß-Kopie auch noch die Licht*menge* geregelt werden. Bei Einzelbildern kann das wie üblich durch Variation der Kopierzeit geschehen, bei Kinefilm dagegen soll im allgemeinen eine bestimmte Kopiergeschwindigkeit eingehalten werden, und man regelt daher die Licht*intensität*. Es ist aber zu beachten, daß die beim Schwarzweiß-Prozeß zu diesem Zweck vielfach übliche Regelung der Lampenspannung auch eine Änderung der Farbtemperatur der Lampe zur Folge hat. Infolgedessen ist beim Farbenfilm von dieser Arbeitsweise Abstand zu nehmen, statt dessen ist die Einschaltung von Graufiltern vorzuziehen. Bei der endgültigen Kopie des Kinefilms braucht man eine automatische Steuerung, damit von Szene zu Szene die richtigen Kopierfilter eingeschaltet werden. Am besten benutzt man dazu die Blendenband-Kopiermaschinen, bei denen das Licht durch Aussparungen in einem undurchsichtigen Streifen auf das Kopierfenster fällt. Die Umstellung der automatischen Steuerung ist dabei nicht schwierig, indem bei konstant gehaltener Lochgröße Farbfilterfolien verschiedener

Farbe aufgeheftet werden (Abb. 161). Die Intensitäts-Steuerung kann außerdem durch eine genügende Anzahl verschieden dichter Graufilter vorgenommen werden. Ein gesondertes Vorfilter ist auch oft nützlich, weil vielfach die Unterschiede von Szene zu Szene nicht sehr groß sind, die ganze Kopie aber eine Korrektur nach einer bestimmten Farbe und

Abb. 161. Farbkopierfilter in der Blendenband-Steuerung. Aus der Arbeit (*235*) von SCHILLING. 1, 2, 3, 4, 5, 6, 7: verschiedenartige Farbfilter.

einer bestimmten Helligkeit hin erfordert. Ferner ist bei einem Wechsel des Positiv-Materials das Vorfilter nützlich. Kopiert man z. B. ein Filmnegativ auf ein bestimmtes Positivmaterial und legt die für jede Szene jeweils notwendigen Filter fest, so braucht man bei einer späteren Kopie des gleichen Negativs auf ein anderes Positivmaterial mit anderer

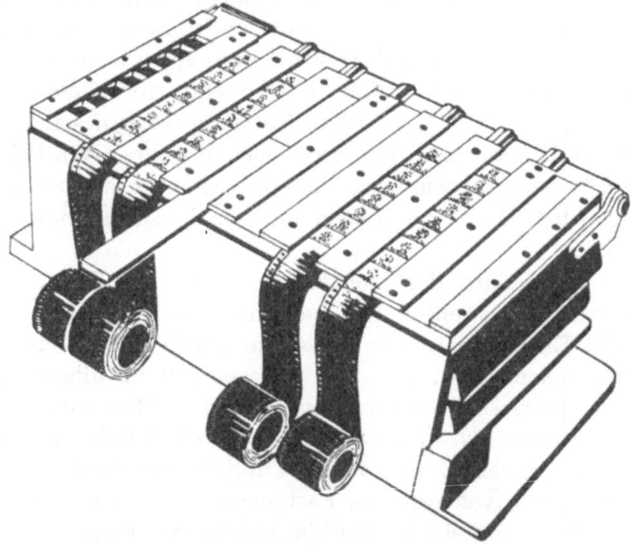

Abb. 162. Aussuchkästen für Farbkopien. Aus der Arbeit (*235*) von SCHILLING.

Abstimmung nur ein Vorfilter hinzuzufügen, das der anderen Abstimmung des neuen Positivfilms Rechnung trägt. Das Blendenband selbst ist aber weiter unverändert zu benutzen. Erleichtert wird die Wahl der richtigen Probe bei Kinebildern durch Aussuchkästen, deren Beleuchtung mit einer dem Projektionslicht entsprechenden Lichtfarbe erfolgen muß (Abb. 162). Zweckmäßig wird jeweils eine bewährte neutral gestellte Kopie der Grautafel neben die Probe gelegt, um Fehlurteile durch die Umstimmung des Auges zu vermeiden.

Von besonderem Interesse ist die Frage, ob durch Ausmessung eines aufgenommenen Grau in der Aufnahme eine Vorausbestimmung des Kopierfilters möglich ist. HEYMER (*138*) äußert sich in der bereits zitierten Arbeit skeptisch dazu, durch ein neues Instrument von VARDEN (*267*) scheint aber das Problem in befriedigender Weise gelöst zu werden. Dieser „Farbanalysator", über dessen Einzelheiten im Original nachgelesen werden muß, ergibt im Kathodenstrahl-Oszillographen eine waagerechte Linie, wenn die drei Farben ausgeglichen sind, d. h. wenn ein Grau im Aufnahmematerial neutral wiedergegeben ist. Ist die Grauwiedergabe aber unausgeglichen, so zeigt sich eine gekrümmte Linie. Durch Einschaltung von Filtern wird der Ausgleich erzielt, diese Filter geben dann das gesuchte Kopierfilter. Das Prinzip dieser Filterermittlung war auch schon in einer Patentanmeldung der Agfa (I 73311 v. 9. Oktober 1942, Erfinder J. EGGERT, W. SCHULTZE und H. HÖRMANN) angegeben worden.

Viele Einzelheiten über die Verwendung der Kopierfilter beim Kinefilm finden sich in den Arbeiten von SCHILLING (*235*) und HEYMER (*138*), die nach Vorträgen auf der Dresdener Tagung „Film und Farbe" 1942 niedergeschrieben wurden. Daß auch die Kopie von Einzelbildern weitgehend automatisiert werden kann, zeigt die Einrichtung der Pavelle Laboratories in New York, die schon im Jahre 1946 etwa 20000 Kopien am Tage nach dem Ansco Color Printon-Verfahren verarbeitet haben. In einer Arbeit von ROBINS und VARDEN (*229*) wird darauf näher eingegangen. Die Dosierung des Kopierlichts wird danach auf Grund der Transparenz des Bildes automatisch geregelt, es besteht ferner noch eine Korrekturmöglichkeit, wenn wichtige Teile des Bildes gegenüber dessen Gesamthelligkeit herausfallen. Zum Ausgleich eines Farbstiches der Kopieremulsion werden Farbfilter angebracht. Eine gesonderte Regelung für Bilder mit Farbstich findet außerdem durch Änderung der Farbtemperatur der Kopierlampe statt.

Über die Verarbeitung der Kopierfilme kann viel Zusammenfassendes nicht gesagt werden. Die einzelnen Prozesse gehen soweit auseinander, daß bezüglich der Einzelheiten auf die im Teil C II verzeichneten Verfahren verwiesen werden muß. Verhältnismäßig einfach ist die Behandlung bei den Mehrschichtenfilmen, bei ihnen sind weder beim Negativ- noch beim Umkehrprozeß die Kopierfilme wesentlich anders zu behandeln als die Aufnahmefilme. Es gilt auch hier, daß die vorgeschriebenen Entwicklungszeiten recht genau einzuhalten sind, die erheblichen Ausgleichsmöglichkeiten des Schwarzweiß-Materials fallen fort. Schwankungen in der Empfindlichkeit der Einzelschichten sind durch Änderung des Kopierfilters leicht auszugleichen. Eine Besonderheit bietet die Behandlung der Tonspur, meistens läßt man irgendein Bad nur auf die Tonspur oder nur auf das Bild wirken. Einzelheiten wurden bereits im Kapitel D IV besprochen.

Gegenüber dem Schwarzweiß-Verfahren bedeutet es bei den Mehrschichtenfilmen eine erhebliche Erschwerung, daß auch die Entwicklung des Kopiermaterials bei dunkelgrünem Dunkelkammerlicht stattfinden muß. Der Verarbeiter muß sich infolgedessen daran gewöhnen, auch bei der Verarbeitung des Kopierfilms oder des Papiers exakt die Zeit und Temperatur einzuhalten, weil er auf eine direkte Kontrolle mit dem Auge während der Entwicklung verzichten muß.

4. Die Wiedergabe.

Die Farbenphotographie kann heute ihre Endprodukte in den gleichen drei Formen liefern, wie es die Schwarzweiß-Verarbeitung schon lange tut: als Aufsichtsbild, als unbewegtes Durchsichtsbild und als Laufbild. Bei allen drei Arten der Wiedergabe sind für die Farbenphotographie einige Besonderheiten zu verzeichnen.

Das schwierigste Objekt ist das farbige *Aufsichtsbild.* Man ist bei der Betrachtung eines Aufsichtsbildes deshalb besonders kritisch, weil sie im allgemeinen in normaler Umgebung erfolgt und diese daher unwillkürlich den Vergleichsmaßstab liefert. Nun ist aber bekanntlich die Farbwiedergabe auch bei den besten farbenphotographischen Verfahren noch keineswegs ideal, die Abweichungen von der Naturtreue fallen gerade beim Aufsichtsbild oft in recht unangenehmer Weise auf.

Wir können die Wiedergabefehler aufgliedern in Farbtonabweichungen, Sättigungsabweichungen und Helligkeitsabweichungen. Kleinere Farbtonabweichungen sind dann unerheblich, wenn das Objekt nicht genau bekannt oder nicht mehr gut in Erinnerung ist, unangenehm wirken sie besonders bei allgemein bekannten Farben wie Himmelsblau, Blattgrün, Hautfarbe. Mit einer gewissen Sättigungsverminderung, die bei der subtraktiven farbenphotographischen Wiedergabe unvermeidlich ist, findet man sich im allgemeinen ab, wenn sie alle Farben etwa gleichartig betrifft und ein gewisses Maß nicht überschreitet. Die Helligkeitsabweichungen sind dann äußerst unangenehm, wenn sie für verschiedene Farben in verschiedenem Sinne liegen, wenn also z. B. Gelb heller und Blau dunkler wiedergegeben wird. Häufiger ist eine allgemeine Helligkeitsverminderung der Farben, eine „Schwarzverhüllung“. Diese fällt nun bei der Betrachtung von Diapositiven oder Lauffilm in abgedunkelter Umgebung gar nicht auf, wenn sie alle Bildfarben gleichmäßig betrifft, beim Aufsichtsbild dagegen kann sie sehr stark stören, die Bilder erscheinen trübe und schwer, die Farben verlieren ihre Lebhaftigkeit. Irrtümlich wird dann oft die Meinung vertreten, sie hätten wenig Sättigung, es wird dabei zu wenig beachtet, daß Verweißlichung und Verschwärzlichung beide die Farbe beeinträchtigen. Gesättigte, aber schwarzverhüllte Farben kann man als solche erkennen, wenn man sie im Gegensatz zu ihrer Umgebung kräftig anleuchtet, sie zeigen dann ihre versteckte Buntheit. Zwei Maßnahmen kommen in Frage, um diesen Fehler vieler Aufsichtsbilder zu mildern. Einmal muß man vermeiden, zu dunkel zu kopieren, natürlich darf auch die Aufhellung wieder nicht zu weit getrieben werden, weil sonst die Lichter nicht mehr durchgezeichnet sind und auch leicht der andere Fehler, die Sättigungsabnahme der Farben, zu sehr hervortritt. Die andere Maßnahme besteht darin, das Aufsichtsbild schwarz oder zumindest dunkel zu umrahmen und diesen Rahmen auch nicht zu klein zu bemessen. Damit kann man in einem gewissen Maße die Aufmerksamkeit von der sonstigen hellen Umgebung abziehen.

Eine weitere Schwierigkeit ergibt sich dadurch, daß man das Aufsichtsbild am liebsten bei ganz verschiedenen Lichtarten, insbesondere bei Tageslicht oder bei Glühlampenlicht, betrachten möchte. Man kann nun unmöglich die Grauabstimmung für diese verschiedenen Lichtarten gleichzeitig richtig machen. Ein recht beträchtlicher Ausgleich wird allerdings durch die Umstimmung des Auges erzielt (s. Teil D I 6). Zu empfehlen ist es im allgemeinen, die Abstimmung für Tageslicht vorzunehmen, man muß dann bei der an sich selteneren Betrachtung bei Glühlampenlicht die etwas ungünstigere Abstimmung in Kauf nehmen. Bei der Herstellung der Bilder kann der kopierende Fachphotograph oder Amateur dann behindert sein, wenn ihm, wie oft in den Wintermonaten, kein Tageslicht zur Verfügung steht. Es ist sehr zu empfehlen, für diesen Zweck Tageslichtlampen zur Verfügung zu halten, wie z. B. die heute viel verbreiteten Leuchtröhren. Für die Reproduktionstechnik wird die Wahl einer genormten Lichtquelle zur Beurteilung der Farbdrucke bereits angestrebt. Es ist wünschenswert, daß sich die Farbenphotographie diesen Bestrebungen bald anschließt. Man darf aber nun keinesfalls in den Fehler verfallen, daß man in allen hellen Räumen das übliche Glühlampenlicht benutzt und zur Beurteilung der Kopie rasch einmal die Tageslichtbeleuchtung einschaltet. Das Auge ist dann auf das Tageslicht nicht eingestellt, es empfindet diese Lichtquelle nun als „blau". Wenn man nicht sämtliche Räume einheitlich mit Leuchtröhren ausstatten kann, muß man sich zumindest erst eine Zeitlang an dieses Licht gewöhnen. Eine solche Beleuchtung ist sogar dem wirklichen Tageslicht insofern vorzuziehen, als dieses beträchtlichen Schwankungen unterworfen ist. Nachträgliche Korrekturen in der Abstimmung des Bildes, z. B. durch Überlagern schwach gefärbter Folien, sind mit Vorsicht anzuwenden, weil das Auge insbesondere gegen die Verfälschung des reinen Weiß bei Aufsichtsbildern recht empfindlich ist, schwache farbige Schleier werden ja beim

Farbaufsichtsbild besonders beanstandet. Eine farbige Umrahmung des Bildes, um bestimmte Farben hervorzuheben, kann angebracht sein, doch muß das mit Geschmack und ohne Übertreibung gemacht werden, weil sonst mehr verdorben als gewonnen wird.

Die Betrachtung von *Farbdiapositiven* kann in verschiedener Weise erfolgen. Einmal kann man sie direkt gegen ein helles Fenster oder eine helle Wand betrachten, weiterhin gegen eine von hinten künstlich beleuchtete Fläche. All dieses kann ohne oder mit Verwendung von Lupen oder sonstigen Vergrößerungsvorrichtungen geschehen. Schließlich ist die meist verbreitete Form die Projektion. Die bloße Betrachtung in heller Umgebung wird im allgemeinen nicht als das Endziel angesehen, sie dient meist nur zur raschen Orientierung, um einen ersten Eindruck zu vermitteln. Auch für diese erste Betrachtung soll man möglichst das Diapositiv mit einem schwarzen Rahmen umgeben, um einen einigermaßen vernünftigen Eindruck zu haben. Die Kleinbild-Diapositive, die in Deutschland bis zum heutigen Tage fast das einzige Format für Farbdurchsichtsbilder darstellen, sind schon wegen ihrer geringen Größe für die Betrachtung ohne Vergrößerungsoptik nicht geeignet. Dagegen haben sich für sie eine große Anzahl von Betrachtungsgeräten eingeführt, welche mit einer nicht allzu starken Vergrößerung die Betrachtung gegen eine künstlich erleuchtete helle Fläche in einem schwarzen Kasten ermöglicht. Diese Geräte haben den Vorteil großer Billigkeit und einfacher Handhabung. Die beste Wirkung des Diapositivs kommt aber doch bei der Projektion zur Geltung. Dabei ist die Umgebung vollkommen dunkel, die Schwarzverhüllung der Farben verschwindet, insoweit sie für alle Farben gleichmäßig ist. Dadurch allein gewinnt das Bild außerordentlich an Farbenpracht. Hinzu kommt, daß die meisten Diapositive keine Kopien sind, sondern im Umkehrverfahren entwickelte Originalaufnahmen, für sie entfällt die zusätzliche Wiedergabeverfälschung durch das Kopieren. Solche Diapositive stellen daher, wenn sie technisch richtig aufgenommen sind und schöne Motive zeigen, Glanzpunkte der Farbenphotographie dar.

Die Abstimmung erfolgt durchweg für eine Projektion mit Glühlampenlicht (nicht zu verwechseln ist damit die Abgleichung der Empfindlichkeit für die Aufnahme, man hat dabei Typen für Tageslicht und für Kunstlicht). Die Tageslichtbetrachtung zeigt also eine zu blaue Abstimmung, man darf sie deshalb der Beurteilung nicht zugrunde legen. Nach THOMSON (*10*) ist der Dufaycolorfilm als einziger auf Tageslichtbetrachtung abgestimmt. Abstimmungsfehler können sich gerade bei den Umkehrverfahren leicht durch Schwankungen in der Fabrikation, durch Verarbeitungsfehler und durch Veränderungen bei der Lagerung ergeben. Es fehlt hier die ausgleichende Korrektur durch das Kopierfilter. Sofern es sich um kleinere Abweichungen handelt, werden sie dann kaum auffallen, wenn die ganze Bildserie den gleichen Farbstich aufweist, die Umstimmung des Auges kommt uns hier entgegen. Größere Abweichungen dagegen werden auf jeden Fall auffallen. Man kann dann zu verschiedenen Mitteln greifen, um den Fehler zu beseitigen oder zumindest zu mildern. Die Methode einer partiellen Abschwächung haben wir schon beim Kodachrom-Verfahren (s. S. 55) und beim Agfacolor-Verfahren (s. S. 75) kennengelernt, es kann z. B. ein Gelbstich durch vorsichtige Abschwächung des gelben Teilbildes korrigiert werden. Ist das Diapositiv insgesamt eher etwas zu hell, so ist diese Methode natürlich nicht zu empfehlen, weil sie zu einer weiteren Aufhellung des Bildes führt. Dagegen kann man allgemein durch ein schwaches Farbfilter bei der Projektion einen Farbausgleich vornehmen. Dabei gibt es mehrere Möglichkeiten: Entweder ordnet man das Filter zwischen Lampe und Diapositiv an, oder man überlagert es direkt dem Diapositiv, oder man bringt es am Objektiv an. Die erste Möglichkeit sollte man nur dann benützen, wenn das Licht des Projektors ein für alle Mal korrigiert werden muß, dieses Filter sollte wegen der Wärmeeinwirkung dann sehr widerstandsfähig sein, am besten ist es ein in der Masse gefärbtes Glas. Die Korrektur des Diapositivs durch ein unmittelbar aufgelegtes, fest verbundenes Filter ist die individuellste Korrektur des Diapositivs. Wenn man jedes falsch abgestimmte Diapositiv in dieser Weise korrigiert hat, bezahlt sich die Mühe, man kann die Projektion aller Bilder ohne jedes weitere Zusatzfilter durchführen. Gleichartige Wirkung hat übrigens eine Einfärbung mit einer Farblösung. Das Anbringen eines Filters am Objektiv ist die einfachste Improvisation. Sind aber viele Diapositive mit verschiedenartigen Farbstichen zu zeigen, so ist es einigermaßen lästig, dauernd die Filter zu wechseln, zumindest muß man auf dem Rand des Diapositivs notieren, mit welchem Filter es zu zeigen ist, um nicht die Zuschauer durch ein Ausprobieren der Filter zu ermüden. Für das Zustandekommen der Farbe bei der Projektion ist außer dem Projektionslicht und dem Durchsichtsbild auch noch die Remission durch den Projektionsschirm maßgeblich. Dieser Schirm soll zur guten Ausnutzung des Lichtes möglichst hell und zur Gewinnung der richtigen Lichtfarbe möglichst neutral sein, am besten ist also ein recht vollkommenes Weiß. Eine noch bessere Lichtausnutzung hat man bei einem Schirm mit gerichteter Reflexion, wie sie verschiedene Metallschirme zeigen, jedoch ist dabei zu beachten, daß die Zuschauer sich dann in einem kleinen Raumwinkel zum Schirm aufhalten müssen. Wer sich aus diesem Winkel entfernt, sieht das Bild dunkler als bei Verwendung eines normalen weißen Schirmes.

Beim Kinefilm sind die Verhältnisse wieder etwas anders. Hier kommt natürlich nur die Projektion in Frage, lediglich bei der Vorbeurteilung muß man zuweilen einzelne Bilder unter die Lupe nehmen. Die Vorteile der verdunkelten Umgebung gelten genau wie bei der Projektion von Diapositiven, dagegen hat man es bei Kinefilmen niemals mit Unikaten, sondern durchweg mit Kopien zu tun, was eine gewisse Beeinträchtigung der Farben zur Folge hat. Sie wird meistens psychologisch mehr als ausgeglichen durch die Lebendigkeit der Handlung, die Farbwiedergabe wird infolgedessen weniger kritisch betrachtet. Ein Vorteil des Kinefilms besteht ferner in der Möglichkeit, die richtige Farbabstimmung schon durch Korrekturfilter bei der Kopie vorzunehmen. Das ist deshalb besonders wichtig, weil eine nachträgliche Korrektur sehr viel lästiger ist, man wird dazu nur in Ausnahmefällen greifen. Am ehesten kommt dafür noch eine Einfärbung der zu korrigierenden Szene mit einer Farbstofflösung in Frage. Die Verwendung von Korrekturfiltern bei der Vorführung kommt dagegen höchstens dann in Betracht, wenn die Korrektur des Projektionslichtes ein für allemal erfolgen soll, oder zumindest für den ganzen vorzuführenden Film einheitlich sein soll, keinesfalls dagegen zur Korrektur einzelner Szenen. Es ist also unbedingt zu verlangen, daß die Farbkorrektur bei der Kopie mit der nötigen Sorgfalt geschieht, das ist für den Erfolg des Filmstreifens geradezu entscheidend. Allerdings muß man sich darüber einig sein, für welche Art von Projektionslicht die Farbabstimmung vorgenommen werden soll. Nun verwendet man ja fast durchweg Bogenlicht für die Kineprojektion, aber auch dabei gibt es beträchtliche Unterschiede, vor allem zwischen Reinkohle und Effektkohle (Becklicht). Meistens wird letztere wegen ihrer höheren Leistung (Leuchtdichte bis zu 140000 Stilb) in großen Filmtheatern verwendet. Man kann ungefähr die Farbtemperatur der Reinkohle mit 3700° K, die des Becklichts mit 5500° K veranschlagen. Man hat deshalb vielfach besondere Abstimmungen für die eine oder für die andere Kohlenart vorgenommen oder zumindest verlangt. Behrendt (*46*) kommt indessen in einer Untersuchung über den Stand der Beleuchtungstechnik bei der Kinoprojektion, in welcher auch viele ältere Arbeiten zitiert werden, zu dem Schluß, daß bei Einhalten einer mittleren Linie weder die Projektion mit Reinkohle noch die mit Becklicht durch einen Farbstich auffällt, denn der nicht übertrieben große Unterschied wird infolge der Anpassung des Auges kaum mehr empfunden. Zur gleichen Ansicht kommt auch MacAdam (*177*). Viel wichtiger ist es, daß Farbsprünge zwischen den Szenen vermieden werden.

Quecksilber-Hochdruck- und Höchstdrucklampen weisen die für Projektionslampen nötige Leuchtdichte auf, der Anteil des roten Lichtes ist aber für die Farbfilmprojektion unzureichend. Dagegen kommen diese Lampentypen bei Einführung von Zink oder Cadmium in das Entladungsgefäß in Frage. So hat die Osram-HBO 2011 mit Farbverbesserung eine Leuchtdichte von 45000 Stilb, die Farbe ist allerdings noch blauer als die von Beckkohle. Infolgedessen ist die oben erwähnte Einheitskopie für Reinkohle und Beckkohle für diese HBO 2011 nicht gleichzeitig brauchbar, dafür benötigt man eine andere Abstimmung, oder man müßte durch Projektionsfilter korrigieren, was aber wegen der Lichtverluste wenig zu empfehlen ist. Die Bedienung der Quecksilberlampe ist einfacher, der Stromverbrauch etwa derselbe wie bei Bogenlicht. Die Quecksilberlampe erfordert die Anschaffung einer Spezialoptik und eines Zündgerätes, dafür fallen Kohlenhalter, Kohlenvorschubautomat und Entlüftung fort. Vorläufig hat sich die Quecksilberlampe noch nicht in großem Maßstab durchgesetzt.

Mit der Messung der Lichtfarbe auf dem Projektionsschirm befaßt sich die Arbeit von HARRINGTON und BOWDITCH (*124*). Die Bestimmung erfolgt durch Helligkeitsmessung mit Blau-, Grün- und Rotfilter zur Ermittlung der farbmetrischen Daten. Eine ähnliche Richtung verfolgte auch schon die ältere Arbeit von NULL, LOZIER und JOY (*216*).

Nicht nur auf die Farbe des Lichtes kommt es bei der Farbfilmprojektion sehr an, sondern auch auf die Intensität. Im allgemeinen haben wir heute in den Kinotheatern gerade für den Farbfilm noch eine zu geringe Bildwandhelligkeit. Diese sollte bei 100 Apostilb liegen. Liegt sie wesentlich darüber, so beginnt bei der üblichen Frequenz von 24 Bildern/sec das Flimmern, liegt sie unterhalb 40 asb, so wird die Erkennbarkeit erheblich schlechter, unterhalb 30 asb beginnt bereits das Stäbchensehen des Auges, so daß die Farbwirkung stark leidet. Natürlich kommt es nicht nur auf die Bildwandhelligkeit an, wie sie ohne eingelegten Film gemessen wird, wichtig ist auch die Dichte des Vorführfilms. Nach BEHRENDT (*46*) ist diese bei Agfacolor-Filmen trotz des etwas höheren Schleiers im Mittel nicht höher als bei Schwarzweiß-Filmen. Auch nach englischen Versuchen ist zwischen Technicolor-Farbfilmen und Schwarzweiß-Filmen kein nennenswerter Unterschied in der Dichte. Es wäre zu wünschen, daß der Forderung nach ausreichender Bildwandhelligkeit bald überall Rechnung getragen wird, denn erst dann kommt der Farbenfilm richtig zur Geltung.

Bei der Projektion von *Schmalfilm* sind die Verhältnisse teils mit der von Kinefilm, teils mit der von Diapositiven zu vergleichen. Die Lichtquelle ist meist wie bei den Diapositiven Glühlampenlicht, infolgedessen muß die Abstimmung auf diese Lichtart erfolgen. Auch handelt es sich — zumal bei den Amateurfilmen — meist um Unikate wie bei den Diapositiven. Diese Unikate haben den Vorteil besserer Farbwiedergabe, aber den Nachteil, daß die Farbabstimmung beim Kopieren wegfällt. Da nun beim Schmalfilm ein Wechsel von Projektionsfiltern von Szene zu Szene ebenso wenig in Frage kommt wie bei Normalfilm, gibt es eigentlich nur folgende Korrekturmöglichkeiten: Partielle Abschwächung oder Einfärbung einer ganzen Szene, was immerhin etwas umständlich ist, ferner bei einem einheitlichen Farbstich des ganzen Streifens Verwendung eines Filters bei der Projektion. Es ist deshalb gerade beim Schmalfilm erwünscht, durch richtige Wahl des Aufnahmelichts und vor allem durch möglichst geringen Wechsel desselben von vornherein eine richtige Abstimmung zu erzielen.

E. Sonderaufgaben der Farbenphotographie.

I. Bedeutung der Farbenphotographie für Wissenschaft und Technik.

In der Schwarzweiß-Photographie geht die Entwicklung dahin, daß zu dem großen Materialbedarf der Amateure mehr und mehr ein großer Bedarf der Wissenschaftler und Techniker hinzutritt. Was für das Auge ein flüchtiger Eindruck bleibt, der leicht vergessen wird, wird im Lichtbild festgehalten und kann noch viel später den Fachgenossen oder Hörern eines Vortrages einen lebendigen Eindruck vermitteln. Als Lehrmittel sind das Lichtbild und noch mehr der Lauffilm unschätzbare Hilfsmittel. In der Technik spielt die Photographie ebenfalls eine sehr wichtige Rolle. Das Studium und das dokumentarische Festhalten der verschiedensten Vorgänge, Apparate, Arbeitsmethoden usw. werden enorm erleichtert oder teilweise sogar erst ermöglicht.

Es liegt auf der Hand, daß der Farbenphotographie und dem Farbenfilm hier neue und wesentliche Aufgaben zufallen, die erst zu einem kleinen Teil in Angriff genommen worden sind. Die Vorzüge der Farbenphotographie gegenüber der Schwarzweiß-Photographie sind beträchtlich. Während bei Erinnerungsbildern und künstlerischen Photographien des Amateurs oder des Fachphotographen auch im Schwarzweiß-Bild die Wirkung eine sehr starke sein kann, weil wir ja zum großen Teil die Objekte kennen und die fehlende Naturtreue des Bildes unwillkürlich ausgleichen und ergänzen, fällt diese Ergänzung durch unsere Phantasie bei wissenschaftlichen und technischen Photographien meistens weg, weil die Objekte unbekannt sind. Hier schafft die Farbenphotographie Abhilfe. Die Farbe ist neben der Form das wichtigste Kennzeichen eines Objektes und ist zu seiner genaueren Charakteristik unerläßlich. Man denke nur an die Biologie, die bei der Beschreibung der vielen Pflanzen und Tiere oder der einzelnen Gewebe und Körperteile immer die Farbe als wesentliches Moment einbezieht. In vielen Fällen stellt sie sogar das einzige Unterscheidungsmerkmal dar. Der Vorzug der Farbenphotographie ist also unbestreitbar sehr groß.

Wenn sich auf der anderen Seite auch noch sehr wesentliche Schwierigkeiten und Hemmungen in den Weg stellen, so sind sie zum größten Teil in der Unvollkommenheit der farbenphotographischen Verfahren begründet. An sich wäre natürlich gerade für wissenschaftliche und technische Zwecke eine vollkommen naturgetreue Farbwiedergabe besonders erwünscht. Denn es kommt dabei nicht wie bei der bildmäßigen

Wiedergabe auf den bei „totaler Betrachtung“ entstehenden ästhetischen Eindruck an, sondern der Wissenschaftler will in Details zergliedern und diese möglichst sogar objektiv bestimmen können. Das ist nun bei der farbenphotographischen Wiedergabe grundsätzlich noch nicht möglich, die Farbabweichungen von der Natur sind immer noch ziemlich beträchtlich. Dagegen wäre schon sehr viel gewonnen, wenn diese Abweichungen immer in ein und derselben genau bekannten Richtung liegen würden. Aber die hierfür erforderliche Gleichmäßigkeit des Materials ist heute noch nicht gegeben. In vielen Fällen könnte übrigens eine gute Unterscheidbarkeit der Farben wichtiger sein als ihre Naturtreue, man muß sich dann an die unnatürliche Wiedergabe gewöhnen, kann aber sehr viele interessante Details herauslesen. Am wenigsten ist natürlich Übereinstimmung zwischen ganz verschiedenen farbenphotographischen Verfahren bezüglich der Farbwiedergabe zu erwarten. In vielen Fällen wäre es dem Wissenschaftler oder Techniker sehr erwünscht, wenn er seine Aufnahmen zur Entwicklung nicht erst zu verschicken brauchte, sondern sie selbst entwickeln könnte. Dadurch würde oft eine viel schnellere Kontrolle der Arbeitsmethoden und Versuchsergebnisse möglich sein, man könnte schneller entscheiden, ob die Aufnahmen in gleicher Weise fortgesetzt werden können oder ob noch wesentliche Änderungen zu treffen sind. Zumal in der Technik, wo es oft auf die Einhaltung bestimmter Termine ankommt, wäre das eine wesentliche Erleichterung. Zu beachten ist ferner, daß die Farbenphotographie gegenüber der Schwarzweiß-Photographie einen höheren Lichtbedarf hat. Man muß also entweder das Objekt kräftiger beleuchten oder länger belichten oder mit größerer Öffnung arbeiten. Es ist jeweils zu entscheiden, ob wenigstens eine dieser Möglichkeiten offensteht.

Es sollten also, wenn die Farbenphotographie oder der Farbenfilm für wissenschaftliche oder technische Zwecke eingesetzt werden sollen und genauere Ergebnisse erwartet werden, folgende Überlegungen angestellt werden:

1. Wenn die Schwarzweiß-Photographie noch gar nicht für den betreffenden Zweck gebraucht worden ist, sollte zumindest gleichzeitig mit der farbenphotographischen auch eine Schwarzweiß-Aufnahme gemacht werden, um zu prüfen, ob die farbenphotographische Aufnahme in dem betreffenden Fall auch wirklich einen Vorteil bietet.

2. Wenn es sich um eine größere Reihe von Aufnahmen handelt, die womöglich untereinander zu vergleichen sind, muß man sich unbedingt für ein bestimmtes farbenphotographisches Verfahren entscheiden, das man dann beibehält. Am besten ist es, sich sogar Material der gleichen Fabrikationsnummer zu sichern und dieses möglichst sachgemäß aufzubewahren. Sollte sich die Versuchsreihe über sehr lange Zeit hinziehen, muß man allerdings evtl. nach einiger Zeit wieder eine neue Nummer benutzen.

3. Wenn nicht Kopien unbedingt zur Vervielfältigung gebraucht werden, ist es zweckmäßig, ein Umkehrverfahren zu benutzen, weil die Farbwiedergabe besser ist.

4. Kann die Entwicklung nicht selbst durchgeführt werden, so lasse man sie immer an der gleichen Stelle vornehmen, wenn möglich sogar das ganze Versuchsmaterial zusammen. Bei eigener Entwicklung muß sehr sorgfältig auf genaue Einhaltung der Vorschriften und gleichbleibendes Arbeiten geachtet werden.

5. Es ist sehr zu empfehlen, zur Kontrolle des Materials, der Aufnahmebedingungen und des Entwicklungsprozesses öfter eine Testaufnahme einzuschieben, um festzustellen, ob sich nennenswerte Änderungen ergeben haben. Sollte das der Fall sein, sind die Ursachen genauer zu ermitteln. Die Testaufnahme erfolgt am besten entweder von einem Objekt, das in der ganzen Serie immer wieder eine Rolle spielt und das genau bekannt ist, oder, wenn es irgend geht, von einer Grauskala. Noch aufschlußreicher als eine reine Grauskala ist eine Tafel, die gleichzeitig bunte Farben und eine Grauskala enthält, wie z. B. die Agfa-Farbentafel für Farbenphotographie 1950 (*249*).

6. Einzelheiten über die Art der Beleuchtung und der Aufnahme lassen sich gerade bei solchen speziellen Aufgaben oft nicht angeben. Zu beachten ist aber immer im Vergleich zu Schwarzweiß-Aufnahmen die geringere Empfindlichkeit des farbenphotographischen Materials und der im allgemeinen geringere Belichtungsspielraum.

Ganz allgemein ist alles das zu beachten, was in dem Kapitel über die photographischen Besonderheiten der Farbenphotographie gesagt worden ist. Extreme Verhältnisse, wie sie gerade bei wissenschaftlichen Aufnahmen gelegentlich vorkommen, erfordern manchmal aber auch Abweichungen von den aufgestellten Regeln.

Die Anwendungsgebiete der Farbenphotographie in der Wissenschaft sind außerordentlich groß. Eine besonders wichtige Rolle auf allen Gebieten spielt sie im wissenschaftlichen Unterricht. Das farbige Diapositiv und der farbige Schmalfilm spielen heute bereits im Schul- und Hochschulunterricht eine wichtige Rolle, sie sollten aber noch viel mehr eingesetzt werden. Der Kulturfilm im Kino ist ebenfalls imstande, wichtige Aufgaben der Allgemeinbildung zu erfüllen.

Im einzelnen kann sich die Farbenphotographie auf allen Gebieten der Wissenschaft sehr nützlich erweisen, sogar in den Geisteswissenschaften, wenn es sich um die dokumentarische Wiedergabe von bebilderten Kunstwerken u. dgl. handelt.

Bei Experimentaluntersuchungen der Physik und Chemie wird die Farbenphotographie etwas seltener eingesetzt werden, unendlich groß sind dagegen die Möglichkeiten in der Geographie, der Biologie, der Mineralogie und der Medizin. Von der Kunstgeschichte ist im nächsten

Abschnitt noch die Rede. Es ist sehr schwer zu überblicken, was auf den einzelnen Gebieten schon geleistet worden ist, weil darüber durchaus nicht immer berichtet wird oder nur in den betreffenden Spezialarbeiten Hinweise aufgenommen werden. Aufschlußreich sind die vielen Rückfragen der Wissenschaftler bei den großen photographischen Firmen wegen irgendwelcher auftretender Probleme. An dieser Stelle kann nur auf einzelne Arbeiten verwiesen werden, welche in der photographischen Literatur erschienen sind und welche die Anwendung der Farbenphotographie auf bestimmte Wissenschaftsgebiete systematisch schildern.

Die in unserer Zeit immer mehr verwendete *Luftaufnahme*, welche ganz besonders im Kriege interessierte, bedient sich auch der Farbenphotographie. Nach SPENCER (*258*), der in einem sehr lesenswerten Artikel allgemein die Fortschritte der Luftaufnahmetechnik schildert, ist der von Kodak eigens entwickelte „Aero Reversal Kodacolor" im Kriege von der englischen und amerikanischen Luftwaffe eingesetzt worden, jedoch nicht in großem Maßstabe. Es wurde auch versucht, in einem sog. „Camouflage detection"-Film eine Modifikation des Farbenfilms zu benutzen, bei der eine Schicht mit Infrarotsensibilisierung und irgendwelchen verschobenen Farben gebraucht wurde. Damit sollten besonders Tarnungen als solche erkannt werden, vor allem Vegetationsverschiedenheiten und -nachahmungen. Nach der Ansicht von SPENCER hat sich dieses Material aber als nicht viel vorteilhafter erwiesen als Schwarzweiß-Film mit Infrarotsensibilisierung. Das Problem wird auch in einer Arbeit von MARCUS (*184*) über einen „False Color Film for Aerial Photography" behandelt. Eine Arbeit von FRÖTSCHNER (*105*) behandelt die Erfahrungen bei der Verwendung von Agfacolor-Material für Luftaufnahmen. Danach ist der Belichtungsumfang für die Landschaftsaufnahme schon beim Umkehrfilm ausreichend, noch mehr beim Negativfilm. Eine gewisse Störung ergibt sich durch einen Blaustich, den die dazwischen liegende Luftschicht verursacht. Zum Ausgleich genügt beim Umkehrfilm ein schwaches Gelbfilter, beim Negativfilm ist auch das überflüssig, weil die Neutralstellung bei der Kopie erfolgen kann. Da die Objekte nicht sehr bunt sind und die Farben noch weniger gesättigt wiedergegeben werden, wirken die Aufnahmen zu wenig farbig. Dazu kommt, daß manche Objekte, wie dünn bewachsene Getreidefelder oder dünner Kiefernwald, von oben weniger farbig wirken als von der Seite. In diesem Fall wäre also eine Steigerung der Sättigung erwünscht, selbst wenn die Farbtonwiedergabe darunter leidet. Zu beachten ist, daß in den Landschaften Purpur und Violett vollkommen fehlen und Rot sehr selten ist. Über *Farbaufnahmen unter Wasser* bei Beleuchtung mit Elektro-Blitzen berichtet REBIKOFF (*305*).

Für die *Chemie*, *Metallographie*, *Mineralogie* und *Medizin* ist insbesondere beim *Mikroskopieren* die Farbenphotographie von Bedeutung.

Einzelheiten über die dabei verwendete Technik bringen Arbeiten von GRABNER (*111*) und von LOVELAND (*172*, *173*, *174*), ferner von WESTON (*314*) und von WOLFE (*315*). Zwei Arbeiten von JOHN (*150*) diskutieren die Brauchbarkeit von Farbaufnahmen, speziell von Agfacolor-Material, für das Mikroskopieren von biologischen Objekten. Der Autor kommt zu dem Ergebnis, daß für geringe und mittlere Vergrößerungen die Schärfe ausreicht, für starke nicht, daß aber andererseits der Vorteil der farbigen Wiedergabe außerordentlich hoch zu schätzen ist. Daß die Farbwiedergabe nicht ganz naturgetreu ist, stört nur in manchen Fällen. Da viele biologische Präparate eingefärbt werden, ist eine Auswahl geeigneter Farbstoffe möglich. Eine Arbeit von NELSON (*208*) beschäftigt sich mit der Aufnahme von Bewegungsvorgängen im Mikroskop mittels 16 mm- oder 8 mm-Farbenfilm. Dabei ist es wichtig, während der Aufnahme den Vorgang auch mit dem Auge verfolgen zu können. Dazu wird entweder ein Binokular-Mikroskop oder das Aufsetzen einer Strahlenteilungsvorrichtung empfohlen. Die Schmalfilm-Kamera muß durch ein Rohr mit dem Mikroskop verbunden werden. Ein dankbares Feld für die Farbenphotographie stellen auch die Farben dar, welche bei der Untersuchung von Kristallen im *Polarisations-Mikroskop* erscheinen. Unter vielen anderen befaßt sich eine Arbeit von GREENWOOD (*113*) mit der Anwendung der Farbenphotographie auf die Metallographie.

An Arbeiten, die sich mit der Anwendung der Farbenphotographie auf *medizinische Probleme* beschäftigen, seien folgende genannt: PREISSECKER (*224*) bespricht allgemein die Möglichkeiten für den Gebrauch der Farbenphotographie im medizinischen Unterricht und in der medizinischen Forschung. In ähnlichem Sinne gibt LOOSE (*171*) einen Überblick über den Einsatz farbenphotographischer und farbenkinematographischer Methoden in der Chirurgie. In dieser Arbeit finden sich auch weitere Literaturhinweise. Über die Anwendung der Farbenphotographie in der Kriegschirurgie berichtet HONNELL (*142*). KÖNIG (*160*) befaßt sich speziell mit der Verwendung von Agfacolor-Kunstlichtfilm für die Dermatologie, in der ja die Farbe oft ein besonders wichtiges Unterscheidungsmerkmal gibt. BUCKY (*64*) beschreibt eine Spezialkamera für Farbenaufnahmen von Körperhöhlen, speziell auch von der Retina, auch KOCH (*159*) befaßt sich mit dem gleichen Gegenstand. Farbenkinematographische Aufnahmen der Bronchien beschreibt VULMIÈRE (*311*).

Ein besonderes Problem, das oben bereits gestreift wurde, ist das der „Farbübersetzung", dazu wird in einem Artikel im Brit. J. Phot. **95**, 270 (1948) Stellung genommen. Es wurde in diesem Buch schon mehrfach erörtert, daß man die natürliche Farbenanordnung verlassen kann, im allgemeinen sollte das aber nur vorübergehend geschehen, um sie später wiederherzustellen. Für wissenschaftliche Zwecke kann es aber erwünscht sein, Farben unnatürlich wiederzugeben, wenn dadurch neue Erkennungs-

und Unterscheidungsmöglichkeiten nutzbar gemacht werden. Besonders werden die außerhalb des sichtbaren Spektrums liegenden Ultraviolett- und Infrarotstrahlen zum Aufbau farbiger Bilder herangezogen. So versuchen BRUMBERG (*62*) und LAND (*165*), verschiedene Ultraviolett-Remissionen in Farben umzusetzen. Zum Beispiel soll diese Methode für die Krebsforschung Bedeutung haben. Der Autor hält es für möglich, daß in Fällen, wo manche Farben ganz fehlen (z. B. Fehlen der grünen und blauen Töne bei Hautaufnahmen) durch veränderte Zuordnung von Empfindlichkeit und Farbe in den Teilbildern die fehlenden Farben mit herangezogen werden, um die Farbenskala zu erweitern und damit die Unterscheidbarkeit zu erhöhen.

Über die Verwendung der Farbenphotographie in der Technik sind kaum Einzelheiten veröffentlicht worden, trotzdem ist ihre Bedeutung nicht gering. Zunächst erscheint zwar vieles, was in der Technik verwendet wird, zu wenig bunt, um in der farbigen Wiedergabe noch richtig zu wirken. Aber auch da gibt es viele Ausnahmen. Ferner darf nicht die Tatsache übersehen werden, daß die graphische Darstellung, die oft mit Vorteil farbig erfolgt, ein wertvolles Hilfsmittel der Technik darstellt. Schließlich ist aber vor allem die ungeheure Bedeutung der Werbung zu berücksichtigen, die sich natürlich nicht nur auf die Technik, sondern auf alle Zweige der Wirtschaft erstreckt. Für die Werbung ist die suggestive Wirkung des farbigen Bildes und des farbigen Laufstreifens unvergleichlich wertvoller, wie es ja vom farbigen Plakat her schon längst bekannt ist. Es ist kein Zufall, daß die ersten farbigen Kurzfilme meist Werbefilme waren.

Sicherlich wird die Anwendung der Farbenphotographie und -kinematographie in Wissenschaft und Technik im Laufe der Zeit noch erheblich an Bedeutung gewinnen.

II. Farbenphotographie und Kunst.

Ein besonders interessantes, zugleich aber auch besonders heikles Kapitel stellen die mannigfaltigen Wechselbeziehungen zwischen Farbenphotographie und Kunst dar. Es kann auch nicht ausbleiben, daß bei allem Willen zur größtmöglichen Sachlichkeit eine Betrachtung über diese Dinge subjektiver gefärbt ist als die sonstigen Ausführungen.

Ein wesentliches Mißverständnis über das Verhältnis zwischen Photographie und Kunst entsteht zunächst dann, wenn man an alle photographischen Aufnahmen oder zumindest an einen großen Teil den Maßstab des Kunstwerkes legen will. Es ist schwer zu sagen, wer daran am meisten schuld ist, der allzu ehrgeizige Amateur, welcher oft unberechtigt den Anspruch auf eine künstlerische Leistung erhebt, oder der bildende Künstler, welcher annimmt, daß dieser Anspruch immer erhoben wird.

In früheren Zeiten, als es noch keine Photographie gab, haben viel mehr Liebhaber sich in ihren Mußestunden der Malerei gewidmet, ohne dabei überragende Leistungen zu erzielen. Man darf indessen diese Beschäftigung mit künstlerischen Dingen in der bildenden Kunst genau so wenig ablehnen wie in der Dichtkunst oder in der Musik, handelt es sich dabei doch um eine natürliche Entfaltung des im Menschen schlummernden Dranges nach Wahrheit und Schönheit. Es ist auch falsch, den nicht zu höchster Leistung Berufenen auf die passive Rolle des Beschauers oder Zuhörers zu verweisen, denn eigene Tätigkeit, selbst mit bescheidenem Erfolg, bringt erst wahre Befriedigung. Gleichzeitig kann auch das Verständnis für den Genuß wahrer Kunstwerke dadurch erheblich gefördert werden. Nur vor der Überschätzung eigener künstlerischer Leistungen sollte der Liebhaber immer wieder gewarnt werden.

Diesem — oft unausgesprochenen — künstlerischen „Urtrieb" kommt die Photographie zweifellos stark entgegen. Damit verbindet sich aber noch ein zweites, das ist das spezielle persönliche Interesse an dem abgebildeten Gegenstand, und dieses ist vielleicht noch entscheidender. Selbst bei Landschafts- und Städteaufnahmen ist häufig mehr der Drang maßgebend, das festzuhalten, was man selbst erlebt hat und in der Erinnerung behalten will, als das Bestreben, ein künstlerisch wertvolles Bild zu schaffen. Viel mehr noch gilt das für die besonders zahlreichen Personenaufnahmen, die uns meist nur das Andenken an schöne Stunden oder an persönlich wertvolle Menschen erhalten sollen. Weil diese beiden Dinge, die dilettantisch-künstlerischen Bestrebungen und die Schaffung von Erinnerungswerten, in der Photographie so eng miteinander verquickt sind, ist eine Stellungnahme zu dieser Art von Amateurbetätigung vom künstlerischen Standpunkt aus besonders schwierig. Die Bewahrung der Erinnerungswerte ist auf jeden Fall zu respektieren, der künstlerisch-dilettantische Schaffensdrang sollte aber auch nicht unterdrückt werden, sondern durch Anregung und Förderung von künstlerischer Seite in richtige Bahnen gelenkt werden. Das gilt für die Farbenphotographie noch mehr als für die Schwarzweiß-Photographie. Denn in Farbe können Geschmacklosigkeiten und Kitsch noch viel schlimmer wirken als in Schwarzweiß.

Mit den eigentlichen Beziehungen zwischen Farbenphotographie und *Kunst* hat das alles aber wenig zu tun. Diese können sich in dreifacher Richtung zeigen:

1. Die Farbenphotographie kann als rein technisches Hilfsmittel bei künstlerischen Aufgaben verwertet werden.

2. Die Farbenphotographie kann als eine Art Kunstgewerbe in bescheidenerem Rahmen als künstlerisches Ausdrucksmittel dienen, gegebenenfalls in Verbindung mit anderen künstlerischen Ausdrucksmitteln.

3. Die Farbenphotographie kann unter Umständen dazu berufen sein, vollgültige Kunstwerke hervorzubringen.

Dazu seien folgende Bemerkungen gemacht:

Zu 1. Der Wert einer guten farbenphotographischen Reproduktion für die künstlerische Lehre, Forschung und Dokumentation ist wohl unbestritten. Wieviel Kunstwerke befinden sich an schwer zugänglichen Orten, wieviele werden durch Witterungseinflüsse oder sonstige ungünstige Umstände gefährdet. Eine gute Reproduktion kann vielen Kunsthistorikern und Liebhabern die Möglichkeit geben, das Werk kennenzulernen und sich näher mit ihm zu befassen; darüber hinaus kann sie gegebenenfalls längeren Bestand haben als das Original. Die wichtigste Frage ist die, ob die Farbenphotographie heute schon imstande ist, solche Reproduktionen mit hinreichender Naturtreue durchzuführen. Darauf kann leider noch nicht mit einem eindeutigen Ja geantwortet werden. Es ist aber zu hoffen, daß bei voller Auswertung aller Möglichkeiten, die insbesondere durch die Maskenkorrekturen gegeben sind, eine recht weitgehende Annäherung zustande kommt. Sie wird dann in vielen Fällen, z. B. bei Architektur- und Skulpturaufnahmen, bereits zu besserer Wiedergabe führen als eine Reproduktion von Hand, die außerdem sehr zeitraubend und teuer ist. Bei Gemälden wird das sorgfältig ausgeführte Kopieren von Hand noch nicht erreicht werden, dieses ist aber auch sehr mühsam und teuer. In allen diesen Fällen bietet jedenfalls die einigermaßen naturgetreue Farbreproduktion schon einen großen Vorteil gegenüber der Schwarzweiß-Reproduktion.

Vielleicht wird im Laufe der Zeit das Farbenphoto als technisches Hilfsmittel für den bildenden Künstler noch in anderer Weise in Betracht kommen, z. B. um kurze und flüchtige Eindrücke festzuhalten und später als Studienmaterial zu der eigentlichen Kunstschöpfung heranzuziehen. Man denke z. B. an die Anfertigung eines Porträts. Jede Person drückt ihr Wesen sehr vielfältig aus, das Innerste, Besondere besteht aber nur aus ganz wenigen oder wenn man will nur aus *einer* Eigenschaft. Diese prägt sich aber unter Umständen nur selten und blitzartig aus, und eine große Reihe von photographischen Aufnahmen oder ein Lauffilm, möglichst unbeobachtet aufgenommen, können oft darüber mehr Aufschluß geben als eine lange Sitzung.

Zu 2. Es kann nicht für die Einrichtung eines jeden Innenraumes oder für die Kulissen eines jeden Theaterstückes ein prominenter Künstler herangezogen werden. Auch in einem bescheideneren Rahmen sollte aber geschmackvoll gestaltet werden und gutes Kunsthandwerk herangezogen werden, wenn große Kunstwerke nicht beschafft werden können. Sicher ist es sehr schön, wenn man gute Originalbilder in seine Wohnung hängen kann, ist das aber nicht möglich, so wird ein guter Kunstdruck von einem wertvollen Gemälde unter Umständen einer schlechten von Hand gefertigten Kopie vorzuziehen sein. Es ist der Farbenphotographie heute noch nicht möglich, mit diesen Farbendrucken mitzukommen, bei denen ja sehr viel Arbeit von geübten Retuscheuren eingesetzt wird. Immerhin ist zu hoffen, daß in nicht zu ferner Zeit auch die Farbenphotographie diese Qualität erreichen wird.

Auf dem Gebiet des Films wird heute bei den besten Verfahren schon eine recht hohe Qualität erreicht. Sie wird leider noch vielfach beeinträchtigt durch sekundäre Mängel, wie falsche Belichtung bei der Aufnahme, ungleichmäßige Durchführung des Kopierens, Vorführung mit zu wenig Licht u. dgl. Wenn aber die besten technischen Bedingungen eingehalten werden, so lassen sich Szenenbilder erzielen, welche die Handlung in wirklich künstlerischer Weise umrahmen und mit dazu beitragen können, das Ganze auf ein hohes Niveau zu heben. Die Möglichkeiten des Films sind ja in dieser Richtung größer als die des Theaters. Durch die verdunkelte Umgebung wird man unwillkürlich in eine der Wirklichkeit fernere Welt versetzt, man legt infolgedessen auch nicht mehr den strengen Maßstab an, daß die Farben naturgetreu sein sollen. Wichtig ist vielmehr, daß bestimmte Eindrücke und Gefühle entstehen. Wie es in einem sehr lesenswerten Artikel von HENNING (*134*) heißt: "Facts are interesting in scientific disputes but not in art. There only the impression counts, and the resulting emotion." Bei der Beurteilung von Farbenfilmen hört man vielfach die Ansicht, die Farbe sei nicht so wichtig, die Handlung sei das Entscheidende. Dann muß man aber konsequenterweise auch sagen, die Kulisse und die Kostüme beim Theater seien nicht so wichtig. Man wird aber darauf nicht ohne Not verzichten, und man wird im Theater nur in den seltensten Fällen zu einer reinen Schwarzweiß-Kulisse oder -Kostümierung greifen, weil man die Farbe als Ausdrucksmittel nicht entbehren kann und will.

Zu 3. Besonders schwierig ist die Frage zu beantworten, ob die Farbenphotographie oder der Farbenfilm imstande sind, echte Kunstwerke zu liefern. Es muß ausdrücklich betont werden, daß es eigentlich verfrüht ist, diese Frage zu stellen, weil die Farbenphotographie technisch noch nicht so vollkommen und auch in der Handhabung noch nicht so zuverlässig ist, daß man die höchsten Leistungen erwarten kann. Viele Erörterungen nehmen darauf nicht hinreichend Rücksicht. Auf der anderen Seite liegen die langen Erfahrungen der Schwarzweiß-Photographie vor, und die besten farbenphotographischen Arbeiten zeigen jedenfalls schon, daß die Farbe dieser gegenüber eine starke Bereicherung bringt. So wird eine grundsätzliche Betrachtung immerhin am Platze sein.

Wenn man sich an die Definition erinnert: «L'art c'est la nature vue par un tempérament» (Kunst ist die von einem Temperament gesehene Natur), und daraufhin große Kunstwerke betrachtet, so wird man erkennen, daß das Wort zwar auf jeden Fall gilt, daß aber der

Schwerpunkt oft mehr auf dem Wort Natur, oft mehr auf dem Wort Temperament liegt. Wir sehen in allen Künsten diese Gegenpole, aber im ganzen gesehen ist z. B. die Musik von der Natur wesentlich mehr abgelöst als die Malerei. Selbst ein sehr realistisch aufgefaßtes Bild ist jedoch nie ein reiner Abklatsch der Natur. Schon die Wahl des Motivs, dann vor allem die „Kunst des Weglassens“, ferner Besonderheiten in der Gestaltung, die manchmal kaum merklich, aber doch wesentlich sind, alles dies ist die Äußerung des „Temperaments“. Von diesem Standpunkt aus sind auch die künstlerischen Möglichkeiten der Photographie und insbesondere der Farbenphotographie zu betrachten. Die Wahl des Motivs steht dem Farbenphotographen ebenfalls frei, sofern es wirklich ein natürliches ist, die Kunst des Weglassens ist oft schon sehr viel schwieriger, weil sich manches künstlich nicht entfernen läßt, was gerade vorhanden ist, die größten Schwierigkeiten bietet aber die eigentliche Gestaltung. Auf der einen Seite ist die Technik des Photographen viel einfacher als die des Malers, auf der anderen ist sie nicht so anpassungsfähig, es kann in der Photographie nicht so frei gestaltet werden. Nun sind die Hilfsmittel des Photographen aber auch nicht zu unterschätzen. Die Wahl der Beleuchtung, die Möglichkeiten der Abstufung durch geeignete Gradation und evtl. durch Tontrennung, schließlich die Retusche als Eingriff in das Detail lassen schon in der Schwarzweiß-Photographie sehr viel Unerwartetes erreichen, dazu kommen in der Farbenphotographie Farbabstimmung und Anwendung bestimmter Maskenprozesse oder die Wahl verschiedenartiger Verfahren als Möglichkeiten zur Beeinflussung der Farben. Als Vorteile gegenüber der Malerei hat die Photographie zwei Dinge zu buchen: die unerreichte Präzision in der Detailzeichnung und die Schnelligkeit, mit welcher das Resultat, zumindest das vorläufige, erreicht wird. Dadurch kann eine sehr große Mannigfaltigkeit an Vorlagen geschaffen werden, von denen nur die günstigsten zum vollendeten Werk gestaltet werden.

Der Film bringt ein neues Moment herein, das der bildenden Kunst bisher völlig fehlte, während es der Dichtkunst und der Musik zu eigen war, das ist die zeitliche Veränderung. Natürlich besteht hierdurch eine besonders große Neigung zur Verbindung der bildenden Kunst mit dem gesprochenen Wort oder der Musik, und es ist vielleicht auch nicht richtig, sie voneinander lösen zu wollen. Es scheint dem Autor indessen durchaus möglich, daß günstige farbenphotographische Gestaltungsmöglichkeiten dazu führen werden, daß das Bild als solches, und auch gerade das verwandlungsfähige Bild von wirklichen Könnern gestaltet, zumindest in bestimmten Werken eine ganz andere Rolle spielen wird als beim Schwarzweiß-Film, und daß sich dabei auch wirklich hochstehende Leistungen ergeben können. Das Wesentlichste für das Zustandekommen eines wahren Kunstwerks ist natürlich immer die menschliche Substanz des Künstlers und sein Ausdrucksvermögen, es muß aber auch das technische Rüstzeug vorhanden sein. Daß die Farbenphotographie bzw. der Farbenfilm es liefern können, steht noch nicht ganz einwandfrei fest, nach Überzeugung des Autors werden sie aber in nicht allzu ferner Zukunft dazu imstande sein. Der Künstler muß die neue Technik beherrschen lernen, wie er sich auch in den schon lange bestehenden Künsten an bestimmte technische Voraussetzungen hat gewöhnen müssen. Umgekehrt sind die Anforderungen so vielfältig, daß auch die farbenphotographischen Verfahren vielseitig sein müssen. Um nur einen Punkt zu erwähnen: Oftmals wird höchstmögliche Naturtreue erwünscht sein, in anderen Fällen ist diese Forderung weniger wichtig, dafür wird wieder besondere Anpassungsfähigkeit und Wandelbarkeit der Farbnuancen verlangt. Vielleicht ist es so, daß auch das beste Verfahren nicht alle diese Möglichkeiten vereinen kann und daß mehrere Verfahren, die bestimmten Zwecken angepaßt sind, sich nebeneinander behaupten werden.

Man kann hoffen, daß eines Tages auf die Farbenphotographie ein Wort von OSCAR WILDE anzuwenden ist, wonach zwei Dinge in der Geschichte der Welt wichtig sind: das Erscheinen einer neuen Kunstart und das Erscheinen von Leuten, die sie meistern.

Überblicken wir abschließend nochmals den augenblicklichen Stand der Farbenphotographie und des Farbenfilms, so können wir feststellen, daß sich im letzten Jahrzehnt vieles gefestigt hat. Eine nicht allzu große Zahl von Verfahren hat sich durchgesetzt und gibt bereits recht erfreuliche Resultate. Es wird aber außerdem unablässig daran gearbeitet, neue Möglichkeiten zu erschließen, die Technik zu bereichern und zu verbessern, wobei Qualität und Einfachheit die beiden wesentlichen Forderungen sind. Alle dahin führenden Wege sollten beschritten werden, um die Farbenphotographie endgültig auf das erstrebte hohe Niveau zu heben. Wenn es diesem Buch gelungen ist, in weiteren Kreisen Interesse für die Resultate dieser Arbeit zu erwecken und den auf dem Gebiet der Farbenphotographie arbeitenden Forschern und Technikern neue Anregungen zu geben, so ist sein Zweck erfüllt.

Literaturverzeichnis.

A. Bücher über Farbenphotographie.

1. BERGER, H.: Agfacolor. Wuppertal: W. Girardet 1950.

2. DUNN, C. E.: Natural Color Processes. Boston: Amer. Publishing Co.

3. FRIEDMAN, J. S.: History of Color Photography (Ergänzung zu 11). Boston: Amer. Photogr. Publishing Co. 1947.

4. HEYMER, G.: Artikel „Farbenphotographie“ im Ergänzungsband (MICHEL et alii) zu Hay, Handbuch der Photographie. Wien: Springer-Verlag 1943.

5. v. HOLLEBEN, K.: Farbenphotographie mit Agfacolor-Ultrafilmen und Agfacolor-Platten. Harzburg: Dr. Walter Heering 1935.

6. CORNWELL-CLYNE, A.: Colour Cinematography. London: Chapman u. Hall 1951.
7. LUMMERZHEIM, H. J.: Farbenphotographie. Berlin: Columba Verlagsges.1950
8. SCHMIDT, R., u. A. KOCHS: Farbfilmtechnik. Berlin: Max Hesse 1943.
9. SPENCER, D. A.: Colour Photography in Practice. London: Pitman Sons & Greenwood 1948.
10. THOMSON, L.: Colour Transparencies. London u. New York: The Focal Press.
11. WALL, E. J.: The History of Three Color Photography. Boston 1925.

B. Bücher über angrenzende Gebiete.

a) Photographie.

12. Agfa-Veröffentlichungen, Bd. 1—7. Leipzig: S. Hirzel.
13. v. ANGERER, E.: Wissenschaftliche Photographie. Leipzig: Akademische Verlagsges.
14. CLERC, L. P.: Structure et Propriétés des Couches Photographiques. Paris: Editions de la Revue d'Optique 1948.
15. DAVID, L.: Photographisches Praktikum. Halle: Wilhelm Knapp.
16. EDER, J. M.: Jahrbuch für Photographie und Reproduktionstechnik. Halle: Wilhelm Knapp.
17. EDER, J. M.: Rezepte und Tabellen. Halle: Wilhelm Knapp.
18. EGGERT, J., u. W. RAHTS: Artikel „Photographie" in H. GEIGER u. K. SCHEEL, Handbuch der Physik. Bd. 19, S. 537—612, 1928.
19. EGGERT, J., u. Mitarbeiter: Artikel „Photographie" in Ullmann, Enzyklopädie der technischen Chemie. Bd. 8, S. 392—444. Berlin: Urban u. Schwarzenberg.
20. GOLDBERG, W.: Aufbau des photographischen Bildes. Halle: Wilhelm Knapp.
21. HAY, A.: Handbuch der wissenschaftlichen u. angewandten Photographie, dazu Ergänzungsband MICHEL et alii. Wien: Springer-Verlag.
22. Kodak, Abridged Scientific Publications. Rochester.
23. MEES, C. F. K.: The Theory of the Photographic Process. New York: The Macmillan Co., 1942.
24. SEDLACZEK: Die Tonungsverfahren.
25. STENGER, E., u. H. STAUDE: Fortschritte der Photographie. Leipzig: Akademische Verlagsges.

b) Tonphotographie.

26. EGGERT, J., u. R. SCHMIDT: Einführung in die Tonphotographie. Leipzig: S. Hirzel.
27. LICHTE u. NARATH: Physik u. Technik des Tonfilms. Leipzig: S. Hirzel.

c) Farbenlehre.

28. ARENS, H.: Farbenmetrik. Berlin: Akademie-Verlag 1951.
29. v. BEZOLD, W., u. SEITZ: Die Farbenlehre im Hinblick auf Kunst u. Kunstgewerbe. Braunschweig 1921.
30. BOUMA, P. J.: Farbe u. Farbwahrnehmung. Philips' Techn. Bibliothek 1951.
31. EVANS, R. M.: An Introduction to Color. New York: John Wiley & Sons 1948; London: Chapman & Hall.
32. JUDD, D. B.: Colorimetry. National Bureau of Standards, Circular 478. Washington 1950.
33. KATZ, D.: Der Aufbau der Farbenwelt. 2. Auflage. Leipzig: Joh. Ambrosius Barth 1930.
34. KLAPPAUF, G.: Einführung in die Farbenlehre. Leipzig: Teubner Verlagsges. 1949.

35. POHL, R. W.: Einführung in die Optik. Berlin: Springer-Verlag 1940.
36. RICHTER, M.: Grundriß der Farbenlehre der Gegenwart. Dresden u. Leipzig: Th. Steinkopff 1940.
37. WRIGHT, W. D.: The Measurement of Colour. London: Adam Hilger 1944.

C. Einzelarbeiten.

38. VAN DEN AKKER, J. A.: J. Opt. Soc. Amer. **27**, 401 (1937).
39. ALDINGTON, J. N.: Trans. Ill. Engng. Soc. **14**, 19 (1949).
40. ANDERSON, W. T.: J. Opt. Soc. Amer. **41**, 385 (1951).
41. ARBUSOW, G. I.: Kino-Phot.-Chem. Ind. (russ.) **5**, 31 (1939).
42. ARBUSOW, G. I.: J. angew. Chem. (russ.) **23**, 886 (1950).
43. BAKER, T.: J. Soc. Mot. Pict. Engng. **31**, 240 (1938).
44. BATES, J. E., u. I. V. RUNYAN: J. Soc. Mot. Pict. Tel. Engng. **53**, 3 (1949).
45. BEALE, u. A. CORNWELL-CLYNE: Photographic J. Juli 1943.
46. BEHRENDT, W.: Bild u. Ton **2**, 277 u. 309 (1949).
47. BEHRENDT, W.: Agfa-Veröff. **7**, 8 (1951).
48. BEHRENDT, W.: Agfa-Veröff. **7**, 32 (1951).
49. BEHRENDT, W.: Z. Naturforsch. **6**a, 382 (1951).
50. BEHRENDT, W., u. H. KÖLLNER: Bild u. Ton **3**, 178 (1951).
51. v. BIEHLER, A.: Agfa-Veröff. **3**, 221 (1933).
52. BILTZ, M.: Agfa-Veröff. **3**, 170 (1933).
53. BINGHAM, R. H., u. H. HOERLIN: P.S.A.-Journal **17** B, 52 (1951).
54. BIRR, E. J.: Z. wiss. Photogr. **45**, 163 (1950).
55. BISHOP, N.: Photoengrav. Bull. **39**, 13 (1950).
56. BLOCH u. CLERC: Literaturstelle unzugänglich.
57. BONZANIGO: Diss. Zürich 1939.
58. BRACEY-GIBBON, J.: Photographic J. **89** A, 285 (1949).
59. BREWER, W. L., W. T. HANSON u. C. A. HORTON: J. Opt. Soc. Amer. **39**, 924 (1949).
60. BROMBERG, A. V., u. O. S. MALTZEWA: J. angew. Chem. (russ.) **20**, 539 (1947); Ref. Chem. Zbl. (West) **1948** II, 104.
61. BROMBERG, A. V., u. Y. B. WILENSKI: J. angew. Chem. (russ.) **22**, 128 (1949); Ref. Sci. Ind. Photogr. (2) **21**, 137 (1950).
62. BRUMBERG: Ref. Sci. Ind. Photogr. (2) **14**, 271.
63. BRUNNER, A. H., P. B. MEANS u. R. H. ZAPPERT: J. Soc. Mot. Pict. Tel. Engng. **53**, 25 (1949).
64. BUCKY, J.: J. Biol. Photogr. Assoc. **9**, 149 (1941).
65. BURNHAM, R. W.: J. Opt. Soc. Amer. **39**, 387 (1949).
66. BUSCH, L.: Kinotechn. **23**, 119 (1941).
67. CAPSTAFF, J. G.: J. Soc. Mot. Pict. Tel. Engng. **54**, 445 (1950).
68. CHMUTOW, K. V., u. A. V. BROMBERG: J. angew. Chem. (russ.) **22**, 261 (1949); Ref. Sci. Ind. Photogr. (2) **21**, 147 (1950).
69. CHRISTENSEN, J. H.: Dän. Pat. 25029 v. 20. 9. 1918 u. D.R.P. 327519.
70. CLARKE, C. A.: J. Soc. Mot. Pict. Engng. **45**, 327 (1945).
71. CLARKSON, M. E., u. T. VICKERSTAFF: Photographic J. **88** B, 26 (1948).
72. CLERC, L. P.: Schweiz. Photo-Rdsch. **14**, 287 (1951).
73. Color Sensitometry Subcommittee, J. Soc. Mot. Pict. Tel. Engng. **54**, 654 (1950).
74. COOTE, J. H.: Photographic J. **81**, 293 (1941).
75. COOTE, J. H.: Photographic J. **84**, 112 (1944).
76. COOTE, J. H.: Photographic J. **88** A, 261 (1948).
77. COOTE, J. H.: J. Soc. Mot. Pict. Tel. Engng. **50**, 543 (1948).

78. Coote, J. H.: Brit. Cinematogr. **16**, 83 (1950).
79. Coote, J. H., u. Ph. Jenkins: Brit. Cinematogr. **14**, 43 (1949).
80. Coppin, F. W., u. W. H. Hill: Photographic J. **89** A, 165 (1949).
81. Coppin, F. W., u. D. A. Spencer: Photographic J. **88** B, 78 (1948).
82. Crandell, F. C., K. Freund u. L. Moen: J. Soc. Mot. Pict. Tel. Engng. **55**, 67 (1950).
83. Crandell, F. C., K. Freund u. L. Moen: J. Soc. Mot. Pict. Tel. Engng. **56**, 386 (1951).
84. Davidson, H. R., u. L. W. Imm: J. Opt. Soc. Amer. **39**, 942 (1949).
85. Deschin, J.: P.S.A.-Journal **14**, Dezember 1948.
86. Dresler, A.: Z. wiss. Photogr. **40**, 145 (1941/42).
87. Dresler, A., u. H. G. Frühling: Licht **8**, 238 (1938).
88. Duerr, H. H.: J. Soc. Mot. Pict. Tel. Engng. **58**, 465 (1952).
89. Eggert, J.: Experientia (Basel) **6**, 401 (1950).
90. Eggert, J., u. W. Grossmann: Naturwiss. **39**, 132 (1952).
91. Eggert, J., u. G. Heymer: Agfa-Veröff. **6**, 46 (1939).
92. Eggert, J., u. A. Küster: Agfa-Veröff. **7**, 301 (1951).
93. Elvegard, E., u. Sjöstedt: Photogr. Korr. **77**, 9 (1941).
94. Evans, R. M.: J. Soc. Mot. Pict. Engng. **31**, 194 (1938).
95. Evans, R. M.: J. Opt. Soc. Amer. **33**, 579 (1943); in gekürzter Form: Kodak-Publ. **25**, 410 (1943).
96. Fanstone, R. M.: Amer. Photogr. **1949**, 414—415.
97. Field, G. T. J., and D. H. O. John: Brit. J. Photogr. **96**, 288 (1949).
98. Finkelnburg, W.: Hochstromkohlebogen. Berlin: Springer-Verlag 1948.
99. Finkelnburg, W.: J. Soc. Mot. Pict. Tel. Engng. **52**, 407 (1949).
100. Fischer, R., u. H. Siegrist: Photogr. Korr. **51**, 18 u. 208 (1914).
101. Flannery u. Collins: Photographic J. **86** B, 86 (1946).
102. Forrest, J. L.: J. Soc. Mot. Pict. Tel. Engng. **53**, 40 (1949); **55**, 45 (1950).
103. Forsythe, W. E.: P.S.A.-Journal 18, 374, 442 (1942).
104. Frieser, H., u. R. Reuther: Z. techn. Phys. **19**, 77 (1938).
105. Frötschner, H.: Z. angew. Photogr. **5**, 38 (1943).
106. Gaspar, B.: Z. wiss. Photogr. **34**, 119 (1935).
107. Gordon, H.: Amer. Photogr. **1948**, 412.
108. Gordon, H.: Camera (Schweiz) **29**, 250 (1950).
109. Görisch, R., u. P. Görlich: Kinotechn. **24**, 43 (1942).
110. Görlich, P.: J. Opt. Soc. Amer. **31**, 504 (1941).
111. Grabner: Farben-Fotogr. **1**, 7 (1944).
112. Grandall u. Lavalle: Popular Photogr. **1951**, 56, 90.
113. Greenwood: Brit. J. Photogr. **95**, 532 (1948).
114. Gretener, E.: Kinotechn. **19**, 128 (1937).
115. Gretener, E.: Z. techn. Phys. **18**, 90 (1937).
116. Grossmann, W.: Schweiz. Photo-Rdsch. **1951**, Nr. 14, 285.
117. Gundelfinger, A. M.: J. Soc. Mot. Pict. Tel. Engng. **54**, 74 (1950).
118. Hagemann, W.: Bild u. Ton **3**, 138 (1950).
119. Hainsworth: P.S.A.-Journal **17**b, April 1951.
120. Hanson, W. T.: J. Opt. Soc. Amer. **40**, 166 (1950).
121. Hanson, W. T., u. P. W. Vittum: P.S.A.-Journal **13**, 94 (1949), u. Kodak-Publ. **29**, 197 (1947).
122. Hardy, A. C.: J. Opt. Soc. Amer. **25**, 305 (1935).
123. Hardy, A. C., u. F. L. Wurzburg: J. Opt. Soc. Amer. **27**, 227 (1937); **38**, 295 (1948). — Hardy, A. C., u. E. C. Dench: J. Opt. Soc. Amer. **38**, 308 (1948).

124. Harrington, R. E., u. F. T. Bowditch: J. Soc. Mot. Pict. Tel. Engng. **54**, 63 (1950).
125. Harris, P. W.: Photographic J. **90** A, 37 (1950).
126. Harrison u. Harrison: Amer. Cinematogr. **1950**; Ref. Brit. J. Photogr. **97**, 221 (1950).
127. Harrison, G. B., u. B. A. Horner: Photographic J. **79**, 320 (1939).
128. Harrison, G. B., u. D. A. Spencer: Photographic J. April 1937.
129. Harsh, H. C., u. J. S. Friedman: J. Soc. Mot. Pict. Tel. Engng. **50**, 8 (1948)
130. Harsh, H. C., u. K. Schadlich: J. Soc. Mot. Pict. Tel. Engng. **53**, 50 (1949).
131. Hellmig, E.: Z. wiss. Photogr. **43**,11 (1948) od. Agfa-Veröff. **7**, 136 (1951).
132. Hellmig, E.: Z. wiss. Photogr. **44**, 58 (1949); **45**, 67, 129 (1950), od. Agfa-Veröff. **7**, 116 (1951).
133. Hendley, Ch. D., u. S. Hecht: J. Opt. Soc. Amer. **39**, 630 (1949).
134. Henning: Photographic J. **90** A, 145 (1950).
135. Herrnfeld, F. P.: J. Soc. Mot. Pict. Tel. Engng. **54**, 454 (1950).
136. Heymer, G.: Z. wiss. Photogr. **34**, 105 (1935), od. Agfa-Veröff. **4**, 151 (1935).
137. Heymer, G.: Agfa-Veröff. **4**, 177 (1935).
138. Heymer, G.: In „Film u. Farbe“ (Vorträge d. Dresdener Tagung 1942), S. 25—34. Berlin: Max Hesse.
139. Heymer, G., u. D. Sundhoff: Agfa-Veröff. **5**, 62 (1937).
140. Holm, W. R., u. J. W. Kaylor: J. Soc. Mot. Pict. Tel. Engng. **53**, 58 (1949).
141. Homolka, B.,: Eders Jb. **1907**, 55.
142. Honnell: Photographic J. **85**A, 144 (1945).
143. Hörmann, H., u. W. Schultze: Z. wiss. Photogr. **43**, **44** (1948), od. Agfa-Veröff. **7**, 109 (1951).
144. Hornsby, K. M.: Brit. J. Photogr. **97**, 132 (1950).
145. Hunter, R. S.: J. Opt. Soc. Amer. **32**, 509 (1942).
146. Ignatow, G.: Kinotechn. **19**, 126 (1937).
147. Jacobs, J. H.: Brit. Cinematogr. **13**, 3, 109 (1948).
148. Jenkins, Ph.: Brit. J. Photogr. **46**, 449 (1949).
149. Jennings, A. B., W. A. Stanton u. J. P. Weiss: J. Soc. Mot. Pict. Tel. Engng. **55**, 343 (1950).
150. John, K.: Photogr. Korr. **75**, 38 (1939); **76**, 23 (1940).
151. John, K.: Photogr. Korr. **75**, 113 (1939).
152. Jones, G. A.: Photographic J. **89** A, 86 (1949).
153. Jones u. F. T. Bowditch: J. Soc. Mot. Pict. Tel. Engng. **52**, 395 (1949).
154. Jordanski u. G. I. Arbusow: J. angew. Chem. (russ.) **24**, 337 (1951).
155. Kalmus, H.: J. Soc. Mot. Pict. Engng. **31**, 564 (1938).
156. Keilich, H.: Z. wiss. Photogr. **41**, 175 (1942).
157. Kendall, O. K.: J. Soc. Mot. Pict. Tel. Engng. **54**, 464 (1950).
158. Klughardt, A.: Z. Sinnesphysiol. **67**, 69 (1936).
159. Koch: J. Biol. Photogr. Assoc. **9**, 119 (1941).
160. König, M.: Z. angew. Photogr. **2**, 51 (1940).
161. König, H.: Helvet. physica Acta **17**, 571 (1944).
162. Kubitzek, A.: Foto-Kino-Techn. **4**, 212 (1950).
163. Küster, A.: Kinotechn. **24**, 75 (1942).
164. v. Lagorio, A.: Kinotechn. **26**, 60 (1943).
165. Land, E. H.: Science (Lancaster, Pa.) **109**, 371 (1949).
166. Lapsley, A. C., u. J. P. Weiss: J. Soc. Mot. Pict. Tel. Engng. **56**, 23 (1951).
167. Leiber, F.: Photogr. Ind. **1937**, 136 u. 403.
168. Lennartz, A.: Bild u. Ton **2**, 289 (1949).
169. Lerner u. Pereistrus: Photo Technique **1**, 35 (1939).

170. Loessel, E. H.: P.S.A.-Journal **14**, 1 u. 47 (1948).
171. Loose: Röntgen-Photogr. **3**, 88 (1950).
172. Loveland: Kodak-Publ. **26**, 92 (1944).
173. Loveland: Kodak-Publ. **26**, 145 (1944).
174. Loveland: Kodak-Publ. **26**, 285 (1944).
175. Lühr u. Nürnberg: Agfa-Rezepte d. Filmfabrik Agfa, Wolfen 1951.
176. Luther, R.: Z. techn. Phys. **8**, 540 (1927).
177. MacAdam, D. L.: J. Soc. Mot. Pict. Engng. **31**. 343 (1938).
178. MacAdam, D. L.: J. Opt. Soc. Amer. **39**, 22 (1949).
179. MacAdam, D. L.: J. Opt. Soc. Amer. **39**, 454 (1949).
180. MacAdam, D. L.: J. Opt. Soc. Amer. **40**, 138 (1950).
181. MacAdam, D. L.: J. Soc. Mot. Pict. Tel. Engng. **56**, 487 (1951).
182. MacAdam, D. L.: J. Opt. Soc. Amer. **28**, 466 (1938).
183. Macbeth, N., u. D. Nickerson: J. Soc. Mot. Pict. Tel. Engng. **52**, 157 (1949).
184. Marcus: Internat. Photogr. **20**, 1 (1946).
185. Marriage, A.: Photographic J. **80**, 364 (1940).
186. Marriage, A.: Photographic J. 88B, 75 (1948).
187. Matthews, G. E.: Photographic J. **90**A, 109 (1950).
188. McIntosh u. Inglis: J. Soc. Mot. Pict. Tel. Engng. **55**, 343 (1950).
189. McKie, R. V.: J. Soc. Mot. Pict. Tel. Engng. **55**, 45 (1950).
190. McQueen, D. M., u. D. W. Woodward: J. Amer. Chem. Soc. **73**, 4930 (1951).
191. Mees, C. F. K.: Kodak-Publ. **24**, 121 (1942).
192. Mees, C.F. K.: Photographic J. 88A, 52 (1948).
193. Merckx, M. R.: Sci. Ind. Photogr. **20**, 1 (1949).
194. Merckx, M. R.: Sci. Ind. Photogr. (2) **21**, 45 (1950).
195. Meyer, K.: In Stenger u. Staude, Bd. 2, S. 367, 1940.
196. Meyer, K., u. A. Bettesch: Z. wiss. Photogr. **45**, 226 (1950).
197. Meyer, K., u. H. Ulbricht: Z. wiss. Photogr. **46**, 72 (1951).
198. Meyer, K., u. H. Ulbricht: Z. wiss. Photogr. **45**, 222 (1950).
199. Miller, C. W.: J. Opt. Soc. Amer. **31**, 477 (1941).
200. Miller, T. H.: J. Soc. Mot. Pict. Tel. Engng. **52**, 133 (1949).
201. Miller, O. E.: J. Soc. Mot. Pict. Tel. Engng. **54**, 435 (1950).
202. Moen, L.: Internat. Photogr. Dezember 1948; Ref. Brit. J. Photogr. März 1949, 121.
203. Moen, P., u. D. E. Spencer: J. Opt. Soc. Amer. **33**, 270 (1943).
204. Mosser, A., u. L. Dunn: J. Soc. Mot. Pict. Tel. Engng. **55**, 635 (1950).
205. Murray, H. D., u. D. A. Spencer: Photographic. J. **78**, 474 (1938).
206. Mutschlechner, W.: Photogr. Korr. **84**, 19 (1948).
207. Nagel: Farben-Fotogr. **1**, 10 (1943).
208. Nelson: Amer. Cinematogr. **22**, 24, 42 (1941).
209. Neugebauer, H. E. J.: Z. wiss. Photogr. **40**, 177 (1941).
210. Neugebauer, H. E. J.: Photogr. Korr. **78**, 49 (1942).
211. Neugebauer, H. E. J.: Z. wiss. Photogr. **41**, 1, 50, 63 (1942).
212. Neugebauer, H. E. J.: Z. wiss. Photogr. **36**, 171 (1937).
213. Neugebauer, H. E. J.: Z. wiss. Photogr. **46**, 91 (1951).
214. Neugebauer, H. E. J.: Physikal. Bl. **7**, 294 (1951).
215. Nickerson, D., K. L. Kelly u. K. F. Stultz: J. Opt. Soc. Amer. **35**, 297 (1945).
216. Null, M. R., W.W. Lozier u. D. B. Joy: J. Soc. Mot. Pict. Engng. **38**, 219 (1942).
217. Nyros, E. W.: Amer. Photogr. **1948**, 702—704.
218. Opfermann, H. C.: Herstellung photographischer Bilder nach dem Duxochromverfahren. Erlangen: Palm u. Enke 1943.
219. Petersen, F. W.: Film-Technikum **1**, 108 (1950).
220. Petersen, F. W.: Bild u. Ton **4**, 151 (1951).

221. Pilkington, W. J.: Brit. J. Photogr. **95**, 487 (1948).
222. Pohlmann, G.: Kinotechn. **19**, 125 (1937).
223. Porai-Koshits, A. E.: Bull. Akad. Sci. UdSSR. **3**, 261 (1945).
224. Preissecker: Photogr. Korr. **84**, 34 (1948).
225. Preucil, F.: Nat. Lithographer, Juni, Juli u. August 1950.
226. Rahts, W., u. W. Schulz: Agfa-Veröff. **2**, 52 (1931).
227. Reeb, O., u. M. Richter: Licht-Technik **2**, 186, 205 (1950).
228. Richter, M.: Z. wiss. Photogr. **45**, 139 (1950).
229. Robins, J., u. L. E. Varden: Electronics Juni 1946.
230. Roux-Color: Sci. et Vie **75**, Nr. 376, 52 (1949).
231. Saunderson, J. L., u. B. I. Milner: J. Opt. Soc. Amer. **36**, 36 (1946).
232. Schadlich, K.: P.S.A.-Journal B, Sept. 1951, 70—73.
233. Schäfer, C. L., u. K. Ackermann: Z. techn. Phys. 8, 2, 55 (1927).
234. Schilling. A.: Z. angew. Photogr. **3**, 45 (1941).
235. Schilling, A.: In „Film u. Farbe", S. 15.
236. Schinzel, K. u. L.: Lichtbild **11**, 172 (1936); **12**, 20 (1936).
237. Schinzel, K. u. L.: Lichtbild **1**, 13, 6—8.
238. Schneider, W.: Kinotechn. **23**, 122 (1941).
239. Schneider, W.: Z. angew. Photogr. **4**, 89 (1942).
240. Schneider, W.: Die Farbenphotographie, Europäische Studienmappen 1944.
241. Schneider, W., u. H. Berger: Z. wiss. Photogr. **42**, 43 (1943).
242. Schneider, W., A. Fröhlich u. H. Schulze: Chemie **57**, 113 (1944).
243. Schneider, W., u. W. Seebode: Photogr. Korr. **80**, 2 (1944).
244. Schneider, W., u. N. Senger: Kinotechn. **25**, 106 (1943).
245. Schneider, W., u. R. Sperling: In Stenger-Staude Bd. 3, S. 180, 1944.
246. Schneider, W., u. G. Wilmanns: Agfa-Veröff. **5**, 29 (1937).
247. Schrödinger, E.: In Müller-Pouillet, Lehrbuch d. Physik, Bd. II, S. 485.
248. Schultze, W.: Z. wiss. Photogr. **44**, 77 (1949), od. Agfa-Veröff. **7**, 64 (1951).
249. Schultze, W.: Bild u. Ton **4**, 11 (1951).
250. Schultze, W.: Schweiz. Photo-Rdsch. **14**, 287 (1951).
251. Schultze, W., u. H. Hörmann: Z. wiss. Photogr. **43**, 13 (1948), od. Agfa-Veröff. **7**, 37 (1951).
252. Schultze, W., u. H. Hörmann: Z. wiss. Photogr. **43**, 53 (1948), od. Agfa-Veröff. **7**, 156 (1951).
253. Sears, F. W.: J. Opt. Soc. Amer. **29**, 77 (1939).
254. S.M.P.E.-Committee of Color: J. Soc. Mot. Pict. Engng. **45**, 397 (1945).
255. S.M.P.T.E.-Committee of Color: J. Soc. Mot. Pict. Tel. Engng. **54**, 377 (1950).
256. Speck, R. P.: P.S.A.-Journal **11**, 461 (1945), od. Kodak-Publ. **27**, 272(1945).
257. Spencer, D. A.: Photographic J. **75**, 377 (1935).
258. Spencer, D. A.: P.S.A.-Journal **14**, 735 (1948).
259. Stone: Mod. Lithography **16**, 50, 131 (1948).
260. Ströble: Z. techn. Phys. **19**, 332 (1938).
261. Sweet, M. H.: J. Soc. Mot. Pict. Tel. Engng. **54**, 35 (1950).
262. Sziklai, G. C.: J. Opt. Soc. Amer. **41**, 321 (1951).
263. Taylor, A. H., u. G. P. Kerr: J. Opt. Soc. Amer. **31**, 3 (1941).
264. Thiels, A. F.: J. Soc. Mot. Pict. Tel. Engng. **56**, 13 (1951).
265. Tritton, F. J.: Photographic J. **78**, 732 (1938).
266. Ulner, M.: Foto-Kino-Techn. **4**, 116, 151 (1950).
267. Varden, L. E.: J. Soc. Mot. Pict. Tel. Engng. **56**, 197 (1951).
268. Verkinderen, H.: Brit. Cinematogr. **19**, 100 (1950).
269. Weil, F.: Agfa-Veröff. **5**, 77 (1937).
270. Wendt, B.: Agfa-Veröff. **5**, 48 (1937).

271. WILLIAMS, F. C.: J. Opt. Soc. Amer. **40**, 104 (1950).
272. WILLIAMS, F. C.: J. Soc. Mot. Pict. Tel. Engng. **56**, 1 (1951).
273. WILMANNS, G.: Photogr. Korr. **78**, 10, 23 (1942).
274. WILSON: Photo Technique **2**, 64, 76 (1940).
275. WOBBE: Camera (USA) **67**, August S. 21, Sept. S. 19, Okt. S. 39(1945).
276. WRIGHT, W. D.: Proc. Phys. Soc. London **53** (2), 93 (1941).
277. WÜHRMANN, H.: Sci. Ind. photogr. (2) **22**, 167 (1951).
278. WYCKOFF, A.: Amer. Cinematogr. November 1941.
279. YULE, J. A. C.: J. Opt. Soc. Amer. **28**, 419, 481 (1938); **30**, 322 (1940).
280. YULE, J. A. C.: Photographic J. **84**, 321 (1944), od. Kodak-Publ. **26**, 108(1944).
281. YULE, J. A. C., u. MURRAY: P.S.A.-Journal **10**, 71 (1944), od. Kodak-Publ. **26**, 63 (1944).
282. ZEH, W., A. CLEVER u. O. WATTER: Bild u. Ton H. 10 (1950).
283. Amer. Photogr. Sept. 1950, 13.
284. Brit. J. Photogr. **95**, 492 (1948).
285. Brit. J. Photogr. **96**, 28 (1949).
286. Brit. J. Photogr. **98**, 272 (1951).
287. Brit. J. Photogr. **98**, 456 (1951).
288. J. Soc. Mot. Pict. Engng. **50**, 525 (1948).
289. Kodak Color News **1** (1951).
290. Sci. Ind. Photogr. (2) **20**, 320 (1949).
291. LIMMER, F.: Das Ausbleichverfahren. Halle: Knapp 1911.
292. ARBUSOW, G. I., u. L. I. GILMAN: J. angew. Chem. (russ.) **22**, 1786 (1950); Ref. Sci. Ind. Photogr. (2) **22**, 421 (1951).
293. BEHRENDT, W.: Kino-Technik **1951**, 174.
294. BROWN, G. H., B. GRAHAM, P. W. VITTUM u. A. WEISSBERGER: J. Amer. Chem. Soc. **73**, 919 (1951).
295. DOTZEL, W.: Diss. Univ. Köln 1949.
296. EGGERT, J.: Sci. Ind. Photogr. (2) **20**, 204 (1949).
297. HADDEN, W., T. WEAVER u. L. THOMPSON: J. Soc. Mot. Pict. Tel. Engng. **57**, 308 (1951).
298. HUNT, R. W. G.: Photographic J. **91** B, 107 (1951).
299. LENNARTZ, A.: Kino-Technik **1951**, 203.
300. MACADAM, D. L.: J. Soc. Mot. Pict. Tel. Engng. **57**, 197 (1951).
301. MEYER, K., u. W. BRUNE: Z. wiss. Photogr. **46**, 135, 169, 174 (1951).
302. MIYAMOTO, G., K. OKUZAWA u. H. SIMIZU: J. Soc. Sci. Phot. Japan **13**, 112 (1951); Ref. Sci. Ind. Photogr. (2) **22**, 421 (1951).
303. PFISTER, K.: Schweiz. Photo-Rdsch. **1949**, 249, 264, 277, 293.
304. POLGAR, A.: Z. wiss. Photogr. **46**, 188 (1951).
305. REBIKOFF, D.: Sci. Ind. Photogr. (2) **23**, 288 (1952).
306. ROBINSON, R. R.: Photographic J. **92** B, 52 (1952).
307. SWEET, M. H.: J. Opt. Soc. Amer. **42**, 232 (1952).
308. TAYLOR, J. B.: P.S.A.-J. B **1952**, 37.
309. THIERS, R., u. A. VAN DORMAEL: Sci. Ind. Photogr. (2) **23**, 173 (1952).
310. THOMSON, C. L.: Photographic J. **92** A, 137 (1952).
311. VULMIÈRE, J.: Rev. Opt. **31**, 353 (1952).
312. WAHL, O.: Angew. Chem. **64**, 259 (1952).
313. WATTER, O.: Fotografika **1951**, 375; **1952**, 12.
314. MCWESTON, R. V.: Photographic J. **91** B, 50 (1951).
315. WOLFE, K. J. B.: Photographic J. **91** B, 94 (1951).
316. COOTE, J. H. R.: Brit. Kinematogr. **20**, 83 (1952).
317. EVANS, C. H., u. J. F. FINKLE: J. Soc. Mot. Pict. Tel. Engng. **57**, 131 (1951).

Namen- und Sachverzeichnis.

Tafel I

Original-Agfacolor-Vergrößerung
nach einem Agfacolor-Negativ